高等学校电子信息类专业特色精品教材

雷达原理与系统

汪　枫　主　编

刘润华　副主编

方群乐　谢　超　杜鹏飞　王晋晶　参　编

马晓岩　主　审

国防工业出版社

·北京·

内 容 简 介

本书以对空警戒/引导雷达为主要研究对象,系统阐述了雷达的基本概念、工作原理和典型雷达体制。雷达基本概念主要介绍雷达任务及其组成、战技术指标、雷达目标与环境特性、雷达作用距离方程、雷达参数测量原理等;雷达工作原理结合实际雷达装备,以雷达信号收发工作流程为主要脉络,详细阐述雷达信号发生、放大、传输与辐射、接收和信号与信息处理所涉及的理论和方法;典型雷达体制介绍五种雷达新体制新技术。

本书内容充实、系统性强,理论联系实际,既可作为电子信息工程、雷达工程、电子对抗等专业本科生教材,也可作为从事雷达系统科研、生产及使用的工程技术人员的培训教材或参考书。

图书在版编目(CIP)数据

雷达原理与系统/汪枫主编. —北京:国防工业
出版社,2022.11
ISBN 978-7-118-12637-2

Ⅰ.①雷… Ⅱ.①汪… Ⅲ.①雷达系统—高等学校—
教材 Ⅳ.①TN95

中国版本图书馆 CIP 数据核字(2022)第 193889 号

※

国防工业出版社出版发行

(北京市海淀区紫竹院南路23号 邮政编码100048)
莱州市丰源印刷有限公司印刷
新华书店经售

*

开本787×1092 1/16 印张23½ 字数542千字
2022年11月第1版1次印刷 印数1—2000册 定价79.00元

(本书如有印装错误,我社负责调换)

国防书店:(010)88540777 书店传真:(010)88540776
发行业务:(010)88540717 发行传真:(010)88540762

前　言

雷达是利用目标对电磁波的二次辐射现象来发现目标并测量目标参数的复杂无线电设备。近年来,雷达采用了大量的新理论、新技术和新器件,雷达技术进入了一个新的发展阶段,同时在军事和民用领域都有广泛的应用。为方便读者学习,本书以对空警戒/引导雷达为主要研究对象,详细阐述雷达的基本概念、工作原理和典型雷达体制。

本书既注重对雷达基本概念和工作原理的阐述,又注重贴近雷达体制最新发展,介绍五种典型雷达体制。本书在内容上主要覆盖现代雷达中比较成熟的雷达技术,同时在一定程度上兼顾了前沿知识和发展趋势;在公式推导上力求准确、严密,但在正文中也舍去了一些十分复杂的推演过程,而把一些必需的复杂的公式推导放在附录中以备读者查阅;在编写风格上采用工程风格,在追求系统性和实用性的基础上,注重定量分析与定性描述的有机结合,通过引入与装备相关的案例,体现理论向雷达装备靠拢的理念。

全书分三部分内容,共 11 章。第一部分是雷达的基本概念,包括第 1 章~第 4 章,其中第 1 章综述雷达任务、分类、组成、战技术指标和发展简史;第 2 章介绍雷达目标和工作环境特性;第 3 章重点介绍雷达作用距离方程及其影响因素;第 4 章简要介绍雷达参数测量原理。第二部分是结合实际雷达装备介绍雷达的工作原理,包括第 5 章~第 10 章,分别阐述雷达信号发生、放大、传输与辐射、接收和信号与信息处理过程,即雷达频综器、发射机、天馈线、接收机、信号处理和终端信息处理各分系统的功能、组成、关键技术指标和各组成部分的工作原理。第三部分是第 11 章,即典型雷达体制,介绍了五种比较有代表性的现代新体制雷达,即空天基预警监视雷达、超视距雷达、高分辨成像雷达、分布式雷达和无源雷达。本书 80 学时,其中理论课 50 学时,实验课 30 学时。

本书的编写工作由汪枫、刘润华、方群乐、谢超、杜鹏飞、王晋晶共同完成,主审工作由马晓岩完成。汪枫任主编并完成了第 1 章、第 7 章、第 11 章的编写工作,刘润华任副主编完成了第 2 章~第 4 章的编写工作,方群乐完成了第 5 章、第 6 章的编写工作,谢超完成了第 8 章的编写工作,杜鹏飞完成了第 9 章的编写工作,王晋晶完成了第 10 章的编写工作。

本书编写过程中得到了空军预警学院汤子跃教授、陈建文教授的大力支持和悉心指导,并参考了国内外有关专著和教材,在此表示诚挚的感谢。

由于编者水平有限,书中难免有错误和不妥之处,敬请读者批评指正。

编者
2021 年 7 月

目　　录

第1章 概　　论

雷达是一种利用目标对电磁波的二次辐射现象来发现目标并测定目标参数的复杂无线电设备,在军事和民用领域有广泛的应用。本章主要介绍与雷达相关的基本概念,包括雷达任务、雷达分类、典型脉冲雷达的组成与工作过程、主要战技术指标及雷达发展简史。

1.1　雷　达　任　务

雷达的英文名称为 radar(radio detection and ranging),其含义是用无线电方法对目标进行探测和测距。雷达最基本的任务有两个:一是判别目标的存在,即发现目标;二是测量目标的参数,即目标定位。前者称为雷达目标探测或目标检测,后者称为雷达目标参数测量(提取)或参数估计。近年来,雷达采用了大量的新理论、新技术和新器件,雷达技术进入了一个新的发展阶段。现代雷达不仅能够完成基本任务,还具备完成目标跟踪、成像和识别等扩展任务的能力。

1.1.1　基本任务

1. 目标探测

雷达问世之初,主要的观测目标是飞机。发现飞机的过程:雷达发射机通过天线向空间辐射电磁波,电磁波遇到目标(飞机)时,一小部分能量反射回天线,被接收机接收,如果接收机接收到从目标反射回来的回波信号超过一定的门限电压值,就称为探测到了或是发现了目标,由电磁波传播的往返时间即可获得雷达至目标的距离。

雷达增强了人类感知外部环境的能力,其价值不仅在于代替人眼去观察外部环境,而且可以探测人眼所观察不到的物体。虽然它不能像人眼一样直接分辨出物体的形状、大小和颜色,但它能在恶劣的环境里发现人眼不能发现的目标,如在黑夜、云、雨、雾中探测目标,具备全天候、全天时特征。

2. 目标参数测量

雷达探测到目标后,就需要从目标的雷达回波中提取有用信息。当目标尺寸小于雷达分辨单元时,则可将目标视为“点”目标,这时可对目标的距离和空间角度定位,目标位置的变化由距离和角度随时间变化的规律中得到,并由此建立目标的航道;当目标尺寸远大于雷达的分辨单元时,则目标不能被视为一个“点”目标,只能视为由多个散射点组成的复杂目标,从而可得到目标尺寸和形状的信息。关于分辨单元的定义详见 2.2 节。目标参数测量并不只限于距离、角度、速度等,理论上还可测定目标的表面粗糙度、介电特性、对称性等。

目标在空间、地面或海面上的位置可以用多种坐标系来表示。最常见的坐标系是直

1

角坐标系,即空间任一点目标 P 的位置可用 x、y、z 三个坐标值来决定。在雷达应用中,测定目标坐标常采用极(球)坐标系,如图 1-1 所示。

在图 1-1 中,空间任一点目标 P 所在位置可用三个坐标值确定,即目标的斜距 R:雷达到目标的直线距离 OP,R 又称为雷达视线方向距离。方位角 α:目标斜距 R 在水平面上的投影 OB 与某一起始方向(通常用正北)在水平面上的夹角。俯仰角 β:斜距 R 与它在水平面上的投影 OB 在铅垂面上的夹角,也称为高低角。

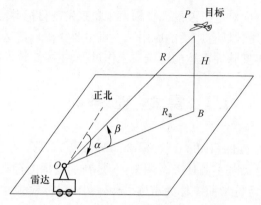

图 1-1　用极(球)坐标系统表示目标位置

如果需要知道目标的高度和水平距离,那么利用圆柱坐标系比较方便。在这种坐标系中,目标的位置由以下三个坐标值来确定:水平距离 R_a、方位角 α、高度 H。

这两种坐标系之间的关系为

$$R_a = R\cos\beta, \quad H = R\sin\beta \tag{1-1}$$

上述这些关系仅在目标的距离不太远时是正确的,当距离较远时由于地面的弯曲,必须进行适当的修改,详见 4.2 节。

1) 距离

雷达距离的测量通常是指雷达与目标视线方向距离的测量,该距离的测量是利用电磁波的等速直线传播特性。常见的对空警戒/引导雷达一般是以脉冲方式工作的,发射一定脉冲重复频率的脉冲。在天线的扫描过程中,如果辐射区内存在目标,雷达就可以接收到目标的反射回波。反射回波是发射脉冲照射到目标上产生的,然后返回到雷达处,因此它滞后于发射脉冲一个时间 t_r,如图 1-2 所示。

假设雷达到目标的距离为 R,则在时间 t_r 内电磁波的传播距离就是 $2R$,电磁波在空间中以光速 c 沿直线路径传播,则雷达到目标的距离为

$$R = \frac{1}{2}ct_r \tag{1-2}$$

如果测量出反射回波和发射脉冲之间的延时 t_r,就可以根据式(1-2)计算出雷达到目标的距离。换句话说,雷达测距就是测回波时延。电磁波的传播速度很快,光速 $c = 3 \times 10^8 \text{m/s}$,也就是每秒 30 万千米。在雷达中,常以微秒($\mu s$)或毫秒(ms)为时间单位,$1\mu s = 10^{-6}\text{s}$,对应的距离为 150m;$1\text{ms} = 10^{-3}\text{s}$,对应的距离为 150km。测量目标的距离是雷达的最基本功能,测距的详细知识见 4.1 节。

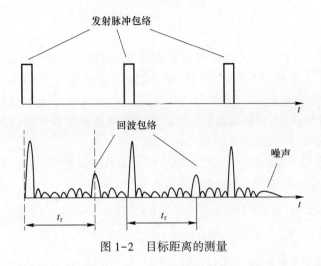

图 1-2　目标距离的测量

2）角度

目标角位置通常指方位角和俯仰角,在雷达技术中测量这两个角位置基本上都是利用天线的方向性来实现,即天线的定向辐射与接收。有些雷达只需要测量其中的一个角,如方位角或俯仰角。雷达天线将电磁能量汇集在窄波束内,当天线波束轴对准目标时,回波信号最强,如图 1-3 所示实线;当目标偏离天线波束轴时回波信号减弱,如图1-3所示虚线。根据接收回波最强时的天线波束指向,就可确定目标的方向,这就是角度测量的基本原理。为了提高角度测量的精度,还有一些改进的测量方法,详见 4.2 节。

一般情况下,波长一定时,天线尺寸增加、波束变窄,测角精度和角分辨率会提高。通常测角精度用波束宽度的相对值表示,普通的雷达一般可达约 1/10 波束宽度,而用于靶场测量的单脉冲雷达测角精度可达 1/100 波束宽度,其典型的绝对值可达 0.006°。

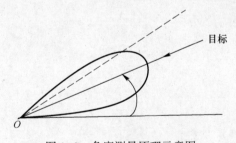

图 1-3　角度测量原理示意图

3）速度

有些雷达除测量目标的位置外,还需测定运动目标的相对速度,如测量飞机或导弹飞行时的速度。雷达测定目标径向速度主要是利用了目标运动产生的多普勒效应。

当雷达发射某一频率的电磁波遇到运动目标后,经它反射形成的目标回波的频率会发生变化。当目标朝雷达方向运动时回波频率比发射的频率高,当目标背离雷达运动时回波频率比发射的频率低,这就是多普勒效应,而频率增加或减少的那一部分则称为多普勒频率或多普勒频移。

多普勒频率的计算公式为

$$f_d = \frac{2v_r}{\lambda} \tag{1-3}$$

式中:f_d 为多普勒频率(Hz);v_r 为雷达与目标之间的径向速度(m/s);λ 为雷达的工作波长(m)。假设雷达的工作波长为 1m,飞机与雷达之间的径向速度为 100m/s,其多普勒频率为 200Hz。

由式(1-3)可知,雷达只要能够测量出回波信号的多普勒频率 f_d,就可以确定目标与雷达之间的相对速度,具体的测速方法见 4.3 节。

多普勒频率除用于测速外,更广泛地是应用于动目标显示、动目标检测和脉冲多普勒等雷达中,以区分运动目标回波和杂波,见 9.4 节。

1.1.2 扩展任务

1. 目标跟踪

当雷达在时间上不断观察一个目标时,还可以提供目标的运动轨迹(航迹),并预测其未来的位置。人们常把这种对目标的不断观察的过程称为"跟踪"。目标跟踪实际上是将不同时刻的点迹数据综合为航迹的处理过程。这里点迹数据是指当目标被发现后,由参数录取设备输出的包含目标位置、幅度和相对时间等信息的数据。

雷达探测到目标后,参数录取提取目标的位置信息形成原始点迹数据,经预处理后,新的点迹与已存在的航迹进行数据关联,关联上的点迹用来更新航迹信息(跟踪滤波),并形成对目标下一位置的预测波门,没有关联上的点迹进行新航迹起始。如果已有的目标航迹连续多次没有点迹与之关联,则航迹终止,以减少不必要的计算,见 10.3 节。对空警戒/引导雷达典型目标跟踪结果,如图 1-4 所示。

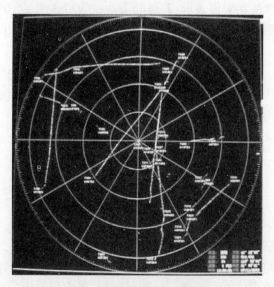

图 1-4 典型目标跟踪结果

目前,雷达对目标的跟踪主要有两类:扫描跟踪和连续跟踪。

1) 扫描跟踪

扫描跟踪是指雷达波束在搜索扫描情况下,对目标进行跟踪,一般用于搜索雷达波束在扫描状态下对目标进行开环跟踪。例如：自动检测和跟踪（automatic detection and track,ADT）方式、边扫描边跟踪（track while scan,TWS）方式、扫描加跟踪（track and search,TAS）方式等。

现代对空警戒/引导雷达、空中交通管制雷达几乎都采用 ADT 方式。在该方式下,雷达天线俯仰不动,在方位上以每分钟若干转的速度连续旋转,通过多次扫描观测,可以形成目标的航迹,即实现了对目标的跟踪。这种方式的优点是可以同时跟踪几百批甚至上千批目标,缺点是数据率低且测量精度差。

按照经典的定义,TWS 方式是指应用于角度上有限扇扫的雷达的跟踪方式,主要应用于精密进场雷达或地面控制进场系统,以及某些地空导弹制导雷达系统和机载武器控制雷达系统。扇扫可以在方位上,也可以在仰角上,或者两者同时。该方式的数据率中等,其测量精度比 ADT 略高。TAS 方式主要用于相控阵雷达对目标的搜索和开环跟踪。

2）连续跟踪

连续跟踪是指雷达天线波束连续跟随目标。在连续跟踪系统中,为了实现对目标的连续随动跟踪,通常都采用闭环跟踪方式,即将天线波束指向与目标位置之差形成角误差信号,送入闭环的角伺服系统,驱动天线波束指向随目标运动而运动。而在扫描跟踪系统中,其角误差输出则直接送至数据处理而不去控制天线对目标的随动。

连续跟踪与扫描跟踪的区别：连续跟踪是"闭环"的,而扫描跟踪是"开环"的,这是最大的区别；扫描跟踪可同时跟踪多批目标,而连续闭环跟踪通常只能跟踪一批目标；连续跟踪的数据率要高得多；连续跟踪的雷达,其能量集中于一批目标的方向,而扫描跟踪将雷达能量分散在整个扫描空域内；连续跟踪雷达对目标的测量精度远高于扫描跟踪雷达。

2. 成像与识别

现代战争是以高技术信息战、电子战为中心的战争,对战场动态信息的实时监测和处理成为关系到战争胜败的重要因素。因此,雷达仅具有提供目标位置信息的功能已不能满足现代战争的需要,希望进一步获取目标的详细信息。雷达目标成像与识别这一新的功能领域也因此应运而生,它是指在雷达已探测目标的基础上,根据目标的雷达回波信号进行深入处理,提取目标特征,实现对目标大小、架次（数目）、类别乃至属性的判定。

雷达目标成像与识别技术可分为高分辨距离像（也称为一维距离像）技术、合成孔径雷达目标成像与识别技术、逆合成孔径雷达目标成像与识别技术。它们的共同点是均要求雷达具有宽频带特性。

高分辨距离像是目标的雷达回波沿距离维的分布,可以反映出目标的结构信息。其优点是获取时间短、处理简单,且具有较大的应用价值；缺点是高分辨距离像对目标姿态变化比较敏感,同时存在距离维的位置不确定性,即高分辨距离像的平移敏感问题。某飞机的一维距离像结果,如图 1-5 所示。

合成孔径雷达（synthetic aperture radar,SAR）是利用信号处理技术（合成孔径与脉冲压缩）以较小的真实孔径天线达到高分辨率成像的雷达系统。目前,SAR 技术本身相当成熟,其在民用和军事领域的应用越来越广泛。美国五角大楼的 SAR 成像结果,如图 1-6 所示。

合成孔径雷达是运动雷达对固定的目标成像,而逆合成孔径雷达（inverse synthetic aperture radar,ISAR）通常是静止的雷达对运动目标进行高分辨率成像。相对于基于 SAR

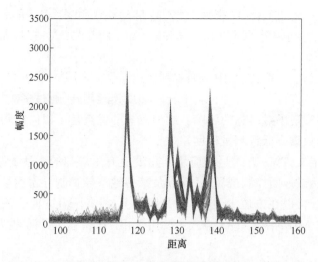

图 1-5　某飞机的一维距离像结果

图 1-6　美国五角大楼的 SAR 成像结果

图像的目标成像与识别技术,基于 ISAR 图像的目标成像与识别技术难度比较大。其原因是目标的 ISAR 图像实际上是距离-多普勒像,其多普勒维的分辨率与成像期间目标相对于雷达的转角有关,然而通常成像对象为非合作目标,因此很难确定 ISAR 图像在多普勒维的尺寸。此外,目标 ISAR 图像还与目标的瞬时运动状态有关,其姿态与目标的光学姿态可能有所不同;而且 ISAR 成像的质量也会影响到目标识别的结果。这些因素会给基于 ISAR 的目标识别带来困难。某飞机的 ISAR 成像结果如图 1-7 所示。

　　雷达目标成像与识别有多种方法,但每一种成像与识别方法都有一定的优势和针对性。对此,国内外学者一致结论:雷达目标成像与识别的方向是综合目标识别,即将两种以上特征识别方法进行融合,如高分辨一维距离像与极化体制融合,宽带与窄带识别融合等,只有通过增加信息维度和充分可靠的特征,才能获得良好的识别效果。

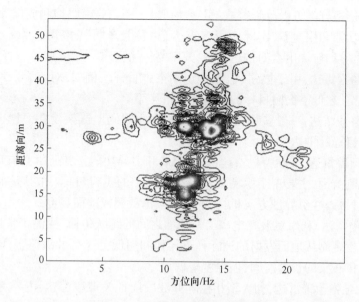

图 1-7　某飞机的 ISAR 成像结果

1.2　雷　达　分　类

从信号的形式、组成、体制、技术、用途等角度，雷达有多种不同的分类方法。下面简要介绍基于几种典型分类的雷达类型。

1. 按发射信号形式分类

按发射信号形式分类可以分为连续波雷达和脉冲雷达两类。

连续波雷达是指发射连续波信号而不是脉冲信号的雷达。它具有很大的时宽，因此一般意义上讲，它可以实现对目标无模糊测速，但通常不具备测距能力。

连续波雷达分为协同目标连续波雷达和非协同目标连续波雷达两种。协同目标连续波雷达的最大特点是在目标上装有应答机，工作时发射信号频率与接收信号频率不同，收发系统工作在不同频率点上，接收机可以通过频率滤波的方法实现相对微弱的接收信号与较强发射信号的分离，所以其在常规二次雷达/询问机、靶场外弹道测量系统和航天测控系统中已有广泛应用。

非协同目标连续波雷达收发信号之间仅差一个多普勒频率，即收发同频工作（与常规脉冲雷达类似）。这样带来的问题：当作用距离较远而需发射功率较大时，必须采用一系列收发隔离技术才能使雷达正常工作。实际中收发隔离问题是连续波雷达作用距离增大的一个根本性的限制。

非协同目标连续波雷达有两个典型应用例子：一是连续波雷达速度表，如普遍使用的测速雷达，其原理是通过多普勒频率的测量来计算运动目标的相对速度；二是调频连续波雷达高度计，如飞机上雷达高度计，其原理是发射线性调频（准）连续波信号，通过测量接收信号与发射信号间的频率差值，换算出回波信号到达时延，从而计算出目标的高度（或者距离）。

2. 按功能和用途分类

按功能和用途分类可以分为警戒、引导、航管、火控、制导、跟踪和成像等类型。

从雷达的功能和用途看,实际中很多雷达是"身兼多职"(多用途)或者是任务交叉的。以警戒、引导和航管用途的雷达为例,其主要包括:

(1)对空情报雷达,用于搜索、监视和识别空中目标。例如:对空警戒/引导雷达,专门用来探测低空、超低空突防目标的低空补盲雷达等。

(2)对海警戒雷达,一般安装在各种类型的水面舰艇上或架设在海岸、岛屿上,主要用于探测海面目标的雷达。

(3)机载预警雷达,即预警机雷达,兼有警戒和引导功能。其通常具有良好的下视能力和广阔的探测范围,主要用于探测空中各种高度上的飞行目标(尤其是低空、超低空)以及海面舰船目标,并引导己方飞机拦截敌机、攻击敌舰或地面目标。

(4)超视距雷达,利用短波在电离层与地面之间的跳跃传播,探测正常视距以外的目标。它能及早发现刚从地面发射的洲际弹道导弹和超低空飞行的战略轰炸机等目标,可为防空系统提供较长的预警时间,但精度较低。

(5)卫星、导弹预警雷达,如大型相控阵 P 波段或者 X 波段雷达,主要用来发现卫星,洲际、中程弹道导弹,并测定其瞬时位置、速度,估计发射点、落地点等弹道参数。

(6)空管雷达,用于空中交通管理,保障飞机安全飞行。

(7)航海雷达,安装在舰艇上,用于观测岛屿和海岸目标,以确定舰艇位置,并根据所显示的航路情况,引导、监督舰艇航行。

(8)地形跟随与地物回避雷达,安装在飞机上,用于保障飞机低空、超低空飞行安全。它和有关机载设备结合起来,可使飞机在飞行过程中保持一定的安全高度,自动避开地形障碍物。

(9)着陆(舰)雷达,用于引导飞机安全着陆或着舰,通常架设在机场或航空母舰甲板跑道中段的一侧。

3. 按收发分系统配置方式分类

按收发分系统配置方式分类可以分成单基地雷达和双(多)基地雷达。

单基地雷达通常就是日常使用的雷达,其特点是只有一套发射分系统和接收分系统,且同处一地。实际中,单基地雷达的典型配置方式是发射分系统为一个独立方舱,接收分系统、信号处理分系统与终端信息处理分系统共处一个方舱,两个方舱之间通过电缆连接(长度一般为几米量级),其相互间信号与数据传递时延的影响基本可以忽略。

双基地雷达是指发射分系统与接收分系统分置在异地的雷达,通常发射分系统所处的设备基站称为主站(实际中也常设有接收分系统,在一部常规的单基地雷达的基础上需要增加双基地通信与同步设备),而只起接收作用的分系统所处的基站称为辅站(无雷达发射分系统)。由于收、发分置,其工作需要收、发两部天线,同时需要解决波束的空间扫描同步,收、发本振信号的相位同步,以及收发分系统间时间同步的问题(双基地雷达的三大同步问题)。双基地雷达的一种拓展应用情况就是一个主站配多个辅站,此时为多基地雷达。双(多)基地雷达相对于常规的单基地雷达来说,不足的是,由于需要解决收发同步而带来的技术、设备复杂问题,导致成本升高。其带来的好处主要体现在三个方面:一是接收站无源工作,系统抗电子干扰的能力和抗反辐射攻击的能力明显增强;二是接收站前置,可以增大雷达前视方向的发现距离;三是在大双基地角条件下,可以极大提高对隐身目标的发现概率。

4. 按信号相参方式分类

按信号相参方式分类可以分为非相参雷达和全相参雷达。

非相参雷达是指雷达系统内部本振、发射信号以及各个分系统工作同步时钟等信号之间不存在严格的相位关系,即这些信号不完全出于同一个振荡源。早期雷达基本上都是非相参的,最典型的就是以自激振荡式发射机结构为主的雷达,如磁控管发射机的雷达,其发射信号由磁控管振荡器直接产生,而雷达整机工作所需的其他本振、同步、扫描和时钟等信号则由另外不同的电路专门产生,这些信号与磁控管振荡器产生的射频脉冲信号没有直接联系(没有相位关系)。非相参雷达的这种信号关系产生的一个现实问题:雷达多个发射脉冲信号的频率和相位都是独立的,会导致同一目标的多个回波信号的频率和相位也就没有继承性,即每个脉冲回波信号的频率是独立的、相位是随机的。这样,非相参雷达理论上就不能进行目标回波信号的相参积累,限制了雷达动目标检测性能;另外,由于磁控管振荡器等产生的信号频率稳定度不高,更影响了非相参雷达整机性能的提高,因此目前非相参雷达已逐步退出重点应用领域。

与非相参雷达形成对照的是全相参雷达。全相参雷达是指雷达系统内部本振、发射信号以及各个分系统工作同步时钟等信号之间存在着严格的相位关系,即这些信号全部出于同一个振荡源(如晶体振荡器)。在早期的全相参雷达中,这一特点彰显得非常明显。雷达中一般设有频综器的分机,其功能是基于一个高稳定度晶体振荡器通过倍频、分频、混频等方法,统一产生雷达整机工作所需的各种本振信号、发射激励信号以及同步时钟信号。现代的许多全相参雷达,特别是相控阵、数字阵列等体制的雷达,广泛采用数字直接频率合成技术或者分布式频率源技术,分别产生雷达全机或者各个模块工作所需的各种本振信号、发射激励信号以及同步时钟信号。虽然这些信号不是集中产生的,但所有这些信号相互之间都保持着严格的相位关系,只是形式上没有专门的频综器这种分机而已。相对于非相参雷达,全相参雷达具有很高的频率稳定度,其目标回波信号具有很好的相参性,便于采用现代信号处理方法和手段来提高信噪比、改善杂波抑制能力和抗干扰性能,因此也就能更好地适应现代战争的复杂电磁环境。

上面从四个方面介绍了雷达的分类方法及其特点,实践中有不少其他的分类方法和相应类型,如按天线波束扫描方式,可以分为机扫雷达和电扫或者相扫雷达;按照平台分类,可以有陆基雷达、舰载雷达、机载雷达、球载雷达、星载雷达等。总的来说,雷达作为一种重要的武器装备,其应用领域非常广。本书重点讨论地面单基地全相参脉冲体制对空警戒/引导雷达。

1.3　脉冲雷达组成与工作过程

随着对空警戒/引导雷达面临的探测环境的变化、探测目标类型的变化,其技术体制也不断发展,从非相参体制发展到全相参体制,从无源相控阵体制发展到有源相控阵体制、数字阵列体制,对空警戒/引导雷达的组成也在不断变化。但是,其基本组成与工作过程是不变的,下面分别简要介绍这几种体制对空警戒/引导雷达的基本组成与工作过程。

1.3.1 典型脉冲雷达

随着雷达面临环境与探测对象的变化,雷达技术不断发展,现代对空警戒/引导雷达几乎都采用全相参脉冲体制。典型脉冲雷达基本组成如图1-8所示。频综器产生的发射激励信号经过发射机进行功率放大后,输出一定功率的发射信号,经馈线传输至天线辐射到空间,收发开关使天线时分复用于发射和接收。反射物或目标截获并反射一部分雷达信号,其中少量信号沿着雷达的方向返回。雷达天线接收回波信号,经接收机进行放大、下变频、I/Q正交鉴相处理,输出相参视频 $I(n)$ 和 $Q(n)$ 两路信号至信号处理分系统,由信号处理分系统完成干扰抑制处理、脉冲压缩、地/海杂波抑制处理、恒虚警检测处理,输出原始点迹数据给终端信息处理分系统,由终端信息处理分系统完成目标点迹和航迹处理并显示雷达探测信息。频综器提供雷达所有频率标准和时间标准,它产生的各种频率信号之间保持严格的相位关系,从而保证雷达全相参工作;它向定时器提供参考时钟,由定时器产生全机工作时钟,使雷达各分系统保持同步工作。伺服分系统控制雷达天线自动展开/撤收、自动调平并按规定速度驱动天线旋转。监控分系统通过网络和监控计算机监视雷达整机的工作状态并控制雷达的工作模式。电源分系统为全机各分系统供电。

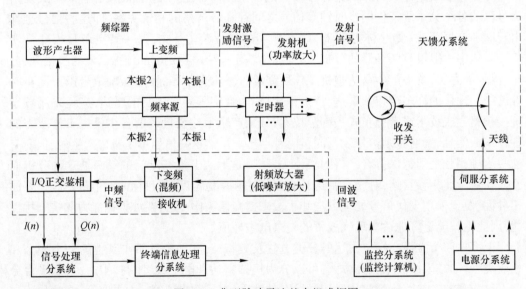

图1-8 典型脉冲雷达基本组成框图

1.3.2 相控阵雷达

随着雷达发展和不同应用,典型脉冲雷达组成出现多种变化,其中采用相控阵天线的相控阵雷达越来越多地出现在对空警戒/引导雷达中。相控阵雷达的组成方案很多,目前典型的相控阵雷达采用移相器控制波束的发射和接收组成形式,具体如下:

一种称为无源相控阵雷达,其基本组成如图1-9所示。它共用一个或几个高功率发射机,发射时通过馈电网络中分配器激励天线阵列,接收时通过馈电网络中合成器实现信号的接收,波束控制器控制天线阵中各移相器的相移量,使天线波束按指定空域搜索或跟踪目标。

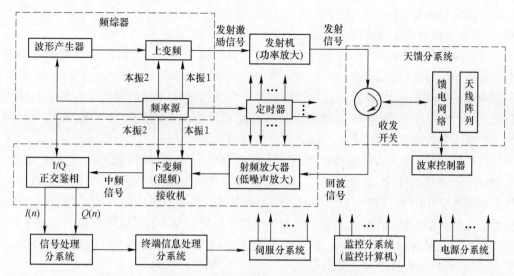

图 1-9　无源相控阵雷达基本组成框图

另一种称为有源相控阵雷达,其基本组成如图 1-10 所示。每个阵列单元(行、列或子阵)对应一个射频 T/R 组件。每个射频 T/R 组件主要由发射用的末级功率放大器、接收用的低噪声放大器(low noise amplifier,LNA)、收发开关、移相器等组成。发射机末级功率放大器位于每个单元的 T/R 组件中,回波信号由每个 T/R 组件的低噪声放大器放大后通过馈电网络进入主接收机。也可将一个完整的接收机一起放在每个组件中,通过总线将数字信号馈入含有数字波束形成功能的信号处理分系统中。

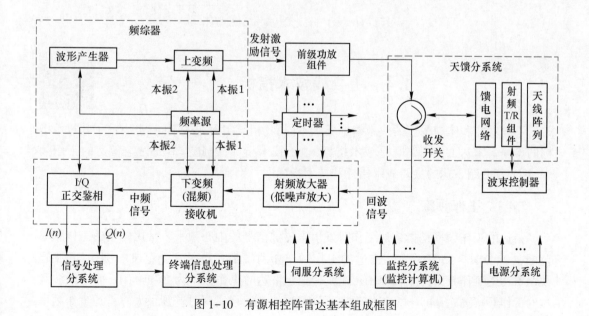

图 1-10　有源相控阵雷达基本组成框图

目前,已有雷达装备将发射激励信号产生也放入 T/R 组件中,即数字阵列雷达。它是一种接收和发射波束都采用数字波束形成技术的全数字阵列扫描雷达。数字阵列雷达的基本组成如图 1-11 所示,主要由阵列天线、数字 T/R 组件、数字波束形成、信号处理器、控制处理器和基准源等部分组成。

发射时,控制处理器产生每个天线阵元的频率和幅/相控制字,对各个数字 T/R 组件中的波形产生器进行控制,产生需要的频率、相位和幅度的射频信号,经过功率放大后输出到对应的天线阵元,各阵元的辐射输出信号在空间合成所需要的发射方向图。与传统有源相控阵雷达不同,数字阵列雷达的数字 T/R 组件中没有模拟的移相器,是用全数字的方法来实现波束形成,因此具有很高的精度和很大的灵活性。

接收时,每个数字 T/R 组件接收阵列天线对应阵元的射频回波信号。先经过放大、下变频形成中频信号,再对中频信号进行 A/D 采样和数字鉴相后输出正交的 I/Q 数字信号。多路数字 T/R 组件输出的大量回波信号数据通过高速数据传输系统,如低压差分传输器或光纤传输系统,最后送至数字波束形成和信号处理器。数字波束形成完成单波束、多波束形成以及自适应波束形成,信号处理器完成软件化信号处理,如脉冲压缩、动目标显示、动目标检测和目标检测处理等。

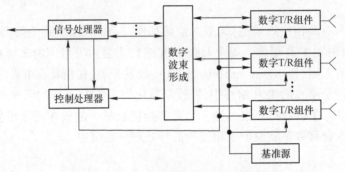

图 1-11　数字阵列雷达基本组成框图

1.4　主要战技术指标

不同功能和体制雷达的战术指标要求不同,其相应实现方式不同,也决定了其技术指标的不同。雷达工作频率既是战术指标,也是技术指标,因此本节先讨论雷达的工作频率,再分别介绍雷达的主要战术指标和技术指标。

1.4.1　工作频率

雷达的工作频率是指雷达工作时发射电磁波信号的中心频率。常用的雷达工作频率范围在 220MHz~35GHz,实际雷达的工作频率在两端都超出了这个范围。例如:天波超视距雷达的工作频率为 6~28MHz,地波超视距雷达的工作频率为 2~14MHz,而毫米波雷达的工作频率高达 94GHz。工作频率不同的雷达在工程实现时差别很大。雷达工作频率和电磁波频谱如图 1-12 所示。

目前在雷达技术领域中,常用频段(或波段)的名称用 P、L、S、C、X 和 K 等英文字母来命名。这些代码最初是在第二次世界大战(简称为"二战")期间为保密而引入的。尽

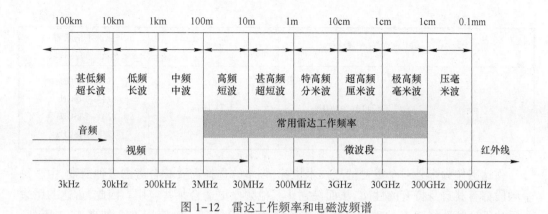

图 1-12　雷达工作频率和电磁波频谱

管后来不再需要保密,但这些代码仍沿用至今,主要是因为方便。另外,在军事应用上,它的重要作用是不必用雷达的确切频率来描述雷达的工作频段。雷达频段与频率和波长的对应关系,如表 1-1 所列。电磁波波长与频率之间的关系为

$$f_0 = \frac{c}{\lambda} \tag{1-4}$$

式中:f_0 为电磁波频率(Hz);λ 为电磁波波长(m);c 为光速。

表 1-1　雷达频段与频率和波长的对应关系

频段名称	频率	波长	国际电信联盟分配的雷达频段
HF(高频)	3~30MHz	100~10m	—
VHF(甚高频)	30~300MHz	10~1m	138~144MHz 216~225MHz
UHF(P)(超高频)	300MHz~1GHz	100~30cm	420~450MHz 850~942MHz
L	1~2GHz	30~15cm	1.215~1.4GHz
S	2~4GHz	15~7.5cm	2.3~2.5GHz 2.7~3.7GHz
C	4~8GHz	7.5~3.75cm	5.25~5.925GHz
X	8~12GHz	3.75~2.5cm	8.5~10.68GHz
Ku	12~18GHz	2.5~1.7cm	13.4~14.0GHz 15.7~17.7GHz
K	18~27GHz	1.7~1.1cm	24.05~24.25GHz
Ka	27~40GHz	1.1~0.75cm	33.4~36GHz
V	40~75GHz	0.75~0.4cm	59~65GHz
W	75~110GHz	0.4~0.27cm	76~81GHz 92~100GHz

（续）

频段名称	频率	波长	国际电信联盟分配的雷达频段
mm	110~300GHz	2.7~1mm	126~142GHz 144~149GHz 231~235GHz 238~248GHz

　　雷达工作频率是一个重要的战技术指标,频率的选择需要综合考虑多种因素,由于每个频段都有其自身特有的性质,从而使它比其他频段更适合某些应用。因此,雷达的用途是雷达设计师选择频率的重要依据。雷达频段的特点与一般使用方法如表1-2所列。一些典型雷达选用的频段如下:

　　(1)战略预警雷达,用于预警弹道导弹,如美国的 AN/FPS-115,选用 P 波段;

　　(2)防空预警雷达,用于远程警戒,如美国的 AN/FPS-117,选用 L 波段。

表 1-2　雷达频段的特点与一般使用方法

频段	特点	使用
HF	波长较长,需要窄的波束宽度必须采用大物理尺寸的天线,而且许多有用目标位于瑞利区,目标尺寸比波长小;可用的带宽窄;电磁波能被电离层折射	超视距雷达,可以实现很远的作用距离,但具有低角度分辨率和精度;天波超视距、地波超视距雷达采用该频段工作
VHF	波长较长,带宽窄,频段也很拥挤;与微波频段相比,雷达发射机、天线等核心单元生产所需的工艺简单、价格便宜;在该频段减小空中目标雷达截面积通常很困难	远程监视,具有中等分辨率和精度,无气象效应;米波雷达采用该频段工作
UHF(P)	比起 VHF 频段,UHF 频段雷达外部噪声低,波束也较窄,并且受气候影响小	远程监视,具有中等分辨率和精度,无气象效应;适用于监视宇宙飞船、弹道导弹等外层空间目标的雷达
L	具有好的动目标显示性能、大功率及较窄波束,并且外部噪声低	远程监视,具有中等分辨率和适度气象效应;地面远程对空警戒/引导雷达首选频段,也适用于探测外层空间远距离目标的大型雷达
S	波束宽度更窄,易于减轻军用雷达可能遭遇的敌方的主瓣干扰的影响	中程监视和远程跟踪,具有中等精度,在雪或暴雨情况下有严重的气象效应;对空中程监视雷达的较好频段,可用于军用三坐标雷达、测高雷达、远程机载对空警戒脉冲多普勒雷达、对空警戒/引导雷达、远程气象雷达等
C	C 波段介于 S 波段和 X 波段之间,可看作是二者的折中	近程监视,远程跟踪和制导,具有高精度,在雪或中等雨情况下有更大气象效应;常用于导弹精确跟踪的远程精确制导雷达、多功能相控阵防空雷达、中程气象雷达

（续）

频段	特点	使用
X	雷达的尺寸适宜,适合注重机动性和重量轻而非远距离的场合;带宽宽,从而可产生窄脉冲(或宽带脉冲压缩);可用尺寸相对小的天线产生窄波束,这些都有利于高分辨率雷达的信息收集;雨会大大削弱其功能	晴朗天气或小雨情况下的近程监视,晴朗天气下高精度的远程跟踪,在小雨条件下减为中程或近程;常用于军用武器控制(跟踪)雷达、民用雷达,也用于舰载导航和领港、恶劣气象规避、多普勒导航和警用测速等
Ku 和 Ka	带宽宽;用小孔径天线可获得窄波束;难以产生和辐射大的功率;受雨和大气衰减的限制,雷达作用距离近	近程跟踪和制导,专门用在天线尺寸有限且不需要全天候工作时,更广泛应用于云雨层以上高度的机载系统中;常用于机场地面交通定位和控制的机场场站探测雷达
mm	大功率、高灵敏度接收机和低损耗传输线在毫米波不易实现;即使在"晴朗"天气下,毫米波段也存在很高的衰减	很近距离跟踪和制导;94GHz 频率(3mm 波长)通常代表毫米波雷达的"典型"频率;常用于近程雷达(导引头)

1.4.2　主要战术指标

1. 探测范围

探测范围是指在该空域内对具有雷达截面积 σ_T 的空中目标,能在虚警概率 P_f,以大于发现概率(或检测概率) P_d 的条件下检测到目标,并能以每个周期 T 扫描一次的数据率提供目标的坐标参数和运动参数。对空警戒/引导雷达探测范围如图 1-13 所示。它主要根据在雷达网中使用部署要求确定,保证不同高度探测范围的衔接,并防止高空探测范围过分重叠造成能量浪费。考虑到地球曲率影响和探测目标高度的限制,不是各型雷达探测距离越远越好,而应根据实际用途确定,因此雷达探测范围通常与雷达工作模式相关,工作模式通常包括正常模式、增程模式、小目标模式等。

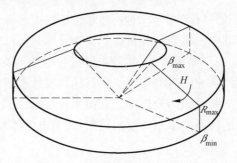

图 1-13　雷达探测范围示意图

雷达威力图是雷达探测范围的常用表现形式,它是对指定雷达截面积、以雷达可探测到的距离和高度为参数,描述垂直截面的探测范围。雷达威力如图 1-14 所示。

因此,探测范围通常包括:最大探测距离、最小探测距离、方位范围、仰角范围、高度范围、速度范围。

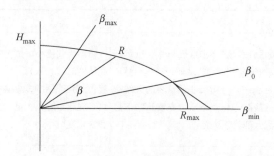

图 1-14　雷达威力示意图

最大探测距离是指雷达在一定的发现概率 P_d（通常警戒雷达为 50%，引导雷达为 80%）、一定的虚警概率 P_f（通常为 10^{-6}）、一定的目标雷达截面积、一定的目标起伏模型（施威林 I 型）、一定的天线转速的前提下，能够探测到目标的最远距离。雷达最大探测距离是经过实际检飞得到的结果（一般情况下，通常以 $2m^2$ 作为典型条件；针对隐身目标，通常以 $0.1m^2$ 作为典型条件；针对弹道导弹目标，通常以 $10m^2$ 作为典型条件）。雷达探测距离通常可分为近、中、远程，其最大探测距离分为 200km、300km、400km，超过 400km 为超远程。最小探测距离在可能情况下越小越好，通常在几百米至几十千米之间。

方位范围通常为 360°。仰角范围表明了探测目标高度和顶空盲区的大小，对于赋形天线，一般为 0～40°。高度范围通常根据探测目标的高度确定。航空器的飞行高度一般在 30km 以下，弹道导弹轨道最高点为几十千米至几千千米，空间目标轨道高度为几百千米至几万千米。雷达能探测到空中目标的飞行高度可分为超低空、低空、中空、高空和超高空目标，其飞行真高分别为 100m（含）以下、100～1000m（含）、1000～7000m（含）、7000～15000m（含）、15000m 以上。

速度范围根据探测目标的最大飞行速度确定。航空器飞行速度一般为马赫数 2～3，弹道导弹则高些，巡航导弹巡航时通常为马赫数零点几。

2. 分辨率

分辨率是指对两个相邻目标的区分能力，通常包括距离和方位两维，有时还包括仰角维和速度维，这四维只要其中一维能区分目标就认为目标是可以分辨的。对距离维而言，两个目标在同一角度但处在不同距离上，其最小可区分的距离称为距离分辨率。对于脉冲雷达，把第一个目标回波脉冲的后沿与第二个目标回波脉冲的前沿重合时，作为距离可分辨的界限，这个界限距离就是距离分辨率。其值为 $\rho_r = c\tau/2$，其中：c 为光速，τ 为脉冲宽度，该距离分辨率是不进行脉冲压缩处理的结果；如果进行脉冲压缩处理，则 $\rho_r = c/2B$，其中：B 为信号带宽。

当两个目标处在相同距离上，但角位置有所不同时，最小能够区分的角度称为角度分辨率（在水平面内的角度分辨率称为方位角分辨率，在垂直面内的角度分辨率称为俯仰角分辨率）。它与天线 3dB 波束宽度有关，波束越窄，角分辨率越高。

3. 测量精度或误差

雷达测量精度是以测量误差的均方根来衡量的。测量方法不同，测量精度也不同；误差越小，精度越高。雷达测量误差通常可分为系统误差和随机误差，其中系统误差可以采取一定的措施进行修正,实际中影响测量精度的主要是随机误差。所以往往对测量结果规定一个误差范围,例如:规定一般警戒/引导雷达的距离测量精度取距离分辨率的1/3左右;最大信号法测角精度为 0.1~0.2 倍的 3dB 波束宽度;等信号法测角精度比最大信号法高。对于跟踪雷达,单脉冲跟踪雷达测角精度为 0.02~0.1 倍的 3dB 波束宽度;圆锥扫描跟踪雷达测角精度可达 0.05 倍的 3dB 波束宽度。

4. 数据率

数据率一般可分为搜索数据率和跟踪数据率。

搜索数据率是雷达对整个威力范围完成一次探测(对这个威力范围内所有目标提供一次信息)所需时间的倒数,也就是单位时间内雷达对每个目标提供数据的次数。它表征了搜索雷达和引导雷达的工作速度。例如:一部 10 秒完成对威力区范围搜索的雷达,其搜索数据率为每分钟 6 次。跟踪数据率是雷达在跟踪某一个目标时相邻探测时间间隔的倒数,也就是单位时间内雷达对某个目标提供数据的次数。例如:某雷达每 1 秒对某一目标跟踪一次,其跟踪数据率为每分钟 60 次。

5. 观察与跟踪的目标数

雷达观察与跟踪的目标数,一般是指雷达在对整个探测范围进行一次探测的时间内,能够完成的观察目标数目和跟踪目标数目。它取决于雷达的数据处理能力。

6. 抗干扰能力

抗电子干扰能力、抗隐身目标能力、抗辐射武器攻击能力、抗电磁武器攻击能力都属于雷达电子防御性能,下面主要说明常用的抗干扰能力。

雷达抗干扰能力是指雷达在干扰环境中能够有效地检测目标和获取目标参数的能力。通常雷达是在各种自然干扰和人为干扰的条件下工作的。这些干扰包括敌方人为施放的无源干扰和有源干扰、近处电子设备的电磁干扰以及自然界存在的地物、海浪和气象等干扰。如不采取有效措施,则这些干扰将使雷达的性能急剧下降,严重时可能使雷达失去工作能力。对雷达的抗干扰能力一般从两个方面来描述:一是以语言说明,如采取了哪些抗干扰措施,使用了何种抗干扰电路等;二是以数值表达,如不同杂波条件下改善因子的大小,接收天线旁瓣电平的高低,频率捷变的响应时间,频率捷变的跳频点数等。

7. 可靠性

雷达需要长时间可靠的工作,甚至需要在野外工作,所以其可靠性要求较高。雷达可靠性的两个指标:是通常用两次故障之间的平均时间间隔来表示,称为平均无故障时间(mean time between failure,MTBF)。这一平均时间越长,可靠性越高。二是发生故障以后平均修复时间(mean time to repair,MTTR),它越短越好。现代雷达中大量使用计算机,可靠性包括硬件的可靠性和软件的可靠性。一般雷达的 MTBF 在数千小时,而机场空管雷达要求在上万小时。

8. 工作环境条件

工作环境条件主要是指雷达工作的温度、高度、湿度要求及抗风能力等。雷达一般要有三防(防水、防腐蚀、防盐雾)措施,特别是在户外的设备均需要有三防措施。

9. 体积和重量

体积和重量决定于雷达的任务要求、所用器件和材料。空天基雷达对体积和重量的要求很严格。

10. 功耗及展开时间

功耗是指雷达的电源消耗总功率。展开时间是指雷达在机动中的架设和撤收时间。这两项性能对雷达的机动性十分重要。

1.4.3 主要技术指标

1. 工作带宽

雷达工作带宽一般包括两个层面的含义:一是系统带宽,指雷达系统能够工作的全部频段宽度;二是实时工作带宽,又称为瞬时工作带宽或信号带宽,指雷达工作时为满足分辨率要求而需要选择具有适度带宽的信号(如 2MHz)。通常系统带宽远大于信号带宽,但在高分辨率雷达中(如合成孔径雷达或逆合成孔径雷达),两者基本相等。

目前,从抗干扰需要出发,一般要求雷达工作带宽为工作频率的 5%~10%,超宽带雷达为 25% 以上。

2. 调制波形、脉冲宽度和脉冲重复频率

早期雷达发射信号采用单一的脉冲波形幅度调制,即单载频矩形脉冲。现代雷达为了提高测量精度、抗干扰能力等性能而采用多种调制波形,如线性/非线性调频信号、相位编码信号等。

脉冲宽度指发射脉冲信号的持续时间,常用 τ 表示。一般在 0.01 微秒至几百微秒之间,它不仅影响雷达探测能力,还可能影响距离分辨率。

脉冲重复频率指雷达每秒钟发射的射频脉冲的个数,用 f_r 表示。脉冲重复频率的倒数称为脉冲重复周期,它等于相邻两个发射脉冲前沿的间隔时间,用 T_r 表示。雷达的脉冲重复频率 f_r 一般在几十赫兹至几十千赫兹。为了满足测距测速的性能要求,现代雷达常采用多种重复频率或参差重复频率。占空比是指脉冲宽度与脉冲重复周期的比值,常用 D 表示,一般在 0.01%~100%。

3. 发射功率

发射功率的大小影响雷达最大作用距离,功率大则雷达最大作用距离远。发射功率分为峰值功率和平均功率。雷达在发射脉冲信号期间所输出的功率称为峰值功率,用 P_τ 表示;由于雷达的作用距离决定于平均功率,因此,工程上多用平均功率这一概念来描述。平均功率是指一个脉冲重复周期 T_r 内发射机输出功率的平均值,用 P_{av} 表示。它们的关系为

$$P_{av} = P_\tau \cdot D = P_\tau \cdot \tau/T_r = P_\tau \cdot \tau \cdot f_r \tag{1-5}$$

式中:D 为占空比;τ 为脉冲宽度;f_r 为脉冲重复频率;T_r 为脉冲重复周期。

实际中,一般对空警戒/引导雷达的峰值功率为几百千瓦至兆瓦量级,中、近程火控雷达为几千瓦至几百千瓦量级。

4. 天线的 3dB 波束宽度、增益和旁瓣电平

雷达天线的方向性通常由方向性函数 $F(\theta)$ 表征,如图 1-15 所示,包括主瓣和旁瓣(也称为副瓣)。

天线 3dB 波束宽度一般用水平和垂直面内主瓣的半功率点波束宽度来表示(3dB 波束宽度)。3dB 波束宽度与天线口径大小成反比,其表达式为

$$\theta_{3dB} \approx k_a \cdot \lambda/L \tag{1-6}$$

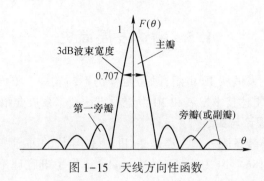

图 1-15　天线方向性函数

式中：$\theta_{3\text{dB}}$ 为天线半功率点波束宽度，即 3dB 波束宽度；λ 为波长；L 为天线在水平、垂直面的尺寸；对于线性阵列天线，系数 $k_a \approx 0.89$。式(1-6)表明，雷达天线口径尺寸越大、工作波长越短，则天线波束越窄。雷达的能量就是通过这个窄波束辐射出去，同时通过这个波束把目标回波信号接收回来，因此常把这个波束称为主波束或者主瓣。实际中，米波雷达的 3dB 水平波束宽度在 10 度量级，而 L 波段、S 波段雷达的水平 3dB 波束宽度在几度左右。

天线的增益表示的是雷达主波束定向辐射或者定向接收电磁波的能力，天线的增益越高，其定向辐射和接收的能力就越强，雷达作用距离就越远。天线增益大小的近似表示式为

$$G = 4\pi A_e / \lambda^2 \tag{1-7}$$

式中：G 为天线功率增益；A_e 为天线的有效接收面积；λ 为波长。

相对于主瓣，雷达天线还存在不少辐射电平较低的旁瓣，如图 1-15 所示。

工程上为了表示雷达相关参数或者指标(数值)的方便起见，常采用 dB 这个无量纲形式，这里给出其基本定义：

$$A(\text{dB}) = 20\lg A \,(\text{幅度}) \quad \text{或者} \quad P(\text{dB}) = 10\lg P \,(\text{功率}) \tag{1-8}$$

根据式(1-8)，可以计算得到对应的图 1-15 所示 3dB 波束宽度，即 $\theta_{3\text{dB}} = 20\lg A = 20\lg 0.707 = -3\text{dB}$，这也是习惯上称 3dB 宽度的由来。

5. 接收机灵敏度

接收机灵敏度表征了雷达接收微弱信号的能力。它用接收机在噪声电平一定时所能感知的输入功率的大小来表示，通常规定在保证 50% ~ 90% 检测概率条件下，雷达检测目标所需的接收机输入端回波信号的最小功率作为雷达接收机的灵敏度。显然，接收机的灵敏度越高，雷达的作用距离就越远。目前雷达接收机的灵敏度一般在 0.01 ~ 1pW。

6. 杂波抑制能力(改善因子)

雷达杂波抑制能力通常用改善因子来表征。其定义：输出信杂比(S_o / C_o 或 SCR_o)与输入信杂比(S_i / C_i 或 SCR_i)之比，即

$$I = \frac{S_o / C_o}{S_i / C_i} = \frac{S_o}{S_i} \cdot \frac{C_i}{C_o} \tag{1-9}$$

通常，对空警戒/引导雷达，对地杂波的改善因子为 40 ~ 50dB，对气象杂波的改善因子为 20 ~ 30dB；机载预警雷达，对杂波的改善因子为 70 ~ 80dB。

1.5　雷达发展简史

雷达技术与装备的发展从 19 世纪开始,至今仍不断发展。下面从雷达萌生、雷达诞生、第二次世界大战后雷达技术发展和 20 世纪后雷达技术发展介绍雷达发展简史。

1. 雷达萌生前的理论与实践

雷达作为一种军事装备服务于人类是 20 世纪 30 年代的事,但其原理的发现和探讨,还要追溯到 19 世纪。1864 年,麦克斯韦(Maxwell)提出了电磁理论,预示了电磁波的存在,也奠定了雷达科学与技术发展的基石。

1886 年,赫兹(Heinrich Hertz)通过实验验证了麦克斯韦电磁场理论,证明了"电磁波"的存在,并演示了电磁波能被金属和介质物体反射的现象。因此,赫兹成为世界公认的最早的雷达科学家。

1903 年,德国工程师赫尔斯姆耶(Christian Hulsmeyer)成功探测到了从船上反射回来的电磁波(反射回波),并为德国海军做出了演示样机。在此基础上,1904 年,赫尔斯姆耶申请并取得了雷达的发明专利。

1922 年,马可尼主张用短波无线电来探测物体,他认为:电磁波是能够被导体所反射的,可以在船舶上设置一种装置,向任何所需的方向发射电磁波,若碰到导电物体,它就会反射到发射电磁波的船上,由一个与发射机相隔离的接收机接收,以此表明另一船舶是存在的,并进而可以确定其具体位置。这是最早比较完整地描述雷达概念的语句。同年,美国海军研究实验室的 A. H. 泰勒、L. C. 泰勒和 L. C. 杨用一部波长为 5m 的连续波试验装置探测到了一只木船。由于当时无有效的隔离方法,只能把接收机与发射机分置,这实际上是一种双基地雷达。

1924 年,英国的爱德华阿普尔顿和 M. A. 巴克特为了探测大气层的高度而设计了一种阴极射线管,并附有屏幕。1925 年,美国霍普金斯大学的 G. 伯瑞特和 M. 杜威第一次在阴极射线管荧光屏上观测到了从电离层反射回来的短波窄脉冲回波。

2. 雷达诞生与应用

19 世纪后期到 20 世纪初期,所有雷达相关的发明工作主要是受到海上作业(如海军)的需求牵引,具体如下:

19 世纪 30 年代,很多国家都开始进行用来探测飞机和舰船的脉冲雷达的研究工作。1930 年,美国海军研究实验室的汉兰德采用连续波雷达探测到了飞机。1934 年,美国海军研究实验室的 R. M. 佩奇第一次拍下了从 1.6km 外一架单座飞机反射回来的电磁脉冲(荧光屏上显示)的照片。1935 年 2 月,英国人用一部 12MHz 的雷达探测到了 60km 外的轰炸机;1937 年初,英国正式部署了作战雷达网"本土链"。1938 年,美国信号公司制造了第一部 SCR-268 防空火力控制雷达,工作频率为 205MHz,探测距离达 180km,前后共生产了约 3000 部。由于工作频率较低,在引导攻击时,SCR-268 雷达必须依靠辅助光学跟踪器来精确化其测角数据;在夜间工作时,其要借助于雷达波束同步的探照灯。

1938 年,美国无线电公司研制出了第一部实用的 XAF 舰载雷达,装在美国"纽约"号战舰上,它对海面舰船的探测距离是 20km,对飞机的探测距离为 160km。

1939 年,英国在一架飞机上安装了一部 200MHz 的雷达,用来监视入侵的飞机。这是世界上第一部机载预警雷达。当时的英国在研制厘米波功率信号发生器件方面处于领先地位,它首先制造出了能产生功率 3000MHz、1kW 的磁控管。高功率厘米波器件的出现,大幅促进了雷达技术的发展。

1940 年,英国的科学家们在访问美国时向美国提供了磁控管,并建议美国研制微波机载雷达和防空火控雷达。1940 年 11 月,美国麻省理工学院成立了辐射实验室。第二次世界大战后公开出版的"辐射实验室丛书",向世人公开了雷达和有关学术领域的大批技术资料。

1941 年 12 月 9 日,日本偷袭珍珠港。那时美国已经生产了近百部 SCR-270/271 警戒雷达,其中的一部就架设在珍珠港,是专门用来监视日本入侵珍珠港的飞机,可惜那天值勤的美国指挥官误把荧光屏上出现的日本飞机的回波当成了自己飞机的回波,由此酿成惨重损失。

第二次世界大战中,由于战争的需要,交战双方都集中了巨大的人力、物力和财力来发展雷达技术,到战争末期,雷达已在海陆空三军中得到了广泛应用。其中,大多数工作于超高频或更低的频段,海军的雷达工作在 200MHz 频率上。到战争后期,工作在 400MHz、600MHz 和 1200MHz 频率上的雷达也投入使用。当时的雷达不仅能在各种复杂条件下发现数百千米外的入侵飞机,而且能精确地测出它们的位置。

1943 年,在高功率磁控管研制成功并投入生产之后,微波雷达正式问世。低功率速调管在很长一段时间里一直只用作超外差接收机的本地振荡器。从英国研制成功磁控管到美国麻省理工学院辐射实验室做出第一部 10cm 实验雷达,只用了一年时间。其首先制造成功的是 XT-1 型外场试验装置,到 1943 年中就提供了 SCR-584 防空火控雷达。这种雷达的 3dB 波束宽度为 70mrad,跟踪飞机的精度约为 15mrad。这样的精度完全能满足高炮射击指挥仪的要求(光学跟踪仍然作为雷达数据的补充),雷达伺服控制自动跟踪的性能足以使雷达控制的火炮在射程范围内具有很高的杀伤率。

3. 第二次世界大战后雷达技术发展

受到战争需求的牵引,雷达技术在第二次世界大战期间得到了迅猛发展。战后持续近半个世纪的冷战时期,军备竞赛更不断刺激和推动着雷达系统理论及其相关技术的快速发展,如高功率速调管、低噪声行波管以及固态功率器件、数字信号处理与高速信号处理芯片等。这些技术的发展,又进一步促使雷达获得了更加广泛的应用。从第二次世界大战结束至今,几乎每个时期都有各种标志性的产品相继研制成功。

1) 20 世纪 50 年代

20 世纪 40 年代雷达的工作频段由 HF、VHF 发展到了微波波段,直至 K 波段。到 20 世纪 50 年代末,为了有效地探测卫星和远程弹道导弹而需要研制超远程雷达,雷达的工作频段又返回到了较低的 VHF 和 UHF 波段。在这些波段上可获得兆瓦级的平均功率,可采用尺寸达百米以上的大型天线,大型雷达已开始应用于观测月亮、极光、流星和金星。

20 世纪 40 年代发展起来的单脉冲雷达原理到 20 世纪 50 年代成功地应用于 AN/FPS-16 跟踪雷达。这种供测量用的单脉冲精密跟踪雷达,其角跟踪精度达 0.1mrad。

20 世纪 50 年代出现的合成孔径雷达,其利用装在飞机或卫星上相对来说较小的侧视天线,可产生一个条状地图。机载气象雷达和地面气象观测雷达也问世于这一时期。机载脉冲多普勒雷达是 20 世纪 50 年代初提出的构思,20 世纪 50 年代末就成功地应用于"波马克"空空导弹的下视制导雷达。

2）20世纪60年代

20世纪60年代的雷达技术是以第一部电扫相控阵天线和数字处理技术为标志。

第一部实用的电扫雷达采用频率扫描天线。应用最广泛的是 AN/SPS-48 频扫三坐标雷达,它是方位上机械扫描与仰角上电扫描相结合的,仰角上提供大约45°的覆盖。美国海军相继投入运转的 AN/SPS-33 防空相控阵雷达工作于 S 波段,方位波束的电扫描用铁氧体移相器控制,俯仰波束用频扫实现。

1957年,苏联成功地发射了人造地球卫星,这也表明射程可达美国本土的洲际弹道导弹已进入实用阶段,人类进入了空间时代。美苏相继开始研制外空监视和洲际弹道导弹预警用的超远程相控阵雷达。例如:美国在20世纪60年代完成的服役于美国空军的 AN/FPS-85 雷达,它的天线波束可在方位和仰角方向上实现相控阵扫描。这是正式用于探测和跟踪空间物体的第一部大型相控阵雷达。这部雷达的发展证明了数字计算机对相控阵雷达的重要性。

20世纪60年代后期,数字技术的发展使雷达信号处理开始了一场革命,并一直延续到现在。对动目标显示技术加以数字化改进后,1964年美国海军把机载动目标显示雷达应用到了 E-2A 预警机上。美国为了用一部装在运动平台上的雷达来可靠地探测水面上空飞行的飞机,几乎花了20年时间;把机载动目标显示雷达技术扩展到陆地上,又花了10年左右时间,因为陆地的杂波比海面杂波要强得多。

在20世纪60年代,美国海军研究实验室研制的探测距离在3700km以上的"麦德雷"高频超视距雷达,首次证明了超视距雷达探测飞机、弹道导弹和舰艇等的能力,还有确定海面状况和海洋上空风情的能力。

20世纪60年代,用电子抗干扰装置来对付敌方干扰的措施,最典型的例子就是美国陆军的"奈基Ⅱ型"对空武器系统所用的雷达。这个系统包括一部 L 波段对空监视雷达,它利用一个大型天线,在很宽的频带内具有高平均功率,有战时使用的保留频率,并有相参旁瓣对消器。此外,这部雷达还与一部 S 波段点头式测高雷达、S 波段截获雷达、X 波段跟踪雷达和 Ku 波段测距雷达一起工作,使电子干扰更加困难。

3）20世纪70年代

20世纪70年代合成孔径雷达、相控阵雷达和脉冲多普勒雷达等有了较大发展。合成孔径雷达的计算机成像是70年代中期突破的,高分辨率合成孔径雷达已经移植到民用领域,并进入空间飞行器。装在海洋卫星上的合成孔径雷达已经获得分辨率为25m×25m的雷达图像,用计算机处理后能提供大量地理、地质和海洋状态信息。在 Ka 波段上,机载合成孔径雷达的分辨率已可达到约0.3m。这时期相控阵雷达和脉冲多普勒雷达的发展都与数字计算机的高速发展密不可分。

20世纪70年代已经投入正常运转的 AN/FPS-108 型"丹麦眼镜蛇雷达"是一部有代表性的大型高分辨率相控阵雷达,美国将该雷达用于观测和跟踪苏联勘察加半岛靶场上空的多个弹头再入的弹道导弹。"鱼叉"和"战斧"系统中用的巡航导弹制导雷达也是这个时期出现的。

E-3 预警机的脉冲多普勒雷达的研制成功,使机载预警雷达有了重大发展。机载脉冲多普勒雷达之所以能够成功,很大程度上是因为天线的超低旁瓣性能(最大旁瓣低于-40dB)。美国西屋公司的超低旁瓣天线,使旁瓣差不多下降了两个数量级。

　　另外,20 世纪 70 年代雷达在民用领域也得到了应用,如越南战争期间,在雷达开发工作中出现了一个有趣的副产品,就是用甚高频宽带雷达探测地下坑道。此后,这种雷达一直供探测地下管道和电线电缆等民事应用。在空间应用方面,雷达被用来帮助"阿波罗"飞船在月球上着陆;在卫星方面,雷达被用作高度计,测量地球及其表面的不平度。

　　4) 20 世纪 80 年代

　　20 世纪 80 年代相控阵雷达技术大量用于战术雷达。这期间研制成功的主要相控阵雷达,包括美国陆军的"爱国者"、海军的"宙斯盾"和空军的 B-1B 系统,都已进入了批量生产。L 波段和 L 波段以下的固态发射机已用于 AN/TPS-59、AN/FPS-117、"圆堡"和 AN/FPS-40 等雷达中。在空间监视雷达方面,"铺路爪"全固态大型相控阵雷达 AN/FPS-115 是雷达的一个重大发展。

　　5) 20 世纪 90 年代

　　20 世纪 90 年代尽管冷战结束,但局部战争仍然不断,特别是由于海湾战争的刺激,雷达又进入了一个新的发展时期。对雷达观察隐身目标的能力、在反辐射导弹与电子战条件下的生存能力和工作有效性提出了很高的要求,对雷达测量目标特征参数和目标分类、目标识别有了更强烈的需求。随着微电子和计算机的高速发展,雷达的技术性能也在迅速提高,在军事上的应用进一步扩大,雷达安装平台的种类日益增多,雷达成像技术也进展得很快。双多基地雷达与雷达组网技术的应用,与无源雷达及其他传感器综合,实现多传感器数据融合等技术,在当今雷达发展过程中均占有重要地位。

4. 20 世纪后雷达技术发展

　　2000 年以后,美国继海湾战争、科索沃战争以后,以"反恐"为由发动或参与了阿富汗、伊拉克、利比亚等战争,不断推进和完善其网络战争(信息战)样式,雷达的发展进入了网络时代。从技术层面看,其主体特征是采用多传感器探测(多任务系统)、相控阵天线、数字处理、资源管理等一体化技术,实现感知功能;从应用层面看,普遍采用陆海空天立体式分布结构,通过实时组网与信息分发,实现战场管理、火力打击、效果评估等系统化功能。

　　从最近几年推出的装备情况看,其中最有代表性的装备为美国在 E-2C 基础上升级的 E-2D"先进鹰眼"预警机,这里作为例子给出其可能采用的主要技术,以供参考。E-2D 预警机雷达采用的主要技术:360°机扫+电扫、数字直接频率合成激励器、频率和波形捷变、固态发射机、接收中频采样数字处理与数字波束形成、脉冲多普勒与多通道空时自适应处理、同时空海检测、宽/窄带侦查、自动通道监视和选择、基于空时自适应处理和恒虚警的环境处理、提供视频、目标报告、辐射源报告到任务计算机。

思 考 题

　　1-1　雷达工作的四大物理基础是什么?

　　1-2　典型脉冲雷达由哪些部分组成?

　　1-3　请比较说明无源相控阵雷达、有源相控阵雷达和数字阵列雷达的异同点。

　　1-4　查阅资料,你还了解其他哪些体制的雷达,并说明其功能和特点。

第 2 章　雷达目标与环境特性

雷达发现目标的能力除了与雷达系统性能有关以外,还取决于目标特性和环境因素。另外,雷达信号是研究雷达目标与环境的理论基础,也是了解雷达各分系统工作原理的理论工具。因此,本章首先介绍雷达信号的时频域表示,再研究雷达目标特性,最后讨论雷达工作环境特性,包括噪声特性、杂波特性和干扰特性。

2.1　雷　达　信　号

通过"信号与线性系统"课程的学习,可以了解信号的基本概念是指时间上连续观察一个物理过程所得到的观察值的集合或全体。通常可以从时域和频域两方面来表示信号:时域表示式是时间变量 t 的函数,频域表示式是频率变量 f(或 ω)的函数。

研究雷达信号同样是研究其时域和频域特点,模糊函数是研究雷达信号的有用工具,实际上一旦雷达信号波形确定,其对应的模糊函数也就确定,因此模糊函数也是雷达信号表示的一种方法,称为时-频表示,雷达信号的若干重要特性(如分辨率)等均可由模糊函数导出,可参见附录 A。

本节重点讨论的是雷达信号的时域表示式和频域表示式,同时介绍几种典型的雷达信号及其时域、频域特点。

2.1.1　雷达信号时频域表示

时域表示法是指自变量为时间的信号表示法。雷达信号在时域的实数表达式为

$$s(t) = a(t)\cos[\omega_0 t + \varphi(t)] = a(t)\cos[2\pi f_0 t + \varphi(t)] \tag{2-1}$$

式中: $\omega_0 = 2\pi f_0$ 为角载频; f_0 为雷达信号的中心频率; $a(t)$ 和 $\varphi(t)$ 分别为幅度调制函数(包络)和相位调制函数。通常对空警戒/引导雷达都是脉冲体制的雷达,因此其幅度调制函数 $a(t)$ 是矩形脉冲包络,相位调制函数 $\varphi(t)$ 决定了矩形脉冲包络里调制的函数形式,如果 $\varphi(t)$ 是常数 φ_0,调制的是单载频信号,如果 $\varphi(t) = \pi\mu t^2$,其中 μ 是调频斜率,则调制的是线性调频信号。

此外,雷达信号还有另一种复数表示方法,即

$$S(t) = a(t)\mathrm{e}^{j[2\pi f_0 t + \varphi(t)]} = u(t)\mathrm{e}^{j2\pi f_0 t} \tag{2-2}$$

式中: $S(t)$ 为对应实数信号 $s(t)$ 的复数信号,其包络 $u(t)$ 满足

$$u(t) = a(t)\mathrm{e}^{j\varphi(t)} = a(t)\cos[\varphi(t)] + ja(t)\sin[\varphi(t)] = I(t) + jQ(t) \tag{2-3}$$

式中: $I(t) = a(t)\cos[\varphi(t)]$ 称为同相分量; $Q(t) = a(t)\sin[\varphi(t)]$ 称为正交分量。

频域表示法是指自变量为频率的信号表示法。根据傅里叶变换理论,任何一个确知信号 $s(t)$ 的频域表示 $S(f)$ 都可以通过 $s(t)$ 的傅里叶变换得到,即

$$S(f) = \int_{-\infty}^{+\infty} s(t) \mathrm{e}^{-j2\pi ft} \mathrm{d}t \tag{2-4}$$

式中:$S(f)$ 代表信号 $s(t)$ 在频域的特性,称为信号 $s(t)$ 的频谱。通常 $S(f)$ 是一个复函数,即

$$S(f) = S_R(f) + jS_I(f) = |S(f)| \mathrm{e}^{j\Phi(f)} \tag{2-5}$$

$$|S(f)| = \sqrt{S_R^2(f) + S_I^2(f)} \tag{2-6}$$

$$\Phi(f) = \arctan\left[\frac{S_I(f)}{S_R(f)}\right] \tag{2-7}$$

式中:$S_R(f)$ 和 $S_I(f)$ 分别为频谱 $S(f)$ 的实部和虚部;$|S(f)|$ 为信号 $s(t)$ 的幅度谱;$\Phi(f)$ 为信号 $s(t)$ 的相位谱。

通过信号频谱 $S(f)$ 的逆傅里叶变换也可得到 $s(t)$,即

$$s(t) = \int_{-\infty}^{+\infty} S(f) \mathrm{e}^{j2\pi ft} \mathrm{d}f \tag{2-8}$$

由式(2-8)可看出,信号 $s(t)$ 和其频谱 $S(f)$ 是傅里叶变换对的关系。

2.1.2 典型发射信号时频域特点

本小节将介绍几种典型的雷达信号,它们在雷达信号中十分常见,了解这几种典型信号的时频域特性是非常有必要的。

1. 矩形脉冲

矩形脉冲信号的时域表示式可写为

$$s(t) = A\mathrm{rect}\left(\frac{t}{\tau}\right) = \begin{cases} A, & |t| \leqslant \dfrac{\tau}{2} \\ 0, & |t| > \dfrac{\tau}{2} \end{cases} \tag{2-9}$$

式中:A 为脉冲幅度;τ 为脉冲宽度。

矩形脉冲信号的频域表示式 $S(f)$ 是 $s(t)$ 的傅里叶变换,是辛格函数,即

$$S(f) = \int_{-\infty}^{+\infty} s(t)\mathrm{e}^{-j2\pi ft}\mathrm{d}t = \int_{-\infty}^{+\infty}\left[A\mathrm{rect}\left(\frac{t}{\tau}\right)\right]\mathrm{e}^{-j2\pi ft}\mathrm{d}t$$

$$= A\tau\frac{\sin(\pi\tau f)}{\pi\tau f} = A\tau\mathrm{sinc}(\pi\tau f) \tag{2-10}$$

矩形脉冲信号的时、频域波形如图 2-1 所示。

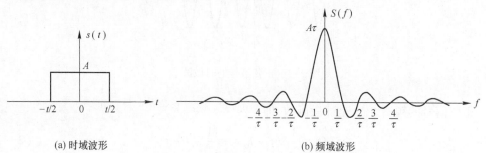

(a) 时域波形   (b) 频域波形

图 2-1 矩形脉冲信号的时、频域波形

25

如果把上述矩形脉冲信号在时域上做周期延拓,就会得到一个脉冲宽度为 τ、周期为 T_r 的无限长矩形脉冲串信号。其频谱是离散信号,是对矩形脉冲信号的频谱采样得到的,是一个离散的辛格函数,采样周期 f_r 与时域的延拓周期 T_r 互为倒数的关系。

矩形脉冲串信号的时域、频域波形如图 2-2 所示。

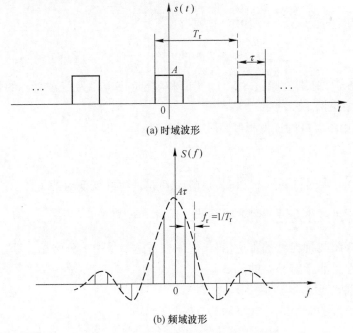

(a) 时域波形

(b) 频域波形

图 2-2 矩形脉冲串信号的时、频域波形

2. 正弦信号

频率为 f_0 的正弦信号时域表示式可写为

$$s(t) = A\cos(2\pi f_0 t) \tag{2-11}$$

对应的时域波形如图 2-3 所示。

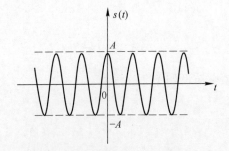

图 2-3 正弦信号的时域波形

正弦信号的频谱 $S(f)$ 是冲激函数,即

$$S(f) = \frac{A}{2}\delta(f + f_0) + \frac{A}{2}\delta(f - f_0) \tag{2-12}$$

式中: $\delta(f)$ 满足

$$\delta(f) = \begin{cases} 1, & f = 0 \\ 0, & f \neq 0 \end{cases} \tag{2-13}$$

对应的频谱如图 2-4 所示。

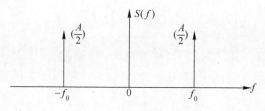

图 2-4　正弦信号的频谱

3. 单载频矩形脉冲

这里以频率为 f_0、脉冲宽度为 τ、脉冲幅度为 A 的矩形脉冲信号为例进行说明,其时域表示为

$$s(t) = A\mathrm{rect}\left(\frac{t}{\tau}\right)\cos(2\pi f_0 t) \tag{2-14}$$

该信号相当于脉宽为 τ、幅度为 A 的矩形脉冲与脉冲幅度为 1、频率为 f_0 的正弦信号的乘积,对应的时域波形如图 2-5 所示。

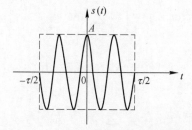

图 2-5　单载频矩形脉冲时域波形

单载频矩形脉冲信号的频谱 $S(f)$ 是 $s(t)$ 的傅里叶变换,相当于上述矩形脉冲信号的频谱与正弦信号频谱的卷积。卷积的结果是把矩形脉冲的辛格谱搬到 $\pm f_0$ 冲激函数处, $S(f)$ 的表达式如式(2-15)所示,对应的频谱如图 2-6 所示。

$$S(f) = \frac{A\tau}{2}\{\mathrm{sinc}[\pi\tau(f + f_0)] + \mathrm{sinc}[\pi\tau(f - f_0)]\} \tag{2-15}$$

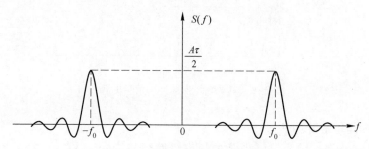

图 2-6　单载频矩形脉冲信号频谱

4. 单载频矩形脉冲串信号

这里以重复周期为 T_r、频率为 f_0、脉冲宽度为 τ、脉冲幅度为 A 的单载频矩形脉冲串信号为例进行说明,其时域表示为

$$s(t) = A \sum_{n=-\infty}^{+\infty} \mathrm{rect}\left(\frac{t - nT_r}{\tau}\right) \cos(2\pi f_0 t) \tag{2-16}$$

该信号相当于脉冲重复周期为 T_r、脉冲宽度为 τ、脉冲幅度为 A 的矩形脉冲串信号与脉冲幅度为 1、频率为 f_0 的正弦信号的乘积,对应的时域波形如图 2-7 所示。

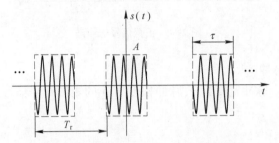

图 2-7 单载频矩形脉冲串信号的时域波形

单载频矩形脉冲串信号的频谱 $S(f)$ 的表达式为

$$S(f) = \int_{-\infty}^{+\infty} s(t)\,\mathrm{e}^{-j2\pi ft}\mathrm{d}t = \int_{-\infty}^{+\infty}\left[A\sum_{n=-\infty}^{+\infty}\mathrm{rect}\left(\frac{t-nT_r}{\tau}\right)\cos(2\pi f_0 t)\right]\mathrm{e}^{-j2\pi ft}\mathrm{d}t$$

$$= \frac{A\tau}{2}\mathrm{sinc}\left[\pi\tau(f+f_0)\right]\sum_{n=-\infty}^{+\infty}\delta(f+f_0-nf_r)$$

$$+ \frac{A\tau}{2}\mathrm{sinc}\left[\pi\tau(f-f_0)\right]\sum_{n=-\infty}^{+\infty}\delta(f-f_0-nf_r) \tag{2-17}$$

对应的频谱同样相当于矩形脉冲串信号的频谱与正弦信号频谱的卷积,如图 2-8 所示。可以看出,周期为 T_r、频率为 f_0、信号脉冲宽度为 τ 的单载频矩形脉冲串信号的频谱由一系列谱线构成,谱线间隔为脉冲重复频率 f_r。

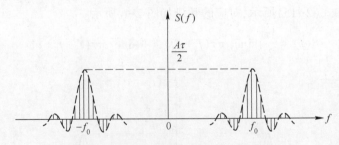

图 2-8 单载频矩形脉冲串信号的频谱

5. 线性调频矩形脉冲信号

线性调频矩形脉冲信号是一种脉内频率线性调制信号。图 2-9 所示为一个中心频率为 f_0、脉宽为 τ、带宽为 B、幅度为 A 的线性调频脉冲信号。

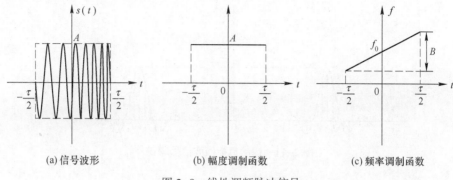

(a) 信号波形　　　　　　　　(b) 幅度调制函数　　　　　　　　(c) 频率调制函数

图 2-9　线性调频脉冲信号

线性调频矩形脉冲信号 $s(t)$ 可表示为

$$s(t) = A\mathrm{rect}\left(\frac{t}{\tau}\right)\cos(2\pi f_0 t + \pi\mu t^2) \tag{2-18}$$

在脉冲宽度内,信号的频率从 $(f_0 - \mu\tau/2)$ 变化到 $(f_0 + \mu\tau/2)$,所以调频斜率为

$$\mu = B/\tau \tag{2-19}$$

式中:B 为信号调频带宽,简称为信号带宽。

线性调频矩形脉冲信号的频谱是 $s(t)$ 的傅里叶变换,即

$$S(f) = \int_{-\infty}^{+\infty} s(t)\,\mathrm{e}^{-j2\pi ft}\mathrm{d}t = \int_{-\infty}^{+\infty}\left[A\mathrm{rect}\left(\frac{t}{\tau}\right)\cos(2\pi f_0 t + \pi\mu t^2)\right]\mathrm{e}^{-j2\pi ft}\mathrm{d}t \tag{2-20}$$

利用相位驻留原理,进一步变化,可得

$$S(f) \approx \frac{A}{\sqrt{u}}\mathrm{rect}\left(\frac{f - f_0}{B}\right)\mathrm{e}^{-j\left(\frac{\pi}{\mu}(f-f_0)^2 - \frac{\pi}{4}\right)} \tag{2-21}$$

对应的幅度谱如图 2-10 所示,是一个类矩形谱,谱宽为 B。

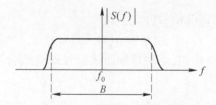

图 2-10　线性调频矩形脉冲信号幅度谱

2.1.3　雷达接收信号频谱特性

对于脉冲雷达而言,雷达发射的是射频脉冲串信号,相当于在时域上是一个无限长的周期脉冲串信号,频谱则是一个在载频 $\pm f_0$ 处离散的辛格谱,如图 2-7 和图 2-8 所示。由于目标是运动的,雷达接收到的目标回波信号频率与发射信号相比会有多普勒频率 f_d,因此运动目标回波信号频谱如图 2-11 所示。

实际上,雷达工作时,天线总是以各种方式进行扫描的,当天线波束扫过目标时,只会有有限个发射脉冲被目标反射。因此,雷达接收机收到的是一串有限长脉冲回波信号,这一串脉冲回波信号中的脉冲个数主要取决于天线 3dB 波束宽度、天线转速和脉冲重复频

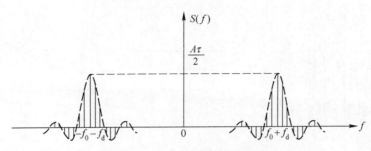

图 2-11　运动目标回波信号频谱

率,而且雷达接收到的回波脉冲的振幅受天线方向图调制,一般天线方向图调制的包络函数为

$$m(t) = \sqrt{2\pi}\, b e^{-2\pi b^2 t^2} \tag{2-22}$$

式中:b 为与天线 3dB 波束宽度及天线转速均有关的参数。b 减少,表示观察的时间增加。天线方向图调制函数 $m(t)$ 及其频谱 $M(f)$ 分别如图 2-12(a)、(b)所示。

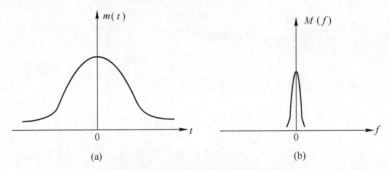

图 2-12　天线方向图调制函数及其频谱

天线扫描时,运动目标回波信号可表示为

$$s_r(t) = m(t) \cdot s(t) \tag{2-23}$$

由于天线方向图的调制作用,运动目标回波信号的谱线会被展宽为图 2-12(b)所示的形状,如图 2-13 所示。

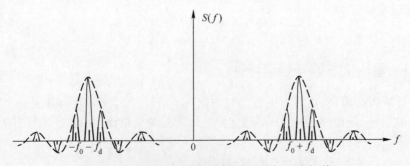

图 2-13　被天线方向图调制的运动目标回波频谱

对于实际的运动目标回波信号,其频谱结构还可能会更加复杂。一般来说,目标回波

信号是由目标反射体各反射点的反射信号合成得到的,当目标运动时,各反射点之间有相对运动,使得各反射点反射信号的多普勒频率不同;另外,目标回波信号的振幅起伏也会形成调制分量,这些都可能会使目标回波信号的频谱进一步展宽。

2.2　雷达分辨单元

对于脉冲体制雷达而言,雷达分辨单元具有"三维"特性,根据目标自身的体积相对于雷达分辨单元的大小,可将雷达目标分为点目标和分布目标两大类。因此,先讨论雷达分辨单元,再讨论目标的类型。

1. 雷达分辨单元

三维分辨单元是一个体积的概念,是天线波束在空间由于脉冲宽度和天线 3dB 波束宽度的限制而形成的一个立体空间,如图 2-14 所示。

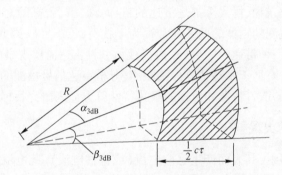

图 2-14　雷达的三维分辨单元

分辨单元在距离上的尺寸取决于脉冲宽度,在角度上的大小取决于天线 3dB 波束宽度,如在方位上取决于方位波束宽度 α_{3dB} ,在俯仰上取决于俯仰波束宽度 β_{3dB} 。因此,雷达三维分辨单元的体积为

$$V = \frac{1}{2}c\tau \cdot \frac{\pi}{4} \cdot R\alpha_{3dB} \cdot R\beta_{3dB} = \frac{\pi\alpha_{3dB}\beta_{3dB}R^2 c\tau}{8} \qquad (2-24)$$

式中:R 为雷达至特定分辨单元的距离。

2. 目标类型

当占据一定空间的目标能置于雷达的三维分辨单元之内时,该目标称为点目标。由分布物体组成的目标,当它的体积远大于雷达的空间分辨单元时,该目标称为分布目标。

1) 点目标

根据目标几何形状和数量的不同,点目标可按如下分类。

(1) 单个规则目标。单个规则目标通常为同一种材料制成的简单几何体,如球体、正方形金属板、圆柱体等。

(2) 单个复杂外形目标。一般单个复杂外形目标为许多简单几何体的综合,如飞机、舰船、导弹、卫星等。

(3) 群集目标。群集目标为若干单个目标构成的点目标,即在同一个雷达的空间分辨单元内存在的若干单个目标。群集目标可以由若干规则目标组成,但更常见的是由若干复杂外形目标组成,如编队飞行的轰炸机群。

2) 分布目标

根据组成目标的物体分布状态不同,分布目标可按如下划分。

(1) 面分布目标。物体分布于广大平面上的目标称为面分布目标,如地面上各种物体、海浪等。

(2) 体分布目标。物体分布于广大立体空间的目标称为体分布目标,如云、雨、雪或者大量投撒在空中的半波振子辐射体等。

2.3　雷达目标特性

自然界中的物体是否属于雷达目标要视雷达的任务而定,一般来说,希望观测的物体都可称为雷达目标。例如:对警戒和跟踪雷达来说,导弹、飞机、舰船等是雷达目标;对测绘雷达来说,大地、建筑物、桥梁等都是雷达的目标;雨、雪、云雾等对气象雷达而言,也是雷达目标。不希望观测的物体的回波通常视为干扰背景或杂波,因此雷达目标和杂波的含义具有相对性,即一种雷达的"杂波",可变成另一种雷达需要观察的对象。

研究目标的特性有助于雷达估算探测距离、分析雷达信号检测的性能,本节主要从目标的二次辐射、目标的散射特性和目标的极化特性等方面来研究目标特性。

2.3.1　目标二次辐射

目标被电磁波照射,其表面产生感应电流(或位移电流),此电流又产生辐射波,即二次辐射。目标在结构、形状以及相对于入射波长的尺寸等方面存在差异,使得它们的二次辐射现象各不相同。目标的二次辐射现象主要有镜面反射、漫反射、谐振辐射和绕射四类。

1. 镜面反射

当目标的尺寸 d 和目标表面电磁波入射点的曲率半径 ρ_d 都远大于入射波长 λ(即 $d \gg \lambda, \rho_d \gg \lambda$),即目标表面大而平、相当于镜面时,产生镜面反射。镜面反射是指只有一个方向反射,而且入射角等于反射角,如同光学中反射现象一样,如图 2-15 所示。反射的强度取决于目标导电性能,导电良好的表面(如金属平板)反射最强。

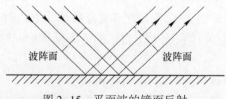

图 2-15　平面波的镜面反射

2. 漫反射

当 $d \gg \lambda, \rho_d < \lambda$,即目标表面大而不平、相当于粗糙表面时,产生漫反射(又称为散射)。漫反射是指电磁波从任意方向入射时,在这种表面上引起的二次辐射是散向四周空间的。面分布目标(如地面、海面)漫反射的情况如图 2-16 所示,它们引起的二次辐射

是散向 2π 立体角空间的。

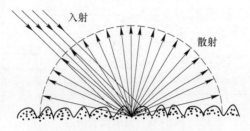

图 2-16　面分布目标的漫反射示意图

对于面分布目标而言,在工程上常用瑞利起伏度来衡量其表面的光滑程度,从而确定它们对电磁波的二次辐射是镜面反射还是散射。由图 2-17 可见,若目标表面起伏高度为 Δh,θ 为掠射角(入射角的余角),则两路反射波的行程差为

$$\Delta r = AB - AC = AB\left[1 - \sin\left(\frac{\pi}{2} - 2\theta\right)\right] = 2AB\,\sin^2\theta = 2\Delta h \cdot \sin\theta \qquad (2-25)$$

由此引起的相位差为

$$\Delta\varphi = \frac{2\pi}{\lambda} \cdot 2\Delta h \cdot \sin\theta \qquad (2-26)$$

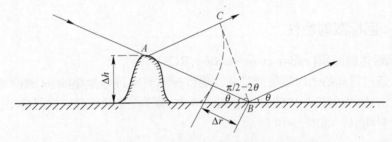

图 2-17　反射点高度不同时反射波的行程差示意图

由几何光学原理可知,当 $\Delta\varphi \leqslant \pi/4$ 时,反射是集中的而不是发散的,即满足镜面反射允许目标表面起伏的条件为

$$\Delta h \leqslant \frac{\lambda}{16\sin\theta} \qquad (2-27)$$

不满足式(2-27)条件时,通常发生散射。式(2-27)表明瑞利起伏除与波长 λ 有关外,还与掠射角 θ 有关。

3. 谐振辐射

当 $d = n \cdot \lambda/2\,(n = 1,2,3,\cdots)$,即目标相当于一个半波振子时,产生谐振辐射。谐振辐射的特点是其二次辐射场强远超过普通的镜面反射和漫反射。

4. 绕射

当 $d \ll \lambda$ 时,会出现电磁波绕目标而过的现象,如图 2-18 所示,称为绕射。当目标尺寸 d 比 λ 小得越多,产生的二次辐射越弱,绕射现象越明显。因此,雷达的工作波长一般不取太长,多数雷达一般采用比米波更短的波长。

雷达发射的电磁波如果在没有边界的介质中传播,就将一直往前,一旦遇到了目标,

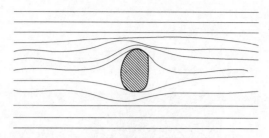

图 2-18　电磁波的绕射

就会产生上述四类二次辐射现象。在正常条件下,雷达目标对电磁波产生的二次辐射多为漫反射,即散射。散射的电磁波是向空间四周传播的,其中朝辐射源方向的散射称为后向散射,雷达通常是利用后向散射的电磁能量来检测目标。所以,在雷达设计时,这四类二次辐射中最常用的是散射,镜面反射和绕射一般不被采用,而谐振很少采用。其原因是镜面反射的反射波是朝某一个方向传播的,这些反射波到达辐射源的可能性很小;发生绕射时,电磁波会绕过目标一直向前传播,目标二次辐射的电磁能量很小,即反射波到达辐射源能量很小;谐振辐射所形成的辐射场强最大,人们可以利用这一特性来设计一些反隐身的雷达,但此时通常雷达需要工作在低频段,则雷达自身的尺寸较大,参数测量精度较差。

2.3.2　目标散射特性

1. 目标雷达截面积(radar cross-section,RCS)

雷达是通过目标的二次辐射能量来发现目标和测定目标参数的。因此,对于广泛应用的单基地雷达(发射机与接收机处于同一地点)而言,关键是后向散射功率(向雷达方向的二次辐射功率),如图 2-19 所示。

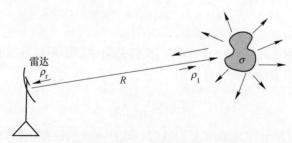

图 2-19　单基地雷达利用后向散射功率检测目标示意图

通常定义目标雷达截面积来描述目标对入射波电磁能量的后向散射能力,用 σ 表示。在满足远场条件并且是平面波照射的情况下(当 $R \to \infty$,能满足远场条件) σ 的定义式为

$$\sigma = 4\pi R^2 \frac{\rho_r}{\rho_1} \tag{2-28}$$

式中:R 为雷达至目标的距离;ρ_r 为返回雷达处的散射功率密度;ρ_1 为反射体处入射功率密度。σ 的量纲是面积(m^2)。

目标的尺寸、形状以及相对于雷达的视角等因素会影响目标的散射特性;目标的材料和形状会影响目标对入射电磁波的吸收损耗;目标产生二次辐射时,通常会发生交叉极化调制现象,即目标散射回雷达的信号与雷达发射信号的极化方式不可能完全一致,导致极化损失,上述这些因素都会影响目标 RCS 的大小。因此,一个物体的目标雷达截面积 σ 的大小通常依赖于下述因素:入射电磁波的频率(或波长);发射天线和接收天线的极化方式;目标的尺寸以及相对于天线的角度,即视角;制造目标的材料和目标的形状等。

1) 简单目标 RCS

几何形状比较简单的目标,如球、圆板、圆柱体等,它们的雷达截面积可以用数学式表示。金属球是最简单的目标,无论从什么角度去观察它,都是一个球体,形状是不变的,所以球的雷达截面积与视角无关。当 $2\pi r/\lambda \gg 1$ 时(r 为球的半径,λ 为波长),则球的雷达截面积为 $\sigma = \pi r^2$,它和该球体的几何截面积相等。

在影响目标雷达截面积的诸多因素中,入射电磁波的波长影响最大,球的雷达截面积随波长的变化关系曲线如图 2-20 所示,其他形状的目标也有类似的曲线。从图 2-20 可以看出,按照波长与雷达截面积之间的关系,可分为三个区域,如下:

(1) 瑞利区。目标的尺寸小于雷达的波长,即 $2\pi r/\lambda <1$。当波长变短,即频率升高时,雷达截面积增大,此区域的雷达截面积随着 $1/\lambda^4$ 而变化。雨滴等小目标,处于这一区域。

(2) 光学区。目标的尺寸远大于雷达的波长,即 $2\pi r/\lambda \gg 1$。在这个区域,目标的雷达截面积趋于稳定,不随波长而变化。对于球体来说,这个区域的雷达截面积等于几何截面积,即 $\sigma = \pi r^2$。

(3) 谐振区。处于以上两个区域的中间,目标的尺寸与波长相近。在这个区域,雷达截面积随着波长的变化,呈现振荡,最大值比光学区的值大 5.6dB,最小值则比光学区的值低 5.5dB。

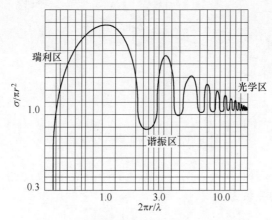

图 2-20　球的雷达截面积随波长的变化关系

普通雷达所用的波长,一般小于目标的尺寸,所以雷达目标处于光学区。某些气象目标,则可能处在瑞利区或谐振区。在谐振区和瑞利区,目标的雷达截面积是随着波长而变化的,特别是谐振区,截面积呈现谐振现象。

几种典型目标在特定视角时的雷达截面积的计算公式,如表 2-1 所列,λ 为雷达的工作波长,目标雷达截面积是视角、波长和几何尺寸的函数。从表中的式子可以看出,视角不同,同一目标在同一波长时的雷达截面积是不同的,只有球体例外。需要说明的是目标雷达截面积在光学区与视角的关系最明显,在谐振区和瑞利区,视角的变化对截面积的影响很小,表 2-1 所列的公式都是在光学区得出来的。

表 2-1　目标雷达截面积计算公式(光学区)

目标	视角	目标雷达截面积 σ	符号说明
球	任意	πr^2	r 是半径
任意形状的大平板	法线方向	$4\pi A^2/\lambda^2$	A 是平板面积
三角形角反射体	轴向	$4\pi a^4/3\lambda^2$	a 是边长
抛物体	轴向顶视	πr^2	r 是顶部曲率半径
圆柱体	沿轴方向	$4\pi^3 r^4/\lambda^2$	r 是半径,h 是高度
	与轴垂直	$2\pi r h^2/\lambda$	
	偏轴 θ 角	$r\lambda/8\pi\sin\theta\tan^2\theta$	
圆板	与法线成 θ 角	$\pi r^2 \cot^2\theta \cdot I_1^2\left(\dfrac{4\pi r}{\lambda}\sin\theta\right)$	r 是半径,I_1 为一阶贝塞尔函数

2) 复杂目标 RCS

复杂的目标如飞机、舰艇等,其形状和表面都很复杂,它们的雷达截面积不能用简单的数学公式表示出来,需要通过测量来得到。在测量复杂目标的截面积时,常利用已知的形状简单的目标作为参考,因为这些简单目标的雷达截面积可以通过公式计算出来。由于金属球的雷达截面积是一常数,所以经常用它来作为测量的参考值。目标雷达截面积实际测量如图 2-21 所示,已知目标在距离 R_s 处,待测目标在距离 R_T 处。

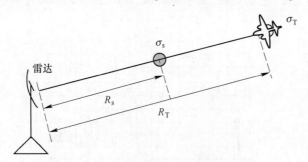

图 2-21　目标雷达截面积实际测量示意图

设已知目标的雷达截面积为 σ_s,它与雷达的距离 R_s 是已知的。接收机收到的回波功率 P_s 与 σ_s 和 R_s 的关系为

$$P_s = K\frac{\sigma_s}{R_s^4} \tag{2-29}$$

式中:K 为常数,由雷达发射功率、天线增益、电磁波的传播条件等因素决定,具体推导详见 3.1 节。保持这些条件不变,被测目标反射的回波功率 P_T 具有同样的关系:

$$P_T = K\frac{\sigma_T}{R_T^4} \tag{2-30}$$

式中: σ_T 为被测目标的雷达截面积。比较式(2-29)和式(2-30),可得

$$\sigma_T = \sigma_s \frac{R_T^4}{R_s^4} \cdot \frac{P_T}{P_s} \tag{2-31}$$

距离 R_s 和 R_T 很容易通过测量得到,所以只要测出功率 P_s 和 P_T ,也就能够得到 σ_T 的值。但实际测量中,对于复杂目标(如飞机),视角的变化对截面积的影响很大。下面给出某厘米波雷达用静态测量得到的中型飞机雷达截面积图像,如图 2-22 所示。

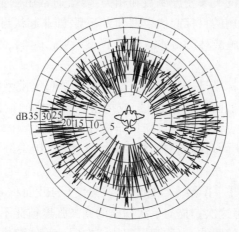

图 2-22　视角不同时,飞机在水平面上的雷达截面积图像($\lambda = 10\text{cm}$)

从图 2-22 看出,随视角的变化雷达截面积的值是剧烈变化的,视角变化 1/3°,雷达截面积的变化有的可多达 15dB。因此,工程设计中所用的雷达截面积,通常是目标在各种视角下测量截面积后的平均值,由下式计算:

$$\overline{\sigma} = \frac{1}{N} \sum_{i=1}^{N} \sigma_i \tag{2-32}$$

式中:N 为测量的总次数,每次测量值为 σ_i 。

对于复杂目标的雷达截面积,也可以从理论上建立模型进行分析计算。

2. 目标 RCS 起伏模型

规则目标的雷达截面积往往是常数,但大多数雷达目标(如飞机、导弹等)的几何形状却是很复杂的,σ 的值是起伏变化的,但 σ 的大小对雷达检测性能有直接的影响,在工程计算时常把 σ 视为常量,即用 σ 的均值代替。但实际上,一架飞机在飞行过程中,即使沿着直线飞行,雷达与飞机的相对视角也在不断变化,因此飞机的雷达截面积是起伏的。某飞机向雷达站飞行时记录的脉冲串包络如图 2-23 所示,表明了该飞机雷达截面积的起伏变化情况。目标雷达截面积的起伏具有一定的相关性,起伏的周期最长的可达几秒钟,且与雷达的工作频率有关;目标雷达截面积的起伏范围可以达到 20~30dB,工程计算中如果把雷达截面积视为常量,计算得到的结果通常与实际情况会出入很大。因此,通常用数学模型来描述目标雷达截面积的起伏。

要准确地描述目标雷达截面积起伏这一随机变量,就需要找出它的概率密度函数和相关函数。概率密度函数 $p(\sigma)$ 描述了目标雷达截面积 σ 取值的概率分布,而相关函数(或者功率谱密度函数)则描述了雷达截面积起伏的快慢。对于复杂目标,很难用准确的

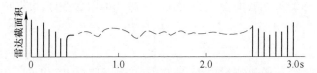

图 2-23　某喷气式战斗机向雷达飞行时记录的脉冲串包络起伏

数学公式写出雷达截面积的概率密度函数和相关函数,通常用一个比较接近又合理的数学模型来描述。目前最常用的目标起伏模型分为五型,即非起伏目标的马库姆(Marcum)型(情况 0)和起伏目标的施威林(Swerling)Ⅰ~Ⅳ型(情况 1~4),统称为标准的目标起伏模型。

(1)马库姆非起伏目标模型。马库姆模型实际上是起伏模型的一种理想情况,非起伏目标模型是指目标雷达截面积 σ 为常量,或指雷达接收机的输入功率信噪比 S_i/N_i 为常量并且仅由目标特性所决定。这类目标只能是各向同性的物体,如尺寸处于光学区的空中金属球。因此,非起伏的目标模型通常作为一个参考,用来分析、对照起伏目标的检测性能。

(2)施威林起伏目标Ⅰ~Ⅳ型。目标的回波强度(与截面积 σ 成正比)在雷达天线扫描的周期内保持不变,但这次扫描与下次扫描的回波强度彼此不相关,满足这一假设的目标回波称为扫描间起伏的回波,也称为慢起伏。在同一天线扫描周期内,每个回波脉冲的强度是变化的,互不相关,称为脉冲间起伏的回波,也称为快起伏。实际目标的起伏程度通常是介于快起伏和慢起伏之间。要准确地描述目标起伏的快慢,则需要得到目标雷达截面积的相关函数或功率谱密度函数,通常用高斯型功率谱密度函数描述。

① 施威林Ⅰ型和施威林Ⅱ型。施威林Ⅰ型和施威林Ⅱ型雷达截面积 σ 的概率密度函数满足同一个模型,其概率密度函数为

$$p(\sigma) = \frac{1}{\overline{\sigma}} \mathrm{e}^{-\frac{\sigma}{\overline{\sigma}}}, \ \sigma \geqslant 0 \qquad (2-33)$$

式中: $\overline{\sigma}$ 为 σ 的平均值。其中:施威林Ⅰ型是扫描间起伏,属于慢起伏,施威林Ⅱ型是脉冲间起伏,属于快起伏。

可以用施威林Ⅰ型、Ⅱ型表示的目标,是由数量众多但雷达截面积大体上相同的散射体所组成。从原则上讲,组成目标的散射体数目应当是无限多,才能应用式(2-33),但实际上当散射体的数目达到 4 个或 5 个以后,它们合成的雷达截面积的概率密度,就很接近于式(2-33)。尺寸远大于波长的目标,它的雷达截面积起伏也可用式(2-33)。大多数雷达目标属于这两种情况。

② 施威林Ⅲ型和施威林Ⅳ型。施威林Ⅲ型和施威林Ⅳ型雷达截面积 σ 的概率密度函数满足同一个模型,其概率密度函数为

$$p(\sigma) = \frac{4\sigma}{\overline{\sigma}^2} \mathrm{e}^{-\frac{2\sigma}{\overline{\sigma}}}, \ \sigma \geqslant 0 \qquad (2-34)$$

式中: $\overline{\sigma}$ 为 σ 的平均值。其中:施威林Ⅲ型是扫描间起伏,属于慢起伏,施威林Ⅳ型是脉冲间起伏,属于快起伏。

施威林Ⅲ型、Ⅳ型适用于由一个大反射体和许多小的反射体组成,或者由一个大反射

体组成而方向变化很小的场合。

　　显然,根据不同的目标,需选用相应的目标起伏模型,才能得出较为合理的起伏损耗因子。

2.3.3　目标极化特性

　　RCS 仅是一个用于描述目标电磁波传播效率的量,它只表征了雷达目标散射的幅度特性,缺乏对相位特性的表征。因此,对结构和性质各异的不同目标,笼统地用一个有效散射面积来描述,就显得过于粗糙。尽管目标瞬态响应能够同时给出目标幅度和相位特性的描述,但该描述方法通常仅适用于宽带入射电磁波,且对目标回波相位特性缺乏直观的描述。

　　实际上,雷达发射的电磁波在目标表面产生感应电流(或位移电流)而进行辐射,从而产生散射电磁波。散射电磁波的性质不同于入射电磁波的性质,这是目标对入射电磁波的调制效应所致。这种调制效应由目标本身的物理结构特性决定,因此不同目标具有不同的调制特性,这种特性称为目标在电磁波照射下存在的变极化效应。也就是说,目标散射场的极化取决于入射场的极化,但通常与入射电磁波的极化不一致,目标对入射电磁波有着特定的极化变换作用,其变换关系由入射电磁波的频率、目标形状、尺寸、结构和视角等因素决定。

　　根据极化的定义可知,在垂直于传播方向的极化平面内,电场矢量末端轨迹所绘出来的曲线定义为波的极化,如图 2-24 所示。当电场矢量末端轨迹为直线时,称为线极化;当电场矢量末端轨迹为椭圆时,称为椭圆极化。需要说明的是,圆极化为椭圆极化的特例,此时电场分量具有相同的振幅,逆传播方向看电场矢量逆时针旋转时称为右旋圆极化,逆传播方向看电场矢量顺时针旋转时称为左旋圆极化。

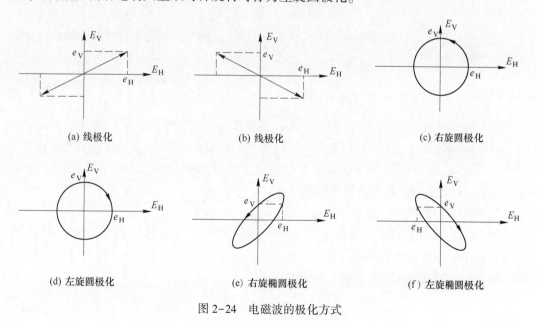

图 2-24　电磁波的极化方式

　　目标的变极化特征是指目标对各种极化波的同极化和变极化作用,通常用极化散射矩阵来进行描述,极化散射矩阵通常也称为 Sinclair 散射矩阵。散射矩阵是用来表示一个雷达目标或者一个目标群多极化特性的简便方法。若已知矩阵内所有元素的相位和幅度,则目标的电磁散射特性也就完全清楚了。下面介绍单基地雷达(收发共用天线雷达系统)的线极化散射矩阵和圆极化散射矩阵。

1. 线极化散射矩阵

一个沿雷达视线方向传播的线极化平面波照射到目标上,任意方向的线极化都可以分解为两个正交的分量,即水平极化分量和垂直极化分量。因此,目标处入射波通常由水平极化入射场 E_H^T 和垂直极化入射场 E_V^T 组成,其中:上标 T 代表发射天线产生的电场,下标 H 和 V 分别代表水平方向和垂直方向。一般在水平极化入射场 E_H^T 作用下,目标产生的散射场包括水平极化散射场和垂直极化散射场两部分;在垂直极化入射场 E_V^T 的作用下,目标产生的散射场也包括水平极化散射场和垂直极化散射场两部分。显然在上述四个散射场中,水平极化散射场可被水平极化天线所接收,垂直极化散射场可被垂直极化天线所接收,所以有

$$\begin{cases} E_H^R = a_{HH} E_H^T + a_{VH} E_V^T \\ E_V^R = a_{HV} E_H^T + a_{VV} E_V^T \end{cases} \tag{2-35}$$

式中:E_H^R 和 E_V^R 分别为雷达接收天线所收到的目标散射场中的水平极化场和垂直极化场;a_{HH} 和 a_{HV} 分别为水平极化入射场产生的水平极化散射场的散射系数和垂直极化散射场的散射系数;a_{VH} 和 a_{VV} 分别为垂直极化入射场产生的水平极化散射场的散射系数和垂直极化散射场的散射系数。

把式(2-35)用矩阵表示时可写成

$$\begin{bmatrix} E_H^R \\ E_V^R \end{bmatrix} = \begin{bmatrix} a_{HH} & a_{VH} \\ a_{HV} & a_{VV} \end{bmatrix} \begin{bmatrix} E_H^T \\ E_V^T \end{bmatrix} \tag{2-36}$$

定义极化散射矩阵 Q,即它表征了目标在给定波长和给定方向上的散射特性,包含了极化特性:

$$Q = \begin{bmatrix} a_{HH} & a_{VH} \\ a_{HV} & a_{VV} \end{bmatrix} \tag{2-37}$$

由天线的互易原理可知,无论收、发天线各采用什么样的极化,当收、发天线互易时,可以得到同样的效果。考虑特殊情况,例如:发射天线是垂直极化,接收天线是水平极化,当两天线互换,即当发射天线作为接收而接收天线作为发射时,效果相同。由此可知 $a_{HV} = a_{VH}$,说明散射矩阵交叉项具有对称性。

2. 圆极化散射矩阵

用 E_R^T 和 E_L^T 分别表示入射场在目标处的右旋极化场和左旋极化场,这两种入射场都分别可以产生左旋极化散射场和右旋极化散射场。E_R^R 和 E_L^R 分别表示接收天线所收到的散射场中的右旋极化场和左旋极化场,则有

$$\begin{bmatrix} E_R^R \\ E_L^R \end{bmatrix} = \begin{bmatrix} a_{RR} & a_{LR} \\ a_{RL} & a_{LL} \end{bmatrix} \begin{bmatrix} E_R^T \\ E_L^T \end{bmatrix} \tag{2-38}$$

式中:a_{RR} 和 a_{RL} 分别表示右旋极化入射场产生右旋极化散射场和左旋极化散射场的散

射系数；a_{LL} 和 a_{LR} 分别表示左旋极化入射场产生右旋极化散射场和左旋极化散射场的散射系数。圆极化散射矩阵为

$$\boldsymbol{Q} = \begin{bmatrix} a_{RR} & a_{LR} \\ a_{RL} & a_{LL} \end{bmatrix} \tag{2-39}$$

根据天线的互易原理，可知 $a_{RL} = a_{LR}$。

一个几何形状相对于视线轴对称的目标，其散射场的极化取向与入射场一致并有相同的旋转方向，但由于入射场与接收散射的传播方向相反，因而相对于传播方向其旋转方向亦相反，即对应于入射场的右（左）旋极化接收散射场则变为左（右）旋极化，因此 $a_{RR} = a_{LL} = 0$，$a_{RL} = a_{LR} \neq 0$。利用这一特性可以抑制雨滴等气象微粒杂波的干扰，如果采用收、发天线同极化的圆极化天线，那么对于近似为球形的雨滴，接收到它的散射功率很小或为零，从而抑制了雨杂波干扰。

几种简单目标（假定这些目标具有比波长大得多的尺寸）的极化散射矩阵如表 2-2 所列。该表所列的极化散射矩阵只包含目标的极化特性，与实际值的差别是少乘了一个常数，这个常数就是各自的后向散射截面的平方根值。以表 2-2 中平板、圆盘或球的线极化情况为例，当发射水平极化波时，在垂直方向没有散射场，在水平方向有一反方向散射场；当发射为垂直极化波时，在水平方向没有散射场，在垂直方向有一反方向散射场，所以此时的极化散射矩阵为 $\begin{bmatrix} -1 & 0 \\ 0 & -1 \end{bmatrix}$。

表 2-2　几种简单目标的极化后向散射矩阵

目标	极化散射矩阵	
	线极化	圆极化
垂直偶极子	$\begin{bmatrix} 0 & 0 \\ 0 & -1 \end{bmatrix}$	$\dfrac{1}{2}\begin{bmatrix} 1 & -1 \\ -1 & 1 \end{bmatrix}$
水平偶极子	$\begin{bmatrix} -1 & 0 \\ 0 & 0 \end{bmatrix}$	$\dfrac{1}{2}\begin{bmatrix} -1 & -1 \\ -1 & -1 \end{bmatrix}$
平板、圆盘或球	$\begin{bmatrix} -1 & 0 \\ 0 & -1 \end{bmatrix}$	$\begin{bmatrix} 0 & -1 \\ -1 & 0 \end{bmatrix}$

2.4　雷达噪声特性

雷达工作时，环境的影响是不可避免的，如噪声、杂波和干扰。其中噪声的实质是存在于接收机内部或加于接收机输入端的一种微小的杂乱起伏的电压或电流，当把接收机

的输出送到示波器上去观察,在示波器荧光屏上所显示的杂乱起伏的"茅草",就是噪声的反映。对于噪声,应重点关注其时频域特性及噪声功率。

2.4.1 噪声来源

噪声主要包括接收机外部噪声和接收机内部噪声。接收机外部噪声有时也称为天线噪声,主要包括天体噪声(如太阳噪声、银河系噪声、宇宙噪声等)、大气噪声(如雷电、雨、雪噪声等)、大地噪声、天馈线噪声等。天体噪声和大气噪声与雷达工作频段、天线指向、电磁波的极化均有关。太阳噪声与太阳内部的黑子活动、不同季节以及雷达在地球上的不同位置和天线的增益有关。大气噪声在低频时主要是由雷电产生,当频率增加时,大气中的水蒸气和氧气的吸收所带来的噪声成为噪声的主要来源,而且随着频率的升高和水蒸气密度的增加而增加。大地噪声与地面温度、介质的电导率有关。天馈线噪声与天馈线所选用的材料和表面处理有关。

接收机内部噪声主要包括无源器件的电阻热噪声、有源半导体器件产生的噪声(如热噪声、分配噪声、散弹噪声、闪烁噪声等)和模/数变换器产生的有关噪声(如量化噪声、孔径噪声等)等。一般用噪声系数表征接收机内部噪声大小,其一般定义为接收机线性电路输入端信号噪声功率比与输出端信号噪声功率比(信噪比)之比,表示由于接收机内部噪声的影响,使接收机输出端信噪比相对其输入端信噪比变化(降低、衰减)的倍数。

2.4.2 噪声时频域特性

噪声的实质是一种微小的杂乱起伏的电压或电流,因此噪声电压的瞬时值 $U_n(t)$ 是一个随机量。通常接收机热噪声电压是零均值、幅度起伏的概率密度函数为高斯分布的随机量。这种高斯噪声的概率分布如图 2-25 所示,其中:图 2-25(a) 为该噪声电压的概率密度函数,图 2-25(b) 为噪声电压幅度波形的某一瞬时值,其噪声电压的均方值表示了在 1Ω 电阻上所产生的平均功率,其均方根值表示噪声电压的有效值。

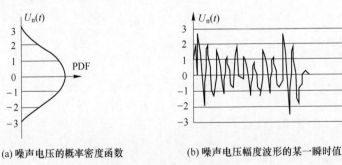

(a) 噪声电压的概率密度函数　　　　(b) 噪声电压幅度波形的某一瞬时值

图 2-25　高斯噪声的概率分布

对热噪声电压的频谱分析表明:电阻热噪声的频谱在整个频率范围内为均匀分布,即其功率谱密度与频率无关,因此热噪声有时又称为白噪声。根据奈奎斯特(Nyquist)定理可知,一个处于物理温度为 T 的电阻在匹配负载上产生的额定噪声功率谱密度为

$$P_{no} = kT \qquad\qquad (2-40)$$

式中:k 为玻尔兹曼常数,$k \approx 1.38 \times 10^{-23} J/K$。

在雷达实际工作中,还会碰到噪声的频谱比较窄的情况,这时在所关注的频带范围内,不能认为噪声频谱是均匀的(或白色的),一般称这一类噪声为色噪声,其功率谱特性通常是高斯函数。

2.4.3 噪声功率

1. 额定噪声功率

根据 Nyquist 定理可知,一个能产生噪声的纯电阻可以等效为一个噪声电压源和一个不产生噪声的纯电阻相串联,如图 2-26 所示。

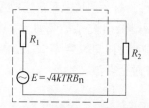

图 2-26 一个纯电阻的噪声等效电路(虚线框内)

噪声源的噪声电动势为 $E^2 = 4kTRB_n$ (1928 年由 Nyquist 提出),噪声源的内阻 R_1 与负载电阻 R_2 相等,即 $R_1 = R_2 = R$。因此,噪声源的额定噪声功率为

$$N_o = \left(\frac{E}{2R}\right)^2 \cdot R = \frac{E^2}{4R} = kTB_n \tag{2-41}$$

式中:B_n 为测量系统的等效噪声带宽。

2. 等效噪声带宽

噪声源经过某一网络输出的额定噪声功率,指通过该网络频率响应所有频率点输出的噪声功率,它不包括寄生响应和镜像响应,这样的通频带带宽称为噪声带宽,所以噪声带宽为网络功率增益响应曲线 $G(f)$ 下的面积与该频率下的功率增益之比。为了便于分析和计算,常取一个矩形带宽与其等效,称为等效噪声带宽 B_n。该带宽为一矩形带宽,它与频率轴所包含的面积等于实际噪声带宽所包含的面积,矩形的高度等于实际频响曲线在中心频率处的额定功率增益。额定功率增益是指该网络的输入端与输出端分别与源阻抗和负载阻抗匹配时的网络功率增益。这种等效相当于频响曲线对中心频率增益的归一化。B_n 与 $G(f)$ 之间的关系如图 2-27 所示。这样,通过等效噪声带宽的噪声功率等于噪声源经过该网络实际输出的额定噪声功率,而在等效噪声带宽内各频率点的增益处处相等。

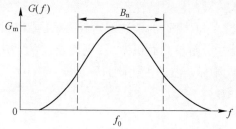

图 2-27 B_n 与 $G(f)$ 之间的关系

噪声源通过网络的额定噪声功率为

$$N_o = \int_0^\infty kTG(f)\,\mathrm{d}f = kT\int_0^\infty G(f)\,\mathrm{d}f = kTB_nG_m \qquad (2\text{-}42)$$

式中：G_m 为网络的最大额定功率增益；$G(f)$ 为网络功率增益响应曲线，指功率比随频率变化的关系曲线，而不是电压比随频率变化的曲线。

2.5 雷达杂波特性

对于雷达来说，杂波也是一种目标，是雷达不希望观测到的目标，因此杂波特性与目标特性有相似之处，但也有其特殊性，研究杂波特性就是要找出杂波与目标之间的异同点，从而提高雷达抗无源干扰的能力，详见 9.4 节。下面主要从杂波的散射特性、杂波幅度统计模型和杂波的频谱特性来讨论杂波特性。

2.5.1 杂波散射特性

雷达面临的杂波主要有面分布杂波和体分布杂波。其中面分布杂波是由不规则表面引起的，如地杂波和海杂波；体分布杂波主要是气象杂波，在雷达终端显示器上显示的地杂波、海杂波和气象杂波如图 2-28 所示。

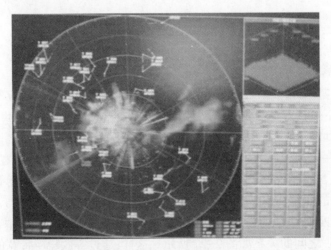

图 2-28 地杂波、海杂波和气象杂波的终端显示画面

不同的杂波环境对入射波的散射特性不同，通常引入散射系数 η 来表示这种散射特性。η 定义为单位面积（或单位体积）的杂波雷达截面积（或称归一化杂波雷达截面积），常用分贝数表示。如果雷达分辨单元面积为 A_s，则面杂波的雷达截面积是 $\sigma_c = A_s\eta$；如果雷达分辨单元体积为 V，则体杂波的雷达截面积是 $\sigma_c = V\eta$。下面分别讨论地杂波、海杂波、气象杂波的散射系数。

1. 地杂波

地杂波的散射系数 η 表示地面的后向散射能力，由于波束下视会有较强的地杂波，因此地杂波的散射系数 η 与雷达的俯视角有关（俯视角是指雷达波束方向与雷达载机平台前进方向之间的夹角),另外 η 与地情、波长和极化也有关。由于地情非常复杂,找不到合适的理论模型来准确地计算出 η 的值,所以不同地情的 η 值主要依靠实际测量获得。η 在 X 波段,垂直极化,不同地情和不同俯视角时的情况如图 2-29 所示。从该图可见,地表面越粗糙,散射系数越大,俯视角越大,散射系数越大。

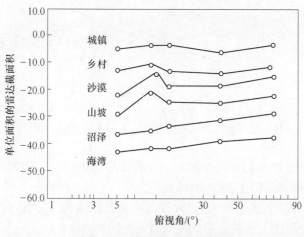

图 2-29　不同地情、俯视角的 η

不同地情的 η 值也可用经验公式粗略地估算出。估算地杂波(包括孤立杂波)散射系数的公式为

$$\eta(\text{dB}) = -35 - 10\lg\lambda \tag{2-43}$$

式中:λ 为工作波长。估算得到的 η 典型值如表 2-3 所列。

表 2-3　估算地面散射系数 η 的典型值

面分布杂波	估算公式	典型条件下的 η/dB			
		L 波段 $\lambda = 0.23\text{m}$	S 波段 $\lambda = 0.1\text{m}$	C 波段 $\lambda = 0.056\text{m}$	X 波段 $\lambda = 0.032\text{m}$
地杂波	$\eta = -35 - 10\lg\lambda$	-28.61	-25.00	-22.48	-20.05

2. 海杂波

海杂波的散射系数 η 表示海面的后向散射能力,它与俯视角、波长、极化、海情和风等因素有关。一般海面的 η 随俯视角 ϕ 的增加而增加,η 与工作波长 λ 的关系比较复杂,但一般工作波长 λ 越短,η 值也越大。大俯视角的情况下 η 随俯视角和波长 λ 变化的情况如图 2-30 所示。它是在很宽范围的海情和风速 1~12.86m/s 的条件下得到的平均试验数据,俯视角从 10°~90° 范围变化时,η 大约变化 40dB,$\phi = 90°$ 时 η 的值最大,其值一般在 0~10dB。

散射系数 η 随极化特性的变化,取决于工作波长和海面状态。在 10cm 波长(S 波段)及平静海面上,垂直极化波照射海面时 η 比水平极化波照射时要大 20~30dB。随着海面状态等级的增大,两者差别变小,在中等海浪(海面状态 3 级)时,两种极化的 η 值几乎是相同。

通常浪高表征海面的起伏度,因此浪高是海情的重要参数。实验测量的数据表明,η

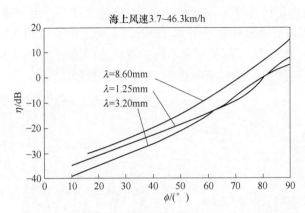

图 2-30 大俯视角时海面的 η 与 ϕ 和 λ 的关系曲线

随海浪的增高而增大,但 η 随浪高增加到一定程度后不再增大。例如:对于 X 波段雷达,当浪高增加到 0.6~0.9m 以上,η 与浪高无关。

散射系数 η 与风速的关系表现:当天线波束逆风探测时,η 的值较大,而当天线波束顺风探测时,η 的值要比天线波束逆风探测时低大约 5~10dB。

不同海情的 η 值也可用经验公式粗略地估算出。估算海杂波散射系数的公式为

$$\eta(\mathrm{dB}) = -64 + 6K_\mathrm{B} + 10\lg\sin\phi - 10\lg\lambda \qquad (2\text{-}44)$$

式中:λ 为工作波长;K_B 为海面状态等级;ϕ 为俯视角。估算得到的 η 典型值如表 2-4 所列,它不包括天线形状的影响。

表 2-4　估算海面散射系数 η 的典型值

面分布杂波	估算公式	典型条件下的 η/dB			
		L 波段 $\lambda = 0.23\mathrm{m}$	S 波段 $\lambda = 0.1\mathrm{m}$	C 波段 $\lambda = 0.056\mathrm{m}$	X 波段 $\lambda = 0.032\mathrm{m}$
海杂波	$\eta(\mathrm{dB}) = -64 + 6K_\mathrm{B}$ $+ 10\lg\sin\phi - 10\lg\lambda$ $(K_\mathrm{B} = 4,\ \phi = 1°)$	-51.20	-47.58	-45.06	-42.63

3. 气象杂波

常说雷达可以透过雨、雪、云雾来观测目标,其实这种说法是不严格的。当雷达工作频率较低时,气象回波很弱,可以认为不受气象杂波干扰,但工作频率高时气象回波很强,与其他形式的杂波一样会形成干扰,特别是与目标距离和方位相同的气象回波对雷达检测性能影响最大。气象杂波的强度与工作波长、气象微粒的类型及包含气象微粒的雷达波束占有的空间体积有关。也就是说,雷达在脉冲工作状态下,并不是雷达波束所占据的空间体积内所有气象微粒散射的回波能同时到达天线并叠加,即如果不考虑遮挡效应,只有与目标处于同一分辨单元体积内的散射体产生的杂波会影响和干扰该目标的检测。

如果定义散射系数 η 为单位体积的平均雷达截面积,雷达分辨单元体积 V 如式(2-24)所示,则体杂波雷达截面积为

$$\sigma = V\eta = \frac{c\tau\pi}{8}R^2\alpha_{3\mathrm{dB}}\beta_{3\mathrm{dB}} \cdot \eta \qquad (2\text{-}45)$$

当气象微粒充满雷达分辨单元体积时,σ 与 R^2 成正比。如果气象微粒未充满分辨单元体积,则 σ 取决于分辨单元体积内气象微粒所占有的体积。一般雷达的分辨单元体积总是比气象微粒所占有的空间范围小,只是在远距离时有可能例外。

绝大多数气象微粒都可以近似看成是球形散射体,当雷达工作波长远大于每个散射体的直径 d_i 时,散射体的截面积处于瑞利区,可定义散射率为

$$Z = \sum_{i=1}^{n} d_i^6 \qquad (2-46)$$

通常散射系数 η 与散射率 Z 之间的关系为

$$\eta = \frac{\pi^5}{\lambda^4} |K|^2 Z \qquad (2-47)$$

式中:$|K|^2$ 为与散射体介电常数有关的系数,它与波长关系很小。

根据大量试验数据综合的结果,在同样密度的情况下,雪、冰的散射率比雨小,所以雪、冰的杂波对雷达的影响比雨杂波要小。而云的散射率很小,大约是雨的 10^{-6} 倍,因此云杂波对雷达的影响常忽略不计。而浓雾在波长为 1cm 以下时,可能收到微弱的回波,在波长为 3cm 以上时,雾回波已不明显。

2.5.2　杂波幅度统计模型

连续分布的杂波通常比较复杂,每一部分回波的幅度和相位都是随机的,其幅度通常用概率密度函数表示。下面介绍三种杂波幅度统计分布模型。

1. 瑞利分布型

当杂波是由大量独立散射单元组成的合成散射体,不管每个独立散射单元的概率密度分布如何,只要均匀且足够小,其合成回波包络的幅度概率密度函数服从瑞利分布。显然,在同一雷达分辨单元体积内的气象微粒、金属箔条等合成散射体符合上述条件,它们的杂波幅度的概率密度函数接近瑞利分布。用 U_m 表示杂波电压包络幅度(包络检波输出电压值),则 U_m 的概率密度函数为

$$p(U_m) = \frac{U_m}{\sigma_{M1}^2} e^{-\frac{U_m^2}{2\sigma_{M1}^2}}, U_m \geq 0 \qquad (2-48)$$

式中:σ_{M1}^2 为杂波电压的平均功率。

需要说明的是,由于杂波的强度随着距离的增大而降低,因此瑞利分布不能用来表示整个距离上杂波电压包络幅度的概率密度分布,它只能代表在同一距离分辨单元上,天线从这一次扫描到下一次扫描杂波电压包络幅度的统计规律。

当雷达分辨率低(3dB 波束宽度大于 2°、脉冲宽度大于 1μs)和大俯视角时,平稳环境的海面和地杂波幅度的概率密度分布也较精确地接近瑞利分布。但是当雷达分辨率高(3dB 波束宽度小于 2°、脉冲宽度小于 0.1μs)、小俯视角或恶劣海面状况时,海面杂波幅度分布就不再能用瑞利分布来近似了。据统计,全世界海洋在 60% 左右的时间里都有1.2m 以上的浪高(相当于海面状况 3 级),因此海面杂波幅度分布是经常偏离瑞利分布。近年来大量实测结果发现,这时的海面杂波幅度分布可用对数-正态分布和韦布尔分布来描述。类似地,当使用高分辨率雷达小俯视角时,不少地面杂波幅度分布也能用韦布尔分布来描述。

2. 对数–正态分布型

U_m 的对数–正态分布为

$$p(U_m) = \frac{1}{U_m \sigma_{M2} \sqrt{2\pi}} e^{-\frac{\left(\ln\frac{U_m}{U_z}\right)^2}{2\sigma_{M2}^2}}, U_m \geq 0 \tag{2-49}$$

式中：σ_{M2} 为 $\ln U_m$ 的标准偏差；U_z 为 U_m 分布的中值。

为了说明在高分辨率雷达小俯视角和比较恶劣的海面状况时，对数–正态分布是一种较好的杂波模型，适当选择参数的对数–正态和瑞利杂波模型与实测数据的比较结果如图 2-31 所示。由于纵坐标是按照对数–正态分布绘制的，所以对数–正态模型在该图中应呈现为一条直线。从该图可见，实测结果偏离瑞利分布，且海面状况越恶劣偏离越大，而更接近于对数–正态分布。

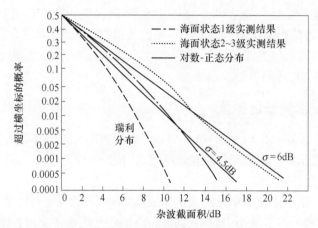

图 2-31　海面杂波幅度分布的实测结果

（X 波段，脉宽 0.02μs，3dB 波束宽度 0.5°，俯视角 4.7°，垂直极化）

3. 韦布尔分布型

一般说来，对于大多数实验确定的地面或海面杂波幅度分布，瑞利和对数–正态杂波模型的数值仅适于它们中的有限分布，瑞利模型一般偏向于低估实际杂波分布的动态范围，而对数–正态模型一般偏向于高估实际杂波分布的动态范围。例如：由图 2-31 可以看出，对数–正态模型表示的直线尾部高于实测数据。

韦布尔杂波模型比瑞利或对数–正态杂波模型常常能在更宽广的环境内较精确地表示实际杂波的幅度分布。通常，在使用高分辨率雷达小俯视角的情况下，海面杂波和地面杂波的幅度分布能够用韦布尔模型较精确地描述。

韦布尔分布为

$$p(U_m) = \frac{b U_m^{2b-1}}{U_z^{2b}} e^{-\frac{1}{2}\left(\frac{U_m}{U_z}\right)^{2b}}, U_m \geq 0 \tag{2-50}$$

式中：U_z 为分布的中值，它是分布的尺度参数；b 为分布的形状系数（或称为分布的斜度）。只有两个变量 U_z 和 b 均确定时，分布函数才能确定，取不同的 U_z 和 b，分布函数则对应不同的杂波环境。如果取 $b=1$，并把 U_z 改写成了 σ_{M1}，则式（2-50）变为式（2-48），即瑞利分布，可见瑞利分布是韦布尔分布的特例。

参数 $b=1.16$、$b=1.65$ 和 $b=1.78$ 的韦布尔杂波模型与海面杂波实测数据的比较结果如图 2-32 所示。图中的纵坐标是按韦布尔分布绘制的,韦布尔模型应呈现为直线。由图 2-32 可见,所测结果几乎完全与模型直线重合,这说明了韦布尔分布是一种好的杂波模型,与实测数据吻合的很好。实际上,不仅海面杂波的幅度分布如此,就是地面杂波幅度分布的实测结果也可以用韦布尔杂波模型较精确地描述。

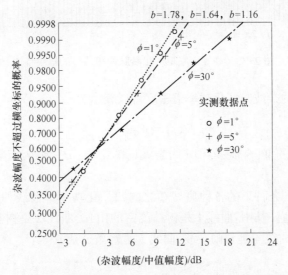

图 2-32　海面杂波幅度分布的实测结果与韦布尔杂波模型比较

(海况 3 级,Ku 波段,水平极化,脉宽 0.1μs,3dB 波束宽度 5°)

从雷达信号检测的观点来说,对数-正态杂波模型代表最恶劣的杂波环境,瑞利杂波模型代表最简单的杂波环境,而韦布尔杂波模型则代表中间杂波环境,一般用韦布尔杂波模型能够较精确地拟合实际杂波环境下的检测性能。还需要指出,由于雷达工作环境的复杂性和时变性,因此在有些情况下,不能用上述给出的三种杂波模型来描述。

2.5.3　杂波频谱特性

由前面 2.1.2 小节可以知道雷达发射脉冲宽度为 τ,脉冲重复周期为 T_r 的矩形脉冲串信号,所对应的频谱是离散的辛格函数,谱线间隔为 f_r,即第一零点处是 $f_0 \pm 1/\tau$,谱线位于 $f_0 + nf_r (n=0, \pm1, \pm2, \cdots)$,如图 2-33 所示。实际上,由于杂波源内部的运动(如被风吹动的树林或海浪)以及由于扫描雷达的天线转动,使杂波的幅度产生起伏,这就相当于每根谱线不再是理想的谱线了,而展宽为一条带状的连续频谱。因为每条频谱的形状是相似的,所以这里只讨论在频载 f_0 处的第一条频谱就可以了。

在雷达的分辨单元内,雷达所收到的杂波是杂波源大量独立单元反射信号的合成,它们之间有相对运动,其合成杂波具有随机的统计特性,因此杂波的频谱主要是讨论其功率谱。大量实际的测量发现,对于杂波内部运动而引起的功率谱线展宽,其形状通常与高斯型曲线比较接近,因此杂波的功率谱通常采用高斯模型来描述,高斯分布是均值和方差的双参数函数,当采用高斯谱时,其均值可以描述杂波的频谱中心,而其方差则描述杂波的频谱宽度。

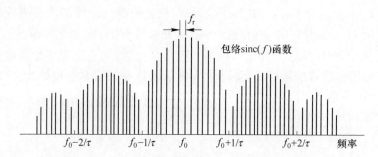

图 2-33　高频无限矩形相参脉冲串信号的幅频特性

采用高斯模型的杂波归一化功率谱密度可以表示为

$$W(f) = W_0 e^{-\frac{(f-\bar{f})^2}{2\sigma_f^2}} \tag{2-51}$$

式中：W_0 为 $f=0$ 时的 $W(f)$ 值；均值 $\bar{f}$ 为杂波谱的中心；σ_f 为杂波谱线展宽的均方根值（标准偏差）（Hz）。

实际测得的不同条件下的各种典型杂波的归一化功率谱曲线如图 2-24 所示，其纵坐标为归一化功率值。其中：曲线 1 是树林茂密的山丘，曲线 2 是树林稀疏的山丘，曲线 3 是较平静的海面，曲线 4 是云雨杂波，曲线 5 是箔条云杂波。

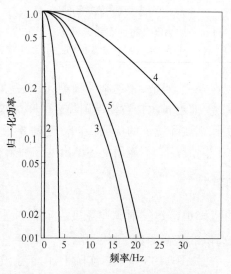

图 2-34　各种典型杂波的归一化功率谱

有时杂波的起伏特性也用各散射元的速度分布的功率密度 $W(v)$ 表示

$$W(v) = W_0 e^{-\frac{(v-\bar{v})^2}{2\sigma_v^2}} \tag{2-52}$$

式中：W_0 为 $v=0$ 时的 $W(v)$ 值；$\bar{v}$ 为均值；σ_v 为散射元的速度分布的标准偏差（m/s），与速度的量纲相同。由于 σ_v 的值只与杂波内部起伏运动的速度有关，而与雷达的工作波长无关，所以杂波速度的标准偏差 σ_v 是描述杂波内部运动较好的参数。σ_v 与 σ_f 的关系为

$$\sigma_f = \frac{2\sigma_v}{\lambda} \tag{2-53}$$

同样的杂波源(如有树林的小山)在不同风速的条件下,σ_v 值是不同的,杂波谱线展宽的程度也不同。对于相同的 σ_v 值,λ 不同,σ_f 也不同,λ 值越小,谱线展得越宽。在各种不同杂波环境时的 σ_v 和 σ_f 值如表 2-5 所示。

由图 2-34 和表 2-5 可以看出,海浪、金属箔条云、雨云的杂波频谱较宽,尤其对于波长短的雷达更为突出。在选择抑制杂波滤波器的带宽时必须考虑到这一特点。

表 2-5　各种不同杂波环境时的 σ_v 及 σ_f 值

杂波来源	风速/ (km/h)	$\sigma_v/$ (m/s)	σ_f/Hz			
			L 波段 $\lambda = 0.23$m	S 波段 $\lambda = 0.1$m	C 波段 $\lambda = 0.056$m	X 波段 $\lambda = 0.032$m
稀疏的树林	无风	0.017	0.15	0.34	0.61	1.06
有树林的小山	18.5	0.04	0.35	0.80	1.43	2.50
有树林的小山	37	0.12	1.04	2.40	4.30	7.50
有树林的小山	46	0.22	1.91	4.40	7.90	13.80
有树林的小山	74	0.32	2.80	6.40	11.40	20
海浪	15~37	0.5~1.1	4.4~9.6	10~22	17.9~39.5	31.2~69
箔条云	46	1.2	10.4	24	43	75
云雨	—	1.8~4.0	15.6~34.8	36~80	64.6~143	112~250

除了杂波内部运动引起的谱线展宽外,当雷达天线扫描时由于双程方向图对回波信号的幅度调制,也会引起杂波功率谱线的展宽,其标准偏差为

$$\sigma_f = \frac{0.265 f_r}{n} = \frac{1.59 \omega_m}{\alpha_{3dB}} \tag{2-54}$$

式中:n 为单程天线方向图 3dB 波束宽度内的脉冲数;f_r 为脉冲重复频率;ω_m 为天线圆周扫描速度(r/min);α_{3dB} 为方位波束 3dB 宽度(°)。设 T_0 为天线照射杂波源的等效时间,则 $n = T_0 f_r$,$\sigma_f = 0.265/T_0$,即 σ_f 与照射杂波源的时间成反比。

由式(2-54)可知,天线波束越窄,转速越高,即照射杂波源的时间越短,则 σ_f 越宽,而与雷达的工作波长无关。例如:α_{3dB} 为 1°,$\omega_m = 6$r/min,则可计算出 $\sigma_f = 9.5$Hz。将此数据与表 2-5 所得数据比较后可以看出,对于工作在 L 及 S 波段的大多数对空警戒/引导雷达来说,地物杂波的频谱展宽主要由天线扫描时对回波的幅度调制所引起,由此引起的频谱宽度大约在 10~25Hz。尽管如此,其比起海浪、箔条云和雨云杂波来说,还是比较窄的。

2.6　雷达干扰特性

雷达干扰是敌方利用干扰设备或器材辐射、反射(散射)或吸收电磁能量,破坏或削弱雷达对目标的探测和跟踪能力的一种电子干扰。按照产生干扰的原理,雷达干扰可分

为无源干扰和有源干扰两类。无源干扰是利用某些特制的器材反射或吸收电磁波,使对方雷达收到的回波特性产生变化而形成的干扰,无源干扰本身并不发射电磁信号,所以又称为消极干扰,常表现出类似于杂波的特性;无源干扰手段主要包括箔条、金属化合物微粒和无源假目标。有源干扰是指主动发射电磁信号干扰雷达正常工作,又称为积极干扰,按照有源干扰的性质,主要分为有源压制性干扰和有源欺骗性干扰。下面分别介绍无源干扰中的人工箔条干扰和有源干扰。

2.6.1 人工箔条干扰特性

箔条通常由金属箔切成的条、镀金属的介质(最常用的是镀铝、锌、银的玻璃丝或尼龙丝)或金属丝制成。箔条大量使用的是半波振子,它对电磁波谐振,谐振辐射波最强,而所用材料最省。实际应用时,通常将箔条装成包,但每包箔条的数量视干扰频段而定,一般为几百到几百万根,由专门的投放器投放。

1. 箔条杂波的雷达截面积

当大量箔条投撒到空间时,每根箔条在空间的取向是随机的,并且相互无关地作杂乱运动。一般可认为在雷达分辨单元体积 V 内的箔条是均匀分布的,设单位体积内有 n 根箔条,每根箔条的雷达截面积为 σ_i,则单位体积雷达截面积,即散射系数为

$$\eta = \sum_{i=1}^{n} \sigma_i = n\,\overline{\sigma_1} \tag{2-55}$$

式中:$\overline{\sigma_1}$ 为箔条云中每根箔条的平均雷达截面积。因此箔条云杂波的雷达截面积为

$$\sigma = V\eta = \frac{\pi}{4}R^2\alpha_{3dB}\beta_{3dB}\frac{c\tau}{2}n\,\overline{\sigma_1} = \frac{c\tau\pi}{8}R^2\alpha_{3dB}\beta_{3dB}n\,\overline{\sigma_1} \tag{2-56}$$

2. 箔条雷达截面积与电磁波极化的关系

箔条投撒在空中后,干扰方希望它能随机取向,使其平均雷达截面积与极化无关,对任何极化的雷达均能有效干扰。但由于箔条的形状、材料、长短的不同,箔条在大气中有一定的运动特性。例如:均匀的短箔条($L \leqslant 10cm$),无论它有没有 V 形凹槽(沿箔条轴向将箔条压成 V 形筋条以增强刚性,使箔条不易变形),都将趋于水平取向而旋转地下降,此时水平极化雷达的截面积较大,而垂直极化雷达的截面积很小。为了能对垂直极化的雷达形成较大的截面积,可以将箔条的一端配重(使其重心偏离中心),这样可使箔条降落时垂直取向,其缺点是下降的速度快了,滞空时间较短。当箔条由于外形及材料不完全对称、有截痕或变形,其运动特性也趋于垂直取向,快速下降。

长箔条($L \geqslant 10cm$)在空中的运动规律可认为是完全随机,它对各种极化的雷达都能干扰。此外,短箔条在刚投放时受飞机湍流的影响,可以达到完全随机,所以飞机自卫时投放的箔条也能干扰各种极化的雷达。

2.6.2 有源压制性干扰特性

有源压制性干扰是指用强大的干扰功率压制雷达的正常接收和显示,从而使雷达的信干比大大降低。压制性干扰最常见的形式是噪声干扰,它能将雷达目标回波信号淹没在干扰信号之中,使雷达难以从干扰背景中发现目标。如果雷达受到噪声干扰,在雷达距离显示器(A 显)上将出现俗称为"茅草"的噪声亮带,在平面位置显示器(P 显)上形成一

个或多个发亮的干扰扇面。噪声干扰按产生原理可分为射频噪声干扰、噪声调幅干扰、噪声调频干扰和噪声调相干扰等,其中射频噪声干扰是直接将射频噪声放大后发射出去,近似于高斯白噪声,因此其是最佳的噪声干扰波形。其表达式可以用一个窄带高斯过程表示:

$$J(t) = U(t)\cos\left[2\pi f_j t + \phi(t)\right] \tag{2-57}$$

式中:包络函数 $U(t)$ 服从瑞利分布;相位函数 $\phi(t)$ 服从 $[0,2\pi]$ 均匀分布;f_j 为干扰信号中心频率;$J(t)$ 的频谱带宽为 B_j。

压制性噪声干扰按照干扰信号中心频率 f_j、干扰频谱带宽 B_j 相对于雷达接收机工作频率 f_c、工作带宽 B_c、通频带宽 B_n 的关系,可分为窄带定频干扰和宽带干扰,其中宽带干扰包括瞄准式干扰、阻塞式干扰和扫频式干扰等。

1. 窄带定频干扰

窄带定频干扰是指干扰机以某一固定频率对雷达实施干扰,如果其干扰信号中心频率 f_j 与雷达工作频率 f_c 接近,且干扰频谱带宽 B_j 能覆盖雷达接收机通频带宽 B_n,则雷达将受到干扰,此时雷达通过跳频改变工作频率通常可以避开干扰。窄带定频干扰一般满足以下关系:

$$f_j \approx f_c, \quad B_j = (2 \sim 5)B_n \tag{2-58}$$

窄带定频干扰频谱,如图 2-35 所示。

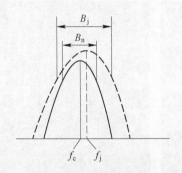

图 2-35　窄带定频干扰频谱示意图

2. 瞄准式干扰

瞄准式干扰是将干扰频率瞄准到被干扰雷达的频率,干扰带宽略大于接收机的通频带,并且具有干扰功率集中、效率高、灵活性大等优点。瞄准式干扰满足的关系式与窄带定频干扰一样如式(2-58)所示,频谱如图 2-35 所示。

瞄准式干扰与定频干扰很类似,两者的主要区别是跳频后窄带定频干扰可能会失效,但瞄准式干扰经过短暂时间后又会跟随雷达的工作频率进行干扰,所以瞄准式干扰比定频干扰对雷达来说更具有威胁性,是压制性干扰的首选方式;但瞄准式干扰对频率引导的要求高,必须要准确快速地测得雷达的工作频率,干扰才有效,所以瞄准式干扰有时难以实现。

3. 阻塞式干扰

阻塞式干扰是将干扰功率分配在较宽的频率范围内,它能同时对某一频段上多个频率的雷达实施干扰。阻塞式干扰一般满足以下关系:

$$B_j > 5B_c, \quad f_c \in \left[f_j - B_j/2, \quad f_j + B_j/2 \right] \tag{2-59}$$

阻塞式干扰的频谱,如图 2-36 所示。

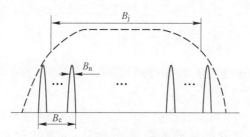

图 2-36　阻塞式干扰频谱示意图

由于阻塞式干扰 B_j 相对较宽,人工跳频基本没有效果。阻塞式干扰的主要优点是对频率引导精度的要求低,频率引导设备简单,速度快,并且能同时干扰多部雷达,但要求的干扰功率很大,因此体积和重量都较大。

阻塞式干扰与瞄准式干扰、窄带定频干扰这三种干扰在雷达终端 P 显和 A 显上的显示特点很类似,如图 2-37 所示。P 显画面干扰显著增多,目标信号减少,A 显视频画面底噪被明显抬高。若要细分三种干扰,可以通过跳频操作来判断。

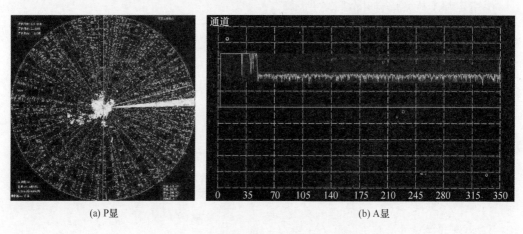

(a) P 显　　　　　　　　　　　　　　　　(b) A 显

图 2-37　窄带干扰 P 显和 A 显示意图

4. 扫频式干扰

扫频式干扰使干扰带宽在整个干扰频段内有规律地周期变化,从而使各个频段的雷达轮流受到干扰。扫频式干扰一般满足以下条件:

$$B_j = (2 \sim 5)B_n, \quad f_c = f_j(t), \quad t \in \left[0, T \right] \tag{2-60}$$

扫频式干扰的中心频率为连续的以 T 为周期的函数。适当地选择扫频速度,可以达到与阻塞式干扰相近的效果。扫频式干扰按扫频方式不同分为连续式和阶跃式两种,前者的干扰频带连续地扫过一定范围,后者的干扰频带则是在两个或几个频率上往返跳变。扫频干扰可以对雷达造成周期性间断的强干扰,扫频范围较宽,也能够干扰频率分集雷达、频率捷变雷达和多部不同工作频率的雷达。扫频干扰的 P 显视频画面特点非常明显,会呈现针状或螺旋状,A 显特点是呈底噪抬高,幅度整体波形呈波浪状,如图 2-38 所示。

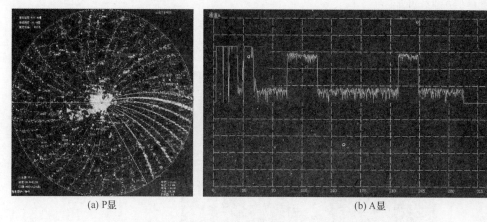

(a) P显　　　　　　　　　　　　　　　　(b) A显

图 2-38　扫频式(匀速规律扫描)干扰 P 显和 A 显示意图

2.6.3　有源欺骗性干扰特性

有源欺骗性干扰,即用类似于目标回波的假目标信号作用于雷达,以假乱真,以达到诱偏或破坏雷达对真目标的跟踪,或者以大量假目标使雷达无法辨别真假,迷惑或阻碍雷达对目标的检测。前一种主要用于载机的自卫;后一种既可用于支援,也可用于自卫,还可用于其他目的。其采用的干扰形式主要为电子假目标干扰,可用于欺骗各种雷达。

在雷达的真实目标回波中,包含距离、角度、运动速度和运动方向、雷达截面积等参数信息,雷达利用这些参数进行信息识别、检测目标回波,抑制杂波和干扰。要对雷达进行欺骗,欺骗干扰信号就要与真实目标回波信号具有相似的特性,即具有相似性,但参数信息又与真实目标回波不同,即具有欺骗性。

根据欺骗干扰中所设置的欺骗参数信息,欺骗干扰可分为距离欺骗、速度欺骗、方位欺骗或多参数相干欺骗(或称为多维相干欺骗)。根据干扰信号资源的差别,欺骗式干扰又可分为应答式干扰和转发式干扰两种。

根据欺骗性干扰的定义,可以将欺骗性干扰统一表示为

$$J(t) = KU_0(t)a(t)\cos\left[\left(\Omega_s + \Delta\Omega_j(t)\right)\left(t - \Delta\tau_j(t)\right) + \varphi + \varphi_j(t)\right] \quad (2\text{-}61)$$

式中:$K \geq 1$,为功率放大系数,一般为常数;$U_0(t)$ 为雷达信号幅度;$a(t)$ 为应答式干扰情况下的幅度调制函数,如果不存在应答式干扰,则为 1;$\Delta\tau_j(t)$、$\varphi_j(t)$ 和 $\Delta\Omega_j(t)$ 分别为转发式干扰中距离、角度和速度欺骗的调制函数。

上述各种欺骗性干扰具有两个共同特点:一是无论是应答式欺骗干扰还是转发式欺骗干扰,无论其为距离欺骗、角度欺骗还是速度欺骗干扰,欺骗特征都可以通过幅度表现出来。也就是说,可以将欺骗性干扰的相位、多普勒频率或时延特性通过运算变换成对信号幅度的调制,以建立欺骗性干扰的数学模型。二是无论哪一种欺骗干扰方式,在单次扫描期间内,都可以近似认为干扰的幅度是恒定的,即无起伏。由于干扰没有经过二次反射,在幅度起伏特性上,其与目标回波的区别还是十分明显。

对于对空警戒/引导雷达来讲,欺骗干扰主要有虚假航迹欺骗干扰和密集假目标欺骗干扰。

1. 虚假航迹欺骗干扰

在雷达 PPI 显示器上形成想定的一条或数条假目标航迹干扰,这种干扰就是虚假航迹欺骗干扰。雷达受到虚假航迹欺骗干扰时的典型 P 显画面如图 2-39 所示。

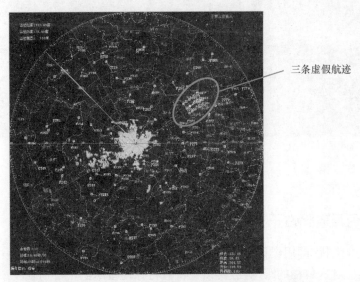

图 2-39　雷达受到虚假航迹欺骗干扰时的 P 显画面

虚假航迹欺骗干扰具有较强隐蔽性,受到干扰后雷达画面不会出现明显异常。图 2-39 所示为干扰机从旁瓣施放了 3 条虚假航迹,此时需依靠操纵员的经验对异常航迹进行识别并采取相应措施,也可通过改变雷达的相应参数,观察异常航迹的变化来进行识别。

2. 密集假目标欺骗干扰

在雷达 PPI 显示器上形成大量假目标点迹干扰,这种干扰就是密集假目标欺骗干扰。其特点为综合视频出现大量目标,一次点迹数大幅增加,A 显出现大量尖峰,操纵员跟踪目标出现困难。这种干扰兼具欺骗性和压制性干扰的特点,是常用干扰手段。

雷达受到密集假目标欺骗干扰时的 P 显和 A 显画面如图 2-40 所示。

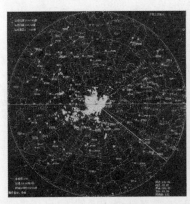

(a) P 显　　　　　　　　　　　(b) A 显

图 2-40　雷达受到密集假目标欺骗干扰时的 P 显和 A 显画面

思 考 题

2-1 雷达信号的时域和频域表示方法分别是什么？它们之间的关系是什么？

2-2 请分别画出单载频矩形脉冲信号、单载频矩形脉冲串信号、线性调频信号的时频域波形，并在图中标注相关参数。

2-3 二次辐射现象有哪些？雷达探测目标主要依靠哪种二次辐射？

2-4 若有一波长 2m 的入射波，以 15°的入射角照射在平坦的马路上，主要发生镜面反射还是漫反射？

2-5 复杂目标的雷达截面积一般采用什么方法来描述？

2-6 为什么要研究雷达目标的极化特性？

2-7 地杂波的散射特性用什么表示？

2-8 典型的杂波幅度统计分布模型有哪几种？从雷达检测的角度来说其各自的适用范围是什么？

2-9 按干扰性质，简述有源干扰的分类。

第3章 雷达作用距离

雷达的基本任务是发现目标并对目标定位,最大作用距离体现了雷达对目标的发现能力,因此其是雷达的重要战术性能指标之一。雷达作用距离的大小与雷达系统本身、目标特性、工作环境特性均有关系。雷达方程可用来描述与雷达作用距离有关的因素,以及它们之间的相互关系,完整的雷达方程包含雷达系统多项重要参数的影响、目标的影响、电磁波传播途径及传播介质的影响等。本章首先介绍理想条件下雷达作用距离的计算方法,并推导出基本雷达方程;然后分析一些实际因素对雷达作用距离的影响,并对雷达方程的基本形式作一定的补充和修改,从而使雷达作用距离的估算比较接近客观实际;最后介绍其他形式的雷达方程。

3.1 基本雷达方程

本节所讨论的基本雷达方程是在理想条件下进行的,理想条件是指雷达和目标发生作用的空间为自由空间。自由空间是一种理想化空间,其条件:①雷达与目标之间没有其他物体,电磁波传播不受地面及其他障碍物的影响,按直线传播;②空间的介质是均匀的,且各向同性;③电磁波在传播中没有损耗。

典型雷达与目标的几何关系如图 3-1 所示。假定雷达发射机输出的峰值功率为 P_τ,并由天线将电磁能量作各向同性(全方向)的辐射。

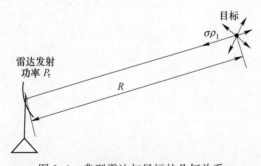

图 3-1 典型雷达与目标的几何关系

如果电磁能量以等强度向所有的方向辐射,则一个以雷达所在之处为球心、半径为 R 的球体表面上的功率密度便是常数。此外,根据能量守恒原理,球的全部表面上的总功率必定准确地等于 P_τ(假定传播介质无损耗)。因此,与雷达相距为 R 处的单位表面积上的功率密度 ρ_0 是球体表面上的总功率除以球的总表面积 $4\pi R^2$,即

$$\rho_0 = \frac{P_\tau}{4\pi R^2} \tag{3-1}$$

由于雷达天线通常采用定向天线,它使发射功率的大部分集中到波束指定的方向上,设发射天线的增益为 G_t,表示在同样的输入功率条件下,定向天线在目标方向上的功率密度与理想的全向天线辐射功率密度之比。这时,在距离 R 处的波束内的功率密度为

$$\rho_1 = \frac{P_\tau}{4\pi R^2} G_t \tag{3-2}$$

目标受到发射电磁波的照射,因其散射特性而产生散射回波,设目标的雷达截面积为 σ,则该目标所接收到的功率为 $\sigma\rho_1$。如果目标将截获的入射功率无损耗、各向均匀地辐射出去,则经过目标散射返回雷达的功率密度为

$$\rho_2 = \frac{\sigma\rho_1}{4\pi R^2} = \frac{P_\tau G_t \sigma}{(4\pi)^2 R^4} \tag{3-3}$$

接收天线所截获的总功率 P_r 是这一功率密度乘以接收天线的有效孔径面积 A_r,即

$$P_r = \frac{P_\tau G_t \sigma}{(4\pi)^2 R^4} A_r \tag{3-4}$$

根据天线理论,天线的增益 G_r 和 A_r 之间的关系为

$$A_r = \frac{G_r \lambda^2}{4\pi} \tag{3-5}$$

于是,接收的回波信号功率 P_r 可表示成

$$P_r = \frac{P_\tau G_t \sigma}{(4\pi)^2 R^4} A_r = \frac{P_\tau G_t G_r \lambda^2 \sigma}{(4\pi)^3 R^4} \tag{3-6}$$

如果发射和接收共用同一天线,则有

$$G_t = G_r = G, A_t = A_r = A_e \tag{3-7}$$

式中:A_t 为发射天线的有效孔径面积,且满足

$$A_t = \frac{G_t \lambda^2}{4\pi} \tag{3-8}$$

将式(3-7)和式(3-8)代入式(3-6),可得

$$P_r = \frac{P_\tau A_e^2 \sigma}{4\pi \lambda^2 R^4} \tag{3-9a}$$

或

$$P_r = \frac{P_\tau G^2 \lambda^2 \sigma}{(4\pi)^3 R^4} \tag{3-9b}$$

雷达的最大作用距离是指目标与雷达之间的最大距离,超过这一距离目标就不能被可靠地发现。在一次雷达中,由于发射功率经过往返双倍的距离路程,能量衰减很大。接收到的功率 P_r 必须超过最小可检测信号功率(接收机的灵敏度 S_{imin}),雷达才能可靠地发现目标。当 $P_r = S_{imin}$ 时,就可得到雷达检测该目标的最大作用距离 R_{max}。于是式(3-9)变成

$$S_{imin} = \frac{P_\tau A_e^2 \sigma}{4\pi \lambda^2 R_{max}^4} \tag{3-10a}$$

或

$$S_{\text{imin}} = \frac{P_{\tau} G^2 \lambda^2 \sigma}{(4\pi)^3 R_{\max}^4} \tag{3-10b}$$

把式(3-10a)和式(3-10b)中 S_{imin} 与 $R_{\max}$ 互换,则可得雷达距离方程的基本形式:

$$R_{\max} = \left[\frac{P_{\tau} A_{\text{e}}^2 \sigma}{4\pi \lambda^2 S_{\text{imin}}} \right]^{\frac{1}{4}} \tag{3-11a}$$

或

$$R_{\max} = \left[\frac{P_{\tau} G^2 \lambda^2 \sigma}{(4\pi)^3 S_{\text{imin}}} \right]^{\frac{1}{4}} \tag{3-11b}$$

在式(3-10a)~式(3-11b)中:最大作用距离 $R_{\max}(\text{m})$;发射机峰值功率 $P_{\tau}(\text{W})$;接收机灵敏度 $S_{\text{imin}}(\text{W})$,通常用单位 dBW 或 dBm;天线增益 $G(\text{dB})$;天线有效孔径面积 $A_{\text{e}}(\text{m}^2)$;目标的雷达截面积 $\sigma(\text{m}^2)$;雷达工作波长 $\lambda(\text{m})$;需要注意的是接收机灵敏度 S_{imin} 和天线增益 G 代入到雷达方程中计算时要换算成真值。

式(3-11)反映了雷达在自由空间的最大作用距离与雷达技术指标、目标散射特性之间的关系。调整方程中雷达的参数可以影响到雷达的作用距离,如 $R_{\max}$ 与 P_{τ} 成四次根的关系,所以 P_{τ} 增大 16 倍,$R_{\max}$ 只能加大一倍,接收机的灵敏度 S_{imin} 也和 $R_{\max}$ 成四次方根的关系,减小 S_{imin},即提高灵敏度,可以加大 $R_{\max}$。另外,需要注意的是在式(3-11a)中,$R_{\max}$ 与 $\lambda^{-1/2}$ 成正比,而在式(3-11b)中,$R_{\max}$ 与 $\lambda^{1/2}$ 成正比,这是由于方程中一些参数之间存在互相依赖关系。当天线面积不变,波长 λ 增加时,天线的增益下降,导致作用距离减小,见式(3-11a);当天线的增益不变,波长增大时,则要求天线面积亦相应加大,有效反射面积就加大,其结果是作用距离增加,见式(3-11b)。但波长的改变会影响雷达的其他参数,如发射机功率、接收机灵敏度、天线尺寸、传播条件等,所以应全面考虑权衡。

雷达方程虽然给出了作用距离和各参数间的定量关系,但因未考虑雷达系统的实际损耗和环境因素,而且雷达方程中还有两个不可能准确给定的量:目标的雷达截面积 σ 和最小可检测信号功率 S_{imin},因此它常用来作为一个估算的公式,考察雷达各参数对作用距离影响的程度。

例 3.1:已知雷达发射功率 $P_{\tau} = 100\text{kW}$,天线增益 $G = 40\text{dB}$,工作波长 $\lambda = 5\text{cm}$,接收机灵敏度 $S_{\text{imin}} = -110\text{dBm}$,目标雷达截面积 $\sigma = 5\text{m}^2$,求雷达最大作用距离 $R_{\max}$。

解:

$$R_{\max} = \left[\frac{P_{\tau} G^2 \lambda^2 \sigma}{(4\pi)^3 S_{\text{imin}}} \right]^{\frac{1}{4}}$$

式中

$$P_{\tau} = 100\text{kW} = 10^5 \text{W}$$

$$G = 40\text{dB} = 10^4$$

$$\lambda = 5\text{cm} = 0.05\text{m}$$

$$\sigma = 5\text{m}^2$$

$$S_{\text{imin}} = -110\text{dBm} = 10^{-14}\text{W}$$

把各参数代入雷达方程中,可得

$$R_{\max} = \left[\frac{P_{\tau} G^2 \lambda^2 \sigma}{(4\pi)^3 S_{i\min}} \right]^{\frac{1}{4}} = \left[\frac{10^5 \times 10^{4\times2} \times 0.05^2 \times 5}{(4\pi)^3 \times 10^{-14}} \right]^{\frac{1}{4}} \approx 282\text{km}$$

3.2　影响雷达探测的因素

3.1 节讨论的基本雷达方程,是在理想条件下进行推导的,即只考虑了目标的散射性能和雷达本身的技术指标对作用距离的影响,而没有考虑雷达工作的具体环境。本节分别讨论地球曲率、地面反射和大气对雷达探测性能的影响。

3.2.1　地球曲率对雷达探测性能的影响

因为地球表面是弯曲的,而雷达的电磁波基本上是直线传播,因此远距离的目标是无法被发现的。如图 3-2 所示,设目标的高度为 h_t,雷达天线的高度为 h_a,若 h_t、h_a 一定,雷达有一个极限的观察距离,即雷达在地平线上的最大观察距离,称为雷达的直视距离。若超过此距离,电磁波被地球表面阻挡而无法射向目标,则视线以下的区域称为隐蔽区。

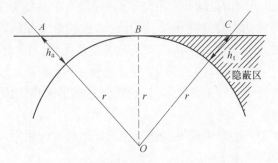

图 3-2　雷达直视距离计算的几何关系图

参照图 3-2,可得雷达的直视距离为

$$d_0 = AB + BC \tag{3-12}$$

考虑到 $h_t \ll r, h_a \ll r, r$ 为地球半径,故有

$$AB^2 = (r + h_a)^2 - r^2 \approx 2rh_a \tag{3-13}$$

$$BC^2 = (r + h_t)^2 - r^2 \approx 2rh_t \tag{3-14}$$

于是,可得

$$d_0 \approx \sqrt{2rh_a} + \sqrt{2rh_t} = \sqrt{2r}\left(\sqrt{h_a} + \sqrt{h_t} \right) \tag{3-15}$$

式中:$r = 6370\text{km}$。

实际上电磁波在大气中传播会发生折射现象,电磁波折射的影响增大了直视距离。如图 3-3 所示,离地面高度 h_a 的 A 点配有一部雷达,如未考虑电磁波折射时,只能观察到 C 点距地面高度为 h_t 的目标,而观察不到同为 h_t 但处于 C' 处的目标,由于电磁波发生了折射,电磁波可以照射到 C' 点,因此视距增大了。大气折射的影响,可以用等效地球半径 r_e 来表征(见 3.2.3 小节详解,$r_e \approx 8500\text{km}$),此时电磁波仍然看成是直线传播,即视距的增加用地球半径的增加来等效。

所以,用 r_e 代替式(3-15)中的 r,得到考虑大气折射后的雷达直视距离 d_0 为

$$d_0(\text{km}) \approx \sqrt{2r_e}\left(\sqrt{h_a(\text{km})} + \sqrt{h_t(\text{km})}\right) \qquad (3\text{-}16a)$$

$$\approx 130\left(\sqrt{h_a(\text{km})} + \sqrt{h_t(\text{km})}\right) \qquad (3\text{-}16b)$$

$$\approx 4.12\left(\sqrt{h_a(\text{m})} + \sqrt{h_t(\text{m})}\right) \qquad (3\text{-}16c)$$

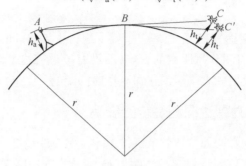

图 3-3　电磁波折射对直视距离的影响

雷达直视距离是由于地球是球面而不是平面引起的,它主要受雷达天线高度 h_a 和目标高度 h_t 的限制,而与雷达本身性能无关,因此它和雷达最大作用距离 R_{max} 是两个不同的概念。注意:如果 $R_{max} > d_0$,那么在 d_0 至 R_{max} 的距离范围内,目标还处于隐蔽区,即使此时目标在雷达的最大作用距离以内,也不能被雷达所发现;如果 $R_{max} < d_0$,那么在 R_{max} 至 d_0 的距离范围内,虽然目标不处于隐蔽区,但它在雷达的最大作用距离以外,仍然不能被雷达所发现。

例 3.2:设目标的飞行高度 50m,某雷达对该目标的最大作用距离为 300km,为了尽早发现目标,试求雷达的架高 h_a。

解:由式(3-16c),有

$$300 \approx 4.12\left(\sqrt{h_a} + \sqrt{50}\right)$$

可得

$$h_a \approx 4323\text{m} = 4.323\text{km}$$

由此可见,该雷达应架设在海拔 4000m 以上的高山上。目前,许多性能先进的飞机大多采用低空飞行,这样雷达的直视距离 d_0 主要取决于雷达的架高 h_a。为了保证雷达本身的探测性能不受地球曲率的限制,需使 $d_0 \geqslant R_{max}$,这只能靠雷达架高 h_a 的增加来保证。因此,为了有效地对付低空突防的飞机,必须将对空警戒/引导雷达升空,以增加雷达的直视距离,球载预警雷达、机载预警雷达等新型雷达满足了这一需求(详见 11.1 节)。

3.2.2　地面反射对雷达探测性能的影响

一般对空警戒/引导雷达方位向的波束较窄,以保证有较好的方位角测量精度和分辨率,而俯仰向的波束较宽,以保证较大的覆盖空域。当这种雷达架设在平坦地面(或海面)上时,它发射的电磁波到达目标可有两条路径:直接的路径和经过地面反射的路径。同样,目标回波也有如上两条路径。这样,目标和雷达处的电场强度均是直射波与反射波电场干涉的结果。因而考虑地面反射后的雷达探测范围与自由空间的雷达探测范围是具

有较大差别的。

前面所讨论的雷达最大作用距离 $R_{\max}$ 是指雷达波束轴方向上的探测距离,此时 G 为雷达天线的最大增益,即

$$G = G(0,0) = G_{\max} \tag{3-17}$$

俯仰方向的天线增益 $G(\beta)$ 与最大增益 G 的关系为

$$G(\beta) = G \cdot F^2(\beta) \tag{3-18}$$

式中:$F(\beta)$ 为俯仰方向上天线的方向因数(归一化场强方向图)。用 $G(\beta)$ 取代距离方程式(3-11b)中的最大增益 G,则得到自由空间雷达俯仰方向上的距离探测范围 $R(\beta)$:

$$R(\beta) = R_{\max} \cdot F(\beta) \tag{3-19}$$

根据理论推导,考虑地面反射后雷达俯仰方向上的探测范围 $R_{\mathrm{I}}(\beta)$ 等于自由空间雷达俯仰方向上的探测范围 $R(\beta)$ 乘以地面反射因数 $F_{\mathrm{I}}(\beta)$,具体推导过程参见附录 B。

$$R_{\mathrm{I}}(\beta) = R(\beta) \cdot F_{\mathrm{I}}(\beta) \tag{3-20}$$

式中:$F_{\mathrm{I}}(\beta) = 2\left|\sin\left(\dfrac{2\pi}{\lambda}h_{\mathrm{a}}\sin\beta\right)\right|$ 称为地面反射因数,考虑地面反射后雷达俯仰方向的探测性能特点将主要取决于反射因数的性质,因此下面重点讨论反射因数的性质,并给出几种减小盲区的方法。

1. 地面反射因数的性质

地面反射因数 $F_{\mathrm{I}}(\beta)$ 具有以下性质。

(1) 当 $\dfrac{2\pi}{\lambda}h_{\mathrm{a}}\sin\beta = n\pi, n = 0,1,2,\cdots$ 时,$F_{\mathrm{I}}(\beta) = 0$,即直射波与反射波的行程差 $\Delta R = 2h_{\mathrm{a}}\sin\beta$ 每变化一个波长 λ,$F_{\mathrm{I}}(\beta)$ 就会出现一个零值。取零值时的仰角值为

$$\beta = \arcsin\left(\frac{n\lambda}{2h_{\mathrm{a}}}\right) \tag{3-21}$$

(2) 当 $\dfrac{2\pi}{\lambda}h_{\mathrm{a}}\sin\beta = \left(\dfrac{2n+1}{2}\right)\pi, n = 0,1,2,\cdots$ 时,$F_{\mathrm{I}}(\beta) = 2$。此时地面反射因数的取值最大,所对应的仰角值为

$$\beta = \arcsin\left[\frac{(2n+1)\lambda}{4h_{\mathrm{a}}}\right] \tag{3-22}$$

(3) 由以上的讨论可知地面反射因数 $F_{\mathrm{I}}(\beta)$ 的图形呈花瓣状,在 0°~90°仰角范围内花瓣的数目为

$$n_{\mathrm{b}} = \left.\frac{\dfrac{2\pi}{\lambda}h_{\mathrm{a}}\sin\beta}{\pi}\right|_{\beta = 90°} = \frac{2h_{\mathrm{a}}}{\lambda} \tag{3-23}$$

由于 $F_{\mathrm{I}}(\beta)$ 的图形呈花瓣状,因而考虑地面反射时雷达俯仰方向探测范围也必然呈花瓣状,如图 3-4 所示。图 3-4(a)表示雷达在自由空间的探测范围 $R(\beta)$,图 3-4(b)表示地面的反射因数 $F_{\mathrm{I}}(\beta)$,图 3-4(c)表示考虑地面反射时的雷达探测范围 $R_{\mathrm{I}}(\beta)$。显然,反射波干涉使雷达的波瓣产生了分裂,其分裂的个数由式(3-23)决定。在地面反射因数取最大值 $F_{\mathrm{I}}(\beta) = 2$ 的那些仰角方向上雷达探测距离达到自由空间探测距离的两倍。在地面反射因数为零值的那些仰角方向上,雷达就不能发现目标,对这样的仰角方向称为

"盲区"。出现盲区使雷达不能连续地观察目标,特别是在仰角接近零的方向上低空盲区危害最大,它影响对空警戒/引导雷达对远距离低空目标的发现。如何减小盲区的影响,成为一个重要的问题。

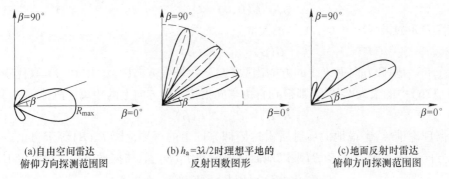

(a)自由空间雷达　　　　　(b) $h_a=3\lambda/2$ 时理想平地的　　　　(c)地面反射时雷达
俯仰方向探测范围图　　　　　反射因数图形　　　　　　　俯仰方向探测范围图

图 3-4　地面反射对雷达探测范围的影响

2. 减小盲区的方法

减小盲区的方法主要有以下三种。

1) 采用垂直极化波

式(3-20)是在水平极化的条件下推导出来的,满足 $\Gamma\approx1$、$\varphi\approx180°$(Γ 是反射系数的模,φ 是其相位),但采用垂直极化波的反射系数在大多数情况下 $\Gamma<1$、$\varphi<180°$。由于这个原因,雷达作用距离的最大值不再是自由空间的两倍,作用距离的最小值也不再是零,使得在俯仰平面内的盲区宽度变窄,如图 3-5 所示。

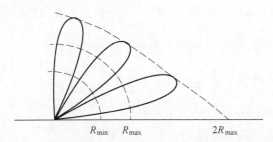

图 3-5　采用垂直极化波时雷达垂直方向探测范围图

虽然采用垂直极化波在一般情况下能减小盲区对连续观察目标的影响,但需要指出,在探测低空目标时,盲区的影响并不因此而减小,甚至反而比采用水平极化波时影响更大。这是因为采用垂直极化波时,对于俯仰平面上的第一波瓣来说,地面反射系数不是 $\Gamma=1$,$\varphi=180°$,而是 $\varphi<180°$,这时第一波瓣仰角值将比 $\varphi=180°$ 时增加一个量值 $\Delta\beta$,可见采用垂直极化波后第一波瓣的仰角值比水平极化时大,所以架设在地面上观测低空或海面目标的对空警戒/引导雷达很少采用垂直极化波,而观测低空或海面目标的机载预警雷达有时采用垂直极化波。

2) 改变雷达工作波长

由地面反射因数的表达式可知,当波长 λ 改变时,$F_1(\beta)$ 的图形发生变化,因而探测范围的盲区位置也随之发生变化。

（1）采用短的雷达工作波长。因花瓣的数目为 $2h_a/\lambda$ ，第一波瓣的仰角值为 $\arcsin(\lambda/4h_a)$ ，故采用短的波长会使花瓣数目增多，且第一波瓣的仰角值减小，从而减小了盲区（特别是低空盲区）的影响。当波长减小到厘米波波段时，一般地面反射接近于漫反射而不是镜面反射，可以忽略地面反射带来的影响。

由瑞利起伏条件式（2-27）可知，假设 $\lambda = 3\mathrm{cm}$ ，俯仰 3dB 波束宽度 $\beta_{3\mathrm{dB}} = 4°$ 时，若取 $\theta = \beta_{3\mathrm{dB}}/2 = 2°$ ，则有 $\Delta h \leqslant 5.37\mathrm{cm}$ 。显然一般的地面或海面起伏是超过这个值的，这时地面反射为漫反射，反射系数的模 $\varGamma$ 变得很小，以致地面反射的影响可忽略不计。所以，舰载警戒/引导雷达一般采用厘米波波段，以保证良好的低空性能。

（2）同时采用不同的雷达工作波长。若雷达采用频率捷变技术或采用不同波长的多个收发通道同时工作，那么形成的俯仰方向图和探测范围图各不相同，有可能使波瓣盲区完全错开，从而达到互补盲区的目的。

3）改变雷达天线架设高度

（1）增加天线的架设高度 h_a 。在波长一定的情况下，增加天线的高度同样会使波瓣的数目增多，第一波瓣的仰角减小，因而对空警戒/引导雷达常架设在山顶上并选择有利地形，以改善探测低空目标的性能。

（2）采用高度不同的分层天线。天线高度不同，雷达的俯仰方向探测范围也不相同。这样可采用高度不同的分层天线或使用两部以上天线高度不同的雷达互补盲区，这种方法的缺点是设备复杂。

3.2.3 大气对雷达探测性能的影响

由于地球的周围包裹着大气，大气的密度随高度而变化。对于一般的雷达目标，大都处于从地面到大约 30km 高度之内的大气层内，电磁波在这个范围内传播时，会产生折射和衰减，这种现象称为大气折射和大气衰减。大气折射主要是由于空气的密度不均匀引起的，而大气中的氧气和水蒸气是产生大气衰减的主要原因。

1. 大气折射

大气的成分随着时间和地点而改变，而且不同高度的空气密度也不相同，离地面越高，空气越稀薄。因此电磁波在大气中传播时，是在非均匀介质中传播，它的传播途径不是直线。在正常大气条件下的折射传播，通常是电磁波射线向下弯曲，如图 3-6 所示。因为大气密度随高度变化的结果使折射系数随着高度增加而变小，所以电磁波射线会向下弯曲。

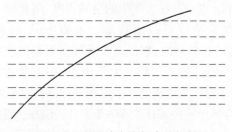

图 3-6 电磁波在大气中的折射

大气折射对雷达的影响有两方面：一是增大了雷达的直视距离，如图 3-3 所示；二是增大了雷达测量的目标高度,如图 3-7 所示,一部雷达架在地球表面,如果目标视线方向应在 T',但实际目标在 T,则在仰角的测量上将产生误差,使目标的高度数据随之发生差错,这种误差就是电磁波在对流层中传播途径的下弯造成的。

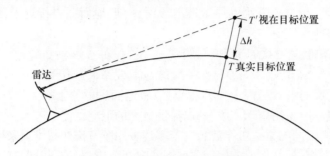

图 3-7　大气折射引起的测高误差

如果把下弯的曲线等效成另外一个球体的直线传播部分,在此基础上可以认为空气是均匀的,则这个等效的球体半径应大于地球真实半径。假设等效的球体半径等于 $k_1 r$,r 是地球的实际半径,即 6370km,k_1 是大于 1 的系数,则系数 k_1 由下式决定:

$$k_1 = \frac{1}{1 + r\left(\dfrac{\mathrm{d}n}{\mathrm{d}z}\right)} \tag{3-24}$$

式中:n 为大气的折射率;z 为大气离地面的高度;$\mathrm{d}n/\mathrm{d}z$ 为折射率随高度的变化率。在标准大气条件下,高度每升高 1m,n 的值大约减小 4×10^{-8},即

$$\frac{\mathrm{d}n}{\mathrm{d}z} = -\ 4 \times 10^{-8} \tag{3-25}$$

则通过式(3-24)可以算出 $k_1 \approx 4/3$。因此,地球的等效半径为

$$r_e = k_1 r \approx 8500\mathrm{km} \tag{3-26}$$

用 $k_1 \approx 4/3$ 来修正大气的折射是一种近似,实际上折射率本身不是一个常数,气象状况不同,它的变化率也有所差异。但在一般情况下,采用等效地球半径模型后,电磁波的传播途径就可按直线传播来处理了。

2. 大气衰减

电磁波在对流层传播时存在衰减,主要是由气体分子所引起的,在有云、雾、雨、雪时,衰减尤为严重。电磁波受到衰减后,与无衰减作用时相比较,输入到接收机的回波功率将减弱,雷达的探测范围将缩小。电磁波在大气中的衰减程度,用衰减系数 δ(dB/km) 来表示。

大气中的氧和水蒸气是造成电磁波衰减的重要成分,这两种成分的衰减曲线如图 3-8所示。实线是氧气引起的衰减,虚线是水蒸气所引起的衰减。从该图看出,衰减系数 δ 的大小与频率有关,当雷达的工作频率大于 3GHz 时必须考虑大气衰减,并且在有的频率上出现谐振现象,这时的衰减变得特别大。水蒸气的衰减谐振频率出现在 22.3GHz 处,氧气则有两个谐振点:一个在 60GHz,另一个在 120GHz。当工作频率低于 1GHz 时,大气衰减可忽略,而当工作频率高于 10GHz 后,频率越高,大气衰减越严重。在毫米波波段工作时,大气传播衰减十分严重,因此远距离地面雷达的工作频率一般选在 35GHz 以下。

除了正常大气外,在恶劣气候条件下大气中的雨雾对电磁波的衰减更大。雨、雾对电磁波的衰减曲线如图 3-9 所示，实线代表雨，虚线代表雾。图中：曲线 a 表示毛毛雨（降雨率 0.25mm/h）；b 表示小雨（降雨率 1mm/h）；c 表示中雨（降雨率 4mm/h）；d 表示大雨（降雨率 16mm/h）；e 表示薄雾（含水量 0.032g/m³，能见度 300m）；f 表示浓雾（含水量 0.32g/m³，能见度 120m）；g 表示大雾（含水量 2.3g/m³，能见度 30m）。由此可见，降雨量越大，雾的含水量越大，雷达的工作频率越高，则电磁波的衰减越大。

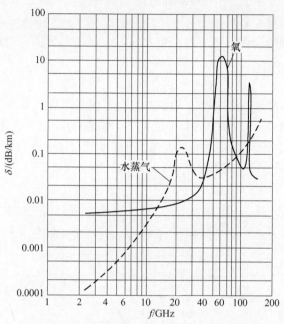

图 3-8 氧气和水蒸气对电磁波的衰减

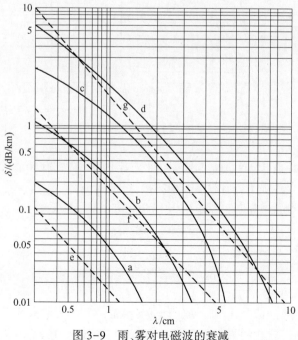

图 3-9 雨、雾对电磁波的衰减

若在雷达与目标间的 R_a 距离上存在衰减(如有降雨),则电磁波在雷达与目标间往返一次后,总的衰减等于 $2\delta R_a$,则根据式(3-11b),修正后的雷达方程为

$$R'_{\max} = \left[\frac{P_\tau G^2 \lambda^2 \sigma}{(4\pi)^3 S_{i\min}} \times 10^{-0.2\delta R_a} \right]^{\frac{1}{4}} = R_{\max} \times 10^{-0.05\delta R_a} \qquad (3-27)$$

式中:$R_{\max}$ 和 $R'_{\max}$ 分别为不计大气衰减和考虑大气衰减时雷达的最大作用距离;δR_a 为 R_a 距离上存在的电磁波单程衰减。

若在雷达至目标的全程距离上都存在大气对电磁波的衰减,则此时的雷达距离方程可写成

$$R'_{\max} = R_{\max} \times 10^{-0.05\delta R'_{\max}} \qquad (3-28)$$

这里由于 $\delta R'_{\max}$ 是 $R'_{\max}$ 的函数,式(3-28)写不成显函数关系。为了便于计算有全程衰减时的雷达作用距离,可查图3-10中的曲线。曲线的纵坐标表示无衰减时的最大作用距离 $R_{\max}$,横坐标表示有衰减时的最大作用距离 $R'_{\max}$,曲线的参变量为单程衰减系数 δ(dB/km),不同大气条件下的 δ 值可由图3-8和图3-9直接查得。

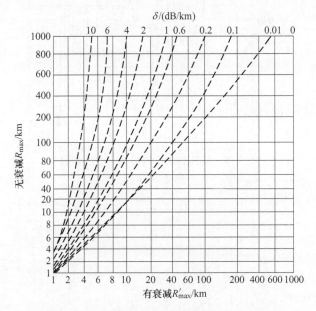

图3-10 全程衰减时雷达探测距离的计算曲线

例3.3:已知工作波长 $\lambda = 5\text{cm}$ 的雷达,最大作用距离为300km。当全程距离上都有16mm/h的大雨时,雷达最大作用距离为多少?

解:当降雨量=16mm/h时,查图3-9中的曲线d得衰减系数

$$\delta = 0.1\text{dB/km}$$

此时的雷达距离方程为(3-28),即

$$R'_{\max} = R_{\max} \times 10^{-0.05\delta R'_{\max}}$$

通过查图3-10,可得

$$R'_{\max} = 97.6\text{km}$$

受到全程衰减后,雷达的最大作用距离缩小为97.6km,在此距离之外的任何衰减因

素都不会再对雷达造成衰减影响。

例 3.4：条件同例 3.3，在雷达站附近 50km 的区域内有大雨时，此时雷达的最大作用距离为多少？

解：50km 小于 97.6km，可知此时非全程衰减，由式（3-27）有

$$R'_{\max} = R_{\max} \times 10^{-0.05\delta R'_a} = 300 \times 10^{-0.05 \times 0.1 \times 50} = 168.8 \text{km}$$

例 3.5：条件同例 3.3，若在雷达站附近 200km 的区域内有大雨时，此时的雷达最大作用距离是多少？

解：因为 200km 大于 97.6km，可知此时 97.6km 距离外的大雨对雷达已经没有影响，最大的作用距离仍为 97.6km。

3.3　其他形式的雷达方程

通过雷达方程可以集中地反映与雷达作用距离有关的因素以及它们之间的相互关系。本节将首先讨论用信噪比表示的雷达方程，深入地研究影响一次雷达检测能力的本质因素，然后探讨杂波背景下的雷达方程和有源干扰条件下的雷达方程，最后讨论二次雷达方程。

3.3.1　用信噪比表示的雷达方程

在雷达方程式（3-11）中，雷达最大作用距离是雷达最小可检测信号功率 S_{imin} 的函数，而接收机的最小可检测信号功率（接收机的灵敏度）受噪声限制。由于雷达接收机的内部噪声总是存在的，因而实际上雷达信号的检测不只取决于信号功率本身，而取决于检测前信噪比，所以常用信噪比来表示雷达方程。

典型雷达信号接收处理如图 3-11 所示，回波信号经过接收机后都会经过相应的信号处理后才会去检测。

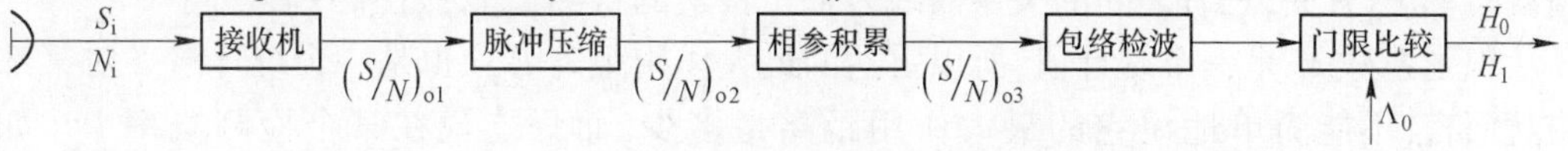

$$\Big)\!\!\! \xrightarrow[N_i]{S_i} \boxed{\begin{array}{c} F \\ 接收机 \\ (S\!/\!N)_{o1} \end{array}} \xrightarrow{} \boxed{\begin{array}{c} D_0 \\ 脉冲压缩 \\ (S\!/\!N)_{o2} \end{array}} \xrightarrow{} \boxed{\begin{array}{c} n \\ 相参积累 \\ (S\!/\!N)_{o3} \end{array}} \xrightarrow{} \boxed{包络检波} \xrightarrow{} \boxed{门限比较} \xrightarrow[H_1]{H_0}$$

图 3-11　典型雷达信号接收处理框图

接收机输入端噪声功率由接收机通频带宽 B_n 决定，即 $N_i = kT_0B_n$。图中：F 是接收机噪声系数，用来表征雷达信号经过接收机后信噪比变化的情况，实际上由于接收机内部噪声的影响，使得接收机输出端的信噪比降低了，降低的程度由噪声系数 F 决定（详见 8.2 节）。D_0 是脉压比，脉冲压缩的本质是匹配滤波，匹配滤波是以输出最大信噪比为准则设计的最佳线性滤波器（参见附录 F），若采用大时宽带宽积（线性调频、非线性调频、相位编码等）信号，经过匹配滤波后可提升信噪比 D_0 倍（详见 9.3 节）。n 是相参积累的个数，若脉冲串有 n 个脉冲，相参积累时 n 个脉冲回波同相相加，功率增加 n^2 倍，而噪声是一个随机过程，积累的结果并不是使噪声电平提高 n 倍，而是使噪声的平均功率提高 n 倍，因此相参积累的结果是信噪比提升 n 倍。雷达也可以在检波后完成非相参积累，对同

样 n 个脉冲,相参积累可使信噪比提高 n 倍,但非相参积累却达不到这样的性能,需要乘以一个积累效率 $E_i(n)$,$E_i(n)$ 的取值小于 1。具体各节点信噪比变化见附录 C。

综上所述,可以得到接收机输入端信号功率 S_i 与检测前信噪比 $\left(\dfrac{S}{N}\right)_{o3}$ 之间的关系式:

$$S_i = \frac{FN_i}{D_0 n} \cdot \left(\frac{S}{N}\right)_{o3} \tag{3-29}$$

将式(3-29)代入到雷达方程的基本形式式(3-11b),可以导出检测前信噪比 $\left(\dfrac{S}{N}\right)_{o3}$ 与作用距离 R 之间的关系:

$$R = \left[\frac{P_\tau G^2 \lambda^2 \sigma}{(4\pi)^3 S_i}\right]^{\frac{1}{4}} = \left[\frac{P_\tau G^2 \lambda^2 \sigma D_0 n}{(4\pi)^3 N_i F \left(\dfrac{S}{N}\right)_{o3}}\right]^{\frac{1}{4}} = \left[\frac{P_\tau G^2 \lambda^2 \sigma D_0 n}{(4\pi)^3 k T_0 B_n F \left(\dfrac{S}{N}\right)_{o3}}\right]^{\frac{1}{4}} \tag{3-30}$$

作用距离 R 增加,$\left(\dfrac{S}{N}\right)_{o3}$ 会下降,当 R 取最大值时,$\left(\dfrac{S}{N}\right)_{o3}$ 取到最小值,这里引入识别系数 M,即最小可检测信噪比。因此可以得到用信噪比表示的雷达方程式:

$$R_{max} = \left[\frac{P_\tau G^2 \lambda^2 \sigma D_0 n}{(4\pi)^3 k T_0 B_n F M L}\right]^{\frac{1}{4}} \tag{3-31}$$

式中:L 为雷达各部分损耗引入的损失系数。

如果是非相参积累,则 n 需要改成积累改善因子 $I_i(n) = nE_i(n)$。

$$R_{max} = \left[\frac{P_\tau G^2 \lambda^2 \sigma D_0 n E_i(n)}{(4\pi)^3 k T_0 B_n F M L}\right]^{\frac{1}{4}} \tag{3-32}$$

1. 识别系数 M

识别系数 M 是最小可检测信噪比,指雷达目标能够被检测到所需要的最小信噪比值,即检测前信噪比一定要大于等于识别系数目标才能被检测到,M 仅与虚警概率 P_f 和检测概率 P_d 有关,三者之间的关系曲线表征了雷达的检测性能,如图 3-12 所示。

识别系数 M 是一个统计值,所以雷达的最大作用距离 R_{max} 也是一个统计量。对某部雷达而言,不能简单地说它的最大作用距离是多少,而只能说在某个检测概率 P_d(如 80%)和虚警概率 P_f(如 10^{-6})条件下,对某一类目标的最大作用距离。

2. 脉冲积累个数 n

无论是相参积累还是非相参积累,都需要确定脉冲积累数 n,脉冲积累数 n 取决于雷达波束扫过目标的时间间隔内目标回波脉冲的个数,对于机械扫描雷达,其值为

$$n = \frac{\alpha_{3dB}}{\Omega_m} f_r = \frac{\alpha_{3dB}}{6\omega_m} f_r \tag{3-33}$$

式中:α_{3dB} 为方位波束 3dB 宽度(°);Ω_m 为天线圆周扫描速度(°/s);ω_m 为天线圆周扫描速度(r/min);f_r 为脉冲重复频率(Hz)。

3. 用能量表示的雷达方程

把脉压比 $D_0 = B\tau$ 代入式(3-32),因分母中的接收机通频带宽 B_n 匹配信号带宽 B,可以得到用能量表示的雷达方程:

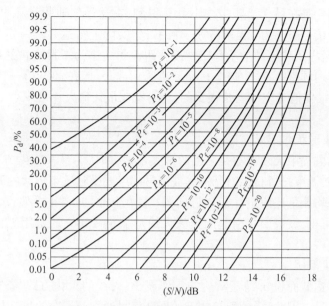

图 3-12　单次随机相位信号的检测特性曲线

$$R_{\max} = \left[\frac{P_\tau \tau n G^2 \lambda^2 \sigma}{(4\pi)^3 k T_0 F C_{\mathrm{B}} M L} \right]^{\frac{1}{4}} \tag{3-34}$$

式中：$P_\tau \tau n$ 为 n 个脉冲的能量；分母中增加的带宽校正因子 $C_{\mathrm{B}} \geqslant 1$，表示接收机带宽失配所带来的信噪比损失，匹配时 $C_{\mathrm{B}} = 1$。

4. 损耗因子

雷达方程式（3-31）中的损耗因子 L 表示雷达系统各部分损耗引入的损失系数，下面讨论一下产生损耗的各种实际因素。

1）馈线损耗

馈线损耗 L_{tr} 包括发射馈线损耗 L_{t} 和接收馈线损耗 L_{r} 两部分。发射馈线损耗是指发射机输出端至发射天线输入端馈线的传输损耗，而接收馈线损耗是指接收天线至接收机输入端馈线的传输损耗。收发共用一个天线时雷达的馈线损耗，包括每单位长度波导的损耗、每一波导拐弯处的损耗、旋转铰链的损耗、天线收发开关上的损耗、隔离器、分配器、衰减器等微波器件损耗，以及器件之间连接不良造成的损耗等。当工作频率为 3000MHz 时，其损耗有如下典型的数据：天线收发开关的损耗为 1.5dB；旋转铰链的损耗为 0.4dB；每 30m 波导的损耗（双程）为 1.0dB；每个波导拐弯的损耗为 0.1dB；连接不良的损耗为 0.5dB；总的馈线损耗为 3.5dB。

2）接收机失配损耗

在高斯白噪声作用下，匹配滤波器是雷达信号的最佳线性处理器，它可以给出最大的瞬时峰值功率信噪比为 $2E/N_0$。但实际接收机不可能达到匹配接收机输出的信噪比，它只能接近这个数值，因此实际接收机相比理想的匹配接收机有一个失配损耗，这个损失的大小与采用的信号形式、接收机的滤波特性有关，通常用 L_{m} 表示接收机失配损耗（详见 8.3.3 小节）。

通常失配损耗是在最佳通频带之下计算得到,雷达最佳通频带在早期脉冲雷达(信号形式为单载频信号)中一般认为是 $B\tau = 1.37$,但实际上雷达并不一定采用最佳通频带工作,这是因为考虑到频率源的不稳定性或在跟踪雷达中为了提高雷达的测量精度往往中频带宽比最佳通频带宽许多,接收机通频带采用非最佳带宽时也有信噪比损失。但系统试验表明,$B\tau$ 最佳值适应范围是很宽的,当带宽比最佳值大一倍或小一半时,附加衰减不超过 1dB。

3) 天线波束形状非矩形损耗

在雷达距离方程中天线增益是采用的最大增益,即认为最大辐射方向对准目标。但是由于天线扫描,波束扫过目标时脉冲回波信号幅度要受到波束形状的调制,因而实际收到的脉冲串的平均能量比假定是矩形方向图(直角坐标)时要小。假设天线是高斯形方向图,根据计算可得,波束形状引起的损失大约是 1.6~2dB。通常用 L_p 表示天线波束形状非矩形损耗。

4) 目标起伏损耗

运动目标雷达截面积 σ 是随雷达的工作波长、天线的极化方式、雷达视角等因素而变化的一个起伏量。因此,雷达所接收到的回波信号通常是一个幅度起伏变化的脉冲串,由第 2 章的知识可知,典型的目标起伏模型有四种,即 Swerling Ⅰ~Ⅳ型。理论分析表明,起伏脉冲串信号最佳检测系统的组成与非起伏目标的相同,但检测性能是不一样的。当脉冲积累数 $n>10$ 时,检测快起伏目标(情况 2 和情况 4)所需的信噪比与非起伏目标的相差无几,而检测慢起伏目标(情况 1 和情况 3)所需的信噪比要比非起伏目标大。为了表示这一特征,引入起伏损耗 L_f,其定义是为了达到要求的检测概率和虚警概率,起伏目标比非起伏目标检测需要增加的每一脉冲的信噪比,即

$$L_f = 10\lg \frac{(\bar{S}/N)_1}{(S/N)_1} = \left(\frac{\bar{S}}{N}\right)_{1(\mathrm{dB})} - \left(\frac{S}{N}\right)_{1(\mathrm{dB})} \tag{3-35}$$

式中:等式右边第一项为起伏目标的信噪比,第二项为非起伏目标的信噪比。在常用的虚警概率范围内(10^{-6}~10^{-10}),快起伏目标的损耗 L_f 较小,可以忽略,且基本上 L_f 只与检测概率 P_d 有关,P_d 越高,L_f 越大。Swerling 计算了 L_f 与 P_d 的关系曲线如图 3-13 所示,从图可查得所需要的 L_f 值。

目标起伏时的积累改善因子与不起伏时是不一样的。在常用的 P_d 范围内,快起伏目标(情况 2 和情况 4)的损耗 L_f 较小,可以忽略不计;而慢起伏目标(情况 1 和情况 3)和非起伏的目标相比,在相同的检测条件下非相参积累所需的每一个脉冲的平均信噪比较大,并且脉冲积累数越大,这种差别越大。为了说明积累对信噪比的改善,可以定义目标起伏时的积累改善因子 $I_{if}(n)$,即

$$I_{if}(n) = \frac{(\bar{S}/N)_1}{(\bar{S}/N)_n} = nE_{if}(n) \tag{3-36}$$

式中:分子项表示检测单个脉冲($n=1$)所需的平均功率信噪比;分母项表示检测 n 个脉冲所需的平均功率信噪比;$E_{if}(n)$ 为目标起伏时的积累效率。

与非起伏目标的积累改善因子 $I_i(n)$ 一样,$I_{if}(n)$ 也是虚警概率 P_f、检测概率 P_d、脉冲积累数 n 的函数,但 $I_{if}(n)$ 对 P_f 的变化不敏感。在虚警概率 $P_f = 10^{-6}$ 时,各类起伏目标的

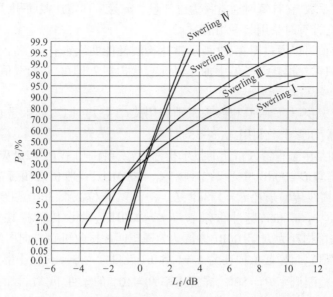

图 3-13　目标起伏损耗 L_f 与发现概率 P_d 的关系曲线

积累改善因子 $I_{if}(n)$ 与积累脉冲数 n 的关系曲线如图 3-14 所示,Case 0 代表非起伏目标。

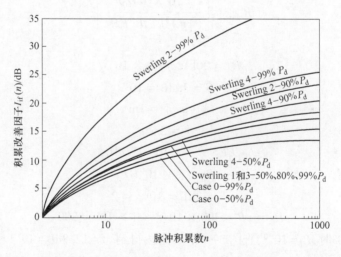

图 3-14　目标起伏时,积累改善因子 $I_{if}(n)$ 与脉冲积累数 n 的关系曲线

雷达方程中的 L 代表雷达系统的总损耗,它是雷达系统各项损耗的总和,即

$$L(dB) = L_{tr}(dB) + L_m(dB) + L_p(dB) + L_f(dB) \tag{3-37}$$

5. 计算

通过上面的讨论,得到了理想条件下用信噪比表示的雷达方程,并讨论了各种损耗,这样就可以利用雷达方程式(3-32)来估算雷达的最大作用距离了,计算过程中应该注意如下三点:

(1) 参数 P_τ、G、λ、D_0、B_n、F 分别为发射机峰值功率、天线增益、波长、脉压比、接收机

通频带宽和噪声系数,在计算时通常视为已知量。σ 为目标雷达截面积,可根据战术上拟定的目标来确定,计算时采用其平均值 σ_0。

（2）M 的取值可以通过图 3-12 所示雷达检测性能曲线来获得。若考虑对起伏目标进行检测时,则只需在损耗因子 L 中加上目标起伏损耗 L_f 即可,L_f 的取值可通过图 3-13 所示曲线获得。

（3）若要考虑积累,如果是相参积累则利用式（3-31）计算,如果是非相参积累则利用式（3-32）计算,积累个数利用式（3-33）计算。

例 3.6：已知某中远程警戒雷达的技术指标为:发射机功率 $P_\tau = 20\text{kW}$,发射信号时宽 $\tau = 300\mu\text{s}$,天线增益 $G = 30\text{dB}$,中心工作频率 $f_0 = 300\text{MHz}$,接收机通频带宽 $B_n = 1\text{MHz}$,噪声系数 $F = 3\text{dB}$,馈线传输损耗 $L_t = 1.8\text{dB}$,$L_r = 3.5\text{dB}$,方位波束 3dB 宽度 $\alpha_{3\text{dB}} = 6°$,天线圆周扫描速度 $\omega_m = 6\text{r/min}$,脉冲重复频率 $f_r = 240\text{Hz}$。假设传输损耗为 $L_{tr} = L_t + L_r = 5.3\text{dB}$;接收机失配损耗为 $L_m = 0\text{dB}$（该雷达为理想匹配接收机）;方向图的非矩形损耗为 $L_p = 1.6\text{dB}$（典型值）;目标起伏损耗为 $L_f = 5.5\text{dB}$（设目标为 Swerling Ⅰ型）。

求该雷达在检测概率 $P_d = 80\%$,虚警概率 $P_f = 10^{-6}$ 的条件下,对目标雷达截面积 $\sigma = 2\text{m}^2$ 的目标,最大作用距离 R_{max} 为多少?

解:

① 首先求无起伏,无积累,无损耗时的雷达最大作用距离 R_{max1},此时 $n = 1, L = 1$:

$$R_{max} = \left[\frac{P_\tau G^2 \lambda^2 \sigma D_0 n}{(4\pi)^3 k T_0 B_n F M L} \right]^{\frac{1}{4}}$$

式中

$$P_\tau = 20\text{kW} = 20 \times 10^3 \text{W}$$
$$G = 30\text{dB} = 10^3$$
$$\lambda = c/f_0 = 1\text{m}$$
$$\sigma = 2\text{m}^2$$
$$k T_0 \approx 4 \times 10^{-21} \text{W/Hz}$$
$$B_n = 1 \times 10^6 \text{Hz}$$
$$F = 3\text{dB} = 10^{0.3} = 2$$
$$D_0 = \tau B = 300 \times 10^{-6} \times 1 \times 10^6 = 300$$

当 $P_d = 80\%$ 时,$P_f = 10^{-6}$,查图 3-4 中的曲线得到 $M = 12.8\text{dB} = 19.1$。将已知的各参数代入方程中,可得

$$R_{max1} \approx 446\text{km}$$

② 求考虑起伏和损耗后的雷达最大作用距离 R_{max2},因为总的损耗 L 为各项损耗之和,即

$$L(\text{dB}) = L_{tr}(\text{dB}) + L_m(\text{dB}) + L_p(\text{dB}) + L_f(\text{dB}) = 12.4\text{dB} = 17.37$$

于是考虑起伏和损耗后的雷达最大作用距离为

$$R_{max2} = R_{max1} \cdot \left[\frac{1}{L} \right]^{\frac{1}{4}} = 218\text{km}$$

③ 求考虑积累后的最大作用距离 R_{max}:

首先确定脉冲积累数 n 如下：

$$n = \frac{\alpha_{3dB}}{6\omega_m} \cdot f_r = \frac{6}{6 \times 6} \times 240 = 40$$

通过查图 3-14 中的曲线，可获得目标起伏时（Swerling Ⅰ 型目标），积累改善因子 $I_{if}(n)$ 的取值为

$$I_{if}(n) = 10.7dB = 11.75$$

所以，求出该雷达在自由空间的最大作用距离为

$$R_{max} = R_{max2} \cdot \left[I_{if}(n) \right]^{\frac{1}{4}} = 404km$$

3.3.2　杂波环境下的雷达方程

由式（3-31）可知，雷达方程中噪声的影响主要体现在识别系数或信噪比这个变量中，如果考虑杂波则目标检测时的信噪比变成了信杂噪比，也就是原来的噪声项变成了"杂波项+噪声项"。杂波又分为面分布杂波和体分布杂波两类，下面分别讨论。

1. 面分布杂波环境下的雷达方程

面分布杂波是由地面或海面散射而形成的，其杂波强度与雷达分辨单元面积 A_s 和地（海）面散射特性 η 有关，这里用 σ_c 来表征面分布杂波雷达截面积，即 $\sigma_c = A_s\eta$。由雷达方程的推导可知，雷达接收面分布杂波功率 S_c 和目标功率 S_r 分别为

$$S_c = \frac{P_\tau G^2 \lambda^2 \sigma_c}{(4\pi)^3 LR^4} \tag{3-38}$$

$$S_r = \frac{P_\tau G^2 \lambda^2 \sigma}{(4\pi)^3 LR^4} \tag{3-39}$$

对地面雷达而言，波束掠射角总是很小的，通常在小俯视角情况下波束中心的最大分辨单元面积为

$$A_s = \frac{1}{2}c\tau\alpha_{3dB}R\sec\phi \tag{3-40}$$

于是，功率信杂比为

$$\left(\frac{S}{C} \right)_o = \frac{S_r}{S_c} = \frac{\sigma}{\frac{1}{2}c\tau\alpha_{3dB}R\eta\sec\phi} \tag{3-41}$$

只有当 $\left(\dfrac{S}{C} \right)_o \geqslant M_c$ 时，M_c 为杂波识别系数，目标才能被可靠检测。于是，雷达的作用距离 R_c 为

$$R_c = \frac{\sigma}{\left(\frac{1}{2}c\tau \right)\alpha_{3dB}M_c\eta\sec\phi} \tag{3-42}$$

式中：σ 为目标雷达截面积；η 为单位面积杂波雷达截面积；α_{3dB} 为雷达天线水平波束宽度；ϕ 为波束下俯视角；τ 为发射脉冲宽度。

2. 体分布杂波环境下的雷达方程

体分布杂波是由云、雨或箔条等物体散射而形成的，其杂波强度与雷达分辨单元体积

V_s,以及云、雨或箔条的散射系数 η 有关,这里也用 σ_c 来表征体分布杂波雷达截面积,即 $\sigma_c = V_s\eta$(分辨单元体积 V_s 表达式为式(2-24))。同上分析,在同一分辨单元内,雷达接收体分布杂波功率 S_c 和目标功率 S_r 分别为

$$S_c = \frac{P_\tau G^2 \lambda^2 \sigma_c}{(4\pi)^3 LR^4} \tag{3-43}$$

$$S_r = \frac{P_\tau G^2 \lambda^2 \sigma}{(4\pi)^3 LR^4} \tag{3-44}$$

于是,可知功率信杂比为

$$\left(\frac{S}{C}\right)_o = \frac{S_r}{S_c} = \frac{\sigma}{\left(\frac{1}{8}c\tau\pi\right)\alpha_{3dB}\beta_{3dB}R^2\eta} \tag{3-45}$$

同理,只有当 $\left(\dfrac{S}{C}\right)_o \geq M_c$ 时,目标才能被可靠检测。于是,雷达的作用距离为

$$R_c = \left[\frac{\sigma}{\left(\frac{1}{8}c\tau\pi\right)\alpha_{3dB}\beta_{3dB}M_c\eta}\right]^{\frac{1}{2}} \tag{3-46}$$

式中:σ 为目标雷达截面积;η 为散射系数;α_{3dB} 和 β_{3dB} 分别为雷达天线方位和俯仰 3dB 波束宽度。

由式(3-42)和式(3-46)可以看出,要想提高雷达在杂波背景下的作用距离,可以采取下列抗干扰措施:

(1)减小雷达分辨单元面积 A_s 和分辨单元体积 V_s,即提高雷达的角分辨率和距离分辨率。显然,τ、α_{3dB} 和 β_{3dB} 越小,雷达分辨单元面积或体积越小,则进入雷达的杂波功率越小;雷达的作用距离越远,则雷达抗杂波性能越好。

(2)采用杂波抑制技术。因为上述雷达方程的信杂比实际上是经过匹配接收机后的输出,即如果采用信号处理方法,能够抑制杂波同样意味着信杂比的提升,例如:采用动目标显示处理、动目标检测处理(脉冲多普勒)处理(详见 9.4 节)。通常,杂波抑制能力用改善因子 I 来表征,其定义为输出的信杂比与输入的信杂比的比值。显然,提高全相参雷达的改善因子 I,能有效地提高杂波背景下的目标检测能力。

综上所述,为了提高雷达在杂波干扰下的作用距离,雷达必须采取有效的抑制杂波的措施,从而尽量提高信号检测前输入的功率信杂比,即杂波背景下的识别系数 M_c 越小则作用距离越远。

3.3.3　有源干扰条件下的雷达方程

根据 2.6 节可知,有源干扰可分为压制性干扰和欺骗性干扰两类。压制性干扰是用干扰机发射的噪声调制信号或干扰物反射的强回波信号来压制目标回波信号,干扰的结果使雷达发现目标困难或使雷达发现目标的距离大幅减小。欺骗性干扰是指施放与目标信号十分相似的假目标信号,使操纵人员难以分辨真假。本小节将主要讨论压制性干扰条件下的雷达距离方程。

1. 干扰信号从主瓣进入时的雷达方程

雷达天线主瓣受干扰如图 3-15 所示。假设干扰机的参数:发射峰值功率为 P_j,发射天线增益为 G_j,目标雷达截面积为 σ;雷达的参数:发射峰值功率为 P_τ,雷达天线增益为 G,雷达工作波长为 λ,目标和雷达之间的距离为 R,雷达损耗因子为 L,则雷达接收到目标回波信号功率为

$$S_r = \frac{P_\tau G^2 \lambda^2 \sigma}{(4\pi)^3 R^4 L} \tag{3-47}$$

雷达接收到从天线主瓣进入的干扰功率为

$$S_j' = \frac{P_j G_j G \lambda^2}{(4\pi)^2 R^2 L_r} V_j \tag{3-48}$$

式中:L_r 为雷达接收馈线损耗;V_j 为干扰极化系数。因为雷达发射信号的极化方式与干扰的极化不同,则 V_j 定义为天线实际收到的干扰信号功率与极化匹配状态下天线收到的干扰信号功率之比。V_j 是大于 0 小于 1 的数,它表示干扰信号不能全部进入雷达接收机的功率损失。只有当两者极化相同时,$V_j = 1$,这时干扰信号全部被雷达接收,干扰效果最好。如果干扰信号与雷达信号为极化正交时,则 $V_j = 0$,这时干扰信号完全不能被雷达接收,干扰效果最差。

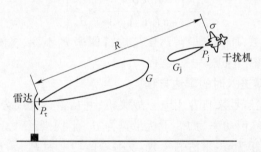

图 3-15　干扰信号从雷达主瓣进入示意图

另外,由于干扰带宽 B_j 总要比雷达接收机的通频带宽 B_n 大,因此总有一部分干扰信号不能通过雷达接收机。如果雷达接收机具有矩形频率响应,且干扰信号的功率谱呈均匀分布,则实际能进入雷达接收机的干扰功率为

$$S_j = \frac{P_j G_j G \lambda^2}{(4\pi)^2 R^2 L_r} \cdot V_j \cdot \frac{B_n}{B_j} \tag{3-49}$$

因为雷达接收机内部产生的热噪声功率在一般情况下远小于雷达接收到的干扰功率,所以热噪声功率的影响可以忽略不计。此时,雷达接收机(线性部分)的输出信干比等于输入信干比,即

$$\left(\frac{S}{J}\right)_o = \frac{S_r}{S_j} \tag{3-50}$$

将式(3-47)和式(3-49)代入式(3-50),有

$$\left(\frac{S}{J}\right)_o = \frac{P_\tau G \sigma L_r}{4\pi P_j G_j R^2 L} \cdot \frac{1}{V_j} \cdot \frac{B_j}{B_n} \tag{3-51}$$

功率信干比与 R 的关系曲线如图 3-16 所示。

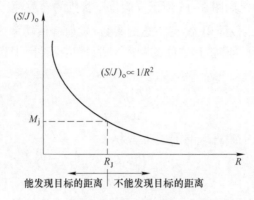

图 3-16　功率信干比与探测距离的关系曲线

只有当雷达接收机的输出功率信干比大于或等于检测单个脉冲信号所需的功率信干比 M_j 时，目标才能被可靠检测。M_j 是雷达被有效干扰的功率界线或干扰识别系数，则在此压制性干扰背景条件下的雷达探测目标的最大作用距离为

$$R_J = \left[\frac{P_\tau G \sigma L_r}{4\pi P_j G_j M_j L V_j} \cdot \frac{B_j}{B_n} \right]^{\frac{1}{2}} \tag{3-52}$$

式中：M_j 为干扰识别系数，通常是指雷达保持虚警概率 P_f 不变、检测概率 P_d 下降到 10% 时，检测设备所需的功率信干比。

2. 干扰信号从旁瓣进入时的雷达方程

参见图 3-17，干扰信号来自专用电子战飞机，并从雷达天线旁瓣进入雷达系统。假设干扰机的参数：发射峰值功率为 P_j，干扰带宽为 B_j，干扰机正对雷达旁瓣方向的天线增益为 G_j，目标雷达截面积为 σ；雷达的参数：发射峰值功率为 P_τ，雷达天线增益为 G，雷达旁瓣指向干扰机方向的增益为 G_s，雷达工作波长为 λ，雷达接收机通频带宽为 B_n。干扰机和雷达之间的距离为 R_j，则能进入雷达接收机的干扰功率为

$$S_j = \frac{P_j G_j G_s \lambda^2 V_j B_n}{(4\pi)^2 R_j^2 L_r B_j} \tag{3-53}$$

式中：L_r 为雷达接收馈线损耗；V_j 为干扰极化系数。

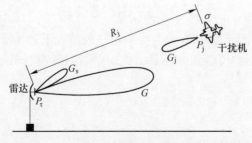

图 3-17　干扰信号从雷达副瓣进入示意图

同理，只有当功率信干比大于等于 M_j 时，目标才能被检测。于是，雷达的作用距离为

$$R_{\mathrm{J}} = \left[\frac{P_{\tau}G^2\sigma L_{\mathrm{r}}R_{\mathrm{j}}^2}{4\pi P_{\mathrm{j}}G_{\mathrm{j}}G_{\mathrm{s}}M_{\mathrm{j}}LV_{\mathrm{j}}} \cdot \frac{B_{\mathrm{j}}}{B_{\mathrm{n}}} \right]^{\frac{1}{4}} \tag{3-54}$$

由式(3-52)和式(3-54)可以看出,要提高雷达在有源噪声干扰作用下的作用距离,可以采取下列抗干扰措施。

(1) 提高雷达发射峰值功率 P_{τ},在条件允许的前提下,尽量提高雷达发射峰值功率是设计雷达的一个重要指标。

(2) 提高雷达天线主瓣增益 G,尽量降低旁瓣增益 G_{s}。减小天线旁瓣增益,即降低从旁瓣进入雷达的干扰功率。所以,高增益低旁瓣天线设计是雷达抗干扰的一项重要技术措施。

(3) 减小干扰极化系数 V_{j},即采用极化选择抗干扰措施,能有效地抑制被雷达接收到的干扰信号功率。

(4) 减小雷达接收机等效带宽 B_{n}。通常,雷达接收机带宽是对雷达信号匹配设计的,它能最有效地传送雷达信号,并且使进入雷达的干扰功率最小,保证最大信干比输出。

(5) 降低雷达系统的干扰识别系数 M_{j},可以通过对回波信号进行信号处理的方式来抑制干扰实现,其目的是提高信号处理输出端的信干比。

3.3.4　二次雷达的雷达方程

二次雷达与一次雷达不同,它不像一次雷达那样依靠目标散射的一部分能量来发现目标。二次雷达是在目标上装有应答器(或目标上装有信标,雷达对信标进行跟踪),当应答器收到雷达信号以后,发射一个应答信号,雷达接收机根据所收到的应答信号对目标进行检测和识别。可以看出,二次雷达中,雷达发射信号或应答信号都只经过单程传输,而不像在一次雷达中,发射信号经双程传输后才能回到接收机。下面推导二次雷达方程。

设雷达发射峰值功率为 P_{τ},发射天线增益为 G_{t},则在距雷达 R 处的功率密度为

$$\rho_1 = \frac{P_{\tau}G_{\mathrm{t}}}{4\pi R^2} \tag{3-55}$$

若目标上应答机天线的有效面积为 A_{r}',则其接收功率为

$$P_{\mathrm{r}} = \rho_1 A_{\mathrm{r}}' = \frac{P_{\tau}G_{\mathrm{t}}A_{\mathrm{r}}'}{4\pi R^2} \tag{3-56}$$

引入关系式 $A_{\mathrm{r}}' = \dfrac{\lambda^2 G_{\mathrm{r}}'}{4\pi}$,式中:$G_{\mathrm{r}}'$ 为应答机天线的增益,可得

$$P_{\mathrm{r}} = \rho_1 A_{\mathrm{r}}' = \frac{P_{\tau}G_{\mathrm{t}}G_{\mathrm{r}}'\lambda^2}{(4\pi R)^2} \tag{3-57}$$

当接收功率 P_{r} 达到应答机的最小可检测信号 S_{imin}' 时,二次雷达系统可能正常工作,即当 $P_{\mathrm{r}} = S_{\mathrm{imin}}'$ 时,雷达有最大作用距离为

$$R_{\max} = \left[\frac{P_{\tau}G_{\mathrm{t}}G_{\mathrm{r}}'\lambda^2}{(4\pi)^2 S_{\mathrm{imin}}'} \right]^{\frac{1}{2}} \tag{3-58}$$

应答机检测到雷达信号后,即发射应答信号,此时雷达处于接收状态。设应答机的发射峰值功率为 P_{τ}',天线增益为 G_{t}',雷达天线接收增益为 G_{r},雷达的最小可检测信号为 S_{imin},

则同样可得到应答机工作时最大作用距离为

$$R'_{\max} = \left[\frac{P'_\tau G'_t G_r \lambda^2}{(4\pi)^2 S_{i\min}} \right]^{\frac{1}{2}} \tag{3-59}$$

由于脉冲工作时的雷达和应答机都是收发共用天线,故 $G_t G'_r = G_r G'_t$。为了保证雷达能够有效地检测到应答器的信号,必须满足以下条件:

$$R'_{\max} \geqslant R_{\max} \quad 或 \quad \frac{P'_\tau}{S_{i\min}} \geqslant \frac{P_\tau}{S'_{i\min}} \tag{3-60}$$

实际上,一次雷达系统的作用距离由 $R_{\max}$ 和 $R'_{\max}$ 二者中的较小者决定,因此设计中使二者大体相等是合理的。

二次雷达的作用距离与发射机峰值功率、接收机灵敏度的二次方根分别成正、反比关系,所以在相同探测距离的条件下,其发射峰值功率和天线尺寸较一次雷达明显减小。

思考题

3-1　解释接收机灵敏度和识别系数的含义。

3-2　已知水平波束 3dB 宽度为 3°,天线转速为 6r/min,脉冲重复频率为 300Hz,可以计算出脉冲积累数是多少?

3-3　损耗因子表示什么,有哪些典型的损耗?

3-4　已知雷达的参数:发射峰值功率 $P_\tau = 100\text{kW}$,发射信号时宽 $\tau = 200\mu\text{s}$,天线增益 $G = 40\text{dB}$,工作波长 $\lambda = 5.6\text{cm}$,噪声系数 $F = 10$,检测所需信噪比 $(S/N)_1 = 2$,接收机通频带宽 $B_n = 1.6\text{MHz}$,损耗系数 $L = 14\text{dB}$。对 $\sigma = 3\text{m}^2$ 的目标,试求该雷达的探测距离。如果其他参数不变,当目标至雷达的距离为 150km 时,求接收机输出的功率信噪比。

3-5　大气折射对雷达的影响主要体现在什么方面?

3-6　大气衰减与雷达工作频率的关系是什么?

3-7　雷达直视距离与雷达最大探测距离的关系是什么?

3-8　已知目标的飞行高度不小于 50m,某雷达对该目标的探测距离为 200km。为了充分利用雷达的探测距离,将该雷达装在飞机上,试问该预警飞机应在多高的高度飞行?

3-9　简述地面反射因数 $F_1(\beta)$ 的性质。

3-10　因地面反射造成的盲区危害是什么? 如何减小盲区的影响?

3-11　提高雷达在杂波干扰作用下的自卫距离的方法有哪些?

3-12　提高雷达在有源噪声干扰作用下的自卫距离可以采用哪些措施?

第4章 雷达目标参数测量

雷达的基本任务除了发现目标以外,还有一个基本任务就是定位,或从雷达回波中提取感兴趣的有用信息,即测量目标的参数。雷达可测量的目标参数有很多种,包括距离、方位、高度的位置参数,形状尺寸参数,还包括径向速度、径向加速度、质心转动的运动参数等。对于对空警戒/引导雷达来说,最关注的是距离、角度、速度等参数,因此本章主要讨论雷达目标距离参数测量、雷达目标角度参数测量和雷达目标速度参数测量。

4.1 雷达目标距离测量

雷达测距的物理基础是电磁波等速直线传播,因此只要能够测量得到雷达与目标之间电磁波往返一次所需的时间,目标的距离就可通过计算得到。所以,目标距离测量就是要精确测定延迟时间。

在实际应用中,根据雷达发射信号的不同,测定延迟时间的方法会有所不同,通常可以采用脉冲法、调频法和相位法等。虽然测量距离的原理很简单,但不同方法的测量精度会有差别,另外测量过程中还会受大气密度、温度、湿度等影响。下面对不同测量方法分别进行介绍。

4.1.1 脉冲法测距

脉冲法测距作为一种简单的测距手段,在现代雷达中被广泛采用,下面分别介绍测距的基本原理、影响测距精度的因素、测距的理论精度、测距范围等。

1. 基本原理

在常用的脉冲雷达中,回波信号滞后于发射脉冲,如图4-1所示。在雷达显示器上,由收发开关泄漏过来的发射能量,通过接收机并在显示器荧光屏上显示出来(称为主波)。绝大部分发射能量经过天线辐射到空间,辐射的电磁波遇到目标后将产生散射。有目标反射回来的能量被天线接收后送到接收机,从而在显示器上显示出来。在荧光屏上目标回波出现的时刻滞后于主波,滞后的时间是 t_r,测出时间 t_r 就得到了距离。

$$R = \frac{1}{2}ct_r \tag{4-1}$$

电磁波往返的时间 t_r 通常是很短促的,将光速 $c = 3 \times 10^8 \mathrm{m/s}$ 代入式(4-1),可得

$$R = 0.15t_r \tag{4-2}$$

式中:t_r 的单位是微秒(μs),测得的距离单位为 km。测距的计时单位是 μs,测量这样量级的时间需要采用快速计时方法,早期雷达均用显示器作为终端,在显示器上画面根据扫掠量程和回波位置直接测读延迟时间。

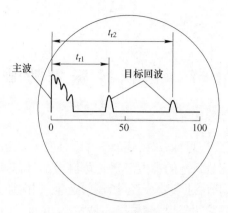

图 4-1   距离显示器画面

现代雷达常采用电子设备自动地测读回波到达的延迟时间 t_r。有两种定义回波到达时间 t_r 的方法:一种是以目标回波脉冲的前沿作为它的到达时刻,另一种是以回波脉冲的中心(或幅度最大值)作为它的到达时刻。对于通常碰到的点目标来说,两种定义所得的距离数据只相差一个固定值(约为 $\tau/2$),可以通过距离校零予以消除。如果要测定目标回波的前沿,由于实际的回波信号不是矩形脉冲而近似为钟形,此时可将回波信号与一比较电平相比较,把回波信号穿越比较电平的时刻作为其前沿,用电压比较器就可以实现上述要求。用脉冲前沿作为到达时刻的缺点是容易受回波前沿的陡峭度、回波幅度和噪声的影响。

自动距离跟踪系统通常采用回波脉冲中心作为到达时刻,其原理如图 4-2 所示。来自接收机的视频回波:一路与门限电平 v 在比较器中进行比较,输出宽度为 τ 的矩形脉冲,另一路由微分电路和过零点检测器组成。当微分器的输出经过零点时便产生一个窄脉冲,该脉冲出现的时间正好是回波视频脉冲的最大值,通常也是回波脉冲的中心。将矩形脉冲加到过零点检测器上,选择出回波峰值所对应的窄脉冲,而防止由于距离旁瓣和噪声所引起的过零脉冲输出。

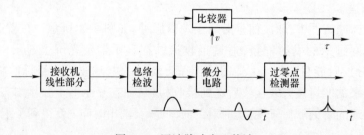

图 4-2   回波脉冲中心估计

对应回波中心的窄脉冲相对于等效发射脉冲的延迟时间可以用高速计数器或其他设备测得,并可转换成距离数据输出。

2. 测距误差及其影响因素

雷达在测量目标距离时,不可避免地会产生误差,它从数值上说明了测距精度,其是雷达的重要战术指标之一。这里分析一下实际应用中影响测距精度的因素,对式(4-1)

求全微分,可得

$$dR = \frac{\partial R}{\partial c}dc + \frac{\partial R}{\partial t_r}dt_r = \frac{R}{c}dc + \frac{c}{2}dt_r \tag{4-3}$$

用增量代替微分,则相对测距误差为

$$\Delta R = \frac{R}{c}\Delta c + \frac{c}{2}\Delta t_r \tag{4-4}$$

式中:ΔR 为测距误差;Δc 为电磁波传播速度平均误差;Δt_r 为测量目标回波延迟时间的误差。由式(4-4)可以看出,测距误差由电磁波传播速度变化 Δc 以及测时误差 Δt_r 两部分组成。

误差按其性质可分为系统误差和随机误差两类,系统误差是指在测距时,系统各部分对信号的固定延时所造成的误差,系统误差以多次测量的平均值与被测距离真实值之差来表示。从理论上讲,系统误差在标校雷达时可以补偿,但是在实际工作中很难无差错完成补偿,因此在雷达的技术指标中,常给出允许的系统误差范围。

随机误差是指因某种偶然因素引起的测距误差,所以又称为偶然误差。凡属设备本身工作不稳定性造成的随机误差称为设备误差,如接收机时间滞后的不稳定性、各部分回路参数偶然变化、晶体振荡器频率不稳定以及读数误差等。凡属系统以外的各种偶然因素引起的误差称为外界误差,如电磁波传播速度的偶然变化、电磁波在大气中传播时产生折射以及目标反射中心的随机变化等。

随机误差很难补偿,因为它在多次测量中所得的距离值不是固定的而是随机的。因此,随机误差是衡量测距精度的主要指标。下面对几种主要的随机误差给出简单的说明。

1) 电磁波传播速度变化产生的误差

根据测距公式(4-1)测定目标距离时,通常把电磁波传播速度视为已知的常数,即把光速 c 作为电磁波传播速度的真值加以使用。但实际上,电磁波传播速度并不是常数,一方面,不同波长的电磁波,其传播速度不同;另一方面,即使同一波长的电磁波在大气中传播时,由于大气层实际上是分布不均匀且随时间变化的介质,电磁波的传播速度也有变化。对于因波长不同而引起的电磁波传播速度的变化,在实际测量中它对测距精度的影响也并不严重,并且在理论上可以通过对 c 值的修正予以补偿。

一般大气介质分布的不均匀性对测距精度的影响比较大,当电磁波在大气中传播时,随着传播空间和时间的变化,大气介质经常地或偶然地发生各种变化,如大气密度、湿度、压力、温度等随时、随地而异,因此电磁波传播速度是一个随机变量。由式(4-4)可知,由于电磁波传播速度的随机变化而引起的相对测距误差为

$$\frac{\Delta R}{R} = \frac{\Delta c}{c} \tag{4-5}$$

式(4-5)表明,由于电磁波传播速度的变化而产生测距的相对误差等于电磁波传播速度平均值的相对误差。随着距离 R 的增大,由电磁波传播速度的随机变化所引起的测距误差 ΔR 也越大。在昼夜间大气中温度、气压及水蒸气压力的起伏变化所引起的电磁波传播速度的变化约 10^{-5} 量级。因此,如果雷达在测距过程中,采用光速 c 作为测距计算的标准常数,所得测距的极限精度也将为同样的数量级。例如:当目标距离为 100km 时,其极限精度约为 $\Delta R = 100 \times 10^3 \times 10^{-5} = 1(m)$ 量级,对常规雷达来说可以忽略。

2) 大气折射引起的误差

在导出测距公式时,电磁波被假设是等速直线传播,但由于大气介质分布不均匀将造成电磁波折射,因此电磁波传播的路径不是直线,而是一个弯曲的轨迹。在折射时电磁波传播路径形成一个向下弯曲的弧线,如图 4-3 所示。

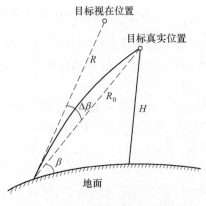

图 4-3   大气层中电磁波的折射

由图 4-3 可以看出,虽然目标的真实距离是 R_0,但因为电磁波不是直线传播而是弯曲弧线,测量所得的目标距离是 R,而不是 R_0,这就产生了一个距离误差 ΔR:

$$\Delta R = R - R_0 \tag{4-6}$$

式(4-6)中误差的大小和大气层对电磁波的折射有直接关系,如果知道了折射率和高度的关系,就可以计算出不同高度的目标由于大气折射所产生的距离误差,从而给出修正值。当目标距离越远、高度越高时,由折射引起的测量误差也越大。例如:在一般大气条件下,当目标距离为 100km、仰角为 0.1rad 时,距离误差约为 16m。

3) 测读方法误差

根据测读所用具体方法的不同,其测距误差也有差别。早期的脉冲雷达直接从显示器上测量目标距离,这时显示器荧光屏亮点的直径大小、所用机械或电刻度的精度、人工测读时的惯性等都将引起测距误差。当采用电子自动测距的方法时,如果测读回波脉冲中心,则图 4-2 中回波脉冲中心的估计误差(正比于脉宽 τ 而反比于信噪比)以及计数器的量化误差等均将造成测距误差。

自动测距时的测量误差与测距系统的结构、系统传递函数、目标特性(包括其动态特性和回波起伏特性)、干扰(噪声)的强度等因素均有关系。

3. 测距的理论精度

测距的实际精度和许多外部及设备的因素有关,回波信号中的噪声是限制测量精度的基本因素,由噪声引起的测量误差通常称为测量的理论精度或极限精度。

脉冲雷达测距是通过测量目标反射回波相对于发射信号的时延来决定的,因此时延测量的精度直接影响着目标的测距精度。设目标反射回波相对于发射信号的时延为 t_r,测量值为 $\hat{t}_r$,则可以用误差 $\hat{t}_r - t_r$ 来衡量测量误差,根据最大似然估计理论可得,时延测量的均方根误差为

$$\sigma_{t_r} = \cfrac{1}{B_e\sqrt{\cfrac{2E}{N_0}}} \tag{4-7}$$

式中:E 为发射信号能量;N_0 为单边噪声功率谱密度;B_e 为信号带宽的一种度量,其表达式为

$$B_e^2 = \cfrac{\displaystyle\int_{-\infty}^{\infty} f^2\,|\,S(f)\,|^2\mathrm{d}f}{\displaystyle\int_{-\infty}^{\infty}\,|\,S(f)\,|^2\mathrm{d}f} \tag{4-8}$$

式中:$S(f)$ 为发射信号 $s(t)$ 频谱。因此可直接得到测距误差为

$$\sigma_R = \cfrac{c}{2}\cfrac{1}{B_e\sqrt{\cfrac{2E}{N_0}}} \tag{4-9}$$

式(4-9)表明,时域上的理论测量精度除了和测量时的信噪比有关外,还取决于信号的有效带宽。有效带宽越大,测量精度越高,因为有效带宽大的信号虽可以有很大的时宽,但经过匹配滤波器处理后,会压缩成很窄的脉冲输出,就能在输出端比较精确地判断其峰值所在处(详见 9.3 节)。

4. 测距范围

测距范围包括最小可测距离和最大单值测距范围。所谓最小可测距离,指雷达能测量的最近目标的距离,其表达式可写为

$$R_{\min} = \frac{1}{2}c(\tau + \tau_0 + \tau_f) \tag{4-10}$$

式中:τ 为发射信号脉冲宽度;τ_0 为收发开关转换时间;τ_f 为发射机输出脉冲波形的脉冲下降沿的持续时间。

雷达的最大单值测距范围由其脉冲重复周期 T_r 决定,即最大不模糊距离为

$$R_u = \frac{cT_r}{2} = \frac{c}{2f_r} \tag{4-11}$$

为保证单值测距,通常应选取

$$R_u \geqslant R_{\max} \tag{4-12}$$

式中:$R_{\max}$ 为雷达的最大作用距离。

有时雷达脉冲重复周期的选择不能满足单值测距的要求,如脉冲多普勒雷达或远程雷达,这时目标回波对应的距离为

$$R = \frac{c}{2}(mT_r + t_r)\ ,m\ 为正整数 \tag{4-13}$$

式中:t_r 为测得的回波信号与相邻发射脉冲间的时延。这时将产生测距模糊,为了得到目标的真实距离 R,必须判明式(4-13)中的模糊值 m,即解距离模糊,通常雷达都是采用参差重频的方法解模糊,具体解模糊的原理读者可以参阅相关资料。

4.1.2　调频法测距

调频法测距常用在连续波雷达中,也可以用于脉冲雷达。连续发射的信号具有频率

调制的标志后就可以测定目标的距离了。在高脉冲重复频率的脉冲雷达中,发射脉冲频率有规律的调制提供了解模糊距离的可能性。本书只讨论连续波工作条件下调频测距的原理。

调频连续波雷达的组成如图4-8所示。发射机产生连续高频等幅波,其频率在时间上按三角形规律或按正弦波规律变化,目标回波和发射机直接耦合过来的信号加到接收机混频器内。在无线电磁波传播到目标并返回天线的这段时间内,发射机频率较之回波频率已有了变化,因此在混频器输出端便出现了差频电压。经放大、限幅后加到频率计上。由于差频电压的频率与目标距离有关,因此频率计上的刻度可以直接采用距离长度作为单位。

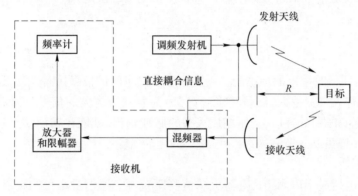

图4-4 调频连续波雷达的组成框图

连续波雷达工作时,不能像脉冲工作那样采用时分共用的方法共用天线,但可用混合接头、环形器等办法使得发射机和接收机隔离。为了实现发射和接收间的高隔离度,通常采用分开的发射天线和接收天线。

当调频连续波工作在多目标情况时,接收机输入端有一系列目标的回波信号,要区别这些信号和分别确定这些目标的距离是比较复杂的。因此,目前调频连续波雷达一般用于测定只有单一目标的情况,如用于飞机的高度表中,此时大地就是单一的目标。下面以三角波调制调频连续波为例讲解其测距的基本原理。

三角波调制是指发射频率按周期性三角波形的规律变化,其调制频率的变化规律如图4-5所示。f_T是发射机的高频发射频率,它的中心频率为f_0,调频斜率为μ,工作带宽为$2B$,工作周期为T_m。通常f_0为几百到几千兆赫兹,而T_m为毫秒量级。f_R表示从目标反射回来的回波信号频率,它和发射频率的变化规律相同,但在时间上滞后t_r,$t_r = 2R/c$。f_b为发射和接收信号间的频率差,f_{bav}为频率差的均值。

如图4-5所示,前$T_m/4$时,发射频率f_T和回波频率f_R可表示为

$$f_T = f_0 + \mu t \tag{4-14}$$

$$f_R = f_0 + \mu \left(t - \frac{2R}{c} \right) \tag{4-15}$$

式中:$\mu = \dfrac{4B}{T_m}$。频率差为

$$f_b = f_T - f_R = \mu \frac{2R}{c} \tag{4-16}$$

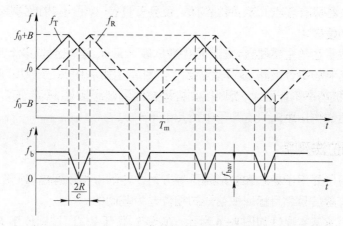

图 4-5　三角波调制测距频率波形

在调频的下降段,调频斜率为负值,f_R 高于 f_T,但二者的差频仍如式(4-16)所示。

对于一定距离 R 的目标回波,除去在 t 轴上很小一部分 $2R/c$ 以外(这里差拍频率急剧地下降到零),其他时间差频是不变的。若用频率计测量一个周期内的平均差频值 f_{bav},则有

$$f_{bav} = \mu \frac{2R}{c}\left(\frac{T_m - 2R/c}{T_m}\right) \tag{4-17}$$

实际工作中,应保证单值测距且满足

$$T_m \gg \frac{2R}{c} \tag{4-18}$$

因此,可得

$$f_{bav} \approx \mu \frac{2R}{c} = f_b \tag{4-19}$$

由此可得出目标距离为

$$R = \frac{c}{2\mu}f_{bav} = \frac{c}{8B}\frac{f_{bav}}{f_m} \tag{4-20}$$

式中:$f_m = 1/T_m$ 为调制频率。

由于频率计只能读出整数值而不能读出分数值,因此这种方法会产生固定误差 ΔR。由式(4-20)求出 ΔR 的表达式为

$$\Delta R = \frac{c}{8B} \cdot \frac{\Delta f_{bav}}{f_m} \tag{4-21}$$

$\Delta f_{bav}/f_m$ 表示在一个调制周期内平均频差 f_{bav} 的误差,当频率测读量化误差为 1,即 $\Delta f_{bav}/f_m = 1$ 时,可得出以下结果:

$$\Delta R = \pm \frac{c}{8B} \tag{4-22}$$

可见,固定误差 ΔR 与带宽 B 成反比,而与距离 R 及中心频率 f_0 无关。为减少这项误差,往往使 B 加大到几十兆赫兹以上,因此中心频率通常选为几百至几千兆赫兹。

调频连续波雷达具有以下优点:能测近的距离,一般可测到几米,精度也高,通常可在

2m 左右,新的产品只有零点几米;线路简单,而且重量轻、体积小,因此调频测距法已普遍应用在飞机的高度表中。

调频连续波雷达的主要缺点:难于同时测量多个目标,若想测量多个目标,则必须采用大量的滤波器和频率计数器,这样就限制了这种雷达的应用;由于收发间隔离很难做得完善,因此发射机功率不能很大,否则接收机将被泄漏能量阻塞,不能正常工作。故做高度表的调频雷达的作用距离只有几千米至几十千米。

4.1.3 相位法测距

相位法测距主要用于导航和地形测量等方面。它的工作原理是以测量从发射机直接进入接收机的直达信号和目标回波信号的相位差为基础的。

相位法测距的基本原理如图 4-6 所示。设雷达位于 A 点,目标位于 B 点,其间距离为 R。若发射机加到接收机的直达信号为

$$u_{\text{T}} = U_{\text{T}}\cos(2\pi f_0 t + \varphi_0) \tag{4-23}$$

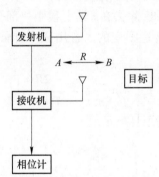

图 4-6 相位法测距基本原理框图

则目标回波信号为

$$u_{\text{R}} = U_{\text{R}}\cos\left(2\pi f_0 t - 2\pi f_0 \frac{2R}{c} + \varphi_0 - \varphi_{\text{r}}\right) \tag{4-24}$$

式中:φ_0 为直达信号的初始相位;φ_{r} 为由于目标反射引起的相位变化。所以 u_{T} 和 u_{R} 的相位差为

$$\varphi_{\text{T}} - \varphi_{\text{R}} = 2\pi f_0 t + \varphi_0 - 2\pi f_0 t + 2\pi f_0 \frac{2R}{c} - \varphi_0 + \varphi_{\text{r}} = 2\pi f_0 \frac{2R}{c} + \varphi_{\text{r}} \tag{4-25}$$

通常 $\varphi_{\text{T}} - \varphi_{\text{R}}$ 可能大于 2π,所以式(4-25)可写成

$$\varphi_{\text{T}} - \varphi_{\text{R}} = 2n\pi + \varphi = 2\pi f_0 \frac{2R}{c} + \varphi_{\text{r}} \tag{4-26}$$

由式(4-26)可见,直达信号和目标回波信号的相位差与目标的距离有关,这就是相位法测距的基础。但是,由于相位计不能测出大于 2π 的相位以及 φ_{r} 是个未知量,所以式(4-26)还不能直接用来测量距离。为了解决这个问题,可以采用双频率相位测距法。

双频率相位测距法原理如图 4-7 所示。此方法是采用两个发射机分别工作在频率 f_1 和 f_2 且满足

$$2\pi(f_2 - f_1)\frac{2R_{\max}}{c} < 2\pi \tag{4-27}$$

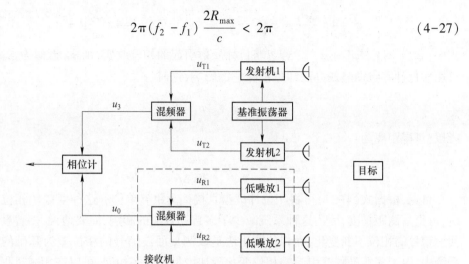

图 4-7　双频率相位法测距原理框图

　　这时,直接把同一目标的两种频率的回波信号作为相位比较,就可以迅速地测出目标距离,且在测距范围 $R_{\max}$ 内,没有测距模糊。

　　设 f_1 为发射机 1 的工作频率,f_2 为发射机 2 的工作频率,则发射机 1 和发射机 2 的输出分别是

$$u_{T1} = U_1\cos(2\pi f_1 t + \varphi_{01}) \tag{4-28}$$

$$u_{T2} = U_2\cos(2\pi f_2 t + \varphi_{02}) \tag{4-29}$$

与其对应的目标回波信号分别是

$$u_{R1} = U_{R1}\cos\left(2\pi f_1\left(t - \frac{2R}{c}\right) + \varphi'_{01}\right) \tag{4-30}$$

$$u_{R2} = U_{R2}\cos\left(2\pi f_2\left(t - \frac{2R}{c}\right) + \varphi'_{02}\right) \tag{4-31}$$

这时,两回波信号的相位差是

$$\varphi_2 - \varphi_1 = 2\pi(f_2 - f_1)\left(t - \frac{2R}{c}\right) + (\varphi'_{02} - \varphi'_{01}) \tag{4-32}$$

式中:φ'_{01} 和 φ'_{02} 包括发射机的初始相位 φ_{01} 和 φ_{02},还包括目标反射引起的相位改变和接收机恒定相移的影响在内。

　　接收机混频器输出的差频电压为

$$u_0 = U_0\cos\left[2\pi\Delta f\left(t - \frac{2R}{c}\right) + (\varphi'_{02} - \varphi'_{01})\right] \tag{4-33}$$

式中:$\Delta f = f_2 - f_1$;U_0 为差拍频率电压的振幅。

　　在相位计上引入基准信号 u_3,基准信号是由两个发射机的信号直接混频而产生的,即

$$u_3 = U_0\cos(2\pi\Delta f t + \varphi_{03}) = U_0\cos(2\pi\Delta f t + \varphi_{02} - \varphi_{01}) \tag{4-34}$$

　　在相位计里,差频电压与基准信号作相位比较,所得相位差是

$$\varphi = 4\pi \frac{\Delta fR}{c} + \varphi_{03} - (\varphi_{02}' - \varphi_{01}') \quad 或 \quad \varphi = 4\pi \frac{\Delta f}{c}R + \varphi_0 \qquad (4-35)$$

式中：$\varphi_0 = \varphi_{03} - \varphi_{02}' + \varphi_{01}'$。若忽略目标反射引起的相位改变，则 φ_0 近似为常数，所以只要用相位计零点调整的办法即可消除它的影响，这时

$$\varphi = 4\pi \frac{\Delta f}{c}R \qquad (4-36)$$

所以，可得距离为

$$R = \frac{c\varphi}{4\pi \Delta f} \qquad (4-37)$$

可见，根据式(4-37)可将相位计读盘直接刻为距离单位。这种双频率相位计测距系统，可提高测距精度，因为这种系统减少了多普勒效应的影响，简要地说，多普勒效应使得回波信号的相位不断变化，而相位测距法是以测量回波信号的相位差为基础的。在上述系统中，由于多普勒频率引起的相位变化附加增量差不多相同，可以在相减过程中得到补偿，即由于 $f_2 \approx f_1$，所以多普勒频率 $f_{d2} \approx f_{d1}$，因此在这种系统中多普勒效应的影响大大减弱。

由上面的讨论可以看出，相位法测距的主要优点：可以测量很近的距离；最小可测距离决定于相位计的最小分辨率；测量准确度高。最大测量距离的相位差越大，测量精度越高。此外，工作波长选得短一些也可以提高测量精度。相位法测距的主要缺点：测量多目标困难；当发射机功率增大时，泄漏功率的影响，使得接收微弱回波信号困难，因而限制了作用距离。这是连续波雷达的共有特点。

4.2　雷达目标角度测量

目标的角坐标包括目标的方位角和俯仰角。雷达测角的物理基础是电磁波在均匀介质中传播的直线性和雷达天线的方向性。由于电磁波沿直线传播，因此目标散射或反射电磁波波前到达的方向，即目标所在方向。

虽然目标角度测量的原理很简单，但在实际情况下，电磁波并不是在理想均匀的介质中传播，如大气密度、湿度随高度的不均匀性造成传播介质的不均匀，复杂地形、地物的影响等，所以使电磁波传播路径发生偏折，从而造成测角误差。下面重点讨论测角的基本方法在对空警戒/引导雷达中的应用。

4.2.1　测角基本方法

基本的测角方法可分为振幅法和相位法两大类。振幅法测角是用天线收到的回波信号幅度值进行角度测量，而相位法测角则是利用多个天线所接收回波信号之间的相位差进行测角。

1. 振幅法测角

用天线收到的回波信号幅度值进行角度测量称为振幅法测角，该幅度值的变化规律取决于天线方向图以及天线扫描方式。振幅法测角可分为最大信号法、等信号法和最小信号法。

1) 最大信号法

当天线波束作圆周扫描或在一定扇形范围内作匀速扫描时,如图 4-8(a)所示。对收发共用天线的单基地脉冲雷达而言,接收机输出的脉冲串幅度值被天线双程方向图函数所调制,如图 4-8(b)所示。从图 4-8(b)可以找出脉冲串的最大值(中心值),确定该时刻波束轴线指向,即目标所在方向。

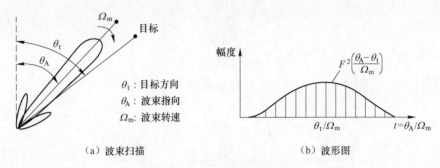

（a）波束扫描　　　　　　　　　　　（b）波形图

图 4-8　最大信号法测角

最大信号法测角的优点是测角过程简单,并且用天线方向图的最大值测角,此时回波信号最强,故信噪比最大,对发现目标是最有利的。其主要缺点是测量精度不是很高,一般约为 θ_{3dB} 的 20%,主要原因是方向图最大值附近比较平坦,最强点不易被准确判别。其还有一个缺点是由于不能判别目标偏离波束轴线的方向,故不能用于自动测角。因此,最大信号法测角广泛应用于对空警戒/引导雷达中。

2) 等信号法

等信号法测角采用两个相同且彼此部分重叠的波束,其方向如图 4-9(a)所示。如果目标处在两波束的交叠轴 OA 方向,则由两波束收到的信号强度相等,等信号轴所指方向为目标方向,故常称 OA 为等信号轴;如果目标处在 OB 方向,波束 2 的回波比波束 1 的强,处在 OC 方向时,波束 2 的回波较波束 1 的弱,等信号法显示器画面如图 4-9(b)所示。因此,比较两个波束回波的强弱就可以判断目标偏离等信号轴的方向,并可用查表的办法估计出偏离等信号轴的大小。实现方法有比幅法和和差法,其中和差法利用和波束发现目标,差波束测角。

设天线电压方向性函数为 $F(\theta)$,等信号轴的指向为 θ_0,θ_k 为 θ_0 与波束最大值方向的偏角。不失一般性,可设 $\theta_0 = 0°$,则方向性函数 $F(\theta)$ 以及与 θ_0 偏移 $\pm\theta_k$ 所对应的两个波束的方向如图 4-10 所示。

以目标位于图 4-9(a)中 B 点为例,设 θ_t 为目标方向偏离等信号轴 θ_0 的角度。用等信号法测量时,波束 1 接收到的回波信号 $u_1 = KF_1(\theta) = KF(\theta_t + \theta_k)$,波束 2 收到的回波信号 $u_2 = KF_2(\theta) = KF(\theta_t - \theta_k)$,对 u_1 和 u_2 信号进行比幅处理,可以得到目标 θ_t 的角度:

$$\frac{u_1(\theta)}{u_2(\theta)} = \frac{F(\theta_t + \theta_k)}{F(\theta_t - \theta_k)} \tag{4-38}$$

也可以对 u_1 和 u_2 信号进行和差处理,同样可以得到目标 θ_t 的角度:

$$u_2(\theta) - u_1(\theta) = K[F(\theta_t - \theta_k) - F(\theta_t + \theta_k)] \tag{4-39}$$

等信号法的主要优点:测角精度比最大信号法高,因为等信号轴附近方向图斜率较

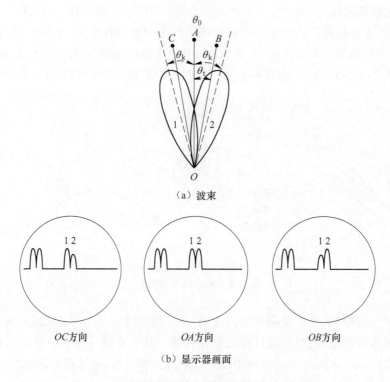

（a）波束

（b）显示器画面

图 4-9　等信号法测角示意图

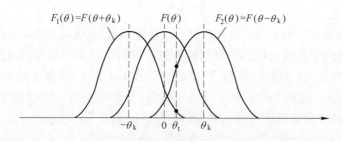

图 4-10　等信号法测角天线电压方向性函数

大,目标略微偏离等信号轴时,两信号强度变化较显著。由理论分析可知,对收发共用天线的雷达,等信号法的精度约为波束 3dB 宽度的 2%,比最大信号法高约一个量级,常用于对空警戒/引导三坐标雷达中;根据两个波束收的信号的强弱可判别目标偏离等信号轴的方向,便于自动测角。所以,等信号法常用于跟踪雷达中的自动测角。

　　等信号法的主要缺点:测角系统较复杂;等信号轴方向不是方向图的最大值方向,故在发射功率相同的条件下,作用距离比最大信号法小些。若两波束交点选择在最大值的 0.6~0.8 处,则对收发共用天线的雷达,作用距离比最大信号法减小约 20%~30%。

　　3）最小信号法

　　最小信号法是利用方向图零点进行测角的方法,即当方向图的零点对准目标时的信号幅度最小,所以当波束扫描时,一个目标连续二次经过零点的中心位置就是目标角度。理论上的最小信号法的精度最高,但由于方向图零点附近斜率极大,从而造成的误差也很大。另外,实际中由于噪声的影响,最小信号法精度有限,并且作用距离也难以提高,因而实际应用极少。

2. 相位法测角

相位法测角利用多个天线所接收回波信号之间的相位差进行测角,其原理如图 4-11 所示。

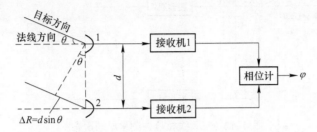

图 4-11　相位法测角原理示意图

设在 θ 方向有一远区目标,则到达接收点的目标所反射的电磁波近似为平面波。由于两天线间距为 d,故它们所收到的信号由波程差产生相位差 φ,由图 4-11 可知

$$\varphi = \frac{2\pi}{\lambda}d\sin\theta \tag{4-40}$$

式中:λ 为雷达波长。如用相位计进行比相,测出其相位差 φ,就可以确定目标方向 θ。由于在较低频率上容易实现比相,故通常将两天线收到的射频信号经与同一本振信号差频后,在中频进行比相,两中频信号之间的相位差仍为 φ。

相位差 φ 值测量不准,将产生测角误差,对式(4-40)两边取微分,可得

$$\mathrm{d}\varphi = \frac{2\pi}{\lambda}d\cos\theta\mathrm{d}\theta \tag{4-41}$$

$$\mathrm{d}\theta = \frac{\lambda}{2\pi d\cos\theta}\mathrm{d}\varphi \tag{4-42}$$

$$\Delta\theta = \frac{\lambda}{2\pi d\cos\theta}\Delta\varphi \tag{4-43}$$

由式(4-43)可看出,采用读数精度高的相位计,或减小 λ/d 值,均可提高测角精度。同时,当 $\theta = 0$ 时,即目标处在天线法线方向时,测角误差 $\Delta\theta$ 最小。当 θ 增大,$\Delta\theta$ 也增大,为保证一定的测角精度,θ 的范围有一定的限制。

增大 d/λ 虽然可提高测角精度,但由式(4-40)可知,在感兴趣的 θ 范围(测角范围)内,当 d/λ 加大到一定程度时,φ 值可能超过 2π,此时 $\varphi = 2\pi m + \psi$,其中:m 为整数,$\psi < 2\pi$。而相位计实际读数为 ψ 值,由于 m 值未知,因而真实的 φ 值不能确定,就出现多值性(模糊)问题。可以利用三天线测角设备解决测角精度和多值性的矛盾问题,间距大的 1、3 天线用来得到高精度测量,而间距小的天线 1、天线 2 用来解决多值性,如图 4-12 所示。

设目标在 θ 方向,天线 1、天线 2 之间的距离为 d_{12},天线 1、天线 3 之间的距离为 d_{13},适当选择 d_{12},使天线 1、天线 2 收到的信号之间的相位差在测角范围内均满足

$$\varphi_{12} = \frac{2\pi}{\lambda}d_{12}\sin\theta < 2\pi \tag{4-44}$$

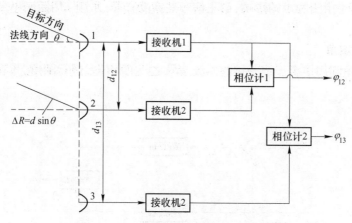

图 4-12　三天线相位法测角原理示意图

式中:φ_{12} 由相位计 1 读出。

根据要求,选择较大的 d_{13},则天线 1、天线 3 收到的信号的相位差为

$$\varphi_{13} = \frac{2\pi}{\lambda} d_{13}\sin\theta = 2m\pi + \psi \tag{4-45}$$

式中:φ_{13} 由相位计 2 读出,但实际读数是小于 2π 的 ψ。为了确定 m 值,可利用以下关系:

$$\frac{\varphi_{13}}{\varphi_{12}} = \frac{d_{13}}{d_{12}}, \quad \varphi_{13} = \frac{d_{13}}{d_{12}}\varphi_{12} \tag{4-46}$$

根据相位计 1 的读数 φ_{12} 可算出 φ_{13},但 φ_{12} 包含有相位计的读数误差,因而由式(4-46)标出的 φ_{13} 具有的误差为相位计误差的 d_{13}/d_{12} 倍,不能作为 φ_{13} 的精确估计,只是式(4-45)的近似值。只要 φ_{12} 的读数误差值不大,就可用它确定 m,即把 $\dfrac{d_{13}}{d_{12}}\varphi_{12}$ 除以 2π,所得商的整数部分就是 m 值。由式(4-45)算出 φ_{13} 并确定 θ。d_{13}/λ 值较大,保证了所要求的测角精度。

4.2.2　自动测角

可用于自动测角的等信号法需要两个波束,并且两个波束可以同时存在,若用两套相同的接收系统同时工作,则称为同时波瓣法(实际中,需利用接收机中 AGC 电路平衡两路接收机的增益保持一致,详见 8.4.2 小节)。两波束也可以交替出现,或只要其中一个波束,使它绕 OA 轴旋转,波束便按时间顺序在 1、2 位置交替出现,只要用一套接收系统工作,则称为顺序波瓣法。

顺序波瓣法以圆锥扫描自动测角最为典型,圆锥扫描自动测角系统中,单个天线形成的针状波束绕旋转轴作小顶角的圆锥扫描。其旋转轴就是等信号测角法中的等信号轴,故扫描过程中这个方向天线的增益始终不变。当天线旋转轴对准目标时,接收机输出的回波信号为一串等幅脉冲。如果目标偏离等信号轴方向,则在扫描过程中波束最大值旋转在不同位置时,目标有时靠近有时远离天线最大辐射方向,这使接收的回波信号幅度也产生相应的强弱变化。依据其变化幅度的大小,就可以得出回波信号偏离等信号轴角度

的程度,从而实现角度信息的获取,形成误差信号控制天线等信号轴向目标靠近。

　　圆锥扫描自动测角系统的设备较为简单,但存在测角过程较长、无法实现"单脉冲测角"的问题,因此在当前的自动测角雷达中,越来越多地采用同时波瓣法。同时波瓣法的具体实现方式有振幅和差波束单脉冲自动测角、相位和差波束单脉冲自动测角两类,下面分别详细介绍。

1. 振幅和差波束单脉冲测角原理

　　振幅和差波束单脉冲测角通常先利用和差波束得到角误差信号,再通过比较器、相位检波器和角误差信号的变换得到真实的信号角度。

　　1）角误差信号

　　雷达天线在一个角平面内有两个部分重叠的波束,如图4-13(a)所示,振幅和差式单脉冲雷达取得角误差信号的基本方法是将这两个波束同时收到的信号进行和、差处理,分别得到和信号与差信号。与和、差信号相应的和、差波束如图4-13(b)、(c)所示。其中差信号,即该角平面内的角误差信号。

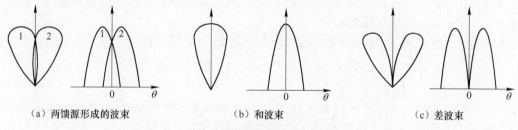

（a）两馈源形成的波束　　　　　（b）和波束　　　　　　（c）差波束

图 4-13　振幅和差式单脉冲雷达波束图

　　由图4-13(a)可以看出,若目标处在天线轴线方向(等信号轴),误差角 $\theta_t=0$,则两波束收到的回波信号振幅相同,差信号等于零。目标偏离等信号轴有误差角 θ_t 时,差信号输出振幅与 θ_t 成正比,而其符号则由偏离的方向决定。和信号除用作目标检测和距离跟踪外,还用作角误差信号的相位基准。

　　2）和差比较器与和差波束

　　和差比较器(和差网络)是单脉冲雷达的重要部件,它完成和、差处理,形成和差波束。用得较多的是双 T 接头,如图4-14(a)所示。

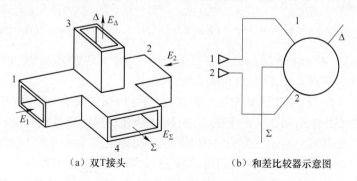

（a）双T接头　　　　　　　　（b）和差比较器示意图

图 4-14　双 T 接头及和差比较器示意图

图 4-14(a)中的双 T 接头有四个端口:Σ(和)端、Δ(差)端和 1、2 端。假定四个端都是匹配的,则从 Σ 端输入信号时,1、2 端便输出等幅同相信号,Δ 端无输出;若从 1、2 端输入同相信号,则 Δ 端输出两者的差信号,Σ 端输出和信号。

和差比较器如图 4-14(b)所示,它的 1、2 端与形成两个波束的两相邻馈源 1、2 相接。发射时,从发射机来的信号加到和差比较器的 Σ 端,故 1、2 端输出等幅同相信号,两个馈源被同相激励,并辐射相同的功率,结果两波束在空间各点产生的场强同相相加,形成发射和波束 $F_\Sigma(\theta)$,如图 4-13(b)所示。接收时,回波脉冲同时被两个波束的馈源所接收,两波束接收到的信号振幅有差异(视目标偏离天线轴线的程度),但相位相同(为了实现精密跟踪,波束通常做得很窄,对处在和波束照射范围内的目标,两馈源接收到的回波的波程差可忽略不计),这两个相位相同的信号分别加到和差比较器的 1、2 端。这时,在 Σ(和)端,完成两信号同相相加,输出和信号。设和信号为 E_Σ,其振幅为两信号振幅之和,相位与到达和端的两信号相位相同,且与目标偏离天线轴线的方向无关。

假定两个波束的方向性函数完全相同,设为 $F(\theta)$,两波束接收到的信号电压振幅为 E_1 和 E_2,并且到达和差比较器 Σ 端时保持不变,两波束相对天线轴线的偏角为 θ_k,则对于 θ_t 方向的目标,和信号的振幅为

$$
\begin{aligned}
|E_\Sigma| &= E_1 + E_2 = kF_\Sigma(\theta_t)F(\theta_t + \theta_k) + kF_\Sigma(\theta_t)F(\theta_t - \theta_k) \\
&= kF_\Sigma(\theta_t)\left[F(\theta_t + \theta_k) + F(\theta_t - \theta_k)\right] \\
&= kF_\Sigma^2(\theta_t)
\end{aligned}
\tag{4-47}
$$

式中:$F_\Sigma(\theta_t) = F(\theta_t + \theta_k) + F(\theta_t - \theta_k)$,为接收和波束方向性函数,与发射和波束的方向性函数完全相同;k 为比例系数,它与雷达参数、目标距离、目标特性等因素有关。

在和差比较器的 Δ(差)端,两信号反相相加,输出差信号,设为 E_Δ。若到达 Δ 端的两信号用 E_1 和 E_2 表示,它们的振幅仍为 E_1 和 E_2,但相位相反,则 E_Δ 与方向角 θ_t 的关系用上述同样方法,可得

$$
\begin{aligned}
|E_\Delta| &= |E_2 - E_1| = kF_\Sigma(\theta_t)\left[F(\theta_t - \theta_k) - F(\theta_t + \theta_k)\right] \\
&= kF_\Sigma(\theta_t)F_\Delta(\theta_t)
\end{aligned}
\tag{4-48}
$$

式中:$F_\Delta(\theta_t) = F(\theta_t - \theta_k) - F(\theta_t + \theta_k)$,即和差比较器 Δ 端对应的接收方向性函数为原来两方向性函数之差(称为差波束),其方向图如图 4-13(c)所示。

现假定目标的误差角为 θ_t,则差信号振幅为 $E_\Delta = kF_\Sigma(\theta_t)F_\Delta(\theta_t)$。在跟踪状态,$\theta_t$ 很小,将 $F_\Delta(\theta_t)$ 展开成泰勒级数并忽略高次项,则

$$
E_\Delta = kF_\Sigma(\theta_t)F'_\Delta(\theta_t)\theta_t = kF_\Sigma(\theta_t)F_\Sigma(0)\frac{F'_\Delta(0)}{F_\Sigma(0)}\theta_t \approx kF_\Sigma^2(\theta_t)\eta\theta_t
\tag{4-49}
$$

因 θ_t 很小,式(4-49)中 $F_\Sigma(\theta_t) \approx F_\Sigma(0)$,$\eta = F'_\Delta(0)/F_\Sigma(0)$。所以在一定的误差角范围内,差信号的振幅 E_Δ 与误差角 θ_t 成正比。

E_Δ 的相位与 E_1、E_2 中的强者相同。例如:若目标偏在波束 1 一侧,则 $E_1 > E_2$,此时 E_Δ 与 E_1 同相,反之,则与 E_2 同相。由于在 Δ 端,E_1、E_2 相位相反,故目标偏向不同,E_Δ 的相位差 180°。因此,Δ 端输出差信号的振幅大小表明了目标误差角 θ_t 的大小,其相位则表示目标偏离天线轴线的方向。和差比较器可以做到使和信号 E_Σ 的相位与 E_1、E_2 之一相同。由于 E_Σ 的相位与目标偏向无关,所以只要用和信号 E_Σ 的相位为基准,与差信号 E_Δ 的相位作比较,就可以鉴别目标的偏向。

总之,振幅和差单脉冲雷达依靠和差比较器的作用得到图 4-13 所示的和、差波束,差波束用于测角,和波束用于发射、观察和测距,和波束信号还用作相位比较的基准。

3) 相位检波器和角误差信号的变换

和差比较器 Δ 端输出的高频角误差信号还不能用来控制天线跟踪目标,必须把它变换成直流误差电压,其大小应与高频角误差信号的振幅成比例,而其极性应由高频角误差信号的相位来决定。这一变换作用由相位检波器完成。为此,将和、差信号通过各自的接收通道,经变频中放后一起加到相位检波器上进行相位检波,其中和信号为基准信号。相位检波器输出为

$$U = K_{d} U_{\Delta} \cos\varphi \qquad (4-50)$$

式中:U_{Δ} 为中频差信号振幅;φ 为和、差信号之间的相位差,这里 $\varphi = 0$ 或 $\varphi = \pi$,因此

$$U = \begin{cases} K_{d} U_{\Delta}, & \varphi = 0 \\ -K_{d} U_{\Delta}, & \varphi = \pi \end{cases} \qquad (4-51)$$

因为加在相位检波器上的中频和、差信号均为脉冲信号,故相位检波器输出为正或负极性的视频脉冲($\varphi = \pi$ 为负极性),其幅度与差信号的振幅即目标误差角 θ_{t} 成比例,脉冲的极性(正或负)则反映了目标偏离天线轴线的方向。把它变成相应的直流误差电压后,加到伺服系统控制天线向减小误差的方向运动。相位检波器输出视频脉冲幅度 U 与目标误差角 θ_{t} 的关系曲线,通常称为角鉴别特性,如图 4-15 所示。

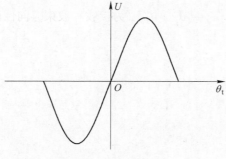

图 4-15　角鉴别特性

2. 相位和差波束单脉冲测角原理

相位和差单脉冲雷达是基于相位法测角原理工作,前面已介绍了比较两天线接收信号的相位可以确定目标的方向。若将比相器输出的误差电压经过变换、放大加到天线驱动系统上,则可通过天线驱动系统控制天线波束运动,使之始终对准目标,实现自动方向跟踪。相位和差单脉冲雷达原理如图 4-16 所示。

图 4-16 中的天线由两个相隔数个波长的天线孔径组成,每个天线孔径产生一个以天线轴为对称轴的波束,在远区,两方向图几乎完全重叠,对于波束内的目标,两波束所收到的信号振幅是相同的。当目标偏离对称轴时,两天线接收信号由于波程差引起的相位差为

$$\varphi = \frac{2\pi}{\lambda} d\sin\theta_{t} \qquad (4-52)$$

当 θ_{t} 很小时,$\sin\theta_{t} \approx \theta_{t}$,$d$ 为天线间隔,θ_{t} 为目标对天线轴的偏角。所以,两天线收到

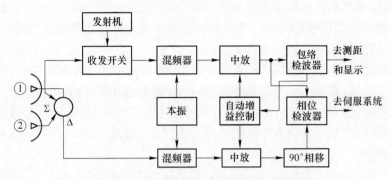

图 4-16　相位和差单脉冲雷达原理框图

的回波为相位相差 φ 而幅度相同的信号,通过和差比较器取出和信号与差信号。

利用图 4-17 可求得和信号 E_Σ 与差信号 E_Δ。和信号和差信号分别为

$$E_\Sigma = E_1 + E_2, \quad |E_\Sigma| = 2|E_1|\cos\frac{\varphi}{2} \qquad (4-53)$$

$$E_\Delta = E_2 - E_1, \quad |E_\Delta| = 2|E_1|\sin\frac{\varphi}{2} = 2|E_1|\sin\left(\frac{\pi}{\lambda}d\sin\theta_t\right) \qquad (4-54)$$

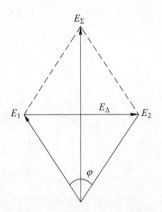

图 4-17　信号相位关系矢量图

所以,当 θ_t 很小时

$$|E_\Delta| \approx |E_1|\frac{2\pi}{\lambda}d\theta_t \qquad (4-55)$$

设目标偏在天线 2 一边,各信号相位关系如图 4-17 所示;反之,当目标偏在天线 1 一边,则差信号矢量的方向与图 4-17 所示的相反,差信号相位也反相。所以,差信号的大小反映了目标偏离天线轴的程度,其相位反映了目标偏离天线轴的方向。由图 4-17 还可看出,和、差信号相位相差 90°,为了用相位检波器进行鉴相,必须把其中一路预先移相 90°。

所以,图 4-16 中将和、差两路信号经同一本振混频放大后,差信号预先移相 90°,然后加到相位检波器上,相位检波器输出电压即为误差电压,其余各部分的工作情况同振幅和差单脉冲雷达。从单脉冲雷达工作原理可知,典型单脉冲雷达是二路或三路接收机同

时工作,将差信号与和信号作相位比较后,取得误差信号(含大小和方向)。因此,工作中要求多路接收机的工作特性严格一致(相移、增益),各路接收机幅相特性不一致的后果是测角灵敏度降低并产生测角误差。

4.2.3　目标高度测量

由 1.1.1 小节可知,测量目标的高度其实质是测量目标的俯仰角,然后通过目标的斜距和俯仰角利用公式计算得到高度。

1. 目标高度计算

对于近距离目标,大地近似为平面,电磁波看成以直线传播。根据图 4-18 可容易得出高度与斜距和俯仰角的关系为

$$H = R\sin\beta \tag{4-56}$$

式中:R 为目标到雷达站的斜距;β 为雷达观测目标的俯仰角。

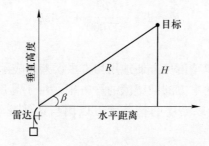

图 4-18　平面地形时目标高度计算图

对于距离较远,高度较高的目标,大地不再是平面,根据斜距和俯仰角来计算高度时就必须考虑地球曲率的影响。如图 4-19 所示,AB 为天线的架高 H_a,$OB = OC$ 为地球的半径 r,AT 为目标相对雷达的斜距 R,TC 为目标的高度 H,雷达观测目标的俯仰角为 β,根据图中的几何关系,利用余弦定理可以得到

$$(r + H)^2 = (r + H_a)^2 + R^2 - 2R(r + H_a)\cos\left(\frac{\pi}{2} + \beta\right) \tag{4-57}$$

或

$$r + H = (r + H_a)\left[1 + \frac{R^2 + 2R(r + H_a)\sin\beta}{(r + H_a)^2}\right]^{1/2} \tag{4-58}$$

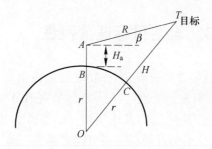

图 4-19　地球曲率时俯仰角与高度的关系

利用幂级数展开并忽略高次项,可得

$$H = H_a + \frac{R^2}{2(r + H_a)} + R\sin\beta \tag{4-59}$$

因为 $H_a \ll r$,所以有

$$H \approx H_a + \frac{R^2}{2r} + R\sin\beta \tag{4-60}$$

实际上,对于较远、较高的目标来说,大气的折射使电磁波的传播不再是直线,而是向下有所弯曲的曲线,由 3.2.3 小节大气折射的知识可知,当利用地球等效半径 r_e 来替代地球的真实半径 r 时,式(4-60)修正为

$$H \approx H_a + \frac{R^2}{2r_e} + R\sin\beta \tag{4-61}$$

已知等效地球半径 $r_e = 8500\text{km}$,则测高公式为

$$H \approx H_a + \frac{R^2}{17000} + R\sin\beta \tag{4-62}$$

2. 精度分析

雷达对目标高度的测量精度可方便地用均方根误差来表示,均方根误差,即目标测算高度和目标真实高度之差的平方的期望值的平方根。由于高度是从距离、俯仰角等雷达基本测量值中的导出值,所以高度的精确度可以用与这些测量值有关的均方根误差来表示。

由于所接收的信号回波含有热噪声,因此所有雷达的测量均有误差。由式(4-62)可知,高度测量误差由测量的距离或俯仰角误差引起,或大气对电磁波的折射情况有了变化也会导致测高误差。因此,距离误差、俯仰角误差和等效地球半径误差就是影响测高精度的三项基本因素。在实际中,大气折射误差的影响复杂且影响并不明显,因此高度测量精度多考虑高度误差与距离误差和俯仰角误差的关系。

对平坦地面:

$$\sigma_H = (\sigma_R^2 \sin^2\beta + R^2 \sigma_\beta^2 \cos^2\beta)^{\frac{1}{2}} \tag{4-63}$$

对用抛物面近似的球面地面:

$$\sigma_H = \left[\sigma_R^2 (R/r_e + \sin\beta)^2 + R^2 \sigma_\beta^2 \cos^2\beta \right]^{\frac{1}{2}} \tag{4-64}$$

式中: σ_R 为雷达距离测量的均方根误差; σ_β 为雷达仰角测量的均方根误差; σ_H 为雷达高度估值的均方根误差。

4.3 雷达目标速度测量

雷达测速的物理基础是多普勒效应,多普勒效应是指当发射源和目标之间有相对径向运动时,接收到的信号频率发生变化。这一现象首先在声学上由物理学家多普勒于1842 年发现,后来这一规律广泛运用到其他领域。随着雷达的发明和广泛应用,多普勒效应被引入雷达领域,随着技术的发展其应用也越来越多。通过检测多普勒频率,雷达不仅能测量径向速度,而且能从雷达杂波中分离出目标回波,或生成高分辨率的地面图像。

目标的速度是雷达需要测量的关键参数之一,雷达速度测量的方法主要有两种:一是利用相邻两点之间的位置坐标,通过距离、速度和时间关系计算得到,这种方法一般在目标航迹形成后才能可靠计算,参见附录 H 中关于航迹跟踪滤波的介绍;二是直接通过雷达回波信号提取目标与雷达的相对速度,即通过测量多普勒频率来测速,这是本节介绍的重点。

多普勒效应表示从一个点源所辐射的波在运动的方向上被压缩,而在其相反的方向上被扩展,如图 4-20 所示。在这两种情况下,这个物体的速度越快,其所产生的压缩或扩展的效果就越明显。由于频率与波长成反比,波长被压缩得越多,频率就越高;反之亦然。

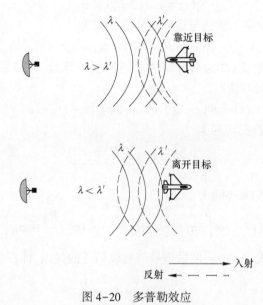

图 4-20　多普勒效应

对于地基雷达,相对运动完全是由目标的运动引起的。对于机载雷达,这种相对运动与机载雷达和目标两者都有关系,这种相对运动也许是目标的运动,也许是雷达的运动,或者是两种运动兼而有之。除了在像直升机这样可以悬空的飞行器之外,机载雷达总是处于运动状况。因此,目标回波和地面回波都有多普勒频移,这就使得从地面杂波中分离出目标回波变得非常困难。

多普勒效应反映的是相对运动速度,该速度通常称为径向速度,如图 4-21 中目标 2 的方向。如果目标相对雷达作切向运动,如图 4-21 中目标 1 方向,则径向速度为 0。如果目标速度方向与雷达照射方向存在一定角度,如图 4-21 中目标 3 方向,则此时的多普勒速度用雷达与目标连线上的投影 v_r 代替,投影等于 v 乘以某个角度 θ 的余弦。

回波的多普勒频率为

$$f_d = \frac{2v_r}{\lambda} = \frac{2v\cos\theta}{\lambda} \tag{4-65}$$

式中: f_d 为回波的多普勒频率(Hz); v_r 和 v 分别为目标的径向速度和绝对速度(m/s); θ 为目标速度方向与雷达波束指向的夹角; λ 为雷达工作波长(m)。具体推导过程如下:

设雷达的发射信号为

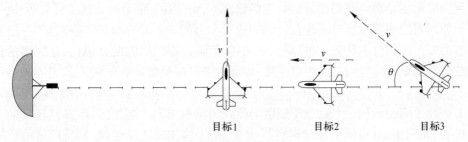

图 4-21　目标的径向速度

$$S_{\mathrm{t}}(t) = \cos(2\pi f_0 t + \varphi_0) \tag{4-66}$$

式中:f_0为发射信号的频率。雷达与目标之间的距离为

$$R(t) = R_0 - R't = R_0 - v_{\mathrm{r}}t \tag{4-67}$$

式中:R_0为目标的起始距离;R'为目标距离相对时间的导数,即目标的径向运动速度v_{r}。所以,目标的回波信号可写为

$$S_{\mathrm{r}}(t) = S_{\mathrm{t}}(t - t_{\mathrm{r}}) = \cos\left[2\pi f_0(t - t_{\mathrm{r}}) + \varphi_0\right] \tag{4-68}$$

式中:t_{r}为回波信号的时延,可写为

$$t_{\mathrm{r}} = \frac{2R(t)}{c} = \frac{2(R_0 - v_{\mathrm{r}}t)}{c} \tag{4-69}$$

将式(4-69)代入式(4-68)有

$$S_{\mathrm{r}}(t) = \cos\left(2\pi f_0 t + 2\pi f_0 \frac{2v_{\mathrm{r}}}{c}t - 4\pi f_0 \frac{R_0}{c} + \varphi_0\right) \tag{4-70}$$

比较式(4-66)和式(4-70),发射信号与接收信号的频差,即多普勒频率:

$$f_{\mathrm{d}} = 2f_0 \frac{v_{\mathrm{r}}}{c} = \frac{2v_{\mathrm{r}}}{\lambda} \tag{4-71}$$

一般情况下,角度θ应分解成方位角与俯仰角两个分量,目标运动方向与雷达照射方向间的关系为空间三维投影,如图4-22所示,则雷达所能探测到的多普勒频率:

$$f_{\mathrm{d}} = \frac{2v\cos\theta_\alpha \cos\theta_\beta}{\lambda} \tag{4-72}$$

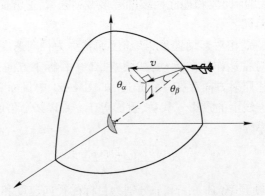

图 4-22　目标速度在雷达波束方向的投影

式中:θ_α 为目标速度方向与雷达波束指向的水平夹角;θ_β 为目标速度方向与雷达波束指向的垂直夹角。

对于对空警戒/引导雷达而言,雷达波束的俯仰角一般为 2°,目标通常在高度上也没有快速的变化,因此 β 趋近于 0,可以忽略不计。而对于机载雷达这类本身平台也是运动的情况,必须考虑 β 的变化。

例 4.1:已知目标运动速度 $v = 100\mathrm{m/s}$,雷达工作波长 $\lambda = 0.1\mathrm{m}$,目标速度方向与目标和雷达之间的连线夹角为 60°,求多普勒频率。

解:

$$f_{\mathrm{d}} = \frac{2v\cos\theta}{\lambda} = \frac{2 \times 100 \times \cos 60°}{0.1} = 1000(\mathrm{Hz})$$

思考题

4-1　什么是测距模糊?常用的解决距离模糊的方法是什么?

4-2　简述三角波频率调制测距的基本原理。

4-3　简述相位法测距的基本原理。

4-4　试比较脉冲法、调频法、相位法等测距方法的优点缺点及其应用场合。

4-5　已知月球与地球的平均距离为 385000km,当使用地面脉冲雷达测量到月球的距离时,试求发射脉冲重复频率的最大值(要求无测距模糊)。

4-6　利用振幅法测角时有几种方法?试比较它们的优点缺点,并说明其应用场合。

4-7　相位法测角的基本原理是什么?

4-8　如果相位法测角时两个接收天线间的距离 $d = 75\mathrm{cm}$。波长 $\lambda = 25\mathrm{cm}$。试计算以下问题:

(1)若目标方向与接收天线法线方向的夹角 $\theta = 5°$,则相位计测得的相位差为多少?

(2)若要保证测角的单值性,则目标偏离法线的角度范围是多少?

4-9　某雷达测得一目标斜距为 200km,俯仰角为 2°,该雷达天线离地高度 500m,求目标高度。

4-10　美军 F-22 战斗机可进入 20～30min 的超声速巡航,此时飞行速度为 2410km/h,某对空警戒/引导雷达中心工作频率为 300MHz,问该雷达探测 F-22 战斗机时最大可能检测到的多普勒频率是多少?

第5章 雷达频综器

雷达信号及雷达整机所需频率信号均由雷达频综器产生。如果雷达系统的发射激励信号、本振信号、相参振荡信号以及定时器所需的基准时钟信号均由同一基准信号提供，则这些信号之间保持确定的相位关系，这种体制的雷达系统称为全相参雷达系统。频综器是全相参雷达系统的"心脏"，它为雷达整机提供各式相参信号。本章首先介绍雷达频综器的功能、组成和主要技术指标，然后主要从工作原理和性能特点两方面分析频率源的三种实现技术，最后简要介绍激励源数字实现技术。

5.1 雷达频综器的功能与组成

在早期雷达系统中，本振源和相参振荡源分别是一种具有一定频率稳定度的高频振荡器和中频振荡器，然而在现代雷达系统中，本振源及相参振荡源常采用具有宽频率范围和高稳定的频率源来完成。另外，主振放大式雷达发射机的发射激励信号、雷达系统的各种时钟信号，甚至是能产生复杂调制波形的波形产生器都由雷达频综器来完成，因此雷达频综器已成为雷达系统中十分关键的组成部分。

5.1.1 主要功能

在现代对空警戒/引导雷达中，雷达频综器的主要功能是产生单频连续波信号和复杂调制信号：单频连续波信号主要包括本振信号 f_L、相参振荡信号 f_{COHO}、参考时钟信号 f_{REF}、采样时钟信号 f_s 和基准时钟信号 f_{CLK} 等；复杂调制信号主要包括基带信号、中频信号和射频信号(发射激励信号和测试信号)等。

5.1.2 基本组成

全相参雷达系统中，雷达频综器主要由基准源、频率源、激励源等组成，如图 5-1 所示，其中激励源通常包括波形产生器和上变频器。

基准源输出基准信号给频率源，由频率源产生各类单频连续波信号，其中本振频率通常分两路：一路给激励源的上变频器，另一路给接收机下变频器；相参振荡信号 f_{COHO} 通常分为两路：一路给波形产生器用于模拟正交调制，另一路给接收机用于模拟 I/Q 正交鉴相；参考时钟信号 f_{REF} 给波形产生器用于数字波形产生的参考时钟频率；采样时钟信号 f_s 给接收机 A/D 变换器；基准时钟信号 f_{CLK} 给定时器用于产生全机工作所需各种工作时序。激励源的波形产生器输出中频波形至上变频器，通过上变频后输出两路信号，一路作为发射激励信号给发射机，另一路为测试信号给接收机的耦合输入端。

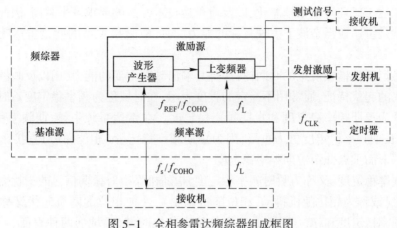

图 5-1 全相参雷达频综器组成框图

5.2 雷达频综器主要技术指标

从图 5-1 可以看出,雷达频综器的技术指标首先取决于基准源,基准源的品质直接影响,甚至决定频综器的输出信号质量。频率源对基准频率进行处理的过程:一方面直接决定了单频连续波信号的质量,另一方面间接决定了复杂调制信号的质量(因为激励源的主要技术指标极大地依赖于频率源)。下面介绍雷达频综器的主要技术指标。

1. 工作频带范围和捷变频点数

雷达频率源的工作频率范围主要取决于雷达的工作频段,一般情况下,相对带宽为 10%~20%。对于超宽带雷达的去调频(去斜)工作方式,要求本振是扫频工作的。当用作接收机的一本振 f_{L1} 时,现代全相参雷达频率源往往是多点跳频工作。捷变频点数取决于雷达的战术、技术要求。对于靶场测量、空间探测等科学实验雷达,频率点数可较少,采用直接频率合成方式或间接频率合成方式;对于战场作战雷达,要求雷达具备很强的抗干扰和抗电子侦察能力,因此要求多点捷变频,此时可采用直接频率合成方式或直接数字频率合成方式;对于对空警戒/引导雷达而言,工作频段主要覆盖 P、L 和 S 波段,捷变频点数为几十点。

2. 频率准确度

频率准确度是指实际频率偏离标称频率的程度,通常表示为

$$A = \frac{|f_x - f_0|}{f_0} \tag{5-1}$$

式中:A 为频率准确度;f_x 为频率实际值,通常用微波频率计或频谱仪测量得到;f_0 为标称频率。

对于现代全相参雷达,频率源的频率基准往往由晶体振荡器产生,一般而言,其频率准确度优于 $10^{-4} \sim 10^{-5}$ 即可。对于双基地雷达等特殊体制雷达,其频率准确度的要求将会很高。例如:某雷达频率源输出二本振信号标称频率为 180MHz,使用频谱仪的测量值为 179.9685MHz,则其频率准确度约为 10^{-4}。

3. 频率稳定度

由于雷达工作环境越来越恶化,以及对雷达技术性能的要求越来越高,因此其中重要一项要求就是雷达在强杂波下发现目标的能力,与此有直接关系的就是雷达频率源工作稳定性。

频率稳定度是指在规定的时间内,保持其输出频率不变的能力,用以反映频率源连续工作时频率的起伏特征,通常用不稳定的程度表示,在时域称为频率稳定度。时域的频率稳定度又分为长期频率稳定度和短期频率稳定度。在雷达系统中,短期频率稳定度(相位噪声)比长期频率稳定度更为重要,因为短期频率稳定度(相位噪声)直接影响雷达的改善因子。下面重点介绍短期频率稳定度。

短期频率稳定度,又称为瞬时频率稳定度,指随机噪声对振荡信号的干扰而引起的相位随机起伏(或称为相位随机抖动、相位随机调制),这种相位的随机起伏又称为相位噪声。短期频率稳定度和相位噪声,是这个物理现象在时域、频域的两种表征。工程中,通常采用相位噪声来表征短期频率稳定度。下面重点介绍相位噪声的表征方法。

由于相位随机起伏,频率源输出电压的功率谱不再是一根理想的、无限窄的谱线,而是载频谱线展宽。对于一个理想无噪声的微波频率源,设载频为f_0,其对应的频谱是一根纯净的谱线,但实际输出的信号总是存在着噪声,这些噪声将对频率和振幅进行调制,所以实际的频谱总有一定的宽度,微波信号频谱如图 5-2 所示,其中图 5-2(a)是理想信号频谱,图 5-2(b)为实际信号频谱。

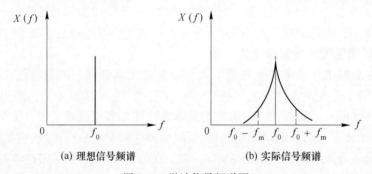

(a) 理想信号频谱　　　　　　(b) 实际信号频谱

图 5-2　微波信号频谱图

观察频率源输出信号,最简单有效的方法是用频谱分析仪。如果从频谱分析仪测得的噪声底部比被测源的相位噪声电平低很多,而且动态范围和选择性足以分辨所要测的相位噪声,则在频谱仪上观察到的信号相位噪声如图 5-3 所示,曲线以载波频率f_0为中

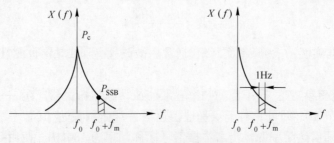

图 5-3　相位噪声示意图

心对称,是双边带的。为了研究问题,只要取一个边带就可以,因此下面给出单边带(single sideband,SSB)相位噪声的定义。

美国国家标准把 $\mathscr{L}(f_{\mathrm{m}})$ 称为"单边带相位噪声",其定义:偏离载波频率 f_{m},在 1Hz 带宽内一个相位调制边带的功率 P_{SSB} 与载波功率 P_{c} 之比,即

$$\mathscr{L}(f_{\mathrm{m}}) = \frac{P_{\mathrm{SSB}}}{P_{\mathrm{c}}} = \frac{噪声功率(一个相位调制边带,1\mathrm{Hz})}{载波功率} \tag{5-2}$$

$\mathscr{L}(f_{\mathrm{m}})$ 通常用相对于载波 1Hz 带宽的分贝值表示,即 dBc/Hz。

如果测量时频谱分析仪的分辨率带宽(resolution bandwidth,RBW)和视频带宽(video bandwidth,VBW)达不到 1Hz,如为 ΔB,那么所测得的分贝值与 $\mathscr{L}(f_{\mathrm{m}})$ 的关系可近似为

$$\mathscr{L}(f_{\mathrm{m}}) = 10\lg\frac{P_{\mathrm{SSB}}}{P_{\mathrm{c}}} = 10\lg\frac{\Delta B 带宽内的单边噪声功率}{载波功率} - 10\lg\Delta B\,(\mathrm{dBc/Hz@}f_{\mathrm{m}}\mathrm{Hz})$$

$$\tag{5-3}$$

例 5.1:利用频谱仪测量频率源的相位噪声值,本振频率为 1.31GHz,频谱仪的 RBW 和 VBW 设置为 3kHz,信号功率为 8dBm,距本振频率 100kHz 处的噪声输出功率为 −50dBm,则该本振源在 100kHz 处的相位噪声值为

$$\mathscr{L}(100\mathrm{kHz}) = -50 - 8 - 10\lg3000 = -92.77\mathrm{dBc/Hz@}100\mathrm{kHz}$$

4. 谐波与杂散抑制度

频率源输出信号频率的谐波抑制度和杂散抑制度反映了频谱纯度。

1)谐波抑制度

晶振倍频的过程或电路的非线性,都会形成谐波或次谐波。在这里,"谐波"是本振最终频率的各次谐波,如倍频过程中间产生的各次谐波;"次谐波"是指这样一些频谱:它们与本振最终频率呈非整数倍的关系,如频率基准产生的有关谐波。谐波和次谐波最大的弊端就是经组合产生的干扰频谱,有可能落入接收机带宽之内,即使落在带宽之外,只要有足够的幅度,在 ADC 之后也可能会折叠到基带之内。

谐波抑制度记为 A_{x},是指载波信号功率 P_{c} 与谐波信号功率 P_{x} 之比,通常用分贝值表示,单位为 dBc。

$$A_{\mathrm{x}} \geqslant 10\lg\frac{P_{\mathrm{c}}}{P_{\mathrm{x}}} \tag{5-4}$$

例 5.2:某雷达频率源输出二本振信号频率为 180MHz,功率为 9dBm,而且在 360MHz 处测得信号功率为 −20dBm,则其谐波抑制度大于等于 29dBc。

2)杂散抑制度

杂散是指与晶振频率成非谐波关系的离散频谱。例如:常见的杂散频谱是由振荡器工作环境内存在的机械振动和电源及其谐波产生的频谱,这些因素的影响是确定的,也就是说,它的谱线是离散的谱线,它会对本振频率进行调相和调幅。例如:低压电源的影响会在距离载频 50Hz、100Hz、150Hz、200Hz(使用 50Hz 初级电源时)或 400Hz、800Hz、1200Hz(使用 400Hz 初级电源时)等处出现杂散频谱。

它的幅度有可能超过动目标回波谱线的高度,因此对低压电源的纹波提出了很高的要求(例如:小于 1mV)。对振荡器电路的去耦、接地、输出隔离、空间屏蔽都提出了严格的要求。除此之外,对于直接数字频率合成器而言,还有其特有的杂散产生机理(详见

5.3.3 小节)。

杂散抑制度记为 A_c，是指载波信号功率 P_c 与杂散信号功率 P_{clutter} 之比，通常用分贝值表示，单位为 dBc。

$$A_c \geqslant 10\lg \frac{P_c}{P_{\text{clutter}}} \tag{5-5}$$

例 5.3：某雷达频率源输出二本振信号频率为 180MHz，功率为 9dBm，在 190MHz 处测得的最大杂散信号功率为 −50dBm，则其杂散抑制度大于等于 59dBc。

5.3 频率源

雷达频率源以一个或多个稳定振荡器产生的频率为基准，经过一定的组合和处理，产生规定频率、功率和波形的一组输出信号，分别作为接收机本振信号、频综器激励源的本振信号、雷达定时器基准信号等。

目前，雷达频综器中的频率源通常分为三种类型，如下：

（1）直接合成频率源，又称为直接频率合成器（direct synthesis，DS），是最早出现的频率合成器，它是以一个或多个稳定振荡器产生的频率为基准，先经过倍频、分频、混频、滤波等处理，再经过高速开关切换产生雷达所需各种频率的信号。这种频率合成器原理简单，但实现起来仍有一定的难度。

（2）间接合成频率源，又称为锁相频率合成器（phase locked loop，PLL），它也是以一个或几个稳定振荡器产生的频率为基准，采用锁相环技术，利用锁相环路的特性或锁相倍频技术产生雷达所需各种频率的信号。这种合成器使用的电路较直接合成器简单，但其原理较为复杂。

（3）直接数字频率合成器（direct digital synthesis，DDS），是 20 世纪末逐渐发展起来的、非常有前景的一种频率合成技术，它是基于波形存储概念的频率合成技术，在频率控制字的激励下，相位累加器输出不断累加的相位作为相位/幅度转换器的地址码去寻址，相位/幅度转换器转换出对应的阶梯幅度再经过数/模变换器和滤波器输出所需频率和不同波形的模拟信号。

下面分别介绍上面三类频率源的实现技术，其中直接数字频率合成器将重点介绍。

5.3.1 直接频率合成器

直接频率合成器的实现方法大致可以分为两种基本类型：非相参直接频率合成器、相参直接频率合成器，这两种频率合成器的主要区别是所使用的频率基准（稳定晶振）数目不同。前者使用多个晶振基准源，所需的各种频率信号由这些基准源通过倍频或混频的方法产生；后者则只使用一个晶振基准源，所需的各种频率信号都由它经过分频、混频和倍频后得到。很显然，非相参直接频率合成器中各个频率点是不相关的，而相参频率合成器中各个频率点是完全相关的。

这里需要说明：一个非相参直接频率合成器用于雷达系统，这个系统很可能是一个相参系统。例如：对于一个主振放大式发射机的雷达系统，可以用相参频率合成器做频率源，也可以用非相参频率合成器做频率源。当采用非相参频率合成器做频率源时，这个系统仍然是相参的。这是因为雷达系统虽然本振不同的频率点不相关,但对于某一个频率点,雷达的发射机和接收机的相位是完全相关的(因为发射激励和接收机的信号均是由这一频率及相关频率构成的)。从这个意义上来讲,雷达系统的性能与全相参系统没有明显的差异,为了把这种系统与非相参雷达系统予以区别,所以把这种系统的频率合成器称为"准相参直接频率合成器"。

1. 准相参直接频率合成器

准相参直接频率合成器的含义在上面已经说明,是由多个晶振基准源经过开关切换,然后通过倍频和放大滤波,最后产生出所需要的一组频率,其组成如图 5-4 所示。

利用品质因素很高($Q \geqslant 10000$)的石英晶体的基模或谐波模式(又称为"泛音")构成晶振 $1 \sim N$,其长期频率稳定度高达 10^{-9}/日,而相位噪声可低至 -160dBc/Hz@1kHz。N 选一开关的作用是根据雷达的要求,在某一瞬间选取所需要的某一晶振信号,它通常是由硅或砷化镓模拟开关组成的。宽带倍频链是这种频率合成器的关键,它采用了多次放大和倍频,这种倍频链使输出信号的相位噪声以 $20\lg n$(n 为倍频次数)的数量恶化,倍频将出现大量的寄生信号(晶振基波、各次谐波及其组合频率),所以倍频后必须插入频率特性非常好的滤波器,滤波器后的功放和功分(功率分配器)为频率合成器提供足够数量和功率电平的信号用于接收机和激励源。

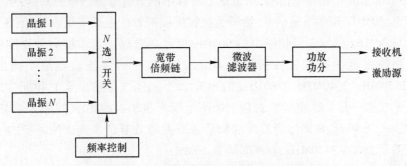

图 5-4 准相参直接频率合成器组成框图

准相参直接频率合成器在工作频率点数不太多(比如 10 点以下)的应用场合有其显著的优点:由于每一频率点对应一个晶振,捷变频时间很快,一般在 $1 \sim 3\mu s$,甚至更短;频率的近端相位噪声很好;设备的可靠性高。例如:加拿大雷神 ASR-23SS,工作频点只有 4 个,采用的是准相参直接频率合成器。4 个高稳定度的晶振输出频率为 $110.895 \sim 117.145\text{MHz}$,由电子开关选择 4 个晶振中的一个作为雷达本振频率基准,被选中的输出频率经过 16 倍频后输出一本振信号:$1774.32 \sim 1874.32\text{MHz}$。但是准相参直接频率合成器的缺点:当需要多点频率时,设备量极度增加,因为多个晶振处于同时热备份工作状态,而且多次倍频形成的高次谐波或次谐波较多,极易造成组合频率($mf_1 \pm nf_2 \pm \cdots \pm pf_N$)干扰;而对空警戒/引导雷达的工作频点通常在 $20 \sim 60$ 点左右,因此这种准相参直接频率合成器不适用。

2. 相参直接频率合成器

相参直接频率合成器是以一个高稳定的晶振作为基准源,所需的各种频率信号都是由基准源经过分频、混频和倍频后得到的。因此,这种频率合成器的常用器件包括高稳定晶振、倍频器、分频器、混频器、滤波器、功分器、放大器和电子开关等。

一种 S 波段相参直接频率合成器实现方法原理如图 5-5 所示。

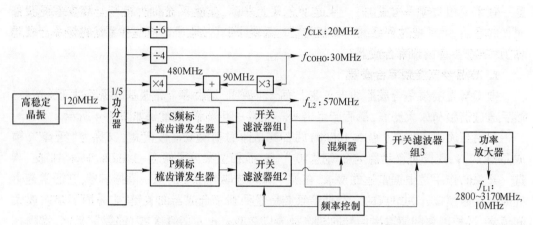

图 5-5　一种 S 波段全相参直接频率合成器实现方法原理框图

从图 5-5 可知,高稳定晶振输出的 120MHz 信号经过 1/5 功分器,第 1 路去 6 分频器,产生 20MHz 基准时钟频率信号,给雷达定时器用作全机时钟信号的基准;第 2 路经过 4 分频器产生 30MHz 相参振荡信号,给雷达接收机模拟 I/Q 正交鉴相模块;第 3 路首先 4 倍频,然后与 30MHz 信号 3 倍频输出的 90MHz 信号混频输出二本振信号给接收机和激励源;第 4 路输出至 S 频标梳齿谱发生器,经过四选一开关滤波器组 1 选出频率为 2400MHz、2520MHz、2640MHz、2760MHz 的 S 频标之一;第 5 路输出至 P 频标梳齿谱发生器,然后经十二选一开关滤波器组 2,选出频率范围为 300~410MHz、间隔为 10MHz 的 12 个 P 频标之一。S 频标、P 频标经放大混频后去开关滤波器组 3 选出所需要的一本振信号,频率范围是 2800~3170MHz,频率间隔为 10MHz。

相参直接频率合成器保持了准相参直接频率合成器的捷变频时间快、近端相位噪声低的优点,同时克服了准相参直接频率合成器变频点数少、设备量大的缺点。由于用到不同的频率进行倍频、分频和混频,因此对杂散、谐波的滤波抑制要求很高,这也是相参直接频率合成器的难点之一。一般要求谐波抑制度达到 40~60dBc,杂散抑制度达到 60~100dBc。频率转换时间由频率控制电路和高速模拟开关共同决定。一般来说,频率控制电路的延时可以做得很小,而高速模拟开关(如 GaAsFET 模拟开关或 PIN 模拟开关)的开关时间在 ns 量级。因此,相参直接频率合成器的频率转换时间可做到 1μs 左右。

5.3.2　间接频率合成器

间接频率合成器又称为锁相频率合成器,它是通过锁相环使压控振荡器的输出频率被高稳定的晶振所锁定。这种频率合成器所使用的电路较直接频率合成器简单,但是原理复杂。下面先介绍锁相环的工作原理,然后介绍其实现方法。

1. 锁相环的工作原理

锁相环原理如图 5-6 所示。它主要包括三个基本部件:鉴相器(phase detector,PD)、环路滤波器(loop filter,LPF)和压控振荡器(voltage controlled oscillator,VCO)。

图 5-6　锁相环原理框图

鉴相器是相位比较电路,它把输入信号 $V_i(t)$ 和压控振荡器的输出信号 $V_o(t)$ 的相位进行比较,产生对应于两个信号相位差的误差电压 $V_d(t)$。环路滤波器的作用是滤除误差电压 $V_d(t)$ 中的高频成分和噪声,以保证环路所要求的性能,增加系统的稳定性。压控振荡器受控制电压 $V_c(t)$ 的控制,使压控振荡器的频率向输入信号(高稳定的参考信号)的频率靠拢,直到消除频差而锁定。

因此,锁相环就是一个相位误差控制系统。它通过比较输入信号和压控振荡器输出信号之间的相位差,从而产生误差控制电压来调整压控振荡器的频率,以达到与输入信号同频。在环路开始工作时,输入信号的频率与压控振荡器未加控制电压时的振荡频率通常是不同的,由于两信号之间存在固定频率差,它们之间的相位势必一直在变化,使得鉴相器的误差电压就在一定范围内摆动。在这种误差电压控制之下,压控振荡器的频率也就在相应的范围内变化。若压控振荡器的频率能够变化到与输入信号频率相等,便有可能在这个频率上稳定下来。达到稳定之后,输入信号与压控振荡器输出信号之间的频差为零,相位不再随时间变化,误差电压为一固定值,这时环路就进入所谓的"锁定"状态。

下面讨论锁相环环路的基本方程和相位模型,环路部件模型如图 5-7 所示。

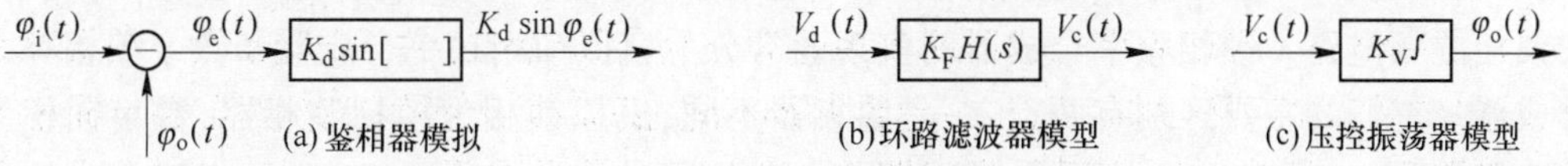

$\varphi_i(t)$ → ⊖ $\varphi_e(t)$ → $K_d\sin[\quad]$ $K_d\sin\varphi_e(t)$ →	$V_d(t)$ → $K_F H(s)$ $V_c(t)$ →	$V_c(t)$ → $K_V\!\int$ $\varphi_o(t)$ →
$\varphi_o(t)$　(a)鉴相器模拟	(b)环路滤波器模型	(c)压控振荡器模型

图 5-7　环路部件模型

鉴相器的特性为

$$V_d(t) = K_d\sin\varphi_e(t) \tag{5-6}$$
$$\varphi_e(t) = \varphi_i(t) - \varphi_o(t) \tag{5-7}$$

式中:K_d 为鉴相器增益,$\varphi_i(t)$、$\varphi_o(t)$ 为锁相环输入、输出信号相位,$\varphi_e(t)$ 为二者差值。

环路滤波器的特性为

$$V_c(t) = K_F H(s) v_d(t) \tag{5-8}$$

式中:K_F 为环路滤波器增益,$H(s)$ 为环路滤波器特性。

压控振荡器的特性为

$$\varphi_o(t) = K_V \int_0^t V_c(t)\,\mathrm{d}t \tag{5-9}$$

将图 5-7 所示的环路部件模型连接,则有

$$\varphi_e(t) = \varphi_i(t) - \varphi_o(t) = \varphi_i(t) - K_V \int_0^t V_c(t)\,\mathrm{d}t \tag{5-10}$$

将式(5-8)代入式(5-10)可得

$$\varphi_e(t) = \varphi_i(t) - K_d K_V K_F H(s) \int_0^t \sin\varphi_e(t)\,\mathrm{d}t \tag{5-11}$$

令 $K_H = K_d K_V K_F$，并对式(5-11)求微分,可得

$$\frac{\mathrm{d}\varphi_e(t)}{\mathrm{d}t} + K_H H(s)\sin\varphi_e(t) = \frac{\mathrm{d}\varphi_i(t)}{\mathrm{d}t} \qquad (5-12)$$

式(5-12)就是环路的基本方程,等号左边第一项表示瞬时角频率差,第二项表示控制角频率差,等号右边表示输入固有角频率差。该式表明:环路闭合后的任何时刻,瞬时角频率差和控制角频率差之和恒等于输入固有角频率差。如果输入固有角频率差为常数,则在环路进入锁定过程中,瞬时角频率差减小到零,而控制角频率差增大到输入固有角频率差时,环路进入锁定状态。

将图 5-7 所示的三个部件模型按图 5-6 所示的环路组成连接,其中

$$\varphi_o(t) = K_H H(s)\int_0^t \sin\varphi_e(t)\,\mathrm{d}t \qquad (5-13)$$

基本环路相位模型如图 5-8 所示,图中,K_H 为环路增益,$F(s)$ 为环路滤波器特性。

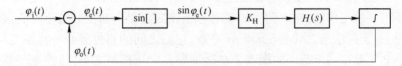

图 5-8　基本环路相位模型

2. 锁相环频率合成器的实现方法

为了得到微波的锁相频率合成器,在合成器中通常要将压控振荡器的微波工作频率转换到鉴相器的工作频率(几兆赫到几十兆赫)上来完成锁相,其基本电路包括锁相倍频和锁相混频电路。锁相频率合成器的实现通常分为模拟锁相频率合成器和数字锁相频率合成器。它们的主要区别有两点:一是鉴相器不同,模拟锁相为模拟鉴相器,数字锁相为数字鉴相器;二是变频方式不同,模拟锁相一般是通过产生多种频标(通过直接合成的方法产生多种频率信号),采用混频的方法将压控振荡器的微波信号变换成鉴相器的工作中频信号,而数字锁相往往是用数字分频器来完成这一功能的。

1)模拟锁相频率合成器

一种 S 波段模拟锁相频率合成器实现方法原理如图 5-9 所示。

从图 5-9 可知,由高稳定晶振输出的 80MHz 信号首先经过 1/4 功分器,第 1 路去 4 分频器,产生 20MHz 基准时钟频率信号 f_{CLK},给雷达定时器用于全机时钟信号的基准;第 2 路经过 2 分频器产生 40MHz 相参振荡信号 f_{COHO},给雷达接收机模拟 I/Q 正交鉴相模块;第 3 路 5 倍频后输出 400MHz 二本振信号给接收机和激励源;第 4 路输出用于产生一本振信号,采用锁相频率合成器。

锁相频率合成器主要由功率放大器、倍频器、分频器、P 频标梳齿谱发生器、S 频标梳齿谱发生器、锁相环和频率控制组成。P 频标梳齿谱发生器以 10MHz 输入信号为基准产生 270MHz、280MHz、290MHz、300MHz 共 4 个组合频标,它们与 40MHz 信号混频产生间隔为 10MHz 的 4 个 P 频标信号,其频率分别为 310MHz、320MHz、330MHz、340MHz。S 频标梳齿谱发生器以 40MHz 输入信号为基准产生 2400～2680MHz 的间隔为 40MHz 的 8 个 S 频标信号。P 频标、S 频标产生器原理组成如图 5-10 所示。

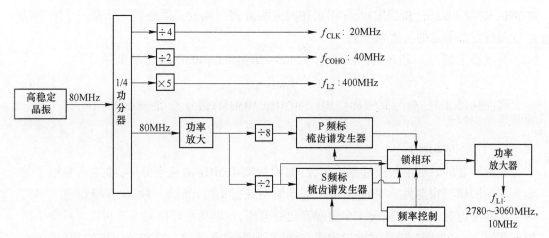

图 5-9　一种 S 波段模拟锁相频率合成器实现方法原理框图

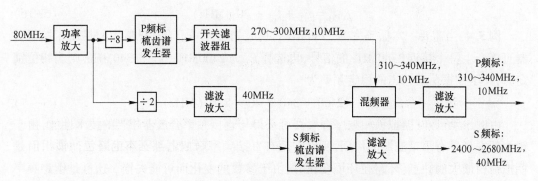

图 5-10　P 频标、S 频标产生器原理组成框图

锁相环主要由压控振荡器、鉴相器、混频器组成,一本振锁相环组成如图 5-11 所示。

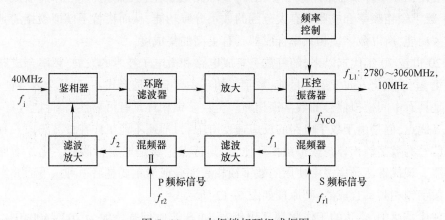

图 5-11　一本振锁相环组成框图

压控振荡器是构成环路最重要的部件,在频率码(频率控制)的控制下,它能在 S 波段产生带宽为 280MHz 的全部一本振信号。但这样产生的信号,其频率稳定度和精度都不能满足要求。因此,这些输出的频率信号必须变频到 40MHz 左右,然后与一个稳定的

雷达原理与系统

<cite>40MHz 基准信号进行相位比较,即用锁相的方法迫使压控振荡器最后工作在一个频率稳定度和精度都很高的所需频率上。</cite>

混频器 I 使 f_{VCO} 和 S 频标信号 f_{r1}（2400~2680MHz,40MHz）混频,即有

$$f_1 = f_{VCO} - f_{r1} \tag{5-14}$$

在混频器 II 中,f_1 与 P 频标（310~340MHz,10MHz）信号 f_{r2} 混频后的结果为

$$f_2 = f_1 - f_{r2} = f_{VCO} - f_{r1} - f_{r2} \tag{5-15}$$

式中：f_2 已接近 40MHz。

混频器 II 的输出信号经过滤波放大,滤除远离 40MHz 的频率分量,并加到鉴相器的输入端与加到鉴相器另一端的 40MHz 基准信号进行相位比较。当加在鉴相器输入端的两个频率接近时,鉴相器输出一个缓慢变化的电压,该电压经环路滤波器和放大后加到压控振荡器上,控制压控振荡器输出频率,迫使压控振荡器锁定。在相位锁定的情况下,鉴相器输出一个稳定的直流电压,压控振荡器的振荡频率不再变化,最后得到：

$$f_{VCO} = f_{r1} + f_{r2} + 40 \text{（MHz）} \tag{5-16}$$

例 5.4：当需要一本振频率为 2780MHz 时,应先选择一个合适的频率码控制压控振荡器直接产生一个接近 2780MHz 的信号,再选择 f_{r1} 为 2400MHz,f_{r2} 为 340MHz,则当相位锁定时,其压控振荡器输出的稳定频率为

$$f_{VCO} = 2400 + 340 + 40 = 2780 \text{（MHz）} \tag{5-17}$$

由例 5.4 可知,模拟锁相频率合成器可获得与直接频率合成器相当的技术性能,由于锁相环本身具有窄带滤波的作用,所以它没有直接频率合成器那么多的开关滤波。但是模拟锁相最大的缺点：环路在环境变化时,由于参数的变化而可能失锁。这也是锁相频率合成器在工程应用中所存在的主要问题。

2）数字锁相频率合成器

数字锁相频率合成器采用数字鉴相器,其环路的稳定性比模拟锁相有大幅提高。另外,由于数字锁相频率合成器具有大范围的数字分频功能,从而代替了模拟锁相的频标产生及混频功能,所以数字锁相频率合成器具有更高的集成度。

从 20 世纪 70 年代末以来,随着数字集成电路和微电子技术的发展,频率合成器逐渐向数字化、全集成化方向发展。目前,数字锁相环主要有两种形式：一种是全数字锁相环,另一种是具有中间模拟信号的数字锁相环。全数字锁相环具有可靠性高、性能较好、适于集成化等优点,但是由于数字电路的反应速度有限,目前还不能工作在微波频段。具有中间模拟信号的数字锁相环与模拟锁相环比较,其特点主要是把鉴相器数字化并增加了数字分频器。现代雷达频率源中使用的数字锁相频率合成器主要是后一种。下面介绍一种常用的数字锁相频率合成器,其原理如图 5-12 所示。

在现代雷达中,雷达的工作频带都比较宽,如 S 波段带宽一般为 200~400MHz,频率间隔为 5~20MHz。在数字锁相频率合成器中,如果采用前置分频式数字锁相,则环路的分频比会比较大。在反馈支路进行频率下移（移频反馈）,可有效减小环路分频比,有利于改善系统的相位噪声,它是目前常用的一种雷达锁相频率合成器。

环路锁定时

114

$$\frac{f_\mathrm{o} - mf_\mathrm{i}}{N} = \frac{f_\mathrm{i}}{n} \tag{5-18}$$

因此

$$f_\mathrm{o} = \left(m + \frac{N}{n} \right) f_\mathrm{i} \tag{5-19}$$

频率间隔 $\Delta f = f_\mathrm{i}/n$ 。

在实际工程应用中,根据不同需求,还有其他改进的数字锁相频率合成器。

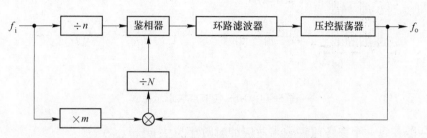

图 5-12　一种常用数字锁相频率合成器原理框图

5.3.3　直接数字频率合成器

直接数字频率合成器(direct digital synthesizer, DDS)是一种基于波形存储概念的频率合成技术,它将一系列数字量形式的信号通过数/模变换器转换成模拟量形式的信号。随着数字集成电路和微电子技术的发展,DDS 技术的优越性能越来越凸显,在雷达技术中得到广泛应用。下面介绍 DDS 的基本工作原理、特点及其在雷达频率源中的应用。

1. DDS 的基本工作原理

DDS 由相位累加器、相位/幅度转换器(又称为波形存储器、只读存储器(read-only memory, ROM))、数-模变换器(digital to analog converter, DAC)、低通滤波器(low pass filter, LPF)四大基本部分构成,其基本组成如图 5-13 所示,其各节点波形如图 5-14 所示。

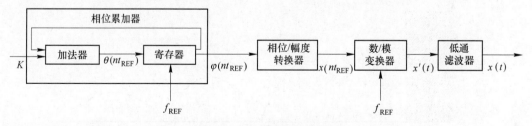

图 5-13　DDS 基本组成框图

图 5-13 中,f_REF 为参考时钟信号,也称为参考信号,是一个稳定的正弦波信号,用来同步 DDS 各组成部分的工作,它可由一个稳定的晶振提供,也可由频率源提供。K 为频率

控制字,是字长为 N 位的二进制数,也称为相位增量值,K 的取值范围为 $0 \leqslant K \leqslant 2^N - 1$。相位累加器类似于一个计数器,它由多个级联的加法器和寄存器组成,在每一个参考时钟脉冲输入时,它的输出就增加一个步长的相位增量值(二进制码),加法器在每一个参考时钟输出值 $\theta(nt_{\text{REF}})$ 为

$$\theta(nt_{\text{REF}}) = \theta[(n-1)t_{\text{REF}}] + K \tag{5-20}$$

式中:n 为参考时钟的序列号。

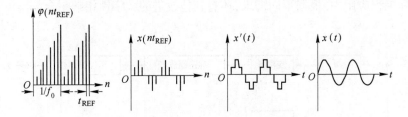

图 5-14　DDS 各节点波形示意图

寄存器在每一个参考时钟输出对应的瞬时相位值 $\varphi(nt_{\text{REF}})$ 为

$$\varphi(nt_{\text{REF}}) = \varphi[(n-1)t_{\text{REF}}] + \frac{2\pi}{2^N}K = \frac{2\pi}{2^N}Kn \tag{5-21}$$

经寄存器的反馈在加法器中进行累加,当相位累加器积满一个量程时,就会产生一次溢出,从而完成一次周期性动作,这个动作周期,即 DDS 输出合成信号的一个周期。

相位/幅度转换器将相位累加器输出的瞬时相位值转换为近似正弦波幅度值的数字量 $x(nt_{\text{REF}})$,其表达式如下:

$$x(nt_{\text{REF}}) = \sin[\varphi(nt_{\text{REF}})] = \sin\left(2\pi\frac{K}{2^N}n\right) \tag{5-22}$$

数/模变换器把数字量转换成模拟量,低通滤波器进一步平滑近似正弦波的锯齿阶梯信号 $x'(t)$,并滤除不需要的抽样分量和其他带外杂散信号,最后输出所需要的模拟正弦信号 $x(t)$,其表达式如下:

$$x(t) = \sin(2\pi f_0 t) \tag{5-23}$$

式中:f_0 为 DDS 输出信号频率。理想情况下 DDS 输出信号频谱结构如图 5-15 所示。

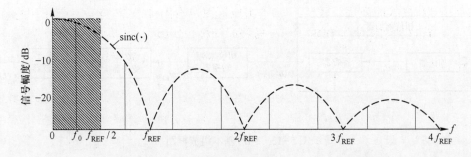

图 5-15　理想情况下 DDS 输出信号频谱结构

由式(5-22)、式(5-23)及模拟频率与数字频率的关系可知,DDS 输出信号频率 f_0 和

频率分辨率 Δf 分别为

$$f_o = \frac{K}{2^N} f_{REF} \tag{5-24}$$

$$\Delta f = \frac{1}{2^N} f_{REF} \tag{5-25}$$

由上面式(5-24)、式(5-25)可知,DDS 输出信号的频率主要取决于频率控制字 K,而相位累加器中寄存器的字长 N 决定了 DDS 的频率分辨率。当 K 增大时, f_o 可以不断地提高,但是由 Nyquist 采样定理可知,最高输出频率不得大于 $f_{REF}/2$,通常工程上 DDS 的输出频率以小于 $f_{REF}/3$ 为宜。 N 增大时,DDS 输出频率的分辨率则会精细。

例 5.5:某雷达频率源基本组成如图 5-16 所示,DDS 中相位累加器位数为 N,频率控制字为 K,参考时钟频率 f_{REF} 为 80MHz。

(1) 请计算 DDS 输出信号频率 f_r 的最大值(理论上);

(2) 请写出该频率源输出信号频率 f_o 的表达式。

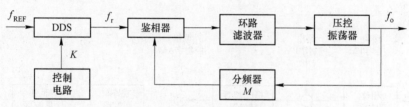

图 5-16 某雷达频率源基本组成框图

解:(1)理论上,DDS 最高输出频率为

$$f_{rmax} = f_{REF}/2 = 40MHz$$

(2) 根据 DDS 及鉴相器基本原理可知, $f_r = \dfrac{f_o}{M}$,因此

$$f_o = M f_r = \frac{MK}{2^N} f_{REF}$$

2. DDS 的特点

通过上面对 DDS 工作原理分析,可知 DDS 的优点很多,包括:

(1) 频率转换时间短。从 DDS 基本组成框图可看出,DDS 本身是一个开环的系统,无反馈环节,这种结构使得 DDS 的频率转换时间极短。事实上,在 DDS 的频率控制字改变之后,需经过一个参考周期 $t_{REF} = 1/f_{REF}$ 之后,按照新的相位增量累加,才能实现频率的转换。因此,频率转换的时间等于频率控制字的传输时间,也就是一个参考周期 t_{REF} 的时间。参考时钟信号的频率越高,转换时间越短。DDS 的频率转换时间可达 ns 数量级。

(2) 频率分辨率极高。由式(5-25)可知,一旦 f_{REF} 固定,DDS 的频率分辨率就由相位累加器位数 N 决定。 N 一般取得很大,常用的有 16 位、32 位、48 位,因此,频率分辨率非常高。目前,大多数 DDS 可提供的频率分辨率小于 1Hz 数量级,许多小于 1mHz 数量级,甚至更小。

(3) 输出频率相对带宽较宽。根据 Nyquist 采样定理,DDS 系统的最高输出频率应为

$f_{REF}/2$,故整个频率范围为 $0\sim50\%f_{REF}$,相对带宽为 $50\%f_{REF}$,但是考虑到低通滤波器的特性和设计难度,以及对输出信号杂散的抑制,一般可取的输出频率最高为 $f_{REF}/3$,即频率范围为 $\Delta f\sim f_{REF}/3$。这是直接频率合成器和间接频率合成器极难做到的。

（4）输出波形相位连续。改变 DDS 输出频率时,实际上改变的是每一个参考时钟周期的相位增量,也就是改变相位函数的增长速率。当频率控制字从 K_1 变化为 K_2 以后,它在已有的累积相位 $nK_1\Delta\varphi$（$\Delta\varphi=2\pi/2^N$,N 为 DDS 相位累加器的位数）之上,再每次增加 $K_2\Delta\varphi$,相位函数的曲线是连续的,只是在改变频率的瞬间其频率发生了突变,因而保持了信号相位的连续性。直接频率合成的相位是不连续的,间接频率合成的相位虽然连续,但是因为 VCO 的惰性,其频率转换时间较长。

（5）输出波形的灵活性。多种调制的 DDS 组成如图 5-17 所示,只要在 DDS 器件内部加上相应控制,如调频控制 FM、调相控制 PM 和调幅控制 AM,即可以方便灵活地实现调频、调相和调幅功能,产生 FSK、PSK、ASK 和 MSK 等信号。另外,只要在 DDS 的存储器内储存不同的数据波形库,就可以实现输出各种波形,如三角波、锯齿波和矩形波,甚至是任意波形。

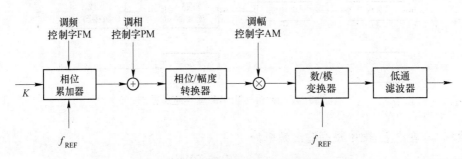

图 5-17　多种调制的 DDS 组成框图

（6）I/Q 正交输出。在一些场合（雷达波形产生时）往往需要输出 I/Q 正交两路信号 $x_I(t)$ 和 $x_Q(t)$,即两路输出满足如下关系:

$$x_I(t)=\cos(2\pi f_o t) \tag{5-26}$$
$$x_Q(t)=\sin(2\pi f_o t) \tag{5-27}$$

这时只需在 DDS 的相位/幅度转换器中分别存储 $sin\theta$ 和 $cos\theta$ 两个函数表即可得到正交的两路输出。

（7）其他优点。由 DDS 组成框图可知,除了滤波器外,其他所有部件都采用数字集成电路,功耗低、体积小、重量轻、可靠性高,且易于程控,使用相当灵活,因此性价比极高。

DDS 除了上述的优点外,目前还存在一定的局限性,包括:

（1）输出频带范围有限。由于 DDS 内部数/模变换器和相位/幅度转换器工作速度的限制,DDS 输出的最高频率有限。目前市场上采用 CMOS、TTL、ECL 工艺制作的 DDS 芯片,工作频率一般在几十至 400MHz。采用 GaAs 工艺的 DDS 芯片,工作频率可达 3GHz 左右。所以,目前 DDS 的最高输出频率可达 1GHz 左右。

（2）输出杂散大。由于 DDS 采用全数字结构,不可避免地引入了杂散,其来源主要有三个:相位累加器相位舍位误差造成的杂散、幅度量化误差造成的杂散和数/模变换器非理想特性造成的杂散。其各种误差模型如图 5-18 所示。

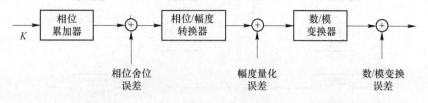

图 5-18　DDS 各种误差模型

① 相位舍位误差。在 DDS 中，相位累加器的位数一般远大于相位/幅度转换器的寻址位数，因此相位累加器在输出寻址相位/幅度转换器的数据时，其低位就舍去，这就不可避免地产生相位误差，通常称为"相位截断误差"。这种误差是 DDS 杂散输出的主要原因。

② 幅度量化误差。相位/幅度转换器存储数据的有限字长，将会在幅度量化过程中产生量化误差。

③ 数/模变换误差。数/模变换器的非理想特性包括微分非线性、积分非线性、数/模变换过程中的尖峰电流以及转换速率的限制等，将会产生杂散信号。

3. 在雷达频率源中的应用

从前面的分析中可知，DDS 的工作频率一般在参考时钟频率的 1/3 左右，从其输出的频谱上可以看出，距离输出频率最近的虚假信号为 $f_{REF}-f_o$。显然，当 $f_o=f_{REF}/2$ 时，虚假信号时无法抑制的。所以，基于 DDS 的频率合成器要工作在微波频段，它必须和锁相频率合成器或直接频率合成器相结合。DDS 和 PLL 相结合的频率合成器中的锁相环路的窄带跟踪特性，可以克服 DDS 杂散多和输出频率低的缺陷，当然也同时解决了锁相频率合成器分辨率不高的问题。但是 DDS 和 PLL 的结合，由于 PLL 频率转换时间的限制，从而掩盖了 DDS 频率转换时间极快的优点。DDS 和 DS 相结合的频率合成器，在提高 DDS 合成器工作频率的同时，又保持了它们频率转换时间极快的优点。当然，这种频率合成器需要多组滤波器来抑制频率合成器的杂散。

1）DDS+PLL 的频率合成器

DDS+PLL 频率合成器基本原理如图 5-16 所示，其输出频率为

$$f_o = \frac{MK}{2^N}f_{REF} \tag{5-28}$$

由式（5-28）可知，该频率合成器的分辨率取决于 DDS 的分辨率，输出带宽是 DDS 输出带宽的 M 倍。这种合成器提高了工作频率和分辨率，但是其频率转换时间较长，相位噪声较差。尤其是在输出频率要求高时，分频比 M 相应增大，这种缺点将更加突出。为了改善相位噪声性能，可在较低频段进行锁相，再用上变频的方式把信号搬移到所需频段。这种改进的 DDS+PLL 原理如图 5-19 所示。

从图 5-19 可以看出，输出频率为

$$f_o = \left(M_2 + \frac{M_1 K}{2^N}\right)f_{REF} \tag{5-29}$$

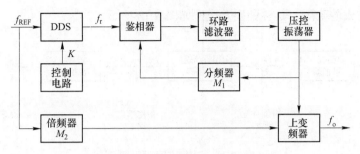

图 5-19　改进的 DDS+PLL 原理框图

例如：L 波段压控振荡器的相位噪声较好，通常可达-100dBc/Hz@ 10kHz，且环路分频比较小，因此 L 波段合成器的相位噪声性能可以做到很好，通过倍频器和上变频器（混频器）使工作频率位于 S~X 波段。

2）DDS+DS 的频率合成器

DDS+DS 基本原理如图 5-20 所示。

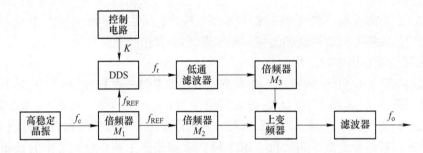

图 5-20　DDS+DS 基本原理框图

图 5-20 中，高稳定晶振频率为 f_c，通过倍频后输出至 DDS，作为 DDS 的参考时钟频率 f_{REF}，经过 DDS 合成输出频率为 f_r。DDS+DS 合成器的输出信号频率为

$$f_o = \left(M_2 + \frac{M_3 K}{2^N} \right) M_1 f_c \tag{5-30}$$

由此可见，改变倍频器 M_2 和 M_3 的倍频次数、DDS 的频率控制字 K 及其高稳定晶振频率 f_c，就可以改变合成器输出频率。低相位噪声晶振参考频率一般在 120MHz 左右，倍频器 M_1 的倍频次数应根据 DDS 的参考频率来确定，随着 DDS 器件的发展，其芯片的参考时钟频率可达 1~2GHz。考虑到 DDS 输出信号杂散和相位噪声的影响，倍频器 M_3 的倍频次数不宜取得太高。

下面介绍一种 S 波段 DDS+DS 频率合成器实例，其组成框图如图 5-21 所示，该频率合成器的指标：输出频率为 2847~2937MHz，频率间隔为 50kHz。

图 5-21 中，高稳定晶振输出两路 118MHz 信号，一路送给 DDS 作为参考信号，另一路送给倍频链产生 2832MHz 点频信号。DDS 选用高性能比的 AD9850 芯片，参考频率可达 125MHz，输出频率为 5~35MHz，步进 50kHz。DDS 输出端加椭圆低通滤波器，可有效抑制带外杂波，其输出经过三倍频后得到 15 ~ 105MHz，步进 50kHz 的信号，该信号与 2832MHz 点频信号经上变频后，放大滤波并输出 2847~2937MHz，步进 50kHz 的合成信号。

120

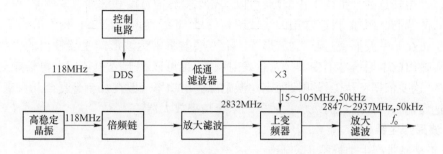

图 5-21　一种 S 波段 DDS+DS 频率合成器的组成框图

5.4　激　励　源

频综器激励源是先用模拟的方法或数字的方法产生雷达所需的各种工作波形(正交基带波形或中频波形),再经过上变频器(和/或倍频器)和功放,形成一定功率的射频脉冲,若发射是激励信号,就激励雷达发射机的前级放大器,若发射是测试信号,就耦合到接收机前端。

1. 激励源实现方法

频综器激励源通常由波形产生器和上变频器组成。雷达波形的产生可用模拟方法或数字方法实现。模拟方法实现波形产生的最大缺点是难以实现波形捷变,而数字方法实现波形产生不仅能实现多种波形的波形捷变,还可以实现幅相补偿以提高波形的质量,并具有良好的灵活性和重复性,因此采用数字方法实现波形产生已越来越普遍。

雷达波形产生的数字实现方法可分为正交基带信号产生加正交调制的方法和中频直接产生的方法,其激励源基本组成如图 5-22、图 5-23 所示。

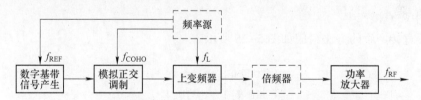

图 5-22　数字基带信号加正交调制的激励源基本组成框图

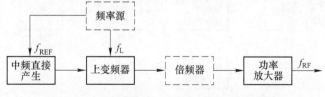

图 5-23　中频直接产生的激励源基本组成框图

从图 5-22 和图 5-23 可知,无论是正交基带信号产生还是中频直接产生的方法,采用的波形产生器通常是数字式可编程的,它以 DDS 芯片为核心。从理论上,这种波形产生器可以产生任意多种雷达工作波形,可以任意改变脉冲宽度和脉冲重复频率,可以进行任意形式的调制。例如:雷达常用的线性调频信号、非线性调频信号和相位编码信号等,可以产生正交基带波形、中频调制波形等。上变频器将雷达波形产生器输出的中频信号和频率源输出的本振信号上变频至雷达发射频率,也可以在上变频基础上再倍频至雷达发射频率,这要依据雷达工作频段而定。激励源输出功率一般在几十毫瓦至几百毫瓦,输出至雷达发射机内部经过前级放大后驱动末级功率放大器。

2. 波形产生器

1)正交基带产生加模拟正交调制

正交基带产生加模拟正交调制的方法组成如图 5-24 所示。

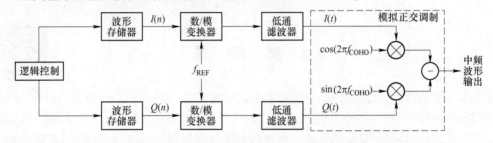

图 5-24   正交基带产生加模拟正交调制的方法组成框图

由图 5-24 可知,正交基带产生加模拟正交调制的基本工作原理:首先利用数字直读方法产生数字正交基带信号 $I(n)$、$Q(n)$,然后经过数/模变换器和低通滤波后输出 $I(t)$、$Q(t)$,将这两路信号输入至模拟正交调制器将正交基带信号调制到中频上。

这种波形产生方法,在数字电路发展的早期被广泛使用,其优点是能产生各种灵活波形,对数字电路的速度要求不高。但是,由于模拟正交调制器难以做到理想的幅相平衡,致使输出波形产生镜像虚假信号和载频泄漏,特别是在形成波形相对带宽较宽时,这种缺陷尤为明显。

2)中频直接产生

中频直接产生的方法组成如图 5-25 所示。

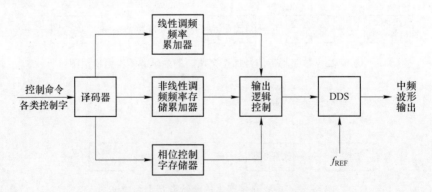

图 5-25   中频直接产生的方法组成框图

由图 5-25 可知,中频直接产生是基于 DDS 技术的波形产生方法。这种波形产生方法以 DDS 芯片为主,配以附加逻辑电路以实现各种波形。其可形成雷达常用的三种波形:线性调频信号、非线性调频信号和相位编码信号。

某 X 波段雷达实验平台中频信号波形的数字产生方法采用的就是中频直接产生,产生频率为 9290~9490MHz,步进 10MHz,带宽为 4MHz 的 LFM 信号。其基于 DDS 技术的波形产生实现原理如图 5-26 所示。

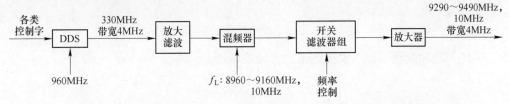

图 5-26　某 X 波段雷达实验平台基于 DDS 技术的波形产生实现原理框图

思考题

5-1　请简述雷达频综器的功能,并说明与其他分系统的联系。

5-2　对于全相参雷达系统而言,请简述雷达频综器能够产生的信号类型。

5-3　请画出雷达频综器的组成框图,并说明各组成部分的功能。

5-4　请说明频率准确度、频率稳定度、频谱纯度的定义。

5-5　请简要对比分析 DS、PLL 和 DDS 三种频率合成方法的优缺点。

5-6　简要说明 DDS+PLL 频率合成器和 DDS+DS 频率合成器的优缺点。

5-7　若直接数字频率合成器(DDS)的参考频率为 80MHz,相位累加器位数为 12,频率控制字为 36,从理论上计算,请计算输出的频率、最大输出频率和最小输出频率。

5-8　某雷达频率源基本组成框图如图 5-27 所示,DDS 中相位累加器位数为 N,频率控制字为 K,参考时钟频率为 f_{REF} 为 120MHz。

(1) 请计算 DDS 输出信号频率 f_r 的最小值(理论上)。

(2) 请写出该频率源输出信号频率 f_o 的表达式。

(3) 请简要说明该频率合成器的优缺点。

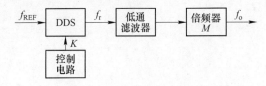

图 5-27　某雷达频率源基本组成框图

5-9　某雷达频综器激励源组成框图如图 5-28 所示,其中二中频信号频率 f_{I2} 为 30MHz,二本振信号频率 f_{L2} 为 280MHz,一本振信号频率 f_{L1} 为 1310～1390MHz,间隔 20MHz。

(1) 请计算该雷达的工作频带宽度。

(2) 请计算一中频信号频率 f_{I1}。请求出射频信号频率 f_{RF} 的最大值。

（3）中频直接产生的信号为线性调频信号，其信号带宽 $B = 1\text{MHz}$，脉冲宽度 $\tau = 200\mu\text{s}$。请计算滤波器 1 带宽的最小值。

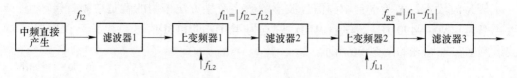

图 5-28　某雷达频综器激励源组成框图

5-10　简述激励源数字实现技术的方法及其特点。

第6章　雷达发射机

雷达频综器输出至雷达发射机的发射激励信号,需要进行功率放大后送往馈线并经由天线辐射到空中。发射激励信号的功率放大由雷达发射机实现。本章首先介绍雷达发射机的功能、基本组成和主要技术指标,然后围绕功率放大这一主线,主要从采用器件和实现方式两个方面,分别重点介绍真空管雷达发射机和固态雷达发射机,同时将雷达发射机电源、冷却等辅助设备的知识融入到相应的内容中。

6.1　雷达发射机的功能与组成

雷达发射机一般分为连续波雷达发射机和脉冲雷达发射机,本书仅介绍脉冲雷达发射机。脉冲雷达发射机类型较多,按雷达发射机产生射频信号的方式不同,分为自激振荡式(单级)雷达发射机和主振放大式(多级)雷达发射机;按雷达发射机产生大功率射频能量所采用器件的不同,分为真空管雷达发射机和全固态雷达发射机;按雷达发射机功率合成方式的不同,分为集中式雷达发射机和分布式雷达发射机。根据雷达发射机输出信号不同、输出功率的要求不同以及使用器件的不同,各种类型脉冲雷达发射机的组成也各不相同。下面先介绍其功能,然后分别介绍自激振荡式雷达发射机和主振放大式雷达发射机的基本组成。

6.1.1　主要功能

雷达发射机是为雷达系统提供符合要求的射频发射信号,将低频交流能量(少数也可是直流电能)转换成射频能量,经过馈线分系统传输到天线并辐射到空间的设备。雷达发射机提供射频发射信号的方式有两种:一是将雷达频综器输出至雷达发射机的发射激励信号进行功率放大;二是发射机直接自激振荡产生高功率射频发射信号。

6.1.2　基本组成

1. 自激振荡式雷达发射机

自激振荡式雷达发射机是直接自激振荡产生高功率射频发射信号,只需利用射频振荡器就能产生高功率射频信号,因此也称为单级振荡式发射机,其主要由大功率射频振荡器、脉冲调制器和高压电源、冷却等组成,如图 6-1 所示。大功率射频振荡器在米波一般采用超短波真空二极管;在分米波可采用真空微波三极管、四极管及多腔磁控管;在厘米波至毫米波则常用多腔磁控管和同轴磁控管。自激振荡式雷达发射机中常用的脉冲调制器主要有软性开关脉冲调制器和刚性开关脉冲调制器两类。

自激振荡式雷达发射机的工作过程:在触发脉冲的作用下,脉冲调制器产生大功率射频调制脉冲,在调制脉冲作用期,射频振荡器自激振荡输出一定频率的高功率射频脉冲,并经由收发开关送至天线;在调制脉冲间歇期,射频振荡器不工作,无射频信号输出。

自激振荡式雷达发射机的主要优点是结构简单、比较轻便、效率较高、成本低,缺点是频率稳定性差(磁控管振荡器频率稳定度一般为 10^{-4} ,采用稳频装置以及自动频率调整系统后也只有 10^{-5}),难以产生复杂信号波形,相邻的射频脉冲信号之间的初始相位是随机的,不能满足相参要求。但磁控管发射机可工作在多个雷达频段,加之成本低、效率高,所以目前仍有一定数量的磁控管发射机被一些民用雷达所采用。

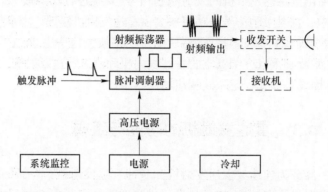

图 6-1 自激振荡式雷达发射机组成框图

2. 主振放大式雷达发射机

1)集中式雷达发射机

(1)真空管雷达发射机。现代对空警戒/引导雷达基本上都采用主振放大式发射机。主振放大式真空管雷达发射机是其中一种,主要由射频放大链、脉冲调制器、高压电源、低压电源、系统监控、冷却等组成,如图 6-2 所示。射频放大链是主振放大式真空管雷达发射机的核心部分,它主要由前级固态放大器和真空管放大器(或放大链)组成。前级固态放大器一般采用微波硅双极晶体管;真空管放大器可采用高功率高增益速调管放大器、高增益行波管放大器或高功率高效率前向波管放大器等,或者根据功率、带宽和应用条件将它们适当组合构成真空管放大链(如采用行波管-行波管、行波管-前向波管等构成真空管放大链)。

脉冲调制器是主振放大式真空管雷达发射机的重要组成部分,用来产生大功率视频脉冲去控制真空管放大器工作。脉冲调制器通常有软性开关脉冲调制器、刚性开关脉冲调制器和浮动板脉冲调制器三类。在触发脉冲(定时脉冲)的作用下,各级真空管放大器受对应的脉冲调制器控制,将前级固态放大器的输出信号进行放大,最后输出大功率的射频脉冲信号。

(2)全固态雷达发射机。全固态雷达发射机的实现方式多样,集中式全固态雷达发射机是其中一种,主要用于要求高功率输出的单一天线发射的雷达系统,这是早期研制全固态雷达发射机替换原有真空管雷达发射机的重要目的。

全固态雷达发射机是通过合成小功率放大器的输出来实现大功率,以达到所需辐射功率量级。集中式全固态雷达发射机组成如图 6-3 所示,主要由前级固态放大器、功率放大组件、功率分配器、功率合成器、低压电源、系统监控、冷却等组成。前级固态放大器

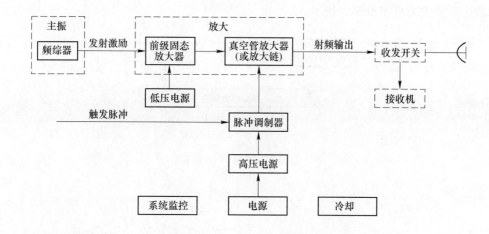

图 6-2　集中式真空管雷达发射机组成框图

的输出被功率分配器分配至 n 个功率放大组件,一个功率放大组件通常是由许多相同的固态放大器组成,通过采用微波合成和隔离技术将这些放大器并联和相互隔离。所有功率放大组件的输出功率在功率合成器中合成后通过一个端口给天线馈电,向空间辐射一个能量集中的高功率主波束。前级固态放大器以及所有功率放大组件的驱动功率均通过低压电源(或开关电源)来提供。

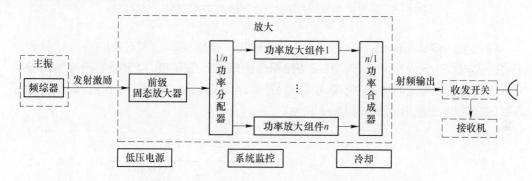

图 6-3　集中式全固态雷达发射机组成框图

2)分布式雷达发射机

(1)以微波功率模块为核心的分布式雷达发射机。在 C 波段、X 波段以及频率更高的波段,当需要发射机输出更高的功率时,必须将多个微波真空管的输出功率进行空间合成,而实现这种空间合成的核心部件是微波功率模块(microwave power module,MPM)。

微波功率模块的频率范围可以从微波一直到毫米波,它是一种高集成超小型模块化的微波功率放大器,其原理如图 6-4 所示。MPM 由固态放大器(或单片微波集成电路)、真空管功率放大器以及集成电源调整器组成,由于其具有高功率、高效率、大带宽(可在 2~3 个倍频程工作)、小体积、轻重量和高可靠性等突出优点,使得它很适合用于电子对抗、航天器、移动车辆以及卫星通信发射机等。若在 MPM 增加一个接收通道,则可以很灵活地应用于从 C 波段至 Ka 波段的相控阵雷达发射机。以微波功率模块为核心的分布式雷达发射机组成如图 6-5 所示。

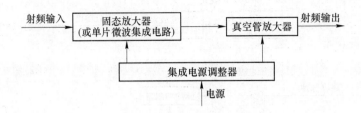

图 6-4　MPM 原理框图

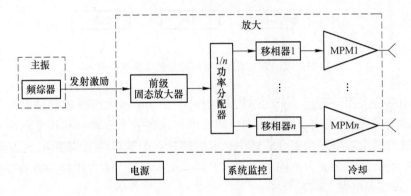

图 6-5　以微波功率模块为核心的分布式雷达发射机组成框图

（2）行、列馈式有源相控阵全固态雷达发射机。全固态雷达发射机基本上可分为集中式全固态雷达发射机和分布式有源相控阵全固态雷达发射机，而实际上还有相当数量介于上述两种类型之间的行、列馈式有源相控阵全固态雷达发射机。以行馈式有源相控阵雷达发射机为例，其组成如图 6-6 所示。

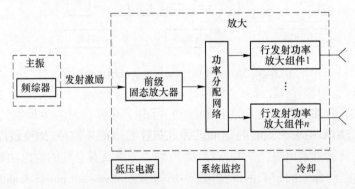

图 6-6　行馈式有源相控阵全固态雷达发射机组成框图

　　行、列馈式有源相控阵雷达发射机作为全固态雷达发射机的一种典型代表，在已研制成功的全固态雷达中发挥了重要的作用，并正被广泛地应用在各种高机动雷达中。

　　（3）分布式有源相控阵全固态雷达发射机。分布式有源相控阵雷达发射机的应用使相控阵雷达的发展登上了新台阶，获得了长寿命、高可靠性，同时设备维修保养费用也大大降低。

　　分布式有源相控阵雷达发射机组成如图 6-7 所示,主要由前级固态放大器、功率放大器组件、T/R 组件功率放大器、功率分配器、低压电源、系统监控、冷却等部分组成。与集中式高功率全固态雷达发射机不同的是,分布式有源相控阵雷达采用了独立的、具有内部移相功能的 T/R(收发)组件功率放大器,每个 T/R 组件功率放大器被放置在二维阵列的一个相关辐射单元后面,波束以空间合成的方式形成。这种空间合成能够减小馈线传输损耗,从而能够提高发射效率。这种空间合成输出结构也可以作为全固态相控阵雷达的子阵,将多个子阵按设计要求组合,即可构成超大功率的有源相控阵雷达发射机。分布式有源相控阵雷达发射机中的 T/R 组件是最重要的核心部件,设计和制造高性价比的 T/R 组件,对雷达发射机的性能和成本起着十分关键的作用。

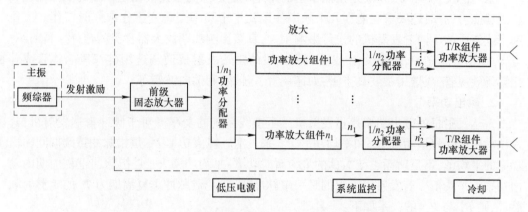

图 6-7　分布式有源相控阵全固态雷达发射机组成框图

　　主振放大式雷达发射机与自激振荡式雷达发射机相比,其电路复杂,较难以制造,但各射频脉冲之间的相参性好,频率稳定度高,常用于脉冲压缩体制、频率捷变体制、三坐标体制以及相控阵体制等对空警戒/引导雷达中。

　　另外,雷达发射机中常用冷却方式包括四种:自然冷却、强迫风冷却、强迫液体冷却和蒸发冷却。这四种冷却方式的热传递能力是逐渐增强的。

　　自然冷却只适合在发热密度较小的器件或设备中使用,如发射机的前级固态放大器。

　　强迫风冷却与自然冷却相比,强迫风冷却尽管增加了风机、通风管道、滤尘器及流量和压力检测装置等,带来了一定的噪声和振动,但由于其容易获得冷却空气,而且没有液体冷却的结冰、沸腾和冷却液泄漏等问题,因此强迫风冷却是发射机中最为常用的一种冷却方式。

　　强迫液体冷却可以分为直接液体冷却和间接液体冷却两类,直接液体冷却又可分为浸入式直接液体冷却和直接强迫液体冷却。浸入式直接液体冷却主要用于雷达发射机中的大功率高压器件,如将速调管的阴极、高压变压器、电感、硅堆等浸泡在冷却液中,将热带走。此类冷却液多为油介质,以解决冷却和高压绝缘问题。采用间接液体冷却方式时,其冷却液不与被冷却的器件接触,而是制成液体冷却板和管路间接带走热量,这种方式在雷达发射机中主要用于大功率固态组件,特别是大功率 T/R 组件以及晶体管模块等。

　　蒸发冷却常应用于大功率发射机中(如大功率速调管发射机),以提高冷却效率、减少冷却设备。根据不同的应用,蒸发冷却系统可分为闭环蒸发冷却系统和消耗性蒸发冷却系统,其中消耗性蒸发冷却系统多用于短时间工作的机载设备上,它将冷却液沸腾产生的蒸汽直接排入大气中;而闭环蒸发冷却系统则用于长期工作的大功率系统中。

6.2 雷达发射机主要技术指标

雷达发射机的主要技术指标包括工作频率、输出功率、发射信号脉冲波形、发射信号稳定度、总效率等。

1. 工作频率

雷达的工作频率或频段是按照雷达的用途确定的。为了提高雷达系统的工作性能和抗干扰能力,有时还要求它能在几个频率甚至几十个频率上跳变工作或同时工作。工作频率或波段的不同对发射机的设计影响很大,直接影响功率放大器种类的选择。目前,对空警戒/引导雷达中,P 波段、L 波段和 S 波段的雷达发射机通常选用硅双极晶体管或砷化镓场效应管,或选用微波真空管,如速调管、行波管和前向波管等。

2. 输出功率

雷达发射机的输出功率是指发射机送至馈线系统的功率。对于脉冲雷达发射机,其输出功率可用峰值功率 P_τ 和平均功率 P_{av} 来表示。峰值功率 P_τ 是指脉冲持续期间输出功率的平均值,不是射频正弦振荡的最大瞬时功率;平均功率 P_{av} 是指脉冲重复周期内输出功率的平均值。若发射机输出的是一串脉冲宽度为 τ、脉冲重复周期为 T_r 的矩形射频脉冲,则 P_τ 与 P_{av} 的关系如下:

$$P_{av} = \frac{\tau}{T_r} P_\tau = \tau f_r P_\tau = D P_\tau \tag{6-1}$$

式中:D 为占空比,也叫工作比;f_r 为脉冲重复频率。例如:某全固态雷达发射信号的占空比为 0.1,发射平均功率为 8kW,则其发射峰值功率为 80kW;某真空管雷达发射信号的占空比为 0.01,发射平均功率为 6kW,则其发射峰值功率为 600kW。

雷达发射机的输出功率与雷达最大作用距离之间的关系密切,由式(3-31)可推导得到

$$R_{max}^4 \propto P_\tau \tau f_r = P_{av} \tag{6-2}$$

式(6-2)说明,雷达的最大作用距离正比于平均功率 P_{av}。因此,为了提高雷达最大作用距离,可以增大平均功率。增大平均功率的方法有三种:增大脉冲宽度 τ、增大峰值功率 P_τ、增大脉冲重复频率 f_r。提高雷达峰值功率,可以增大雷达的最大作用距离,且使得受干扰的影响减小。但是,增大峰值功率,就必须提高发射机电源的电压或电流,即升高高压或者加大电流,从而带来散热难度增大,功耗增加等问题,因此现代对空警戒/引导雷达一般希望提高平均功率而不过分增大峰值功率。平均功率受到关注还有别的原因,它和发射机效率一起决定了因损耗而产生的热量。这些热量应当散发掉,这又决定了所需要的冷却量。平均功率加上损耗决定了必须供给发射机的输入(初级)功率。因此,平均功率越大,发射机就变得越大、越重。

目前,雷达发射机的输出峰值功率为几十千瓦至几百千瓦,对于分布式有源相控阵雷达的峰值功率可达几兆瓦以上。

3. 发射信号脉冲波形

理想矩形脉冲的参数主要为脉冲幅度和脉冲宽度。然而,在脉冲体制雷达中,实际的发射信号一般不是理想的矩形脉冲,而是具有上升沿和下降沿的脉冲,而且脉冲顶部有波动和倾斜。发射信号检波波形如图 6-8 所示,A 为发射脉冲信号的平顶幅度,通常定义为脉冲顶部振荡结束点对应的幅度值,脉冲宽度 τ 通常定义为脉冲上升沿幅度的 0.5A 处至下降沿幅度 0.5A 处的脉冲持续时间;脉冲前沿 τ_r 为脉冲上升沿幅度 0.1 ~ 0.9A 处的持续时间,它引起测量目标回波延迟时间的误差,从而引起测距误差;脉冲后沿 τ_f 为脉冲下降沿 0.9 ~ 0.1A 处的持续时间。

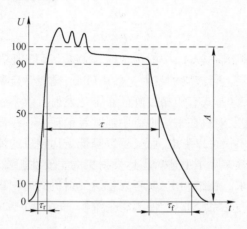

图 6-8　发射信号检波波形示意图

τ_f 对雷达性能的影响表现在两个方面:一是使雷达最小作用距离 R_{min} 增大,由式(4-10)可知,雷达最小作用距离为

$$R_{min} = \frac{1}{2}c(\tau + \tau_0 + \tau_f) \tag{6-3}$$

式中:τ_0 为收发开关转换时间。因此 τ_f 增大,则雷达最小作用距离增大;而且,τ_f 使得收发开关在关断发射通道时产生延时,从而导致发射功率的泄漏。

4. 发射信号稳定度

发射信号稳定度是指发射信号的各项参数,即发射信号的振幅、频率(或相位)、脉冲宽度及脉冲重复频率等随时间变化的程度。由于发射信号参数的任何不稳定都会影响高性能雷达主要性能指标的实现,因而需要对发射信号稳定度提出严格要求。

关于信号的频率稳定度在 5.2 节中已经详尽介绍过,这里重点说明由于发射机导致的不稳定量对系统性能参数的恶化。信号的不稳定量可以分为确定的不稳定量和随机的不稳定量。确定的不稳定量是由电源的波纹、脉冲调制波形的顶部波形和外界有规律的机械振动等因素产生的,通常随时间周期性变化;随机性的不稳定量则是由发射机放大管的噪声、调制脉冲的随机起伏等原因造成的。

发射脉冲的时间抖动(主要指脉冲宽度及脉冲重复频率的不稳定量)会使脉间发射脉冲信号的前沿及后沿变化,从而导致动目标显示系统的性能变坏。发射脉冲的幅度抖动会对改善因子产生限制,因为总会出现很多达不到限幅电平的杂波,即便在动目标显示系统前采用限幅系统,这种限制仍然存在;但是,在大多数的雷达发射机中,当频率稳定度或相位稳定度满足要求后,幅度的抖动影响是不大的。另外,因为雷达接收机总是调谐在发射机的工作频率上,如果发射机的工作频率不稳,将使雷达接收机难于接收回波信号。因此,雷达发射机导致的不稳定量对雷达系统的恶化必须严格控制。

5. 总效率

雷达发射机的效率 η 通常是指发射机输出射频功率(峰值功率 P_τ 或平均功率 P_{av})与输入供电(交流市电电压 U、电流 I)或发电机的输出功率 P_0(包含冷却耗电)之比,因此可以表示为

$$\eta = \frac{P_{av}}{U \cdot I} \tag{6-4}$$

连续波雷达的发射机效率较高,一般为 20%~30%。高峰值功率、低工作比的脉冲雷达发射机效率较低,速调管、行波管的发射机效率较低,磁控管自激振荡式发射机、前向波管发射机效率相对较高,分布式有源相控阵固态雷达发射机效率也比较高。

需要指出,因为雷达发射机在雷达整机中通常是最耗电和最需要冷却的部分,因此提高雷达发射机的总效率不仅可以省电,而且可以降低雷达整机的体积和重量。

提高雷达发射机的效率除了上述对雷达发射机的主要性能要求之外,还有其结构上、使用上及其他方面的要求。在结构上,应考虑雷达发射机的体积重量、通风散热及防震防潮等问题;在使用上,应考虑系统监控、便于检查维修、安全保护和稳定可靠等因素。

6.3　真空管雷达发射机

由图 6-2 可知,主振放大式集中式真空管雷达发射机由射频系统、脉冲调制器及其辅助电路组成,其中射频系统包括射频放大链和与它们相连的射频元器件。射频放大链通常包括固态放大器和真空管放大器;射频元器件包括定向耦合器、衰减器、检波器、移相器、隔离器或环流器、谐波滤波器、打火检测器、充气波导、密封窗、弯头和直波导,其主要用于检测各节点发射信号的功率、连接雷达发射机与雷达馈线系统等。

6.3.1　概述

真空管放大器是真空管雷达发射机射频系统的关键部件,不同类型的真空管放大器其工作原理和应用范围皆不相同。脉冲调制器是真空管雷达发射机的重要组成部分,它控制真空管放大器中微波真空管电子注的导通、断开以及电子注电流大小。

需要说明的是,随着计算机仿真设计和微波真空管制作技术和制作工艺的进步,微波真空管的性能也有了很大提高。但是,近年来微波晶体管的性能在较低频段(如 P、L、S 波段)占有明显优势,并有逐步取代微波真空管的趋势。雷达的发展对真空管雷达发射机提出了新的要求,其发展方向:充分采用新体制、使用新器件,向高频段、宽带、大功率、高平台、小型化、多用途等方面发展。这就要求未来真空管雷达发射机应向以下几个方面发展。

(1)为了满足高能微波武器的发展需要,真空管雷达发射机应向超高功率、高效率、

高频段和大带宽方向发展。

（2）为了适应超高分辨率、超宽带雷达的要求，真空管雷达发射机还要向毫米波、超宽带、微型化和长寿命方向发展。

（3）要大力发展由微型真空管放大器、单片微波集成电路、固态放大器及集成电源调制器组成的微波功率模块。

真空管放大器主要由微波真空管、聚焦磁场电源、灯丝电源、钛泵电源等组成，其组成以及与脉冲调制器关系如图 6-9 所示。下面分别介绍微波真空管和脉冲调制器。

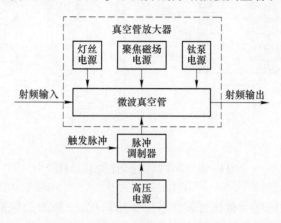

图 6-9　真空管放大器组成以及与脉冲调制器关系框图

6.3.2　微波真空管

雷达中常用微波真空管主要有两大类：一类是线性注管，也称为 O 型管，其典型代表是行波管和速调管；另一类是正交场管，也称为 M 型管，其典型代表是磁控管和前向波管。

关于行波管的发明，大多数权威机构将其归功于奥地利建筑师鲁道夫·康夫纳，据说他于第二次世界大战期间在英国发明了行波管。不过事实上，行波管的起源可以追溯到更早以前，它的首创者是安迪·哈耶夫。哈耶夫发明行波管的灵感来自对圣莫尼卡海滩上冲浪者的观察，他发现冲浪板和波浪的速率必须匹配，冲浪者才可以有效利用波浪的能量。于是，他开始研究一种真空管，使高频无线电波螺旋式环绕其中，同时让电子枪在平行于螺旋线轴线的方向投射出一电子注，经过不断调整电子枪的加速电压以及螺旋线的螺距、螺径，他发现当高频无线电波在轴向的速度与电子速度匹配时，二者能产生强大的相互作用，并且很快就实现了高频无线电波从电子注中吸收能量，从而实现了高频无线电波能量的放大。

对空警戒/引导雷达的微波真空管放大器主要采用速调管放大器和行波管放大器，下面分别介绍速调管和行波管。

1. 速调管

速调管一般有多腔（2~7 个腔，甚至更多腔），为说明问题方便，先介绍单注双腔速调管的结构和工作原理，再扩展到多腔速调管的工作原理及其性能特点。

1）单注双腔速调管的结构

单注双腔速调管的互作用电路由射频输入腔、漂移空间和射频输出腔组成，其结构如图 6-10 所示。

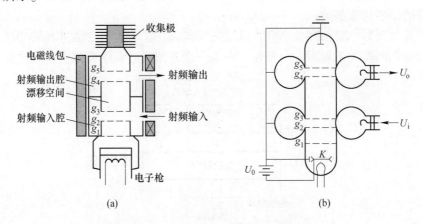

图 6-10　单注双腔速调管结构示意图

单注双腔速调管的电子枪比行波管的电子枪简单，一般为二极管枪。高功率单注速调管的聚焦系统采用电磁聚焦的居多，如图 6-10 所示的电磁线包。低功率、高频、窄带速调管也可采用周期永磁聚焦系统。

2）单注双腔速调管的工作原理

单注双腔速调管中电子渡越运动时-空如图 6-11 所示，其放大射频信号的物理过程可分为四个阶段。

（1）电子注的加速获能。从电子枪发射出来的电子注，首先受到加速栅极 g_1 直流电场的加速作用，在进入射频输入腔时已具有一定速度。

（2）电子注的速度调制。当射频输入信号在射频输入腔激励起了射频电磁振荡后，在射频输入腔的上、下栅网 g_2、g_3 之间便有交变电压存在，从而建立起交变电场，交变电场如图 6-11(a)所示。当 B 类电子射入栅网 g_2、g_3 时，交变电压的瞬时值为 0，则 B 类电子离开空腔栅时保持它原有的速度 v_2；当 C 类电子射入栅网 g_2、g_3 时，交变电压瞬时值为正，则 C 类电子将被加速，其速度为 v_3，加速过程中所获得的附加动能是由交变电场（射频输入信号）供给的；当 A 类电子射入栅网 g_2、g_3 时，交变电压瞬时值为负，A 类电子将被减速，其速度为 v_1，减速过程中所减小的动能，交给了空腔内的射频电场。也就是说，当单注双腔速调管的射频输入腔栅网 g_2、g_3 之间建立交变电场之后，该交变电场对进入空腔栅网 g_2、g_3 之间的电子注进行速度调制。由于进入输入射频空腔栅前电子注是均匀的，因此在交变电场正、负半周的时间内通过的电子数目是相等的。所以，在速度调制过程中，电子注和射频输入腔的交变电场间的总能量交换为零。

（3）电子注的密度调制。受到速度调制的电子注，进入漂移空间后，由于漂移空间是一个等电位无电场空间，电子不受力。各电子保持脱离调制间隙时的速度在漂移空间作匀速直线运动。其中后面速度快的 C 类电子赶上前去，前面速度慢的 A 类电子落后下来。这样离开输入栅网 g_2、g_3 后，原来在密度上均匀的电子注逐渐变为疏密不匀的电子注,也就是说出现了电子注的密度调制。在密度调制的电子注中,有的电子聚在一起,这种现象称为电子群聚,所以漂移空间又叫群聚空间。这时电子注不再全是直流分量,而是含有射频交流分量,电子注疏密周期与射频信号周期相同,即 $T=1/f_0$,其中:f_0 为输入射频信号的频率;群聚中心与散聚中心的间隔为 $T/2$。

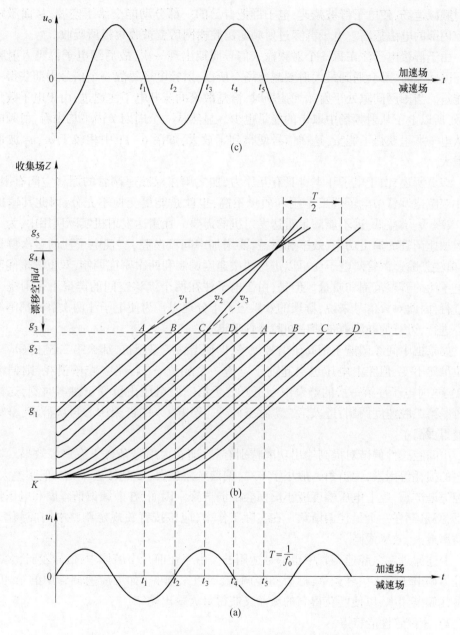

图 6-11 单注双腔速调管中电子渡越运动时-空示意图

（4）密度调制后的电子注与射频场的能量交换。若射频输出腔两栅网 g_4、g_5 处于最佳群聚距离处,而且射频输出腔也调谐于输入信号的频率 f_0,则密度调制后的电子注通过射频输出腔间隙时,会在射频输出腔激发起频率为 f_0 的电磁振荡。射频输出腔射频减速场的建立,使得空腔的上、下栅网 g_4、g_5 立即感应正电荷,随着电子群在栅网 g_4、g_5 之间的由下向上运动,感应电荷将由下栅网向上移动,空腔的壁就有感应电流。由于空腔边壁相当于一个电感,使得下栅网的感应电荷不能很快转移到上栅网,因此电子群在栅网间由下向上运动时,下栅网的正电荷要比上栅网的多,栅网间建立起一个与电子群运动方向一致的射频减速场,使电子群被减速,电子群把自己的一部分动能交给了空腔,从而激励起了空腔内部的电磁振荡。电子群穿过射频输出腔栅网后就被收集极所吸收。

由于群聚电子注在每一个射频输入信号周期出现一次,故后续电子群飞入射频输出腔栅网间隙时,都会遇到最大射频减速场。所以,射频电场每隔一个信号周期获得一次大的能量。当栅网间隙处于射频加速场时,恰是散聚的疏开电子注通过,由于电子数目少且分散,所以电子从射频场中取走的能量也少。显然从一个周期 T 内平均来看,射频电场还是从电子那里获得了能量,这样信号便得到了放大,如图 6-11 中相较于 u_i,u_o 波形的幅度增大。

综上所述,由于电子注本身具有互斥力,加之单注双腔速调管的漂移空间有限,导致单注双腔速调管中电子群聚范围和质量不高,也就是能量交换不充分,因此其输出功率低、效率低、增益低,远不能满足雷达发射机的需要。在雷达发射机实际应用中,为了进一步增加速调管的输出功率、效率和增益,要增加中间调谐腔,实现电子注的多次群聚。例如:单注三腔速调管对电子注可以进行两次速度调制和两次密度调制,双重群聚能明显提高电子注的群聚范围和质量。但是,由于电子注在两个漂移空间的群聚不是围绕一个中心进行,因此对大信号来说,群聚的效果还不十分理想。为使电子注两次群聚都围绕一个中心进行,可行的办法就是使中间腔感性偏谐。

如果把中间腔调谐于稍高于信号频率,即使谐振腔呈感抗,那么第二腔上感应电流的相位虽然不变,但腔上电压也会超前于电流一个相位 φ,若略去腔壁损耗,则偏谐角为 $\pi/2$。这时电子注第一次的群聚中心正好处于第二腔电压由负变正过零时刻,这样电子注再经第二腔速度调制,进入第二漂移空间后,仍以原来的群聚中心再次群聚,群聚的质量变得更高了。

中间腔感性偏谐对提高输出功率特别有利,即在大信号条件下有最好效果。考虑到腔壁的损耗等因素,偏谐角一般小于 $\pi/2$,偏谐频差越大,φ 越接近 $\pi/2$。但频差太大,第二腔失谐严重,腔上电压幅度减小反而会削弱群聚。因而,在兼顾偏谐程度和电压幅度情况下,必然存在一个最佳偏谐角。在实际工作中,应该按有关规定调整中间腔频率,使输出功率最大,效率最高。

上述原理在多腔速调管中也都是适用的。由于在前几个腔体中,信号较弱,大多采用各腔体调谐于输入信号频率,称为同步调谐,而将末前腔(如五腔速调管中的第四腔)调于最佳偏谐频率,以便既获得高的增益又获得最大输出功率。

3)速调管性能特点

(1)功率增益。单注多腔速调管在原则上把谐振腔数目增至 5~7 个时,能获得超过 100dB 的增益,但因增益过高时放大器易自激,所以目前多用单注四、五腔速调管,其可提供约 50~70dB 的增益。

(2)频带宽度。由于利用中间谐振腔来提高增益,就像用增加中频放大器的级数来提高级联放大链的放大倍数一样,将使放大链的频带变窄,腔数越多、频带越窄,一般仅为中心频率的 1%~3%,甚至更低。为了增加带宽,像中频放大器中采用参差调谐的方法一样,单注多腔速调管中将各腔的谐振频率互相差开,在降低增益的条件下可将带宽做到8%。另外,可采用长作用腔(或称为分布作用腔)来作输出谐振腔(它有机会多次从电子注中取得能量,增加功率带宽积);采用行波速调管(速调管作输入放大级,慢波腔体作输出腔),相对带宽可达 10%~15%;采用多注速调管,可使相对带宽达 15%。

(3)效率。大功率速调管效率很高,一般可达 40%~60%,采用空心电子注、降压收集极及改进电子枪等措施,有可能在窄带获得 70%~80% 的效率。

2. 行波管

1)结构

行波管的互作用电路由慢波结构(可分为螺旋线、环圈、环杆和耦合腔四种)构成。为了提高使用效率,其收集极可由多级降压收集极组成。以螺旋线作为慢波结构的行波管结构如图 6-12 所示。

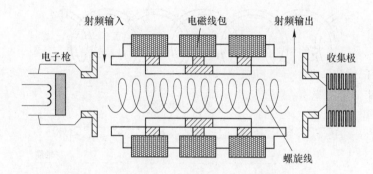

图 6-12 以螺旋线作为慢波结构的行波管结构示意图

2)工作原理

行波管是通过电子注与信号行波电场互相作用,由电子注不断供给行波电场能量而完成放大作用的。射频信号从输入端进入行波管放大器以后,沿着管轴向前传播,电子枪发射的电子也沿着管轴前进,在二者共同前进的过程中,电子不断地把自己从直流电场中获得的能量交给射频信号的行波电场,使其不断加强,当到达管子末端时,射频信号行波电场比原来强了许多倍。放大了的信号从输出装置输出。

为了使行波电场与电子注能够有效地交换能量,要求两者的速度相差不大。可是行波沿导线传播的速度是接近于光速的(介质为空气时),而电子的速度远小于光速。例如:第二阳极电压为 1000V 时,电子的速度 v_o 只约为光速的 1/16。因此,只有设法减慢行波的轴向速度,才能使行波电场有效地从电子获得能量,图 6-12 中的螺旋线即起到"慢波"作用。

要研究电子注与行波电场之间的能量交换,必须知道行波电场在螺旋线上的分布情况。行波沿螺旋线行进的过程中,线上各点的行波电压和行波电流是随时间交变的,因此在螺旋线的周围产生交变的电磁场。而电子注是在螺旋线的内部沿轴线方向运动的,只有螺旋线内部的交变电场才有可能和电子注进行能量交换,外部的交变电场则可以不予考虑。

在某一瞬间,螺旋线上行波电压的分布,如图 6-13(a)所示。图中只画了一个波长的范围,占据六个线圈的位置。在行波电压正电位与负电位之间,高电位与低电位之间,都存在行波电场,如图 6-13(b)所示。各点的行波电场都可以分为径向和轴向两个分量。径向分量就是与管轴垂直的分量,它与电子没有能量交换作用,可以不考虑;轴向分量就是与管轴平行的分量,它对电子的运动有减速或加速的作用,因而与电子之间有能量交换。从图 6-13(b)可见,AB 区间的轴向电场与电子运动方向相反,是加速场;而 BC 区间的轴向电场与电子运动方向相同,是减速场。每个区域的中间部分轴向电场最强,对电子的加速或减速作用最大;两个区域的交界处轴向电场为零。可以近似认为,行波电场的轴向分量是沿轴线按正弦规律分布的,如图 6-13(c)所示。图中正半周表示加速场,负半周表示减速场。随着时间的推移,这个电场以轴向速度 v_φ 向输出端行进。

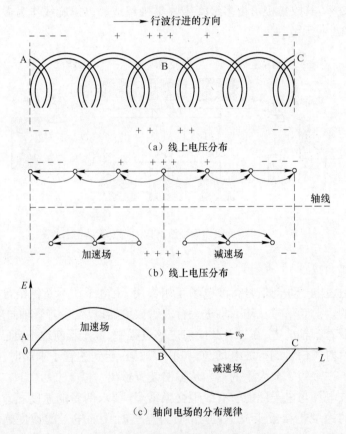

图 6-13　某一瞬间螺旋线内的行波电场

行波电场的轴向分量对电子有两个作用:一是使有前有后的电子相互靠拢,聚集成群,即所谓"群聚"作用;二是与电子产生能量交换。

螺旋线中无行波电场时,由于电子枪连续不断地发射电子,电子束密度沿管轴是均匀分布的;有行波电场以后,电子与行波电场一起行进时,将受到轴向电场的加速和减速作用。被加速的电子将赶上前面未受加速的电子,而被减速的电子也将向未被减速的电子靠拢,于是电子在行进过程中逐渐地群聚起来,并与行波电场产生能量交换。由于当电子初速等于行波的轴向速度时,电子群聚在零电场处,两者没有能量交换,因此电子初速稍大于行波的轴向速度时,电子群聚在减速场内,行波电场获得能量,电子群聚与能量交换,如图 6-14 所示。

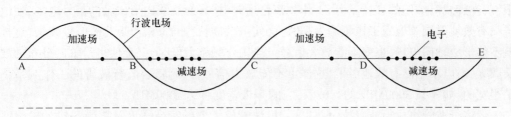

图 6-14　电子初速稍大于行波轴向速度时的电子群聚与能量交换示意图

群聚电子处在减速场内,在前进过程中始终受到减速场的减速,电子便把自己的能量不断交给行波电场,使行波电场不断加强。所以,在这种情况下行波管对射频信号有放大作用。

很显然,当电子的初速稍小于行波的轴向速度时,电子将群聚在加速场内。在这种情况下,电子将从行波电场中获得能量,行波电场不但不能加强,反而会减弱,行波管就失去了放大作用。

因此,为使行波管具有放大作用,必须使电子的初速稍大于行波的轴向速度,保证电子群聚在行波电场的减速区内。在行波管中,电子的群聚和电子与行波电场之间的能量交换,具有内部规律。在电子的初速稍大于行波轴向速度的前提下,群聚电子密度的加大和行波电场幅度的增长是互相促进的。

在螺旋线的输入端,行波电场很弱,而电子是比较均匀地分布在电场的加速和减速区,因而两者之间交换的能量很少。但在行波轴向电场对电子的加速与减速作用下,电子逐渐向减速区群聚,使减速区电子的密度逐渐增大,电子交给电场的能量逐渐增多,行波电场逐渐增强;行波电场增强以后,又会使电子得到更好的群聚,群聚电子的密度更大,电子交给电场的能量更多。最好的情况是当行波到达输出端时,电子得到最好的群聚,行波电场也达到最大,这种情况的信号放大过程如图 6-15 所示。从该图可以看出,行波电压的幅度是沿着轴线近似地按照指数规律增长的。于是在行波管的输出端便得到被放大了的射频信号。由上述内容可知,射频信号增大的能量是由电子的动能提供的,而电子的动能又是直流电源提供的,所以归根结底,射频信号增大的能量是由直流电能转化而来的。

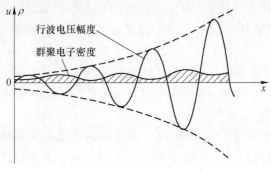

图 6-15　信号放大过程示意图

3）性能特点

（1）频带宽度。仅从行波管来看，由于它没有谐振空腔，它的工作频带仅受螺旋线的限制，螺旋线有一定的直径 d ，当工作频率合适时，能在螺旋线内形成轴向信号电场，使电子束有效地群聚。但当工作频率太高时，会使一个周长（ πd ）相当于几个信号波长，这样就不能形成轴向电场，也就不能放大信号。当工作频率太低时，又会使得沿轴向分布的波长数太少，电子不能有效地群聚，这样也不能放大信号。即使这样，行波管的工作频带仍是很宽的，如一只 3000MHz 的行波管，它的频带宽度可达 1000MHz。

但将行波管组成行波管放大器以后，行波管放大器的频带宽度就要受到输入输出匹配装置的限制，由于输入输出匹配装置只能在一定的频率范围内实现匹配，因此它会明显地限制行波管放大器的频带宽度。

（2）功率增益。行波管放大器功率增益 G 还与输入功率 P_i 的大小有关。当 P_i 较小时，输出功率 P_o 与输入功率 P_i 之间基本上成直线关系，即放大器的放大量 G 近似为常数。但当 P_i 达到一定大小时，P_o 达到饱和，当 P_i 很大时，行波管放大器不但不放大信号，还对信号有衰减作用。目前雷达中常用的行波管放大器功率增益约为 25~40dB。

（3）效率。在不考虑其他损耗条件下，行波管的理论效率可由电子注具有的能量 W 与交出的能量 ΔW 的比值来估算：

$$\eta = \frac{\Delta W}{W} = 1 - \left(\frac{v_\varphi}{v_0}\right)^2 \qquad (6-5)$$

式中：v_0 为电子注速度；v_φ 为行波电场轴向速度。

由于 v_φ 仅略大于 v_0 ，所以行波管的最大效率不可能很高，在 $v_\varphi = 0.9v_0$ 时，$\eta = 19\%$ ；$v_\varphi = 0.8v_0$ 时，$\eta = 36\%$ 。而考虑损耗后，行波管的效率更低，一般小功率管仅 2%~7%，中功率管为 10% 左右，大功率行波速调管也仅 30%~40%。效率低是行波管的主要缺点。

6.3.3 脉冲调制器

由图 6-1、图 6-2 可知，脉冲调制器是真空管雷达发射机的重要组成部分，它用来产生一定形状、一定脉冲重复周期的大功率视频调制脉冲进行控制微波真空管中电子注的通断以及电子注电流大小，并为射频信号的放大提供能量。脉冲调制器工作的本质是能量转换，即如何利用平均功率较小的直流电源来产生峰值功率较大的视频调制脉冲。

下面首先介绍脉冲调制器的组成与工作过程，然后从基本电路、工作波形以及特点几个方面分别介绍软性开关脉冲调制器和刚性开关脉冲调制器这两种典型脉冲调制器。

1. 组成与工作过程

脉冲调制器主要由调制开关、储能元件、隔离元件和充电旁通元件等四部分组成，如图 6-16 所示。图中输入为高压电源，负载为图 6-2 所示的真空管放大器（或图 6-1 所示的射频振荡器）。

脉冲调制器的工作过程可分充电和放电两个阶段，这两个阶段的转换由调制开关

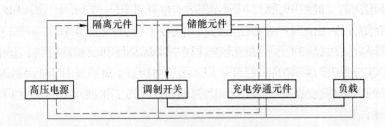

图 6-16　脉冲调制器组成框图

控制。在调制开关断开期间,高压电源通过隔离元件和充电旁通元件向储能元件充电(充电回路如图中虚线所示),使储能元件储存电能;在调制开关接通的短暂时间内,储能元件通过调制开关向负载放电(放电回路如图中粗实线所示),使负载(射频振荡器或真空管放大器)工作,这时就有大功率射频脉冲信号(雷达发射信号)经馈线送往天线。

储能元件一般为电容器、仿真线或人工线,它的作用是在较长的时间内从高压电源获取能量,并不断地储存起来,而在短暂的脉冲期把能量集中地转交给负载。有了储能元件,高压电源就可以在整个脉冲间歇期细水长流地供给能量,其功率容量和体积可以大为减小。

调制开关有真空管、闸流管、晶闸管、可控硅和旋转火花放电器等种类。它的作用是在短暂的时间内接通储能元件的放电回路,以形成调制脉冲。

隔离元件有电阻和铁芯电感器两种。它的作用有两个:一是控制充电电流的变化,使储能元件按照一定的方式进行充电;二是把高压电源同调制开关隔开,避免在调制开关接通时使高压电源短路造成过载。

充电旁通元件一般为电阻或电感器。它的作用是构成储能元件的充电回路。在储能元件放电时,它所呈现的阻抗比负载阻抗大得多,对放电电流基本上没有影响。

2. 两种典型脉冲调制器

根据调制开关开关性能的不同,脉冲调制器可分为软性开关脉冲调制器和刚性开关脉冲调制器。在真空管雷达发射机应用中,由于微波真空管工作原理的不同,所以软性开关脉冲调制器通常与速调管配合使用,刚性开关脉冲调制器通常与行波管配合使用。

1) 软性开关脉冲调制器

软性开关脉冲调制器也称为线型脉冲调制器,通常以仿真线作为储能元件,以闸流管、可控硅(固态晶闸管)或旋转火花放电器等器件作为调制开关,这种开关的通断都有一个过程,且断开时间不易控制。

软性开关脉冲调制器的优点是能通过的电流大、内阻小,所以这种脉冲调制器具有功率大、效率高的优点,目前应用最多。由于开关器件的通或断,即电离或消电离都需要一定的时间,开关性能较差,因而这种调制器常采用仿真线作为储能元件,借以控制脉冲宽度。软性开关的缺点是不能立即通断,开关性能较"软",并且通断的时机容易受温度、气压的影响,性能不够稳定,不能用于波形复杂的雷达发射机。

软性开关脉冲调制器根据调制开关和负载不同,其具体电路形式多种多样,但其基本工作原理是相同的。软性开关脉冲调制器基本电路如图 6-17 所示,图中 BG_1 为可控硅调制开关;储能元件为由集中参数的电感 L_0、电容 C_0 构成的仿真线,共 n 节;充电铁芯电感 L 为充电隔离元件;脉冲变压器在充电过程中实现高压和负载的隔离,起充电旁通元件的作用,在放电过程中对调制脉冲起升压以及变换极性(负载采用阳极调制时)的作用,并且将次级的负载阻抗变换到初级,实现阻抗匹配。其工作波形如图 6-18 所示,具体分析过程参见附录 D。

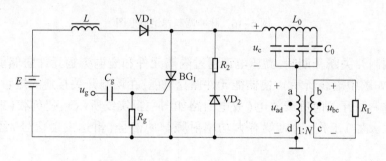

图 6-17　软性开关脉冲调制器基本电路

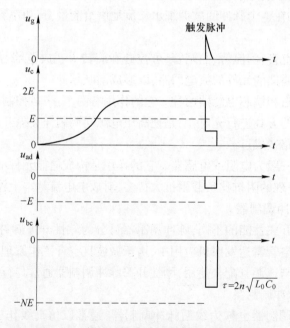

图 6-18　软性开关脉冲调制器的工作波形

软性开关脉冲调制器的特点:转换功率大、电路效率高,这是因为软性开关导通时内阻很小,可以通过的电流很大,目前典型的氢闸流管导通脉冲电流为 500～10000A,转换功率可达 10～100MW;要求的触发脉冲振幅小,功率低,对波形要求不严格,因此预调器也比较简单;高压电源电压较低,电路也比较简单;输出波形和脉冲宽度由仿真线参数决定,因此随意改变脉冲宽度很困难,不适用于要求多种脉冲宽度的应用场合;对负载阻抗的适应性较差,因为正常工作时要求仿真线的特性阻抗与负载阻抗匹配。

某真空管雷达发射机中软性开关脉冲调制器的应用原理,如图 6-19 所示。

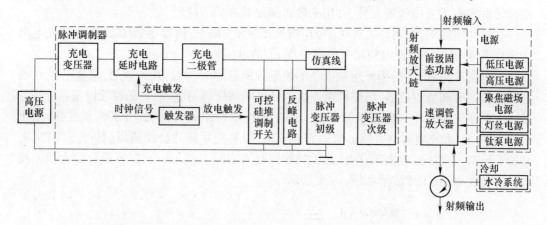

图 6-19　某真空管雷达发射机中软性开关脉冲调制器的应用原理框图

2）刚性开关脉冲调制器

刚性开关脉冲调制器常用电容作为储能元件,以真空管作为调制开关,这种调制器又称为电子开关脉冲调制器。"刚性"是对开关性能的描述,因为真空管的导电和截止,能严格地受触发脉冲的控制,转换非常迅速,正由于真空管具有良好的开关性能,因而调制脉冲的宽度基本上由触发脉冲决定。

刚性开关脉冲调制器的优点是调制开关的通断迅速,工作稳定(不易受温度、气压的影响),能产生波形较好的调制脉冲;缺点是真空管的内阻较大,调制器的效率较低,输出功率较小,对触发脉冲的要求高,一般仅用于波形复杂或测距精度要求高的雷达。

刚性开关脉冲调制器根据负载不同,其具体电路形式多样。常用的刚性开关主要有真空三极管、四极管、固态三极管、场效应管和绝缘栅双极晶体管(insulated gate bipolar transistor,IGBT)等。刚性开关脉冲调制器的负载有三类:第一类是真空微波三极管、四极管,它们属于线性负载;第二类是 M 型管,具有较高的非线性,可用偏压二极管等效;第三类是 O 型管,其伏安特性满足 3/2 次定律,是近似的线性负载。

刚性开关脉冲调制器的基本电路如图 6-20 所示,图中 V_1 为刚性调制开关,C 为储

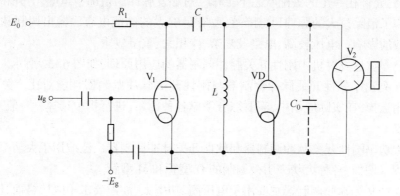

图 6-20　刚性开关脉冲调制器的基本电路

能电容,充电隔离元件为电阻 R_1,V_2 是作为调制器负载的磁控管,电感 L 和二极管 VD 构成储能电容 C 的充电旁通元件,并用来改善调制脉冲的下降沿。

在脉冲间歇期,调制开关管 V_1 被栅极负压 $-E_g$ 截止,储能电容 C 经充电限流电阻 R_1 和充电旁通电感 L 充电到接近电源电压 E_0 的电压值。

当调制开关管 V_1 的栅极上加上正的矩形控制脉冲时,调制开关导通,储能电容 C 通过调制开关管和负载放电,负载两端产生负极性的高压调制脉冲,使磁控管振荡器振荡并输出大功率射频脉冲。当调制管栅极上的正极性脉冲结束时,调制管又恢复截止,电源 E_0 又通过 R_1 和充电旁路电感 L 对电容 C 充电,以补充在脉冲持续期间(脉冲宽度)失去的部分电荷。上述过程表明,刚性开关脉冲调制器实际上就是一个阻容耦合的大功率视频脉冲放大器,其工作波形如图 6-21 所示。

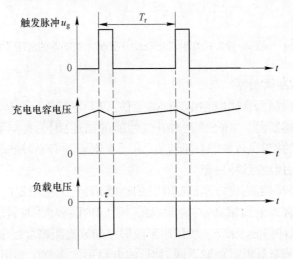

图 6-21　刚性开关脉冲调制器的工作波形

刚性开关脉冲调制器的主要特点:输出调制脉冲波形主要取决于触发脉冲波形,由于要求触发脉冲幅度低、功率小,易于改变脉冲宽度和波形,因此刚性开关脉冲调制器可输出不同脉冲宽度的调制脉冲,特别适用于变脉冲宽度的雷达发射机。对负载阻抗的匹配要求不严格,允许在一定的失配状态下工作。对触发脉冲的顶部平坦度、上升和下降沿要求较高。为了消除过大的脉冲顶部降落,要有足够大的储能电容。输出调制脉冲波形易受分布参数的影响。电压较高、电路较复杂、体积大、重量较重。

某真空管雷达发射机中刚性开关脉冲调制器的应用原理,如图 6-22 所示。

表 6-1 列出了软性开关脉冲调制器与刚性开关脉冲调制器性能对比。关于脉冲调制器的应用选择,在实际应用中,需要综合考虑各种因素,进行折中选择。一般来说,应考虑如下几点。

(1)大功率刚性开关脉冲调制器和软性开关脉冲调制器广泛应用于大功率阴极调制微波真空管。例如:各种大功率阴极调制的 O 型管和 M 型管。

(2)软性开关脉冲调制器主要用于电压高、功率大、波形要求不太严格而且脉冲宽度不变的线性电子注阴极调制微波管。

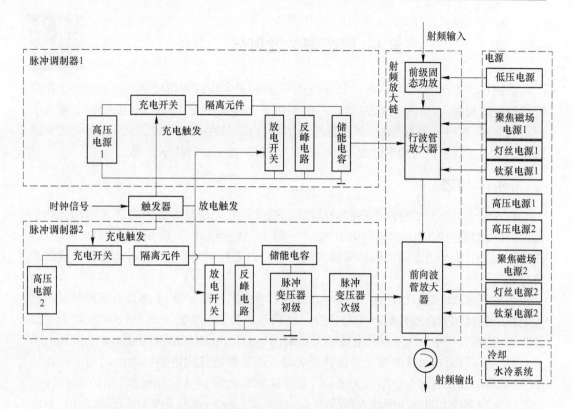

图 6-22　某真空管雷达发射机中刚性开关脉冲调制器的应用原理框图

表 6-1　软性开关脉冲调制器与刚性开关脉冲调制器性能对比

特性	类　型	
	软性开关脉冲调制器	刚性开关脉冲调制器
脉冲波形	取决于仿真线与脉冲变压器的联合设计	较好,波形易受分布参数影响
脉冲宽度变化	较难,取决于仿真线	容易
脉冲宽度	较宽,由仿真线和脉冲变压器决定	不宜太宽,否则顶降难以做小
时间抖动	较大	较小
失配要求	对匹配有要求,失配不能超过±30%	对匹配要求不严,允许失配
所需高压电源	较低,电源较轻、小	电压较高、体积小、重量较重
线路复杂性	简单	较复杂
效率	较高	较低
功率容量	大,数十千瓦至数十兆瓦	较大,数千瓦至数兆瓦
成本	较低	较高

6.4 固态雷达发射机

由图6-3、图6-6和图6-7可知,固态雷达发射机实现射频信号功率放大相较于真空管雷达发射机而言,有两个明显区别:一是在功率合成器件上,固态雷达发射机主要采用固态放大器(组件)、功率分配/合成器等功率器件;二是在功率合成方式上,集中式全固态雷达发射机属于机内功率合成,分布式雷达发射机属于空间功率合成。

6.4.1 概述

在6.1.2小节介绍的雷达发射机基本组成框图中,无论是前级固态放大器还是功率放大组件,都是由不同功率输出能力的多个微波晶体管级联、并联所构成,即功率合成。固态雷达发射机的功率合成包括模块内功率合成以及模块功率合成,两者功率合成基本原理相同。

考虑到级联电路的稳定性,放大电路级联数通常不超过4级,下面以典型两级级联放大电路分析其功率合成基本原理,如图6-23所示。其第二级放大电路由 N 条放大支路并联合成输出,其中 P_{in} 为合成网络输入功率, P_{out} 为合成网络输出功率。对于模块内功率合成,功率放大器通常为单个晶体管放大器或单片微波集成电路(MMIC);对于模块功率合成,功率放大器即为功率放大模块。通常功率放大器 $1 \sim N$ 选用性能相同的器件或模块。前级功率放大器的功率放大倍数为 K_1 ,功率放大器 $1 \sim N$ 的功率放大倍数为 K_2 ,对应的功率增益分别为 G_1 和 G_2 。输入信号经前级功率放大器放大后送入 $1/N$ 等功率分配器后被分成 N 路,每一路功率均为 P'_{in} ,假设分配器和合成器的效率分别为 $\eta_{分}$ 和 $\eta_{合}$,那么

$$P'_{in} = \frac{P_{in} \cdot K_1 \cdot \eta_{分}}{N} \tag{6-6}$$

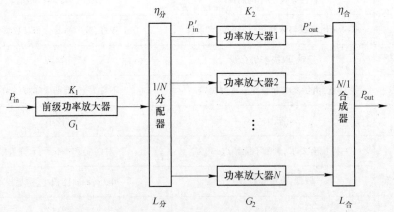

图6-23 功率合成基本原理图

假定各功率放大支路具有幅相一致特性,那么经各支路功率放大器放大后信号功率为

$$P'_{\text{out}} = K_2 \cdot P'_{\text{in}} = \frac{P_{\text{in}} \cdot K_1 \cdot K_2 \cdot \eta_{分}}{N} \tag{6-7}$$

经合成器合成后的信号功率为

$$P_{\text{out}} = N \cdot P'_{\text{out}} \cdot \eta_{合} = K_1 \cdot K_2 \cdot P_{\text{in}} \cdot \eta_{分} \cdot \eta_{合} \tag{6-8}$$

实际应用中,更多采用的是以 dB 形式表示:

$$P_{\text{out}}(\text{dB}) = P_{\text{in}}(\text{dB}) + G_1 + G_2 - L_{分} - L_{合} \tag{6-9}$$

式中:$L_{分} = -10\lg\eta_{分}$,$L_{合} = -10\lg\eta_{合}$ 分别为分配器和合成器的插入损耗。

通常在两级放大电路中会增加隔离器以降低后级对前级的影响,保证功率输出性能的稳定。

下面分别介绍固态功率合成的基本构成单元:微波晶体管、功率分配/合成器。

6.4.2　微波晶体管

1947 年 12 月,美国贝尔实验室的肖克莱、巴丁和拉顿组成的研究小组研制出世界第一支微波晶体管——锗晶体管。微波晶体管是 20 世纪的一项重大发明,可以说是半导体革命的先声。

微波晶体管是固态放大器的基本构成单元,固态放大器中常用的微波晶体管分为两类:一类为硅双极晶体管(bipolar junction transistor BJT);另一类为场效应晶体管(field effect transistor,FET)。按其工艺、材料和频率,FET 又分为金属氧化物半导体场效应管(metaloxide semicoductor,FET,MOSFET)和砷化镓场效应晶体管(gallium arsenide FET,GaAsFET)。在毫米波段,用得较多的是雪崩二极管(impact ionization avalanche transit-time,IMPATT)。其中,硅双极晶体管和砷化镓场效应晶体管在固态雷达发射机中应用最为广泛。

1. 硅双极晶体管

硅双极晶体管是微波功率器件中应用最早的一种,并从 20 世纪 70 年代末开始,通过替代真空管雷达发射机和用于相控阵雷达找到了出路,它是目前固态雷达发射机中用得最多的微波功率晶体管。从短波、VHF、P、L、S 波段,直到 3.5GHz,硅双极晶体管已经表现出很高的晶体管功率能力。

硅双极晶体管的单管功率,在 L 波段以下的频段为几百瓦,窄脉冲功率可达几千瓦以上的量级;在 S 波段功率为 200W 量级。单个双极型功率晶体管适用的脉冲宽度一般为 100 微秒至几毫秒量级(也有适用于连续波的);最大工作比 $D_{\max}$ 约为 10% ~ 25%;功率增益为 7 ~ 10dB;集电极效率 η 可达 50% 左右。

2. 金属氧化物半导体场效应晶体管

金属氧化物半导体场效应晶体管(MOSFET)广泛地用于数字集成电路,如计算机储存器和微处理器等。随着微波晶体管制造技术的飞速发展,以及 MOSFET 制造加工工艺的不断改进,MOSFET 已能用于微波频段,且其工作频率还在不断提高,同时其输出功率电平已与同频段的微波硅双极晶体管的功率电平相当。目前 MOSFET 的输出功率可达 300W,其功率增益和集电极效率也比硅双极晶体管高:功率增益的典型值为 10 ~ 20dB;集电极效率为 40% ~ 75%。

3. 砷化镓场效应晶体管

目前,砷化镓场效应晶体管是场效应晶体管中应用最广的固态微波功率器件,其工作频率可高达30GHz。在过去20多年中,GaAsFET在微波低噪声放大器、中小功率放大器和单片集成电路中占据了支配地位,它的主要优点如下:

(1)其是一种电压控制器件,由栅极上的电压来控制多数载流子的流动;

(2)具有电流增益,同时还具有电压增益;

(3)具有低噪声和高效率性能;

(4)器件可工作在很高的频率,高达30GHz,甚至可达100GHz;

(5)与双极型晶体管相比,抗辐射性能强。

在C波段,单管(多芯的)功率已达50W;在X波段为20W。这是一种非常有应用潜力的固态微波功率器件。目前,在C波段、X波段采用GaAsFET制成的功率放大组件已开始应用于全固态相控阵雷达。

砷化镓场效应管还有一个关键特性是其能够和无源电路完成集成起来以制作单片微波集成电路(MMIC)。

4. 雪崩二极管

近年来固态毫米波器件得到了飞速发展,其主要器件是雪崩二极管(IMPATT)和耿氏二极管(Gunn diobe)。雪崩二极管比耿氏二极管输出功率更大,常用作毫米波雷达和导弹寻的器的功率放大器或振荡器,而耿氏二极管的噪声电平低,常用于作为接收机的本振。

毫米波雷达和导弹寻的器的工作频率大多集中在35GHz和94GHz,在这两个频段上大气损耗较小。IMPATT作为固态毫米波振荡器,在35GHz上可输出的连续波功率为1.5W,在94GHz上输出连续波功率为700mW;而作为脉冲振荡器可产生较高峰值功率,在35GHz频率上可输出10W,在94GHz频率上可输出5W。

5. 宽禁带微波半导体功率器件

随着半导体材料研究的不断进步,以碳化硅(SiC)和氮化镓(GaN)为主的宽禁带半导体的出现为大功率固态放大器开创了广阔的发展前景。相比于Si、GaAs等窄禁带材料而言,宽禁带材料主要具有以下特点:

(1)宽禁带半导体材料具有较大的禁带宽度以及很高的击穿电场强度,从而使得宽禁带器件能够承受的峰值电压大幅度提高,器件的输出功率获得大规模提升。例如:GaN HEMT器件在8GHz连续波输出功率密度为30.6W/mm,高出GaAs微波功率器件功率密度30倍以上。

(2)宽禁带材料具有高的热导率、高化学稳定性等优点,使得功率器件可以在更加恶劣的环境下工作,极大地提高了系统的稳定性和可靠性,如SiC的热传导性较Si高3倍多,是高功率选择的理想材料。

(3)宽禁带半导体器件的结温高,如SiC器件的结温可达600℃,由于热传导率高、允许的结温高,故在冷却条件较差、热设计保障较差的环境下也能稳定工作。

高击穿电场、高截止频率、高热传导率、强抗辐射能力等特点,低介电常数,同时其导热性能也优于GaAs几乎一个数量级,从而使器件的输出功率和工作频率得到进一步提高。

6.4.3　功率分配/合成器

由于单个微波晶体管构成的放大器输出功率不可能很高,因此必须由多个单元放大器组合起来来实现功率合成,以达到足够高的输出功率,实现功率合成的基本微波元件是功率分配/合成器。一般情况下,功率分配/合成器的功能和要求基本相同,仅是功率容量要求不同,合成器要求耐高峰值功率和平均功率,分配器则工作在较低功率状态。

通常对功率分配/合成器有以下要求。

(1) 具有尽可能低的插入损耗,以使发射机效率最大化。

(2) 功率分配/合成器输入端各路输入信号之间应有足够高的隔离度,以使各路信号之间互不影响,从而使失效模块不影响其余工作模块的负载阻抗或合成效率。

(3) 功率分配/合成器不能改变每路放大器的射频特性,如幅频特性、相位特性、稳定性和可靠性。

(4) 功率分配/合成器应具有相同输入/输出阻抗,一般为 50Ω;还应具有足够低的输入/输出电压驻波比,一般小于 1.2:1。

(5) 功率分配/合成器应具有"性能适度降低"的特性,且在更换放大器时能保持正常工作。整个合成器的功率容量应能适应任一功率放大器发生故障时的状态。

从理论上讲,功率分配/合成器有两种途径:一种是直接采用多个相同的晶体管并联工作,另一种是电路并联工作。目前,用得较多的是二进制功率合成法和串馈功率合成法。另外,在大功率情况下,也常用径向功率分配/合成器。下面介绍二进制功率合成法和串馈功率合成法。

1. 二进制功率合成法

二进制功率合成阵的基本构成单元如图 6-24 所示,其中两个放大器输出功率的合成是通过正交 3dB 耦合器来完成并与外部电路相连的。

通常:图 6-24 所示的二进制合成阵可以称为一阶功率合成阵,而图 6-25 所示的合成阵称为二阶功率合成阵。由图 6-25 可见,二进制的二阶功率合成阵包括 4 个放大器和 6 个正交耦合器,依此原理类推,二进制的 n 阶功率合成阵,将包括 2^n 个放大器和 $2 \times (2^n - 1)$ 个正交耦合器。因此从驱动耦合器和合成耦合器的列数可直观地判定功率合成阵的阶数:最靠近放大器的那一列耦合器相当于 $n = 1$,依次为 $n = 2, n = 3, \cdots$。

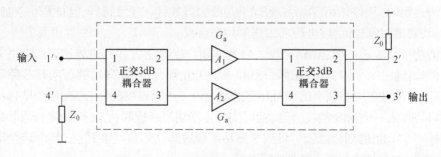

图 6-24　二进制合成阵的基本构成单元

对于 n 阶功率合成阵,当一个放大器失效时,其合成阵的输出功率为

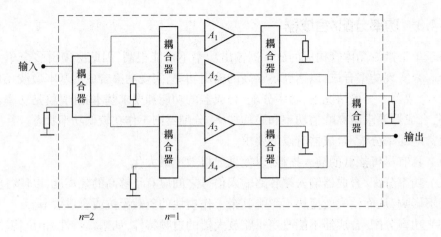

图 6-25　二阶功率合成阵

$$P_{of} = \frac{2^n - 1}{2^n}P_o = \left(1 - \frac{1}{2^n}\right)P_o \tag{6-10}$$

式中：P_{of} 为合成阵中有一个放大器失效时的输出功率；P_o 为合成阵的正常输出功率。若 k 个放大器失效（$k \leq 2^n$），则合成器输出功率将降低为

$$P_{of} = \left(1 - \frac{k}{2^n}\right)P_o \tag{6-11}$$

由此可以得出结论：n 越大，阶数越多，放大器失效时合成阵形成的影响越小。

2. 串馈功率合成法

二进制功率合成法虽有很多优点，但它也有一些不足之处，即它的功率合成必须是按二进制规律增加放大器和耦合器的数目，当要求合成阵功率增加不到 1 倍或更小时，始终都要求放大器数目增加 1 倍，从而使耦合器数目增加到原来的 $(2^n - 1)$ 个，这显然是不经济的。

利用串馈功率合成法来解决此问题。使用串馈功率合成法可以组合成任意数目的放大器（无论奇、偶数）。例如：利用串馈功率合成法将 5 个放大器组合起来，就可比 4 个放大器的二进制功率合成法组成的合成阵增加输出功率近 25%，显然这是二进制功率合成法所无法达到的。串馈功率合成法的优点是放大器数目可任意选择，且体积小、电路损耗小，对驱动功率要求较低，可进行非二进制功率合成。

串馈功率合成法一般也由分配阵、放大阵和合成阵三大部分组成，其原理如图 6-26 所示。例如：通过一个 4.77dB 的耦合器和一个 3dB 耦合器的串接，就可实现三路等功率分配，其三路端口在中心频率的相对相移分别为 0°、-90° 和 -180°。若在这个串接耦合器输入端口再加入一个 6dB 的耦合器，就可实现 4 路功率合成阵；在 4 路功率合成阵的输入端口串接一个 7dB 的耦合器就可得到 5 路功率合成阵。但应注意的是，每个耦合器的接入都会增加 90° 的插入相移（在中心频率）。

串馈功率合成阵的问题也是明显的：存在着随频率变化的幅度失衡问题，其程度与二进制功率合成阵相似；串馈功率合成是以各耦合器串联而实现的，所以电路的插入损耗也是相加的，只有调整相关耦合器的耦合度，才能降低这些损耗，使幅度失衡降低至需要的

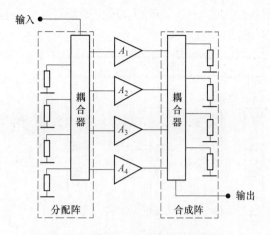

图 6-26　串馈功率合成阵原理框图

标准;信号经过各耦合器的延时各不相等,由此产生了收集误差。此收集误差可能大于二进制合成阵的情况;串馈功率合成阵输入端口的反射特性不及二进制功率合成阵,这是因为二进制功率合成阵可抵消由放大器失配所产生的总输入端口上的反射波,而对串馈功率合成阵而言,偶次分路时总输入端口上的反射波仍可被抵消,而奇次分路时反射波就不能完全被抵消。

串馈功率合成阵可降低电路损耗的优点是因为串馈功率合成阵输入端的耦合器具有低耦合度,而每个耦合器的损耗与耦合值成正比。

串馈功率合成阵也可以与二进制功率合成阵组成新的合成阵,其混合形式如图 6-27 所示。图 6-27(a)所示的组合放大器是串馈方式,其输入/输出功率分配和合成采用二进制方式;图 6-27(b)所示的组合放大器是二进制方式,输入/输出功率分配和合成采用串馈方式。

关于固态雷达发射机的实现形式,下面以某 S 波段中程三坐标对空警戒/引导雷达为例进行简要说明。该雷达发射分系统采用行、列馈式固态雷达发射机,其 40 路行发射机组成如图 6-28 所示,其中末级组件原理如图 6-29 所示。其各级功放组件中,采用砷化镓场效应晶体管作为放大器,采用二进制功率合成阵实现功率合成。

6.4.4　固态雷达发射机特点

固态发射模块应用先进的单片集成电路和优化设计的微波网络技术,将多个微波功率器件、低噪声接收器件等组合制成。固态雷达发射机通常由几十个甚至几千个固态发射模块组成,并且已经在机载雷达、相控阵雷达和其他雷达系统中逐步代替常规的微波真空管雷达发射机。

全固态雷达发射机与高功率真空管雷达发射机(如速调管发射机、行波管发射机等)相比,固态雷达发射机具有以下优点。

(1) 不需要阴极加热,寿命长。发射机不消耗阴极加热功率,也没有预热延时,使用寿命几乎是无限。

(2) 固态微波功率模块工作电压低,一般不超过 50V。不需要体积庞大的高压电源

(一般微波真空管发射机要求几千伏,甚至几万伏、几百万伏的高压)和防护 X 射线等附加设备,因此体积较小、重量较轻。

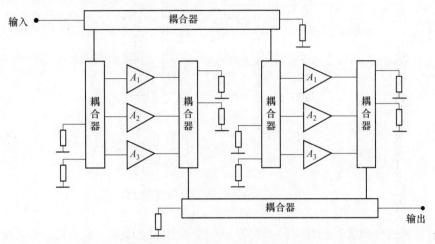

(a) 组合放大器是串馈方式,其输入/输出功率分配和合成采用二进制方式

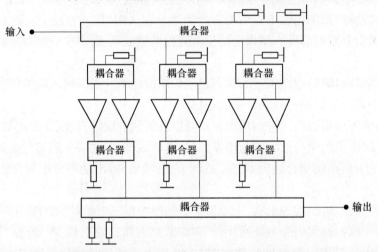

(b) 组合放大器是二进制方式,输入/输出功率分配和合成采用串馈方式

图 6-27 串馈功率合成阵与二进制功率合成阵的混合形式

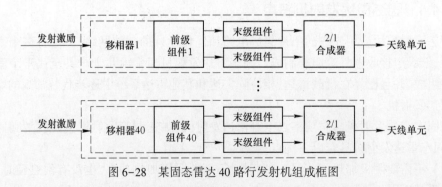

图 6-28 某固态雷达 40 路行发射机组成框图

(3) 固态雷达发射机模块均工作在 C 类放大器工作状态,不需要大功率、高电压脉

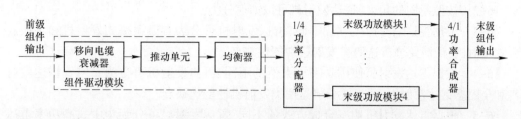

图 6-29　末级组件原理框图

冲调制器,从而进一步减小了体积和重量。

(4) 固态雷达发射机可以达到比微波真空管发射机宽得多的瞬时带宽。对于高功率真空管雷达发射机,瞬时带宽很难超过 10%~20%,而固态雷达发射机的瞬时带宽可高达 30%~50%。

(5) 固态雷达发射机很适合高工作比、宽脉冲工作方式,效率较高,一般可达 20%。而高功率、窄脉冲调制、低工作比的真空管雷达发射机的效率仅为 10%左右。

(6) 固态雷达发射机具有很高的可靠性。一方面是固态微波功率模块具有很高的可靠性,目前平均无故障间隔时间(mean time between failure, MTBF)可达 100000~200000h;另一方面,固态发射模块已做成统一的标准件,当组合应用时便于设置备份件,可做到现场在线维修。

(7) 系统设计和应用灵活。一种设计良好的固态 T/R 组件可以满足多种雷达使用。固态雷达发射机应用在相控阵雷达中具有更大的灵活性,相控阵雷达可根据相控阵大线阵面尺寸和输出功率来确定模块的数目,可以通过关断或降低某些 T/R 组件的输出功率来实现有源相控阵发射波束的加权,以降低天线波束旁瓣。

与高功率真空管雷达发射机相比,固态雷达发射机虽具有上述一些优点,但同时存在一些局限性,如用固态器件取代高功率真空管的进程比预想的要缓慢得多。其主要原因:一是在相同的峰值功率和占空比条件下,直接用固态器件取代脉冲工作的微波真空管放大器过于昂贵。二是与微波真空管放大器相比,微波半导体器件的热时间常数较短(毫秒级,而不是秒级),这样,若使用平均功率为 50W 的微波晶体管,在脉冲期间不过热的前提下,它就不能承受比 100~200W 更大的峰值功率。三是若取代具有窄脉冲宽度和低占空比的真空管雷达,则只能非常低效地利用微波晶体管的平均功率能力。例如:要取代 L 波段平均功率为 500W、占空比为 0.1%的磁控管,则需要 50W 的微波晶体管 2500~5000个,换句话说,若在较高占空比的条件下,以较低的峰值功率提供所需的雷达平均功率时,微波晶体管的费效比将更大,所以很少直接用固态雷达发射机取代低占空比的真空管雷达发射。因此,对于新的雷达系统,若采用固态雷达发射机,系统设计师应当尽可能地选择高的占空比,这不但减少了峰值功率的要求,而且可以在合适的价位上使用固态器件。例如:若占空比为 10%,平均功率 500W,则只需 25~50 个 50W 的晶体管。

思考题

6-1　简述雷达发射机的功能。

6-2 按照不同的角度,雷达发射机可以如何分类?

6-3 根据雷达信号产生方式不同,雷达发射机可分为自激振荡式发射机和主振放大式发射机,请简要分析这两类发射机性能优缺点。

6-4 根据雷达发射机使用功率放大器的不同,雷达发射机可分为真空管雷达发射机和全固态雷达发射机,请简要分析这两类发射机性能优缺点。

6-5 根据雷达发射机功率合成方式的不同,雷达发射机可分为集中式高功率雷达发射机和分布式有源相控阵雷达发射机,请简要分析这两类发射机性能优缺点。

6-6 请画出主振放大式真空管雷达发射机的组成框图,并简要说明其工作过程。

6-7 从功率增益、工作频带宽度、效率三个方面,简述速调管放大器的性能特点。

6-8 画出脉冲调制器的组成框图并简要说明其充电、放电工作过程。

6-9 根据调制开关性能特点的不同,脉冲调制器可分为软性开关脉冲调制器和刚性开关脉冲调制器。请简要说明软性脉冲调制器性能优缺点,并列举常用软性调制开关。

6-10 在固态雷达发射机中,对功率分配/合成器一般有哪些要求?

6-11 某集中式高功率全固态雷达发射机组成如图6-30所示,已知输入信号功率为20dBm,前级功放增益 G_1 为25dB。1/4功率分配器插损 L_1 为1dB。末级功放组件1~4组件增益均为 G_2,且 G_2 为25dB。4/1功率合成器插损 $L_2 = 0.5\text{dB}$。

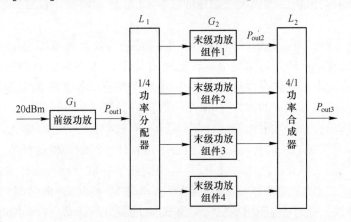

图6-30 某集中式全固态雷达发射机组成框图

(1)请计算前级功放输出端的信号功率 P_{out1}。
(2)请计算末级功放组件1输出端的信号功率 P_{out2}。
(3)请计算4/1功率合成器输出端的信号功率 P_{out3}。

6-12 请画出典型射频 T/R 组件的组成框图,并简述其功能。

6-13 请简述固态雷达发射机的主要优点。

6-14 现阶段用固态雷达发射机全面取代高功率真空管雷达发射机是否可行?并简要分析原因。

6-15 固态微波管的性能在较低频段占有明显优势,那么未来微波真空管应向哪些方面发展?

6-16 雷达发射机常用电源有哪些?并简述各电源的功能。

6-17 雷达发射机常用冷却方式有哪些?

6-18　某真空管雷达发射机原理如图 6-31 所示。

（1）输入激励信号来自于频综器哪个模块？

（2）请简要说明该雷达发射机的工作过程。

（3）请简要说明图中电源类型。

（4）请简要说明图中两个环流器的功能。

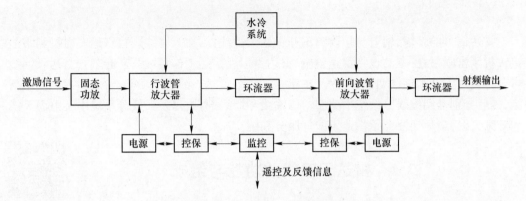

图 6-31　某真空管雷达发射机原理框图

6-19 某固态雷达发射机功率放大部分原理如图 6-32 所示。

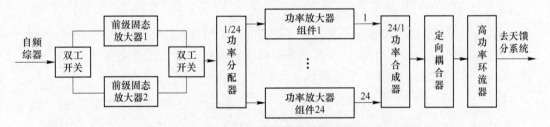

图 6-32　某固态雷达发射机功率放大部分原理框图

（1）输入激励信号来自于频综器哪个模块？

（2）请简要说明该雷达发射机的工作过程。

（3）请简要说明双工开关的作用。

第 7 章 雷达天馈线

雷达信号的传输、辐射与接收离不开雷达天馈线,雷达天馈线既将雷达发射机和雷达接收机紧密联系在一起,也将雷达整机、雷达目标和雷达工作环境联系起来。雷达天馈线可分为雷达天线和馈线两部分,因此本章首先介绍雷达天馈线的功能、组成和主要技术指标,然后分别介绍馈线分系统中典型的传输线和馈线部件,以及天线分系统中反射面天线和阵列天线,最后简要介绍雷达天线伺服分系统。

7.1 雷达天馈线的功能与组成

雷达天馈线主要用于传输、辐射和接收信号能量,不同体制、不同工作频段雷达选择不同类型的雷达天线,相应的雷达馈线选择也不尽相同。

7.1.1 主要功能

雷达中,天馈线的主要作用是将发射机输出的射频信号能量按给定方式分配给天线,由天线辐射到指定空域,并将天线收到的目标回波信号按给定方式合成后送给接收机进行处理。天馈线主要功能如图 7-1 所示。

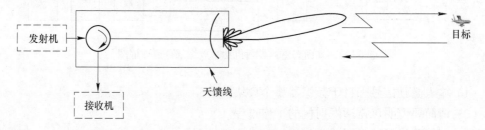

图 7-1 天馈线主要功能示意图

对于对空警戒/引导雷达而言,为实现目标探测与定位的能力,天线辐射的功率在空间往往非均匀分布,而且具有较强的方向性,即在某些特定方向集中辐射能量并重点收集位于该方向上的目标回波,从而使天线具有一定的指向功能(具备测定目标角度的能力)。

此外,雷达天线还有一些其他功能,如在角度域起空间滤波器作用、确定雷达多次观测目标之间的时间间隔等,这些功能的实现本质上都源于天线的方向性。

雷达发射机产生的是高功率射频信号,因此发射馈线必然工作在高功率状态;由于天线扫描,雷达系统存在固定部分与转动部分信号及能量传输的需求,因此旋转铰链实现这一功能;此外,对于阵列天线而言,众多离散辐射单元的馈电需通过复杂馈电网络来实现。

7.1.2　基本组成

雷达天馈线的组成形式根据雷达体制以及所采用天线形式的不同而有所不同,常见对空警戒/引导雷达天线的主要类型包括反射面天线和阵列天线,因此其通常可以分为反射面天线及馈线分系统和阵列天线及馈线分系统。

1. 反射面天线及馈线分系统

采用反射面天线的雷达,其天线分系统通常由反射面和馈源组成,其馈线分系统一般包括传输线、收发开关、旋转铰链和双定向耦合器等。典型反射面天线及馈线分系统组成如图 7-2 所示。发射时,发射机产生的大功率射频信号经收发开关、双定向耦合器、旋转铰链传输至馈源,由馈源向反射面进行初级辐射(图 7-2 中虚线),反射面在馈源照射下在空间形成次级辐射场,最终实现雷达所需的辐射方向图(图 7-2 中点画线)。接收时,雷达回波由反射面接收,通过馈源、旋转铰链、双定向耦合器、收发开关传输至接收机。

根据反射面形状的不同,反射面天线又可分为简单抛物面天线、双弯曲反射面天线、堆积多波束抛物面天线等;馈源通常采用喇叭口,某些情况下也采用对称振子等辐射单元。反射面天线的方向图取决于馈源初级辐射场的分布、反射面的形式以及馈源与反射面之间的几何关系,其波束扫描是通过天线的机械旋转实现的。对于采用多馈源的反射面天线(如双馈源的赋形波束反射面天线和堆积多波束反射面天线),在发射或接收支路可能存在多路信号的分配与合成要求,因而其还会包括一些功率分配器/合成器。

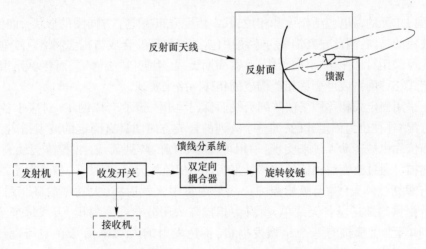

图 7-2　典型反射面天线及馈线分系统组成示意图

2. 阵列天线及馈线分系统

阵列天线是一类由离散辐射单元按照一定排列方式构成的天线。采用阵列天线的雷达,其天线分系统由众多离散辐射单元组成,其馈线分系统一般包括功率分配/合成与相移网络、传输线、收发开关、旋转铰链和双定向耦合器等。典型阵列天线及馈线分系统组成如图 7-3 所示。与反射面天线不同,阵列天线不需要馈源。发射时,将来自发射机的发射信号经过收发开关送至主馈线,由双定向耦合器、旋转铰链、功率分配网络,不等幅同相高效地馈送给天线阵的不同天线单元,各单元在馈电激励下向空间辐射电磁波(图 7-3

中虚线),所有单元辐射场在空间矢量叠加形成最终所需辐射方向图(图 7-3 中点画线),定向地辐射到自由空间。接收时,雷达回波信号被不同天线单元接收并被合成一路,经旋转铰链、双定向耦合器、收发开关送至接收机。

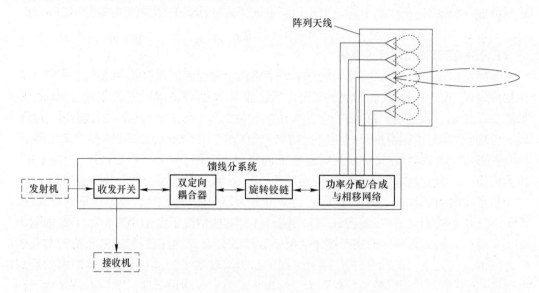

图 7-3　典型阵列天线及馈线分系统组成示意图

各辐射单元的馈电包括幅度和相位,其中幅度分布决定了方向图的形状,而相位分布则控制波束的指向,因此在其馈线分系统中包括功率分配/合成与相移网络。阵列天线的辐射单元可采用对称振子、引向天线、对数周期天线、喇叭口、裂缝等,而各单元相移值可采用固定式相移网络或可变移相器构成的相移网络来实现。

对于采用固定式相移网络的阵列天线而言,其功率分配/合成网络(对应于各单元馈电幅度分配)往往也为固定式的,即整个阵列的合成方向图具有确定的波束指向,天线波束的扫描依靠机械转动天线来实现;采用可变移相器的阵列天线(相控阵天线),其天线波束的扫描可通过改变移相器的相移量来实现。相控阵天线又可进一步分为无源相控阵天线和有源相控阵天线:无源相控阵天线采用集中式发射机,大功率射频信号经固定的功率分配网络馈送至各天线单元;有源相控阵采用分布式发射机,天线每个子阵(或每个阵列单元)后都接有一个小型发射机,雷达发射的大功率信号在空间进行合成。相控阵天线可通过对天线各单元接收信号的幅度及相位加权实现接收波束的灵活指向(或接收多波束),既可通过设计相应的合成网络(包括幅度加权和相位加权)来实现,也可以用数字的方式产生加权的幅度和相位,后者称为接收数字波束形成技术,详见 9.2.4 小节。

随着雷达技术的发展,数字阵列雷达应运而生,从而阵列各单元馈电幅度与相位不再由功率分配网络与相移网络来实现,因此对数字阵列雷达而言,其馈线分系统中没有移相器。各单元的馈电幅度和相位由数字 T/R 组件中的 DDS 通过频率、相位、幅度、时间控制来实现,因此波束控制更加灵活多变,在发射和接收时均可实现数字波束形成,详见 8.6.2 小节。

7.2　雷达天馈线主要技术指标

描述雷达天馈线性能的主要技术指标包括天线分系统中的天线孔径、天线增益、主瓣宽度、旁瓣电平、波束形式与扫描方式,以及馈线分系统中的电压驻波比和插入损耗等。

1. 天线孔径

天线孔径分为实际孔径 A 和有效孔径 A_e:实际孔径 A 反映了天线实际尺寸的大小,而有效孔径 A_e 则表示"天线在接收电磁波时呈现的有效面积",是一个虚拟的孔径大小。天线的有效孔径体现为面积量纲,它与入射电磁波功率密度 ρ_i 相乘后即可得到天线的接收功率 P_r,即

$$P_r = \rho_i \cdot A_e \tag{7-1}$$

表明有效孔径越大,天线接收目标回波的能力越强。

A_e 与 A 有关,但不相同,两者关系为

$$A_e = \eta_A \cdot A \tag{7-2}$$

式中:η_A 为天线口径利用效率,与天线口径面上幅度分布有关,通常 $\eta_A \leqslant 1$。

对于反射面天线而言,由于口径面上的场通常无法实现均匀等幅分布,因而口径利用效率普遍在 50% ~ 80%(详见 7.4 节反射面天线相关内容);对于口径面上能维持均匀等幅场的天线而言(通常阵列天线更易达到),口径利用效率可以接近 100%。

如 1.4.3 小节所述,雷达天线的方向特性主要体现在其辐射方向图所示情形。下面详细描述表征天线方向性的方向图函数及其相关参数,包括天线增益、主瓣宽度和旁瓣电平。

2. 天线方向图与天线增益

天线辐射方向图分功率方向图和场强方向图,分别用 $P(\alpha,\beta)$ 和 $F(\alpha,\beta)$ 表示,其中 α 和 β 分别代表方位角和俯仰角。功率方向图为天线辐射功率在空间的归一化分布,场强方向图为电场强度在空间的归一化分布。

天线辐射功率在空间任意一点的功率密度记为 $\rho(\alpha,\beta)$,则功率方向图定义为

$$P(\alpha,\beta) = \frac{|\rho(\alpha,\beta)|}{\max|\rho(\alpha,\beta)|} \tag{7-3}$$

天线辐射场强在空间任意一点的电场强度记为 $E(\alpha,\beta)$,则场强方向图定义为

$$F(\alpha,\beta) = \frac{|E(\alpha,\beta)|}{\max|E(\alpha,\beta)|} \tag{7-4}$$

根据电磁场理论,对于空间传播的 TEM 波,其辐射功率与辐射电场之间存在以下的关系:

$$\rho(\alpha,\beta) = \frac{|E(\alpha,\beta)|^2}{2Z_0} \tag{7-5}$$

式中:Z_0 为与空间磁导率和介电常数有关的空间波阻抗。因此功率方向图和场强方向图有以下关系:

$$P(\alpha,\beta) = |F(\alpha,\beta)|^2 \tag{7-6}$$

即两者均描述了天线辐射的电磁能量在三维空间中的分布。以 dB 分别表示时,则

$$F(\alpha,\beta)(\mathrm{dB}) = 20\lg F(\alpha,\beta) \qquad (7-7)$$
$$P(\alpha,\beta)(\mathrm{dB}) = 10\lg P(\alpha,\beta) \qquad (7-8)$$

此时场强方向图与功率方向图完全相同。

　　某圆孔径天线方向如图7-4所示,将天线辐射方向图以两维角度为变量绘制成曲面称为立体方向图。立体方向图显示了天线方向图的三维特性,可以直观地了解天线在整个空间的辐射分布情况,如图7-4(a)所示。但立体方向图的绘制需要大量的数据,在大多数情况下,用二维方向图就足够了,且测绘和绘制起来比较方便。例如:将图7-4(a)所示的方向图与通过波束峰值分别与0°俯仰和0°方位的垂直面相截,则得到方向图的二维切片,分别称为方位方向图(或水平方向图)和俯仰方向图(或垂直方向图),如图7-4(b)、(c)所示。这两个切割平面也称为主平面或基本平面。

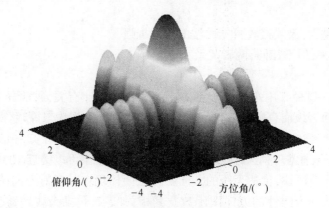

(a) 三维立体方向图

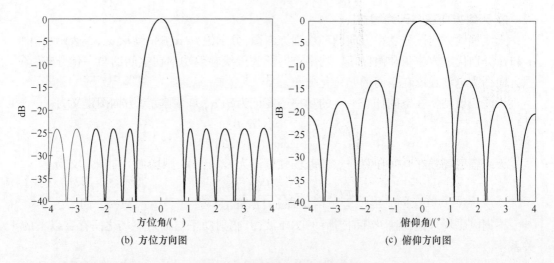

(b) 方位方向图　　　　　　　　(c) 俯仰方向图

图7-4　某圆孔径天线方向图

　　天线增益描述了一副天线将能量聚集于一个窄的角度范围的能力,有两个不同但相关的定义,分别为方向性增益和功率增益。

　　方向性增益 G_D 定义为远场距离 R 处的最大辐射功率密度 $\rho_{\max}$ 与同一距离上相同辐射功率无方向性理想天线辐射功率密度之比,即

$$G_\mathrm{D} = \frac{\rho_\mathrm{max}}{P_t/4\pi R^2} \tag{7-9}$$

式中：ρ_max 为最大辐射功率密度；P_t 为天线辐射到外部空间的实际功率。因此,方向性增益是指实际的最大辐射功率密度比辐射功率为各向同性分布时的功率密度强多少倍。这个定义不包含天线的耗散损耗,只与辐射功率的集中程度有关。

工程上通常所指的"天线增益"或"增益"严格意义上应该称为"功率增益",一般用 G 表示,简称为增益。天线的增益考虑了与天线有关的所有损耗,是将实际天线与一个无耗的并且在所有方向都具有单位增益的理想天线比较而得。天线增益 G 定义为远场距离 R 处的最大辐射功率密度 ρ_max 与同一距离上收到相同总功率无方向性理想天线辐射功率密度之比,即

$$G = \frac{\rho_\mathrm{max}}{P_0/4\pi R^2} \tag{7-10}$$

式中：P_0 为经馈线输入到天线上的功率。

上述天线增益意味着辐射的最大值,而实际上增益也常作为角度函数来讨论。而天线方向图描述了增益和角度的函数关系,且将增益归一化为 1。或者说,天线方向图描述了"相对增益",以最大增益为参考值,其他各个方向上的值都取为与参考值的比值。

若已知天线最大增益 G 和天线方向图 $F(\alpha,\beta)$,则可以很方便地获得天线在某个方向 (α,β) 上的增益为

$$G(\alpha,\beta) = G \cdot F^2(\alpha,\beta) \tag{7-11}$$

习惯上,天线方向图用 dB 表示,则最大增益处为 0dB,其他角度均为负值。

天线理论分析表明,其有效孔径 A_e 与天线增益 G 之间具有以下关系：

$$A_\mathrm{e} = \frac{G\lambda^2}{4\pi} \tag{7-12}$$

显然,波长一定时,有效孔径 A_e 与天线增益 G 成正比,天线有效孔径越大,天线增益越大。因此很多情况下,天线的接收能力也用天线增益表示。根据收、发天线的互易定理,一部天线如果不含非互易器件,那么它发射或接收具有相同的性能。因此,同一部天线一般按照发射增益和接收增益相等来处理。对空警戒/引导雷达天线增益通常在 30～40dB 量级。

3. 天线方向图与主瓣宽度

天线的方向图由一些"花瓣"似的包络组成,"花瓣"的形状即天线波束形状(天线波束的扫描使雷达在空间上形成一定的覆盖)。这些"花瓣"包含最大辐射方向的为主瓣,与主瓣相关的重要指标,即主瓣宽度。

主瓣宽度为方向图主瓣所占据的角度范围,工程上常用 3dB 波束宽度来定义,即功率降到波束中心功率 1/2 处,或相对电压下降至 0.707 处时所对应点之间的波束宽度,记为 θ_3dB,天线波束宽度如图 7-5 所示。波束通常是不对称的,因此通常要区分方位波束宽度(或水平波束宽度)和俯仰波束宽度(或垂直波束宽度)。

3dB 波束宽度主要取决于天线口径面尺寸,近似满足基本关系：

$$\theta_\mathrm{3dB} \approx 0.89 \frac{\lambda}{L} \tag{7-13}$$

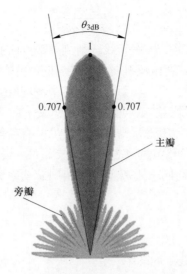

图 7-5　天线波束宽度示意图

式中：θ_{3dB} 的单位为弧度；L 为天线沿某一维方向的尺寸；λ 为波长。可见，天线尺寸（或孔径）越大，θ_{3dB} 宽度越窄，天线方向性越好。式（7-13）只是一个估算公式，实际天线 3dB 波束宽度与天线的形式及馈电分布有关。

根据式（7-12）以及式（7-13），可得到天线增益与波束宽度之间存在以下近似关系：

$$G \approx \frac{33000}{\alpha_{3dB}(°)\beta_{3dB}(°)} \tag{7-14}$$

式中：α_{3dB} 和 β_{3dB} 分别为主平面内的方位和俯仰 3dB 波束宽度（°）。例如：$1° \times 1°$ 针状波束的天线增益为 45dB，$1° \times 2°$ 波束时对应的天线增益约为 42dB。但这一关系不适用于赋型波束。

对空警戒/引导雷达方位波束宽度典型值为 $1° \sim 3°$，若俯仰面采用赋形波束，则俯仰波束宽度典型值为 $10° \sim 20°$。对于采用针状波束的三坐标雷达，其俯仰波束宽度通常与方位波束宽度相当。

4. 天线方向图与旁瓣电平

主瓣区域以外，天线辐射方向图常由大量较小的波瓣组成，统称为旁瓣（或副瓣）。雷达辐射的大部分能量集中在主瓣，余下能量分布在旁瓣。

旁瓣的高低用旁瓣电平来描述。旁瓣电平，指旁瓣峰值与主瓣峰值的比值，通常用分贝表示。在所有旁瓣中，电平最高的旁瓣称为最大旁瓣。最靠近主瓣的旁瓣称为第一旁瓣，通常第一旁瓣的电平最大。

雷达系统的很多问题可能源于旁瓣，发射时，旁瓣表示功率的浪费，即辐射能量照射到其他方向而不是预期的主波束方向；接收时，旁瓣使得能量从不希望的方向进入雷达系统。因此，通常希望旁瓣越低越好。为了降低旁瓣电平必须采用非等幅口径场分布，这必然导致天线口径利用效率的下降。对给定的天线增益，这意味着必须采用较大的天线孔径；反之，对给定的天线物理尺寸，较低的旁瓣意味着较低的增益和相应较宽的波束宽度。对空警戒/引导雷达天线最大旁瓣电平典型值为 $-25 \sim -35$dB。

5. 天线波束形状与扫描方式

雷达波束通常以一定的方式依次照射给定空域,进行目标探测和参数测量。雷达天线波束需要通过扫描来覆盖给定空域。

1) 波束形状与空域覆盖方法

不同用途的雷达,其所用的天线波束形状不同,扫描方式也不同。两种常用的基本波束形状为扇形波束和针状波束(又称为笔形波束)。

扇形波束的方位 3dB 波束宽度和俯仰 3dB 波束宽度有较大差别,主要扫描方式是圆周扫描和扇扫。

当波束进行圆周扫描时,波束在水平面内作 360° 圆周运动,如图 7-6 所示。可观察雷达周围目标并测定其距离和方位角坐标。所用波束通常在水平面内很窄,故方位角有较高的分辨率和测角精度;垂直面内很宽,以保证监视较大的俯仰角空域。地面对空警戒/引导雷达垂直面内的波束形状通常做成余割平方形,这样功率利用比较合理,使同一高度不同距离目标的回波强度基本相同。

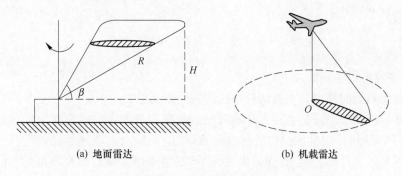

(a) 地面雷达　　　　　　　　　(b) 机载雷达

图 7-6　扇形波束圆周扫描

由 4.1 节可知,雷达回波功率为

$$P_r = K_2 \frac{G^2}{R^4} \tag{7-15}$$

式中:G 为天线增益;R 为目标与雷达之间的距离;K_2 为雷达方程中其他参数决定的常数。如图 7-6(a) 所示,若目标高度为 H,俯仰角为 β,忽略地球曲率,则 $R = H/\sin\beta = H\csc\beta$,代入式(7-15)得

$$P_r = K_2 \frac{1}{H^4} \frac{G^2}{\csc^4\beta} \tag{7-16}$$

若目标高度一定,要保持 P_r 不变,则要求 $G/\csc^2\beta = K$ (常数),故

$$G = K \csc^2\beta \tag{7-17}$$

即天线增益 $G(\beta)$ 为余割平方形。

当对某一区域需要特别仔细观察时,波束可在所需方位角范围内往返运动,即做扇形扫描。

另外,测高雷达通常采用波束宽度在垂直(俯仰)面内很窄而水平(方位)面内很宽的扇形波束,故俯仰角有较高的分辨率和测角精度。在雷达工作时,波束可在水平面内作缓慢圆周运动,同时在一定的俯仰角范围内做快速扇扫(点头式)。

针状波束在水平面和垂直面的波束宽度都很窄。采用针状波束可同时测量目标的距离、方位角和俯仰角,且方位角和俯仰角两者的分辨率和测角精度都较高。其主要缺点是因波束窄,扫描完一定空域所需的时间较长,即雷达的搜索能力较差。

根据雷达的不同用途,针状波束的扫描方式很多,几种典型扫描方式如图7-7所示。图7-7(a)为螺旋扫描,在方位角上圆周快扫描,同时俯仰角上缓慢上升,到顶点后迅速降到起点并重新开始扫描;图7-7(b)为分行扫描,方位角上快扫,俯仰角上慢扫;图7-7(c)为锯齿扫描,俯仰角上快扫而方位角上缓慢移动。

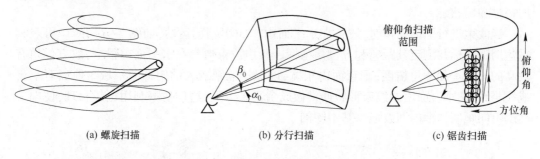

(a) 螺旋扫描　　　　(b) 分行扫描　　　　(c) 锯齿扫描

图7-7　针状波束几种典型扫描方式

2) 实现波束扫描基本方法

实现波束扫描的基本方法有两种:机械扫描和电扫描。

利用整个天线系统或其某一部分的机械运动来实现波束扫描的称为机械扫描(详见7.6节天线伺服控制)。机械扫描的优点是简单,主要缺点是机械运动惯性大,扫描速度不高。近年来高速目标、弹道导弹的出现,要求雷达采用高增益极窄波束,因此天线口径面往往做得非常庞大,又常要求扫描波束的速度很快,所以用机械方法实现波束扫描无法满足要求,必须采用电扫描。

电扫描时,天线阵面不必做机械运动。因为无机械惯性限制,扫描速度可以大大提高,波束控制迅速灵活,故这种方法特别适合要求波束快速扫描及巨型天线的雷达中。电扫描的主要缺点是扫描过程中波束宽度将展宽,因此天线增益也要降低,所以扫描的角度范围有一定的限制。另外,天线系统一般比较复杂。根据实现技术的不同,电扫描又主要分为相位扫描法和频率扫描法。相位扫描法是在阵列天线上采用控制移相器相移量的方法来改变各阵元的激励相位(详见7.5.3小节)。阵列的最大辐射方向(主瓣方向)是指所有辐射单元来的波都同相的方向。如果所有发射波的相位都一样,最大辐射方向就垂直于阵列平面。但是,如果从一个单元到下一个单元相位不断地偏移,最大辐射方向也将相应地偏移。因此,通过对各个辐射单元进行适当的移相,波束可以在相当大的立体角范围内移动到任何需要的方向上去。频率扫描是在直线阵列上实现的,通过改变输入信号的频率而改变相邻阵元之间的相位差,从而实现波束扫描。根据应用的情况,电扫描可以在一维或二维上进行。此外,电扫描还可以和机械扫描结合起来。

6. 馈线电压驻波比

电压驻波比 ρ 是用来描述传输线上驻波大小的参数,在介绍这个概念以前,先说明两个基本概念:一是什么是传输线,二是均匀无耗传输线的工作状态。

传输线是指传输电磁波的导线,按照传输线的几何长度与所传输电磁波的波长比值,可分为长线和短线。工程上,将其比值大于 0.1 的传输线视为长线,其比值小于 0.1 的传输线视为短线。长线和短线上电压分布如图 7-8 所示。由该图可见,1m 传输线上传输 50Hz 和 300MHz 信号时,长线上电压的波动现象明显,而短线上波动现象可忽略。由此可见,长线沿线电压和电流呈波动性,导体内电流向表面集中,是分布参数电路。短线沿线电压和电流基本恒定,导体内电流分布均匀,是集中参数电路。通常雷达传输线中传播的都是微波电磁波信号,因此属于长线。

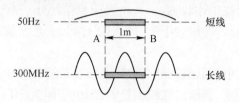

图 7-8　长线和短线上电压分布示意图

按照电磁波在传输线上传播时的反射情况区分,传输线上存在三种工作状态,即行波、驻波和行驻波状态。行波是指一直向前行进的波,驻波是指只振动不传播的波,行波和驻波如图 7-9 所示。

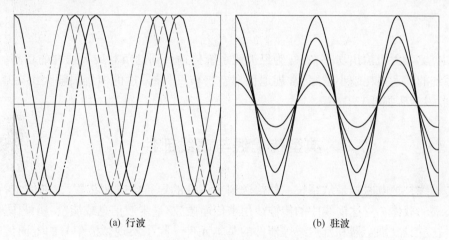

(a) 行波　　　　　　　　　　　(b) 驻波

图 7-9　行波和驻波示意图

行波状态是指传输线只有入射波而不存在反射波的情况。当传输线的特性阻抗和负载阻抗匹配时,则传输线工作于行波状态,此时可认为信号源输出的功率全部被负载吸收,即行波状态能最有效地传输功率。

驻波状态是指传输线上将产生全反射,反射波与入射波幅度相等,负载完全不吸收传输功率。当传输线的终端短路、开路或接纯电抗负载时,则传输线会出现驻波状态。

当传输线的特性阻抗和负载阻抗不匹配或传输线的终端不出现短路、开路或接纯电抗负载时,则传输线工作于行驻波状态。

通常用反射系数 Γ 表示传输线上反射波与入射波的电压比,即

$$\Gamma = \frac{|U_{\text{反}}|}{|U_{\text{入}}|} \tag{7-18}$$

式中：$U_\text{入}$ 为入射波电压；$U_\text{反}$ 为反射波电压。Γ 的大小取决于传输线终端负载匹配情况。

电压驻波比 ρ 定义为传输线上电压最大值 $|V|_\text{max}$ 与电压最小值 $|V|_\text{min}$ 之比，即

$$\rho = \frac{|V|_\text{max}}{|V|_\text{min}} = \frac{1 + \Gamma}{1 - \Gamma} \tag{7-19}$$

式中：Γ 为传输线上的反射系数，取决于传输线终端负载匹配情况。从能量传输的角度看，反射系数越小越好。电压驻波比反映了传输线所处的工作状态，$\rho = 1$ 表示传输线处于无反射工作状态，即行波工作状态；$\rho = \infty$ 表示传输线处于全反射工作状态，即驻波工作状态；$1 < \rho < \infty$ 表示传输线处于部分反射工作状态，且 ρ 值越大反射越强，即行驻波工作状态。

对于雷达系统而言，电压驻波比越高意味着馈线系统反射能量越强，能量传输的效率越低，影响雷达的探测距离。此外，驻波比过大，即由于阻抗不匹配而从天线处反射回的能量经由收发开关进入发射机或接收机，将烧毁发射机的放大器或接收前端（如低噪声放大器）。实际雷达装备中对电压驻波比的要求通常在 $1.5 \sim 2\text{dB}$。

7. 馈线插入损耗

插入损耗是指传输链路插入前后负载或终端所收到功率的损耗，以插入前后功率比值表示，即

$$L = \frac{P_0}{P_\text{out}} \tag{7-20}$$

式中：P_0 为发射机输出功率；P_out 为经馈线系统传输后到达负载或天线端的功率。显然馈线系统的插入损耗越小越好，常规地面对空警戒/引导雷达的馈线损耗大约在 $4 \sim 6\text{dB}$（包含收发双程损耗）。

7.3　典型传输线与馈线部件

传输线是把电磁能量从系统一处传送到另一处的导行电磁波装置，是能够支持电磁能量传播的载体。雷达馈线中的传输线用来传递微波/毫米波信息或能量，还可作为滤波器、阻抗变换器、耦合器和延迟线等器件的基本元件。除了实现微波信号的定向传输外，雷达馈线系统还需要对信号进行隔离、分配、耦合、限幅等诸多变换及处理，因此雷达馈线系统通常还包括一系列射频部件，包括收发开关、旋转铰链和定向耦合器等。

7.3.1　传输线

传输线的种类繁多，按传输线上导行的电磁波形式，大致可分为三类，如下：

（1）横电磁波传输线（传输 TEM 波，又称为横电磁波，即电磁波的电场、磁场和传播方向相互垂直），如双导线、同轴线、带状线、微带（准 TEM 波）等，它们属于双导线系统。

（2）波导传输线（传输 TE 波和 TM 波；TE 波又称为横电波，即电磁波的电场与传播方向垂直，而磁场与传播方向不垂直；TM 波又称为横磁波，即电磁波的磁场与传播方向垂直，而电场与传播方向不垂直。），如矩形、圆形、脊形和椭圆形波导等，它们属于单导线系统。

（3）表面波传输线，如介质波导、共面波导、槽线等，其传输模一般为混合波型。

对不同频段雷达要选用不同的传输线结构,这是因为平行双线的辐射损耗和欧姆损耗随频率的升高而增大,所以多用于米波波段;在分米波波段时就采用无辐射损耗的同轴线;而在厘米波波段和毫米波波段,同轴线的介质损耗和内导体的欧姆损耗加剧,传输功率也受到限制,因此多采用没有内导体的空心波导,如矩形波导、圆波导等。

1. 同轴线

同轴线的频带很宽,可在短波乃至毫米波范围内广泛用作传输线。但随着工作频率的升高,同轴线介质损耗和内导体的欧姆损耗增大,所以一般用在米波波段和分米波波段。

同轴线是一种由内、外导体构成的双导线传输线,最常用的是圆同轴线,其结构如图 7-10 所示,由两个同心的金属圆导体组成,其间用绝缘物体支撑,保证同心及隔开,内、外导体半径分别为 a 和 b,电磁波就在内、外导体间传播,所以没有电磁波辐射出去。同轴线分为软同轴线和硬同轴线两种,软同轴线又称为同轴电缆,其外导体是由金属丝编成的网状套管,内外导体之间一般用高频介质填充;硬同轴线的内外导体都是硬金属管,内外导体之间通常以空气为介质,内导体固定在绝缘支架上。同轴线外导体通常直接接地,电磁波被限制在内导体和外导体之间传输,故可最大限度地降低辐射损耗,也屏蔽了外界电磁场的干扰。

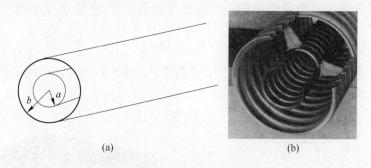

(a)　　　　　　(b)

图 7-10　同轴线结构示意图

同轴线中存在一系列波型。TEM 波是同轴线中的基本波型,称为主模,其截止频率 $f_c = 0$,其余的波型(TE 波和 TM 波)统称为高次模。在几乎所有的实际应用中,同轴线都要求工作在主模。为了避免高次模出现,保证 TEM 波单模传输,工作波长与同轴线尺寸的关系应满足

$$\lambda > \pi(a+b) \tag{7-21}$$

即随着波长的缩短不得不减小同轴线导体的尺寸,但同轴线尺寸的减小将使得传输功率容量下降。

同轴线的特性阻抗为

$$Z_0 = 60\sqrt{\frac{\mu_r}{\varepsilon_r}}\ln\frac{b}{a} \tag{7-22}$$

式中:μ_r、ε_r 分别为电介质的相对磁导率和相对介电常数。

同轴线所能承受的最大峰值功率为

$$P_c = \sqrt{\varepsilon_r}\,\frac{a^2 E_c^2}{120}\ln\frac{b}{a} \tag{7-23}$$

式中：E_c 为介质的击穿电场强度。

当 $b/a = e \approx 2.72$ 时，固定外导体半径的同轴线达到最大耐压值，填充大气条件下的特性阻抗为 $Z_0 \approx 60\Omega$；当满足 $b/a = e^{1/2} \approx 1.65$ 时，同轴线中传输的功率可达到最大值，填充大气条件下的特性阻抗为 $Z_0 \approx 30\Omega$；当 $b/a \approx 3.59$ 时，同轴线的导体损耗达最小，同样填充大气条件下的特性阻抗为 $Z_0 \approx 76.7\Omega$。

获得最大功率和最小衰减的条件是不一致的，在对两者都有要求的情况下，一般考虑折中的办法。例如：取 $b/a = 2.3$，此时衰减比最佳情况约大 10%，功率容量比最大值约小 15%，相应的特性阻抗为 50Ω。通常同轴线的特性阻抗选用 50Ω 和 75Ω 两个标准值，前者考虑的主要是损耗小，后者兼顾了损耗和功率容量的要求。具有同样的截止波长时，50Ω 同轴线的内导体直径比 75Ω 同轴线要大，实际中用户根据自己的需求进行选取。为了便于准确制造，精密元器件偏重于用 50Ω 的同轴线，而 75Ω 同轴线由于衰减小，主要用于信号传输。

2. 波导

与同轴线是双导线不同，波导是由空心金属管构成的单导线系统，可认为其是抽去内导体的封闭传输线。目前最常用的是矩形波导和圆波导，多用于厘米波波段和毫米波波段。

1）矩形波导

矩形波导是横截面形状为矩形的空心金属管，如图 7-11 所示，a 和 b 分别表示波导宽边和窄边的内壁尺寸。

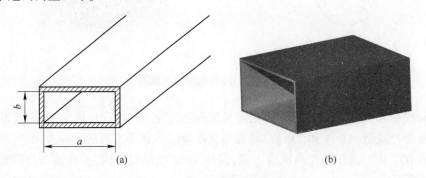

(a)   (b)

图 7-11　矩形波导结构示意图

根据电磁波传播需满足的边界条件可知，理想导体表面上，只能存在与导体表面垂直的电场以及与导体表面平行的磁场。同轴线中传输的主模是 TEM 模，横向电磁场的存在与内导体密切相关。波导中没有内导体，在金属波导中不能存在 TEM 模，但无论 TE 模还是 TM 模都能满足金属波导的边界条件，因而都能独立存在。而实际波导中究竟存在多少个模式，对于纵向均匀的波导，取决于工作频率与各模式截止频率的关系以及波导的激励方式。矩形波导中各模式传输的功率彼此独立，不发生耦合。

矩形波导中的主模是 TE_{10} 模（如果 $a > b$），其截止波长为 $2a$。为实现单一模式的传输,需满足条件 $\max(a,2b) < \lambda < 2a$,此时波导中仅有主模 TE_{10} 模传播,其他波型均截止。

TE_{10} 模的波导波长为

$$\lambda_p(\mathrm{TE}_{10}) = \frac{\lambda}{\sqrt{1-\left(\dfrac{\lambda}{2a}\right)^2}} \tag{7-24}$$

TE_{10} 模的波阻抗为

$$Z_{\mathrm{TE}_{10}} = \frac{Z}{\sqrt{1-\left(\dfrac{\lambda}{2a}\right)^2}} \tag{7-25}$$

式中:Z 为介质中的波阻抗,填充空气的条件下 $Z \approx 377\Omega$。

TE_{10} 模的最大传输功率为

$$P_{\mathrm{br}} = \frac{ab}{480\pi}E_{\mathrm{br}}^2\sqrt{1-\left(\frac{\lambda}{2a}\right)^2} \tag{7-26}$$

式中:E_{br} 为击穿场强。

实际应用中,在波导的宽边尺寸确定后,即确定了波导的工作频率范围为

$$0.95\frac{c}{a} > f > 0.625\frac{c}{a} \ \text{或}\ 1.05a < \lambda < 1.6a \tag{7-27}$$

式中:c 为光速。中心频率 f_0 及中心波长 λ_0 分别为

$$f_0 = 0.77\frac{c}{a}, \lambda_0 = 1.3a \tag{7-28}$$

一般选择波导的窄边尺寸 b 大约等于宽边尺寸 a 的一半,即 $b \approx a/2$。

2) 圆波导

圆波导由圆柱形空心金属管构成,如图 7-12 所示。圆波导与矩形波导一样,不能传输横向电磁波(TEM 波),而只能传输带有纵向分量的 TE 波或 TM 波,其主型波是 TE_{11}^0 波。圆波导中单模传输条件为

$$\frac{\lambda}{3.41} < a < \frac{\lambda}{2.62} \tag{7-29}$$

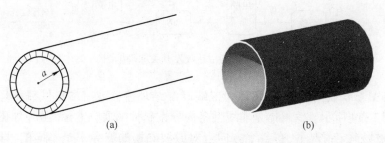

(a) (b)

图 7-12 圆波导结构示意图

在圆波导中,存在着模式简并以及极化简并问题。其主模 TE_{11}^0 模的极化简并模为

TM_{11}^0，一旦圆波导加工时出现一定的椭圆度，将会使主模的极化面发生旋转，分裂成极化简并模，所以不宜采用 TE_{11}^0 模来传输微波能量。实际应用中通常采用矩形波导而不采用圆波导做传输系统。

圆波导虽然不常用作传输系统，但是由一段圆波导构成的微波元件在微波技术中有很多用处，如圆柱形谐振腔、旋转铰链、微波管的输出窗等。

7.3.2　馈线部件

根据所需完成的功能，对空警戒/引导雷达馈线分系统的射频部件主要有收发开关、旋转铰链、定向耦合器等。

1. 收发开关

1）功能

在脉冲雷达系统中，常采用单一天线完成发射和接收的双重任务，因此在雷达的馈线部件中必须有一个天线收发转换开关（简称为收发开关），以保证在发射信号时，天线与发射机相连接，使射频能量由天线辐射出去，与此同时使接收机与发射机断开，以免发射机的大功率射频能量进入接收机，引起接收机阻塞和不必要的功率损耗，甚至因漏入接收机的功率过大而损坏接收机。另外，在接收回波信号时，需要回波能够全部进入接收机而不漏入发射机，所以，接收时收发开关要使天线与接收机连接，并与发射机断开。

2）工作原理

收发开关的基本工作原理是利用多端口微波器件不同端口之间的隔离特性来实现收发转换功能的。下面以对空警戒/引导雷达中常用的两种收发开关为例介绍其工作原理。

（1）铁氧体式收发开关。某雷达采用铁氧体收发开关原理如图 7-13 所示，包括 1 个三端口 Y 结铁氧体环流器及 3dB 电桥组合，其中 3dB 电桥组合由 2 个 3dB 电桥、2 个 PIN 开关组和 2 个吸收负载组成。

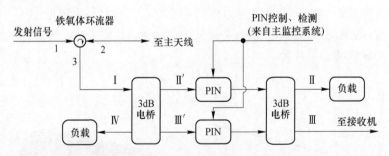

图 7-13　某雷达收发开关原理框图

三端口 Y 结铁氧体环流器，又称为三端口 Y 结环流器或三端口铁氧体环流器，其工作特性如图 7-14 所示。铁氧体是非线性各向异性磁性物质，磁导率随外加磁场而变，具有非线性；磁场恒定情况下，在各个方向上对微波磁场的磁导率是不同的，即各向异性。Y 结铁氧体环流器由互成 120°角的 Y 形板线、两块圆饼状铁氧体和永久磁铁（钡铁）构成，铁氧体上下夹住板线的芯线形成结区，永久磁铁用于提供横向偏置磁场。Y 结铁氧体环流器的工作特性如图 7-14 所示，即从端口 1 输入的功率全部从端口 2 输出，端口 1 无反射，端口 3 被隔离，以此类推。这一工作特性简记为 1→2→3→1。

170

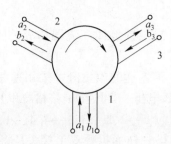

图 7-14　Y 结铁氧体环流器的工作特性示意图

图 7-13 中的 Y 结铁氧体环流器可以提供约 30dB 的隔离度,通过对 3dB 电桥组短路特性与串联特性的控制,从而在环流器端口 3 与接收机之间形成 25~55dB 的隔离度。因此,通过 Y 结铁氧体环流器和 3dB 电桥组的综合效果,可以使发射机与接收机之间形成50~80dB 的隔离度,从而保证雷达的正常工作。

3dB 电桥短路特性如图 7-15 所示,指将 3dB 电桥的 Ⅱ′、Ⅲ′端口短路后的传输特性。利用微波技术知识分析 3dB 电桥的特性可知,短路后,当信号从端口 Ⅰ 输入时将从端口Ⅳ 输出。

图 7-15　3dB 电桥的短路特性

3dB 电桥串联特性如图 7-16 所示,指将两个 3dB 电桥串联后的传输特性,同样利用微波技术知识可知,串联后,当信号从端口 Ⅰ 输入时从对角臂即端口Ⅲ输出,其他端口无输出。

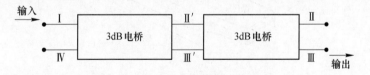

图 7-16　3dB 电桥的串联特性

在发射期间,来自发射机的大功率射频信号到达三端口 Y 结铁氧体环流器后,从 1口输入 2 口输出,然后传输至天线,但有小部分大功率射频信号从 3 口泄漏出来。监控分系统在发射时,发出的控制信号使 PIN 二极管导通,PIN 开关组呈短路状态,相应的 3dB电桥组合呈现短路特性,因此泄漏的发射信号从 Ⅰ 口输入、Ⅳ 口输出,被吸收负载吸收,避免对接收机造成损害。

在接收时,小功率的回波信号到达三端口 Y 结铁氧体环流器后,从 2 口输入 3 口输出至 3dB 电桥组合。这时来自监控系统的 PIN 控制信号使 PIN 二极管截止,故 PIN 开关呈开路状态,相应的 2 个 3dB 电桥呈串联特性,回波信号从 Ⅰ 口输入、Ⅲ 口输出,送至接收机。

　　此外,还有利用 2 个三端 Y 结铁氧体环流器构成的四端环流器,以实现收发开关功能。

　　(2) 差相移式收发开关。某雷达的收发开关采用差相移式环流器接 TR 放电管组成,其中差相移式环流器由 3dB 电桥、不可逆 90°移相器和 H 面折叠双 T 组成,如图 7-17 所示。这种环流器的信号特点为 1 →2、2 →3、3 →4、4 →1,1 口接发射机,2 口接天线,3 口接接收机,4 口接匹配负载,其中 H 面折叠双 T 接头是将魔 T 接头的两旁臂沿 H 面折弯 90°而成,如图 7-18 所示。其工作特性是,当端口 Ⅰ、Ⅱ信号等模同相输入时,端口Ⅳ (H 臂)有输出,端口Ⅲ(E 臂)无输出;当端口Ⅰ、Ⅱ信号等模反相输入时,端口Ⅲ(E 臂)有输出,端口Ⅳ(H 臂)无输出。

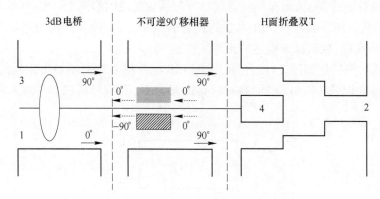

图 7-17　某雷达收发开关原理图

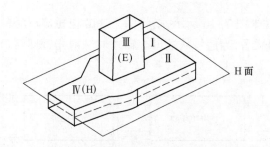

图 7-18　H 面折叠双 T 接头示意图

　　从图 7-17、图 7-18 可以看出,在发射期间,当发射信号进入端口 1 后,通过 3dB 电桥被分解成功率相等而相位相差 90°的两部分。这两部分信号经不可逆 90°移相器变为相位相等后,进入 H 面折叠双 T 并从端口 2 合成输出,在不计器件的插入损耗情况下,端口 2 输出功率等于端口 1 输入功率。在接收时,当回波信号进入端口 2 后,被折叠双 T 分成等幅同相的两个信号,它们经不可逆 90°移相器后变为幅度相等而相位相差 90°的两个信号,这两个信号经过 3dB 电桥,在端口 3 形成等幅同相的两个信号而叠加,在端口 1 则形成等幅反相的两个信号而抵消。所以从端口 2 进入的信号全部传到端口 3,而端口 1 无输出。

2. 旋转铰链

旋转铰链又称为转动铰链,其作用是保证天线在转动过程中,使上、下两部分馈线能随天线转动而产生相对转动,而且射频传输系统的转动部分与不转动部分在电气上连接良好,不会因为天线转动而影响射频传输系统的匹配状态,并能正常传送射频能量。它是机械扫描雷达中的重要部件之一,起着承上启下的枢纽作用。

如 7.3.1 小节所述,雷达馈线中传输线形式很多,有矩形波导、圆波导、同轴线等,而各种传输线中传输的电磁波波型各有不同,因此旋转铰链需要解决各种传输线间的波型转换。此外,为了保证旋转铰链在旋转过程中电磁波传输特性不发生改变,还需要各种扼流结构以确保旋转铰链机械转动过程中电气特性连续性。因此,波型转换器和扼流结构是旋转铰链的构成基础。

1) 常用的波型转换器和扼流结构

微波旋转关节波型转换器主要包括矩形波导 TE_{10} 模到同轴线 TEM 模变换、矩形波导 TE_{10} 模到圆波导 TM_{01} 模变换以及同轴线 TEM 模到同轴线 TEM 模变换等。常用的矩形波导 TE_{10} 模到同轴线 TEM 模的变换结构如图 7-19 所示,探针式同轴波导转换易达到良好的匹配,介质填充探针式、探球式可以展宽频带,门扭式一般需要通过试验方法确定其参数。

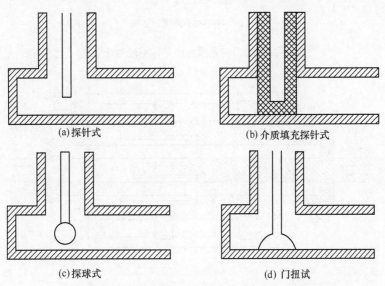

图 7-19　矩形波导 TE10 模到同轴线 TEM 模的变换结构示意图

微波旋转关节的扼流结构主要包括电容耦合、二分之一波长串联支线扼流槽及径向线扼流结构等。常用同轴线内外导体扼流槽如图 7-20 所示。

2) 单路同轴型微波旋转关节

单通道直通扼流耦合式同轴旋转关节结构如图 7-21 所示,同轴线内、外导体均采用标准扼流结构,这种旋转关节结构形式非常简单,设计时只需确保内、外导体扼流槽耦合间隙,则在倍频程的带宽内可以获得良好的电气指标。

盘式旋转关节也称为饼式旋转关节,其结构形式如图 7-22 所示。它由同轴线、内导

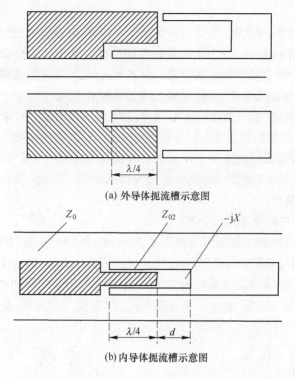

(a) 外导体扼流槽示意图

(b) 内导体扼流槽示意图

图 7-20　常用同轴线内外导体扼流槽示意图

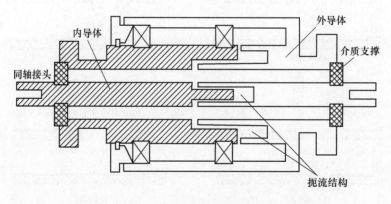

图 7-21　单通道直通扼流耦合式同轴旋转关节结构

体和腔体三个部分组成,先通过内导体把输入同轴线的 TEM 模转换成径向腔中的 TM 模,再通过同轴/径向腔垂直过渡将 TM 模转换成主同轴线中的 TEM 模。内导体终端在同轴线外导体边缘处短路,构成一个耦合环,1∶2 功率分配器的两个终端通过耦合环对称激励起 TEM 模。两点激励既可以避免高次模的产生,又可以拓宽带宽,当同轴线尺寸过大时,也常采用 1∶4 进行对称激励。

　　这种形式的旋转关节具有高度低、结构紧凑等特点,在 20% 的带宽内性能指标良好,并且可以通过多路同心堆叠来实现多通道功能。

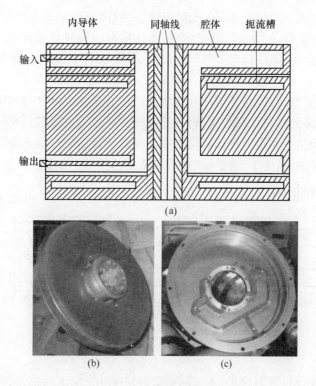

图 7-22　盘式旋转关节结构形式

3）多路旋转铰链

雷达通常采用的是多路旋转铰链,其中 1~2 路为高功率波导通道,其余为中功率或低功率同轴通道。高功率波导通道一般采用波导门钮式结构,中功率或低功率同轴通道通常采用盘式、同轴短截线或者谐振腔等多种形式。旋转铰链的整体布局常采用附路内嵌式和附路外挂式两种形式。

（1）附路内嵌式旋转铰链。附路内嵌式旋转铰链结构如图 7-23 所示,这种形式的旋转铰链是所有附路套装在主路大功率波导同轴旋转铰链中间,从主路旋转铰链同轴线外导体外部穿过。图 7-23 所示 1、2 波导支路为主路,3~5 支路为附路。

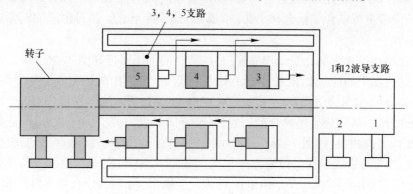

图 7-23　附路内嵌式旋转铰链结构示意图

这种旋转铰链的主要特点如下：主路同轴线外导体外径要求不能太粗，附路才能从主路同轴线外导体外面穿过，主路同轴线的直径直接影响到附路通孔的大小，对主路的功率、损耗有一定的影响；附路旋转铰链同轴线口径大，旋转铰链中心必须形成一个大孔来穿过主路同轴线。

（2）附路外挂式旋转铰链。附路外挂式旋转铰链结构如图 7-24 所示。这种形式的旋转铰链是主、附路分别设计和装配，将所有附路挂在主路旋转铰链的一侧，附路信号通过细的半刚性电缆从主通道内导体同轴线中心穿过。附路的传动是通过主路旋转铰链同轴线内导体来传动的，其中 1、2 波导支路为主路，3、4 支路为附路。

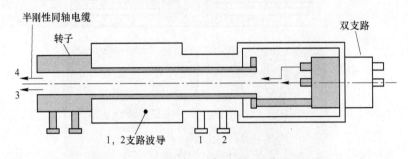

图 7-24　附路外挂式旋转铰链结构示意图

这种形式的旋转铰链的特点：主路同轴线内导体外径要求较粗，这样才能形成一个较大的通孔来穿过信号传输的半刚性同轴线。由于主路同轴线尺寸大，因此主路的功率容量较大。附路传输电缆要从主路同轴线内导体中部穿过，因此电缆尺寸有限，对附路的功率、损耗有一定影响。附路旋转铰链同轴线口径可以选择得比较小，因为只需穿过自身的细电缆即可。

通常情况下，旋转铰链中还需要集成多路汇流环和同步轮系等结构。

3. 定向耦合器

定向耦合器是一种功率分配器件，它从主传输线传输的功率中分一部分到副传输线中，并按一定方向传送，以取得不同要求的功率，用于监测。相反，当副传输线馈入一信号，它将按相同衰减并以一定的方向进入主传输线，用于系统检查。

定向耦合器从结构上来分有微带型、波导型和同轴型等形式；从耦合装置来分，有分支线耦合、微带平行耦合线耦合和小孔（槽或缝）耦合等形式。各种形式的定向耦合器如图 7-25 所示。

下面以小孔耦合为例介绍工作原理，小孔耦合的工作原理如图 7-26 所示。

小孔处主线中的能量以电场耦合和磁场耦合共同作用的方式传输至副线中，其中图 7-26(a)、(b)所示为电场耦合情况，图 7-26(c)、(d)所示为磁场耦合情况。副线中的电流有两部分：一部分是电场耦合产生的，电流方向与电力线方向一致，流向副线两端的电流 I_1 和 I_2 方向相反，如图 7-26(b)所示；另一部分是由磁场耦合产生的，根据楞次定律，电流 I_3 方向与主线中能量传输方向相反，如图 7-26(d)所示。副线中与主线传输方向相同的两部分电流相减 I_2-I_3，输出小，称为反向输出，用 $P_{反}$ 表示；与主线传输方向相反的两部分电流相加 I_1+I_3，输出大，称为正向输出，用 $P_{正}$ 表示，因此副线输出具有方向性，耦合合成情况见图 7-26(e)。

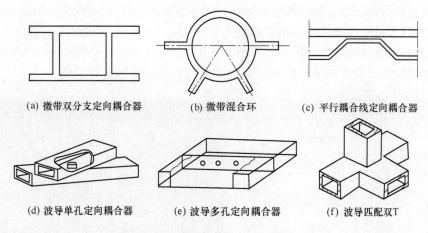

(a) 微带双分支定向耦合器　　(b) 微带混合环　　(c) 平行耦合线定向耦合器

(d) 波导单孔定向耦合器　　(e) 波导多孔定向耦合器　　(f) 波导匹配双T

图 7-25　各种形式的定向耦合器

图 7-26 所示副线中向左传输的方向称为功率传输的正方向,即耦合测试方向。该方向测得的功率反映了主线中向右传输功率的大小,而副线中向右传输的方向则接匹配吸收负载。当副线与主线方向一致时,副线中功率传输的正方向与主线中的相反,此时称为反向耦合器。实际应用中主线和副线间通常存在一定夹角,其作用是调节耦合电流的强弱,使 $I_2 - I_3$ 最小。理论上,当交叉角为 60° 时,反向输出最小,正向输出最大,即方向性最好。

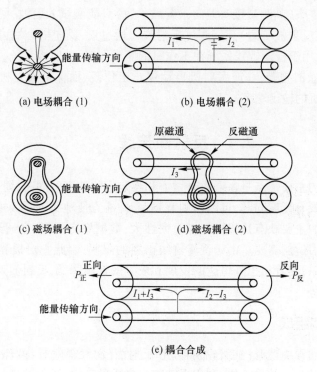

(a) 电场耦合 (1)　　(b) 电场耦合 (2)

(c) 磁场耦合 (1)　　(d) 磁场耦合 (2)

(e) 耦合合成

图 7-26　小孔耦合工作原理

　　某雷达采用的是双向定向耦合器,由两条测试同轴线与主同轴线交叉组成,其结构组成如图 7-27 所示。定向耦合器的衰减量很大,约 40~70dB,故从测试接头输出的能量很小,对射频传输系统的正常工作影响很小。其衰减量的大小主要由耦合孔的大小决定,也与两同轴线的交叉角度和调整螺钉有关,因此测试同轴线不准随便拆卸。

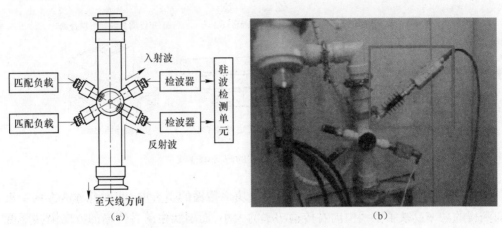

图 7-27　双向定向耦合器结构组成示意图

　　两条测试同轴线固定在主同轴线的两边,与主同轴线成大约 60°的交角,两同轴线之间有小孔耦合。测试同轴线一端接匹配负载(50Ω),另一端与发射机的驻波保护电路相连接。正向测试接头(其测试接头偏向入射波一边)只能测试入射波,同理反向测试接头(其测试接头偏向反射波一边)只能测试反射波。通过正、反向耦合端可粗略测量馈线系统的电压驻波比,用于检测馈线系统在工作时的匹配情况,送监控系统。当驻波比过大时(超过设定值)可及时报警,并使发射机自动停止工作,从而保护发射机。正向耦合端还可用于测量发射机的输出功率。

7.4　反射面天线

　　反射面天线的主要优点是在形成高增益和特定形状波束的同时,馈电简单,设计比较容易,成本较低,没有栅瓣问题,可以做到宽频带,并能方便地实现圆极化或变极化。

　　反射面天线的主要缺点是机械扫描时惯性大,数据率有限,信息通道少,不易满足自适应和多功能雷达的需要。由于受传输线击穿的限制,因此它对极高功率雷达的应用也受到限制。所以,随着相控阵雷达的发展和成本的逐步降低,反射面天线有被相控阵天线逐步取代的趋势。

7.4.1　基本组成

　　反射面天线通常由馈源(初级辐射器)和反射面(次级辐射器)两部分组成,如图 7-2 所示。其是一种准光学结构天线,利用了几何光学中的反射、折射原理。常见的馈源有喇叭、振子、裂缝及其组合和其他弱方向性天线。馈源的功能是有效地向反射面输送能量,反射面反射、汇聚这些能量并辐射到空间,反射面的聚焦作用是实现天线高方向性的关键。

馈源作为初级辐射源,其辐射特性直接决定了反射面天线的口径场分布,也就间接决定了反射面天线的空间辐射场。馈源的选择与雷达的工作频率及天线的形式有关。对于工作在 L 波段及以上频段的雷达,反射面天线的馈源常是某种形式的波导张开型喇叭;在较低频段(L 波段及以下)有时采用偶极子馈源,特别是采用偶极子线阵来实现抛物柱面反射面的馈电。某些情形用到的其他类型馈源还有波导裂缝、槽线和末端开口波导,但应用最广的还是波导张开型喇叭。

馈源必须具有的另一特性是对反射面的适当照射,即以规定的振幅分布、最小漏能和具有最小交叉极化的正确极化方式进行照射。对于简单抛物反射面天线(包括旋转抛物面和抛物柱面)而言,接收时它将入射平面波转换为中心在焦点的球面波前,因此若希望实现有方向性的天线方向图,馈源必须是点源辐射器,即在发射时必须能辐射球面波前。对于双弯曲反射面天线,其口径形状通常为矩形或椭圆形,此时馈源的选择与口径高宽比有关。当高宽比小于 1.3 时,通常选用圆锥波纹喇叭,而当口径高宽比在 1.5~2 时,为了使馈源在两个面内照射均最佳,宜选用矩形或椭圆波纹馈源。馈源还必须能够提供要求的峰值和平均功率电平,而在任何工作环境下不被击穿。

反射面天线主要形式如图 7-28 所示,包括旋转抛物面天线、垂直抛物柱面天线、水平抛物柱面天线、赋形波束反射面天线、堆积多波束反射面天线、卡塞格伦反射面天线等形式,其中卡塞格伦反射面天线属于双反射面天线,在雷达中应用较少。

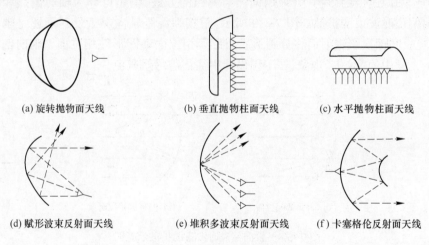

(a) 旋转抛物面天线　(b) 垂直抛物柱面天线　(c) 水平抛物柱面天线

(d) 赋形波束反射面天线　(e) 堆积多波束反射面天线　(f) 卡塞格伦反射面天线

图 7-28　反射面天线主要形式

7.4.2　基本原理

下面以馈源置于焦点的旋转抛物面天线为例来说明反射面天线的基本原理,反射面天线波束形成原理如图 7-29 所示。根据抛物线的几何特性可知,由焦点发出的射线经抛物面反射后到达过焦平面的总长度相等,并且由焦点发出的射线经抛物面反射后的反射线与焦平面轴线平行。因此,当馈源位于抛物面的焦点位置时,由焦点处馈源发出的球面波经反射面反射后将转化为平面波,抛物面开口面上的口径场为同相场,其幅度与焦点至各反射点之间的距离成反比且与馈源的方向性有关,即口径场幅度从口径中心至边缘呈递减分布(具体分析推导请参阅天线相关书籍资料),因而到达等相位面场的幅度分布是非均匀的,其口径利用效率往往低于80%。相反,当平行的电磁波沿抛物面的对称轴入射到抛物面上时,被抛物面汇聚于焦点,而且相位相同。

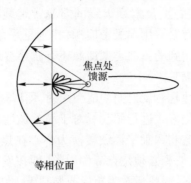

图 7-29　反射面天线波束形成原理示意图

　　实际上初级馈源是存在后辐射的,口径场也不能保持完全同相。此外,馈电设备及支杆将对抛物面的次级反射波造成一定的遮挡,抛物面存在边缘效应,因此一般抛物面天线的效率仅为40%~60%。馈源将截获一部分反射场,此部分反射场通过馈线传向收发开关,成为馈线上的反射波,从而影响馈线内的匹配。

　　为降低馈源遮挡的影响,可采用偏焦与偏照的方法,偏焦可分为轴向偏焦和横向偏焦。轴向偏焦时波束的扩散如图7-30所示,根据馈源是轴向靠近反射面还是轴向远离反射面,经反射面次级辐射后将分别形成凸形等相位面和凹形等相位面。轴向偏焦会形成类似于光学中的"散焦"现象,在工程设计中往往需尽量避免。

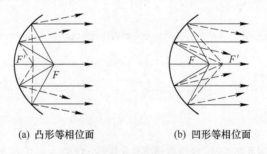

(a) 凸形等相位面　　　　(b) 凹形等相位面

图 7-30　轴向偏焦时波束的扩散示意图

　　馈源横向偏焦引起的波束指向改变如图7-31所示,横向偏焦是改变波束指向的重要方法。

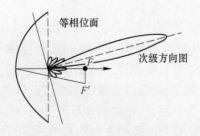

图 7-31　馈源横向偏焦引起的波束指向改变示意图

馈源偏照如图 7-32 所示。偏照是指馈源仍旧位于焦点处,将抛物面切除一部分(图 7-32 中虚线部分),使反射波不进入馈源,馈源对反射波也不形成遮挡,这种抛物面称为切割抛物面。为适应偏照情况,馈源的最大辐射方向应偏向切割抛物面的中心部位,以使切割后的口径边缘受到等强度照射。

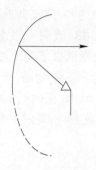

图 7-32　馈源偏照示意图

旋转抛物面天线可以形成两维聚焦的高增益笔形波束,是最早采用的雷达天线形式之一。旋转抛物面天线轴向的方向性增益为

$$G_D = \frac{4\pi A}{\lambda^2} \cdot k_A \tag{7-30}$$

式中:$A = \pi r^2$ 为其口径面的面积,r 为口径面半径;k_A 为抛物面天线总的面积利用系数,与抛物面天线截获馈源辐射总功率的效率以及口径利用效率均有关。A 随抛物面张角的增大而增大,k_A 则随抛物面张角的增大而减小。给定馈源方向性的前提下,k_A 的最大值将对应最佳张角取值,此时天线方向图的 3dB 波束宽度约为 $1.2\lambda/D$(D 为口径面直径),旁瓣电平约为-24dB。

AN/TPS-43 是美国第一部轻型可空运型采用固态技术的多波束体制三坐标雷达。天线采用抛物面反射天线,堆积喇叭馈源,如图 7-33 所示。15 个喇叭在发射时形成空间

图 7-33　AN/TPS-43 雷达天线

单一余割平方波束。接收时 15 个喇叭将所接收的回波能量由微波带状线接收矩阵汇成 6 个相互交叠的俯仰角堆积波束,覆盖俯仰角 0.5°~20°,由低向高安置,喇叭 1~2 形成俯仰角波束 1(最低);喇叭 2~3 形成俯仰角波束 2;喇叭 3~5 形成俯仰角波束 3;喇叭 4~8 形成俯仰角波束 4;喇叭 6~12 形成俯仰角波束 5;喇叭 9~15 形成俯仰角波束 6(最高俯仰角);测高则利用相邻俯仰角波束间的和、差波束采用单脉冲技术检测;6 个交叠的俯仰角波束形状可以调节。其增益由 39.2dB(波束 1)变化到 32.6dB(波束 6),喇叭堆积馈源背面还安装了一个 0.3m×0.13m 的短形偶极子阵列用作旁瓣抑制天线。

天馈线主要技术指标包括:天线类别:抛物面;极化形式:线(垂直);波束形状:余割平方、扇形;天线增益:36dB(发射)、40dB(接收);3dB 波束宽度:方位角为 1.1°、俯仰角为 20°(发射)、0.5°~8.1°(接收);波束数目:发射 1 个、接收 6 个;馈源形式:15 个喇叭垂直堆积。

7.5　阵　列　天　线

阵列天线是一类由不少于两个天线单元按一定规则排列并通过适当激励获得预定辐射特性的特殊天线。与反射面天线的连续馈电形式不同,阵列天线可对每个阵列单元独立地馈电,以实现所需的辐射特性。

阵列天线可通过调整各阵元馈电的相位使阵列因子的最大值指向给定的方向,若能连续调整各阵元馈电相位,则天线波束的指向将发生改变。用电子方法实现天线波束指向在空间扫描的天线称为电子扫描天线或电子扫描阵列天线。电子扫描天线按实现天线波束扫描的方法分为相位扫描(简称为相扫)天线和频率扫描(频扫)天线,两者均可归入相控阵天线的范畴。

因此,阵列天线的设计更为灵活方便,通过优化选择阵列单元的结构形态、排列方式和馈电幅相,可以得到单个天线难以提供的辐射特性。下面首先介绍阵列天线的基本组成,然后以一维均匀直线阵为例,详细分析阵列天线和相控阵天线的工作原理。

7.5.1　基本组成

与反射面天线不同,阵列天线由多个离散辐射单元组成。每个阵列单元均是一个基本辐射结构,在一定幅度和相位的馈电条件下直接向空间辐射电磁波。所有单元的辐射场在空间进行矢量叠加,形成最终阵列天线的辐射场。因此,阵列天线中不存在馈源,各单元馈电电流通过馈电网络或发射机直接提供。

1. 基本辐射单元

基本辐射单元是构成阵列天线的基础,也是影响阵列天线性能的重要因素之一。基本辐射单元本身就具备辐射电磁波的能力,因此其可视为一个小天线。基本辐射单元通常选择无方向性或弱方向性的单元,如对称振子、喇叭口、波导裂缝、微带等,如图 7-34(a)~(d)所示;有时根据强化方向性的需要也选择具有特定方向性的单元,如引向天线、对数周期天线等,如图 7-34(e)、(f)所示。

图 7-34(a)所示的对称振子是振子类辐射单元的最基本形式,由它衍生的辐射单元有伞形振子、折合振子、单极振子等。半波振子(振子臂长 $l = \lambda/4$)和全波振子(振子臂长

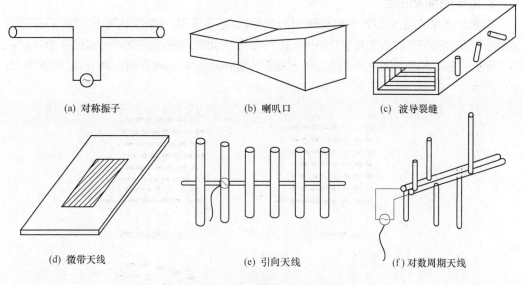

(a) 对称振子　　　　　　　(b) 喇叭口　　　　　　　(c) 波导裂缝

(d) 微带天线　　　　　　　(e) 引向天线　　　　　　(f) 对数周期天线

图 7-34　阵列天线辐射单元种类

$l = \lambda/2$)是两类应用最为广泛的振子,其 3dB 波束宽度分别为 78° 和 47.8°。由于振子单元方向图主瓣具有双叶性,因此由对称振子构成阵列天线时往往会设置反射网。

图 7-34(b)所示为喇叭口辐射单元,由逐渐张开的波导构成,它可单独作为天线使用,也可作为反射面天线的馈源或阵列天线的阵元。喇叭天线具有结构简单、馈电简便、增益高、频带宽、功率容量大、易匹配、电压驻波比低的优点,在实际中得到了广泛的应用。但需要注意的是其口径面上各点的场是不同相的,为减小对主瓣展宽、增益下降的影响,口径面最大相位差应控制在一个允许的范围内。

图 7-34(c)所示为波导裂缝辐射单元,指开在波导或谐振腔上的缝隙。半波谐振缝隙是最常用的,波导裂缝单元的辐射特性可由与其互补的对称振子得到。

图 7-34(d)所示的微带天线由敷于介质基片上的导体贴片和接地板构成,具有体积小、成本低、重量轻、容易与载体共形的特点,但其方向图近似无方向性,增益低且功率容量低。

图 7-34(e)所示的引向天线又称为八木天线,是由一个有源振子和若干个无源振子构成。无源振子位于有源振子两侧,分为反射振子和引向振子,分别起反射能量和导引能量的作用。引向天线的辐射能量集中在引向振子一侧,因此可以获得较强的方向性。一般引向天线的长度不是很大,方向系数为 10dB 左右,其效率很高,通常都在 90% 以上。为获得更高的辐射功率,有源振子通常采用折合振子形式。

如图 7-34(f)所示的对数周期天线属于非频变天线(宽带天线),对数周期天线的馈电点位于最短振子处,相邻振子间交叉馈电,最大辐射方向由长振子指向短振子端。对数周期天线的效率较高,其增益近似等于方向系数,一般在 10dB 左右。

引向天线与对数周期天线都可单独作为天线使用。对称振子、引向天线和对数周期天线主要用于米波波段及以下频段雷达中,微波频段(尤其是 C、X 及其以上频段)的阵列天线常用工作于主模的开口矩形波导、圆波导、微带贴片及矩形波导裂缝作为阵元。

2. 阵列的排列形式

离散的阵列单元可以排列成各种不同的形式,通常采用一维直线阵和二维平面阵形式,而平面阵的排列方式又可分为矩形、正三角形、六角形和随机排列等,如图 7-35(a)~(c)所示。随着相控阵技术的发展,还出现了与载体表面共形的阵列排列方式,如图 7-35(d)所示。

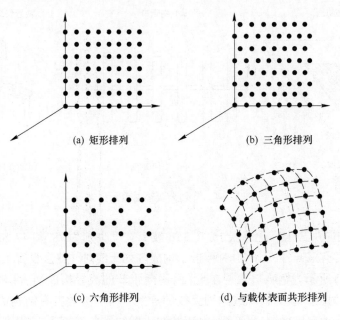

(a) 矩形排列   (b) 三角形排列

(c) 六角形排列   (d) 与载体表面共形排列

图 7-35　阵列的排列形式

7.5.2　基本原理

根据电磁场的叠加性原理,由多个离散辐射单元构成的阵列天线的空间辐射场为各阵列单元空间辐射场的叠加。

理论分析表明,由相同单元构成的阵列天线的方向性函数 $f(\alpha,\beta)$ 是单元因子与阵列因子的乘积,即满足方向性函数乘积定理:

$$f(\alpha,\beta) = f_1(\alpha,\beta) \cdot f_a(\alpha,\beta) \tag{7-31}$$

式中: $f_1(\alpha,\beta)$ 为单元因子,仅与单个天线辐射单元的形式有关; $f_a(\alpha,\beta)$ 为阵列因子,与天线阵的单元数、馈电电流分布和单元间距分布有关,而与天线辐射单元的形式无关。

辐射单元一旦选定,那么整个阵列的辐射特性则主要由阵列因子决定,下面以一维直线阵为例分析阵列因子的影响。一维均匀直线阵几何结构如图 7-36 所示。

假设有 N 个阵元沿 y 轴排列成一行,相邻阵元之间的距离相等都为 d ,各阵元馈电电流 I_n 幅度相等,相位依次相差 ξ ,即

$$I_n = I_0 e^{j(n-1)\xi}, n = 1,2,3,\cdots,N \tag{7-32}$$

设坐标原点为相位参考点,则相邻阵元在 θ 方向上的相位差为

$$\psi = \xi + \frac{2\pi}{\lambda}d\sin\theta \tag{7-33}$$

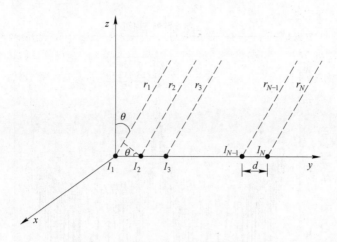

图 7-36　一维均匀直线阵几何结构示意图

上述相位差由两部分构成：一是 $2\pi d\sin\theta/\lambda$ ，是由波程差引起的相位差，称为空间相位差，随方向变化而变化；二是 ξ ，是馈电电流相位差。

根据辐射场叠加原理，可得 N 元均匀直线阵阵列因子（忽略 I_0 的影响，令其为 1）为

$$f_a(\theta) = \left| 1 + e^{j\psi} + e^{j2\psi} + \cdots + e^{j(N-1)\psi} \right| = \left| \sum_{n=0}^{N-1} e^{jn\psi} \right| \tag{7-34}$$

简化后得到：

$$f_a(\theta) = \left| \frac{\sin\dfrac{N\psi}{2}}{\sin\dfrac{\psi}{2}} \right| \tag{7-35}$$

式（7-35）中阵列因子的最大值为 N，因此归一化阵列因子为

$$F_a(\theta) = \frac{1}{N} \left| \frac{\sin\dfrac{N\psi}{2}}{\sin\dfrac{\psi}{2}} \right| \tag{7-36}$$

N 元均匀直线阵的归一化阵列因子 $F_a(\theta)$ 是 ψ 的周期函数，周期为 2π 。在每个周期内，有 1 个函数值为 1 的极大值，发生在 $\psi = 0$ 处，此时

$$\xi = -\frac{2\pi}{\lambda}d\sin\theta_M \tag{7-37}$$

式中：θ_M 是 $\psi = 0$ 对应的方向，即当线阵中各单元的馈电电流相位依次滞后 $2\pi d\sin\theta_M/\lambda$ 时，正好可被 θ_M 方向上的超前空间相位差所补偿，因此形成直线阵的最大辐射方向，对应着方向图的主瓣。可见，要改变天线阵的最大辐射方向，就要合理选择阵元的间距和馈电电流的相位分布。

归一化阵列因子方向如图 7-37 所示，包括主瓣、旁瓣。下面重点分析主瓣宽度、旁瓣电平。

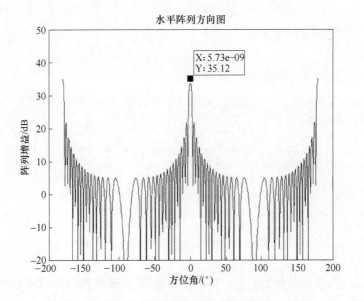

图 7-37　归一化阵列因子方向图

主瓣宽度为

$$\theta_{3\mathrm{dB}} \approx 0.89 \frac{\lambda}{Nd} \qquad (7\text{-}38)$$

具体推导如下：

$$F_\mathrm{a}(\theta) = \left| \frac{\sin \dfrac{N\psi}{2}}{N\sin \dfrac{\psi}{2}} \right| \approx \frac{\sin \dfrac{N\psi}{2}}{\dfrac{N\psi}{2}} = \mathrm{sinc}\left(\frac{N\psi}{2}\right) = \mathrm{sinc}\left[\frac{N}{2}\left(\frac{2\pi}{\lambda}d\sin\theta - \frac{2\pi}{\lambda}d\sin\theta_\mathrm{m} \right) \right] \qquad (7\text{-}39)$$

查表可知 $\mathrm{sinc}(1.392) \approx 0.707$，因此归一化阵列因子 $F_\mathrm{a}(\theta)$ 中 $N\psi/2 = 1.392$，即

$$\frac{N}{2}\left(\frac{2\pi}{\lambda}d\sin\theta_{0.5\theta_{3\mathrm{dB}}} - \frac{2\pi}{\lambda}d\sin\theta_\mathrm{M} \right) \approx 1.392 \qquad (7\text{-}40)$$

式中：$\theta_{0.5\theta_{3\mathrm{dB}}}$ 为 $\theta_{3\mathrm{dB}}$ 的一半，当 $\theta_\mathrm{M} = 0$ 时，有

$$\sin\theta_{0.5\theta_{3\mathrm{dB}}} = 0.443 \frac{\lambda}{Nd} \qquad (7\text{-}41)$$

$$\theta_{0.5\theta_{3\mathrm{dB}}} = \arcsin 0.443 \frac{\lambda}{Nd} \qquad (7\text{-}42)$$

$$\theta_{3\mathrm{dB}} = 2\theta_{0.5\theta_{3\mathrm{dB}}} = 2\arcsin 0.443 \frac{\lambda}{Nd} \approx 0.89 \frac{\lambda}{Nd} \qquad (7\text{-}43)$$

有 $(N-1)$ 个零点，发生在 $\psi_0 = 2n\pi/N (n = 1,2,\cdots,N-1)$ 处；有 $(N-2)$ 个函数值小于 1 的极大值，发生在 $\psi_\mathrm{m} = (2m+1)\pi/N (m = 1,2,\cdots,N-2)$ 处，对应着方向图的旁瓣。其第一旁瓣电平 $F_\mathrm{a}(\theta_\mathrm{FSL})$ 产生在 $m = 1$ 时，即 $\psi = 3\pi/N$，有

$$F_a(\theta_{FSL}) = \frac{1}{N}\left|\frac{1}{\sin\dfrac{\psi}{2}}\right| \approx \frac{1}{N\dfrac{\psi}{2}} \approx \frac{1}{N\dfrac{3\pi/N}{2}} \approx \frac{2}{3\pi} \tag{7-44}$$

即第一旁瓣电平值为 $20\lg F_a(\theta_{FSL}) \approx -13.4\text{dB}$ 。

另外在 $\theta \in (-\pi/2, \pi/2)$ 范围内，ψ 的变化范围为

$$\xi - \frac{2\pi}{\lambda}d\sin\theta < \psi < \xi + \frac{2\pi}{\lambda}d\sin\theta \tag{7-45}$$

随着 d/λ 的增大，可能会出现 $\psi = 2n\pi(n = \pm 1, \pm 2, \cdots)$ 的情况，在这些对应的角度方向将出现与主瓣相同辐射强度的波瓣，称为栅瓣，如图 7-38 所示。

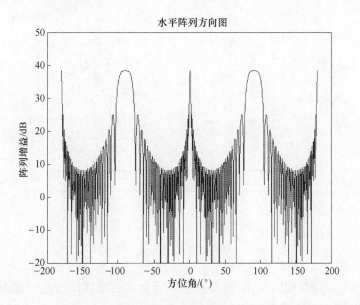

图 7-38　栅瓣示意图

栅瓣的出现是有害的，不但使能量分散，而且会造成对目标观测位置的错误判断，应予以抑制。抑制的条件是令 $\psi_{max} < 2\pi$ ，即

$$\left|\xi + \frac{2\pi}{\lambda}d\sin\theta\right|_{max} = \frac{2\pi d}{\lambda}\left|\sin\theta - \sin\theta_M\right|_{max} < 2\pi \tag{7-46}$$

从而

$$d < \frac{\lambda}{1 + |\sin\theta_M|} \tag{7-47}$$

如果不仅要求不出现栅瓣，还要求旁瓣的最大值逐个减小，则应有

$$\frac{2\pi d'}{\lambda}\left|\sin\theta - \sin\theta_M\right|_{max} < \pi \tag{7-48}$$

即

$$d' < \frac{\lambda}{2(1 + |\sin\theta_M|)} \tag{7-49}$$

上述分析未考虑构成阵列辐射单元的方向性,当阵元在栅瓣出现方向的辐射很弱时,上述限制条件可适当放宽。

7.5.3　相控阵天线基本原理

下面以一维均匀直线相控阵天线为例说明相控阵天线的工作原理,其结构如图 7-39 所示,一维直线相控阵天线具有 N 个天线单元,单元的间距为 d。该结构与图 7-36 所示的一维均匀直线阵结构相似,区别在于每个阵列单元下均接有一个可控移相器。

在分析相控阵天线方向图时,假定单元因子 $f_1(\alpha, \beta)$ 具有全向性,或者说 $f_1(\alpha, \beta)$ 主瓣足够宽,从而在天线波束扫描范围内可忽略其影响。

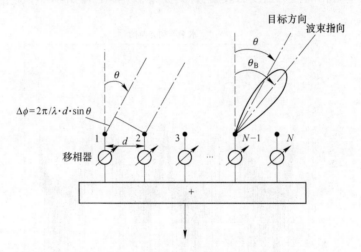

图 7-39　一维均匀直线相控阵天线结构示意图

设阵列馈电电流等幅同相,而相邻阵列单元由移相器提供的相位差为 $-\Delta\phi_B$,那么相控阵天线的归一化阵列因子为

$$F_a(\theta) = \left| \frac{\sin\dfrac{N\psi}{2}}{N\sin\dfrac{\psi}{2}} \right| \approx \left| \frac{\sin\dfrac{N\psi}{2}}{\dfrac{N\psi}{2}} \right| = \left| \frac{\sin\left[\dfrac{N}{2}\left(\dfrac{2\pi}{\lambda}d\sin\theta - \Delta\phi_B\right)\right]}{\dfrac{N}{2}\left(\dfrac{2\pi}{\lambda}d\sin\theta - \Delta\phi_B\right)} \right| \tag{7-50}$$

上述归一化阵列因子最大值 θ_B 出现在 $\psi = 0$,即

$$\theta_B = \arcsin\left(\frac{\lambda}{2\pi d}\Delta\phi_B\right) \tag{7-51}$$

相控阵天线波束最大值指向 θ_B 由相邻单元移相器所提供的相移量的差值 $\Delta\phi_B$ 决定,通过改变移相器的相移量即可实现波束指向的改变,也就是天线方向图的扫描,这就是相控阵天线的基本原理。

相控阵天线的半功率波束宽度 θ_{3dB} 表示如下:

$$\theta_{3dB} \approx \frac{1}{\cos\theta_B} \cdot \frac{0.89\lambda}{Nd} (\text{rad}) \tag{7-52}$$

或

$$\theta_{3\mathrm{dB}} \approx \frac{1}{\cos\theta_\mathrm{B}} \cdot \frac{51\lambda}{Nd}(°) \tag{7-53}$$

由式(7-52)和式(7-53)可见,相控阵天线波束的 3dB 宽度与天线波束扫描角 θ_B 的余弦成反比,扫描角 θ_B 越大,波束半功率点宽度越宽;当 $\theta_\mathrm{B} = 60°$ 时,波束宽度将展宽为阵列法线方向的 2 倍。波束指向为 60°时,阵列天线方向如图 7-40 所示。与图 7-37 相比其增益下降了 3dB,这是因为扫描至 θ_B 角度时,阵列的尺寸 Nd 等效缩短为 $Nd\cos\theta_\mathrm{B}$。因此,当 θ_B 较大时,天线增益下降很大,这也是相控阵天线扫描范围受限的重要原因。

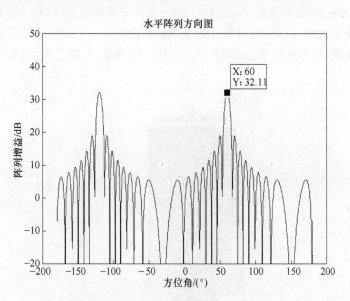

图 7-40　$\theta_\mathrm{B} = 60°$ 时阵列天线方向图

天线的第 q 个旁瓣的位置为

$$\sin\theta_\mathrm{q} = \frac{\lambda}{2\pi d}\left[\frac{(2q + 1)\pi}{N} + \Delta\phi_\mathrm{B}\right] \tag{7-54}$$

对应的旁瓣电平为

$$F_\mathrm{a}(\theta_\mathrm{q}) = \frac{1}{\dfrac{2q + 1}{2}\pi} \tag{7-55}$$

当 $q = 1$ 时,均匀分布的一维直线相控阵的第一旁瓣电平为

$$F_\mathrm{a}(\theta_1) = \frac{2}{3\pi} \qquad (-13.4\mathrm{dB}) \tag{7-56}$$

当 $q = 2$,第二旁瓣电平为

$$F_\mathrm{a}(\theta_2) = \frac{2}{5\pi} \qquad (-17.9\mathrm{dB}) \tag{7-57}$$

相控阵天线同样存在栅瓣问题,在波束扫描到 $\theta_{\max}$ 时仍不出现栅瓣的条件为

$$d < \frac{\lambda}{1 + |\sin\theta_{\max}|} \tag{7-58}$$

由此可得天线波束扫描角 θ_{max} 越大,单元间距就应越小。

二维平面相控阵天线工作原理的推导可参阅《相控阵雷达原理》(张光义著)等相关资料。

AN/TPS-59 雷达是美国通用电气公司(后并入洛克希德·马丁公司)于 1972 年根据美海军陆战队的合同研制的 L 频段、全固态平面相控阵(机-相扫)雷达,主要功用是远程对空监视和引导拦截,其天线如图 7-41 所示。

天馈线主要技术指标包括:天线类别:平面相控阵(方位角机扫,俯仰角相扫);天线尺寸:9.1m×4.9m;天线单元数:54×24 = 1296(个)、有源单元数 1188 个;波束形状:笔形波束;方位角波束宽度:3.4°;俯仰角波束宽度(单脉冲):1.7°;俯仰角波束宽度(低俯仰角):1.4°;波束数:1;旁瓣电平:-55dB;天线增益:38.9dB;馈源形式:列馈网络。

图 7-41　AN/TPS-59 雷达天线

7.6　天线伺服控制

伺服是拉丁语 servo 的音译,意思是机器像奴隶一样按主人的命令完成工作。天线伺服控制是保证和控制设备按照人们预置的指令运动的装置,主要是指设备按照指令沿着方位或俯仰方向转动或运动的控制分系统,是自动控制系统的一个分支。下面重点介绍天线伺服分系统的功能与组成,以及三种典型的天线驱动和方位编码方式。

7.6.1　功能与组成

常见的雷达伺服控制分系统有机械式伺服系统和电机式伺服系统。机械式伺服系统主要是液压伺服系统,当前主要用于雷达天线的自动调平和翻转/举升;电机式伺服系统主要是指以电机作为执行元件的伺服系统,主要用于雷达天线的平面转动控制、俯仰角控制以及显示器扫描基线的随动控制。换句话说,雷达伺服控制分系统是控制雷达天线自动架设撤收、自动调平、极化控制、天线驱动控制并能输出方位信息的机械电气和液压一体化设备,其主要功能如下:

(1) 天线自动架设,实现天线从运输状态进入到规定精度的工作状态;

(2) 自动调平,使天线方位回转面处在相对水平面内;

(3) 天线极化控制,使天线按给定极化方式工作,如水平极化、垂直极化、圆极化或椭圆极化等;

(4) 天线驱动,使天线按每分钟 3、4、5、6 等转速转动并控制切换;

(5) 天线方位信息输出,同步机或旋转变压器随着天线同步旋转,输出带有天线转角信息的交流电压,送至方位控制器,产生各种所需要的方位信息;

(6) 天线自动撤收,实现天线从工作状态收拢到运输状态。

雷达伺服控制分系统的基本组成如图 7-42 所示,主要由天线控制子系统、方位编码子系统、翻转/举升控制子系统、调平控制子系统、极化控制子系统、减速箱、转台等组成,其中转台通常安装有电汇流环、旋转铰链等。天线控制子系统用于完成天线驱动;方位编码子系统用于完成天线方位信息输出;翻转/举升控制子系统用于完成天线自动展开/撤收;调平控制子系统完成转台自动调平;极化控制子系统完成天线极化方式的控制与调节,减速箱将电机转速降为天线转速,并增大转动力矩。

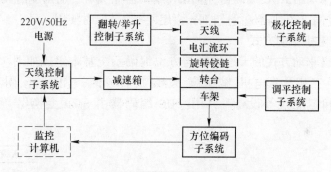

图 7-42 雷达伺服控制分系统的基本组成框图

7.6.2 天线控制与方位编码

目前,按驱动电机的类型划分,雷达常用的天线控制与方位编码系统主要有三种实现方式,分别是直流电机驱动、三相异步电机驱动、交流伺服电机驱动,下面分别简要介绍这三种实现方式的典型组成与工作过程。

1. 直流电机驱动方式

直流电机驱动方式的天线控制与方位编码系统基本组成如图 7-43 所示,主要包括直流伺服驱动器、直流电机、减速箱、天线、旋转铰链、电汇流环、正余弦旋转变压器、RDC 编码器、伺服控制器和定北仪等设备。其中:直流伺服驱动器主要由整流器和控制单元组成;RDC 编码器由解码器、VCO 等组成。

天线控制主要完成对天线转动的控制,监控分系统发出天线转速和转向等控制指令给伺服控制器,由伺服控制器转换为电信号控制直流伺服驱动器的电压,从而驱动直流电

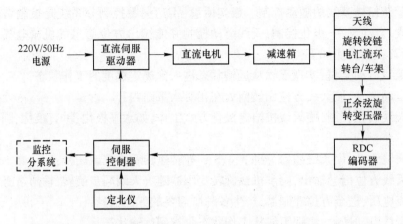

图 7-43　直流电机驱动方式的天线控制与方位编码系统基本组成框图

机按给定转速和转向旋转,带动减速箱和转台驱动天线转动。转动铰链和电汇流环主要用于完成天线所需的微波信号和电信号的传输任务。

方位编码主要用于实时输出雷达天线方位角信息给监控分系统,以指示雷达 PPI 显示器上基线的转动。正余弦旋转变压器与天线转台直接相连,并将天线转动角度信息以正余弦电压形式输入给 RDC 编码器,由 RDC 编码器完成对转动角度的数字编码,并由定北仪修正后,通过伺服控制器送给监控分系统供参数录取时使用。

2. 三相异步电机驱动方式

三相异步电机驱动方式的天线控制与方位编码系统基本组成如图 7-44 所示,主要包括变频调速器、三相异步电机、减速箱、天线、旋转铰链、电汇流环、同步机、SDC 编码器、伺服控制器和定北仪等设备。其中:SDC 编码器由 Scott 变换器、解码器、VCO 等组成。

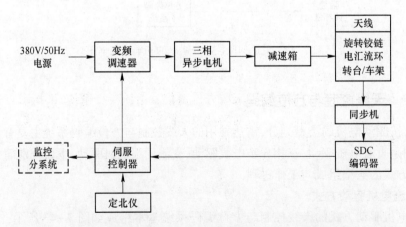

图 7-44　三相异步电机驱动方式的天线控制与方位编码系统基本组成框图

天线控制主要完成对天线转动的控制,监控分系统发出天线转速和转向等控制指令给伺服控制器,由伺服控制器转换为电信号控制变频调速器的频率,从而驱动三相异步电机按给定转速和转向旋转,带动减速箱和转台驱动天线转动。其中变频调速器主要由整流器和逆变单元组成。转动铰链和电汇流环主要用于完成天线所需的微波信号和电信号的传输任务。

方位编码主要用于实时输出雷达天线方位角信息给监控分系统,以指示雷达 PPI 显示器上基线的转动。同步机与天线转台直接相连,并将天线转动角度信息以三相电幅度调制信息形式输入给 SDC 编码器,由 SDC 编码器完成对转动角度的数字编码,并由定北仪修正后,通过伺服控制器送给监控分系统供参数录取时使用。

3. 交流伺服电机驱动方式

交流伺服电机驱动方式的天线控制与方位编码系统基本组成如图 7-45 所示,主要包括交流伺服驱动器、交流伺服电机、减速箱、天线、旋转铰链、电汇流环、光电编码器、伺服控制器和定北仪等设备。其中:交流伺服驱动器主要由变频器和控制单元组成。

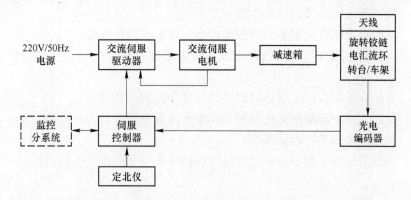

图 7-45 交流伺服电机驱动方式的天线控制与方位编码系统基本组成框图

天线控制主要完成对天线转动的控制,监控分系统发出天线转速和转向等控制指令给伺服控制器,由伺服控制器转换为电信号控制交流伺服驱动器中的变频调速器的频率,从而驱动三相异步电机按给定转速和转向旋转,带动减速箱和转台驱动天线转动。同时,交流伺服电机输出实时转速电信号给交流伺服驱动器中的控制单元,完成对交流伺服驱动器中变频调速器频率的控制,从而完成交流子闭环控制。转动铰链和电汇流环主要用于完成天线所需的微波信号和电信号的传输任务。

方位编码主要用于实时输出雷达天线方位角信息给监控分系统,以指示雷达 PPI 显示器上基线的转动。光电编码器完成对转动角度的数字编码,并由定北仪修正后,通过伺服控制器送给监控分系统供参数录取时使用。

思考题

7-1 简述天线孔径与增益、主瓣宽度和旁瓣电平之间的相互制约关系。

7-2 试分析天线技术指标对雷达战术性能的影响。

7-3 雷达对馈线分系统的基本要求有哪些?

7-4 雷达天线的波束扫描方式有哪些?波束扫描方式与天线结构形式的选择有何关系?

7-5　当天线俯仰角增益随俯仰角 β 的余割平方变化时（$G_0\csc^2\beta$），证明地面雷达所接收到在完全导电平坦地球上方以恒定高度飞行飞机的回波信号功率 P_r 与距离 R 无关。

7-6　简要分析两坐标对空警戒/引导雷达对天线形式及指标的要求及依据。

7-7　简要分析三坐标对空警戒/引导雷达对天线形式及指标的要求及依据。

7-8　反射面天线与阵列天线在馈线分系统组成上的主要区别有哪些？

7-9　雷达系统主要依据哪些指标要求选择传输线形式及尺寸？

7-10　收发开关在雷达系统中的作用是什么？主要包括哪些构成形式？

7-11　试分析图 7-17 所示收发开关的工作原理。

7-12　旋转铰链在雷达系统中的作用是什么？主要包括哪些结构形式？

7-13　简述小孔耦合基本工作原理。

7-14　反射面天线对馈源的基本要求有哪些？

7-15　反射面天线波束赋形的原因是什么？基本原理是什么？

7-16　反射面天线与阵列天线在组成及波束形成原理上的主要区别是什么？各自分别有哪些特点？

7-17　相控阵天线应用于雷达时的优势与劣势分别是什么？

7-18　阵列天线中栅瓣产生的原因及抑制方法分别是什么？

7-19　雷达伺服的功能包括哪些？

7-20　典型雷达伺服控制分系统的组成包括哪些？并简述其工作过程。

第8章 雷达接收机

从整个雷达系统的结构来看,雷达接收机处于回波信号接收处理的关键位置。一方面,需要将雷达天线接收到的微弱回波信号进行处理,在保留目标信息的基础上,最大限度地抑制无用干扰;另一方面,需要为后续信号处理和数据处理做准备,将信号转换成需要的形式。本章首先介绍雷达接收机的主要功能、基本组成和主要技术指标;然后依次分析雷达接收机主电路、辅助电路、I/Q正交鉴相电路的功能、特点和工作原理;最后为了适应现代雷达系统发展,简要介绍有源相控阵雷达的关键部件T/R组件。

8.1 雷达接收机的功能与组成

在雷达接收机的发展过程中,曾出现过超再生式接收机、晶体视频接收机和调谐式射频接收机。随着超外差式接收机的出现,先利用混频器将射频回波信号变换成频率较低的中频回波信号,再利用多级固定调谐的中频放大器对中频回波信号进行充分放大,这种处理方式既保证了接收机具备较高的灵敏度、足够的放大量和适当的通频带,又能稳定地工作,在雷达系统中得到了广泛应用。

8.1.1 主要功能

雷达接收机的主要作用是放大和处理雷达回波,并在有用的回波和无用的干扰之间以获得最大鉴别率的方式对回波进行滤波。这里的干扰不仅包含雷达接收机自身产生的噪声,而且可能包含2.4节、2.5节描述的各种杂波和干扰。这里要说明的是,对于不同用途的雷达,有用回波和杂波是相对的。一般来讲,雷达探测的飞机、船只、地面车辆和人员所反射的回波是有用信号,而地面、海面或云雨等反射的回波均为杂波;然而对气象雷达而言,云、雨则是有用信号。

雷达接收机的功能就是通过放大、变频、滤波和鉴相等方法,使目标反射回的微弱射频回波信号变成有足够幅度的视频信号或数字信号,以满足后续信号处理的需要。

8.1.2 基本组成

全相参超外差式雷达接收机的原理组成和各级波形如图8-1和图8-2所示。从图8-1可以看出,雷达接收机的组成主要包括三大部分:主电路、辅助电路和I/Q正交鉴相电路。接收机的主电路也可称为接收前端,包括射频放大器、混频器、中频放大器以及各级滤波器,详见8.3节;接收机的辅助电路也可称为增益控制电路或抗干扰电路,包括灵敏度时间控制电路和自动增益控制电路等;I/Q正交鉴相电路也可称为I/Q双通道相位检波电路,根据处理方式的不同,可分为模拟I/Q正交鉴相电路和数字I/Q正交鉴相电路。

  接收机的主电路将进入接收机的微弱射频回波信号经过放大、变频和滤波等处理后,变换为具有一定功率的固定中频频率和带宽的中频信号。回波信号首先要经过射频放大器进行放大(在图 8-2 中①、②分别为射频放大器输入/输出信号);然后混频器将雷达的射频回波信号变换成中频回波信号(在图 8-2 中②、④分别为混频器的输入/输出信号,③为外接本振信号),为了抑制镜像干扰,通常采用二次变频方案;中频放大器主要完成对中频信号的放大(在图 8-2 中④、⑤分别为中频放大器的输入/输出信号),它比射频放大器成本低、增益高、稳定性好,容易实现对信号的准匹配滤波。

  接收机的辅助电路主要包括灵敏度时间控制(sensitivity time control,STC)电路和自动增益控制(auto gain control,AGC)电路,它们是雷达接收机抗饱和、扩展动态范围以及保持接收机增益稳定的主要措施。STC 可以在射频或中频实现,分别表示为 RFSTC(radio frequency STC)或 IFSTC(intermediate frequency STC)。AGC 通常在中频实现,是一种反馈控制技术,对调整接收机的增益起到十分重要的作用。

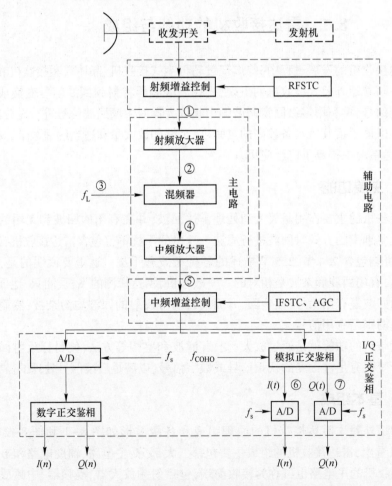

图 8-1 超外差式雷达接收机原理框图

  全相参雷达接收机将中频回波信号放大后,通常采用 I/Q 正交鉴相处理,即输出同相

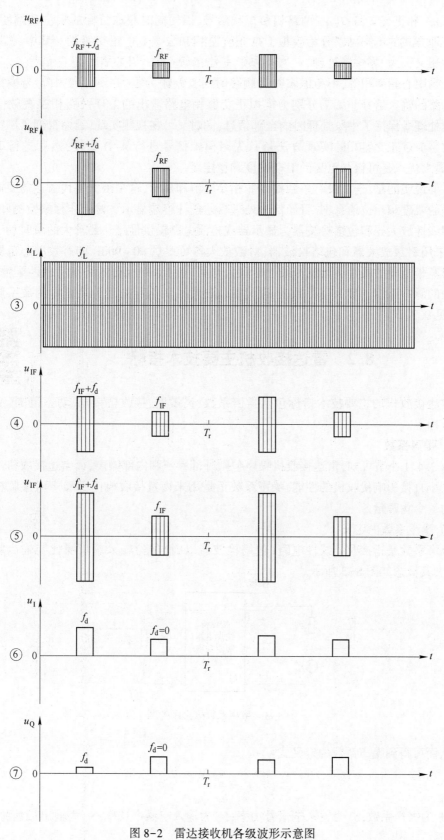

图 8-2　雷达接收机各级波形示意图

支路 $I(n)$ 和正交支路 $Q(n)$ 两路相参视频信号,以便同时获取目标的相位和幅度信息。根据处理方式的不同可以分为模拟 I/Q 正交鉴相和数字 I/Q 正交鉴相。其中,模拟 I/Q 正交鉴相又称为"零中频处理"。"零中频"是指由频率源产生的相参振荡信号 f_{COHO} 与中频信号的中心频率相等,不考虑多普勒频移时两者差频为零(在图 8-2 中⑤为模拟正交鉴相电路的输入信号,⑥、⑦分别为模拟正交鉴相电路输出的 I/Q 两路相参视频信号)。零中频处理既保持了中频处理时的全部信息,同时又可在视频实现,因而得到了广泛的应用。数字 I/Q 正交鉴相的实现方法是首先对模拟信号进行 A/D 变换,然后进行 I/Q 分离,其最大优点是可得到更高的 I/Q 精度和稳定度。

需要说明的是,这里没有单独提到非相参检测和显示,这是因为现代雷达需要同时提取信号的幅度和相位信息,并且经信号处理后才送往终端显示。对于非相参检测和显示,可采用线性放大器和包络检波器为显示器或检测电路提供信息。要求大的瞬时动态范围时,可采用对数放大器和包络检波器,对数放大器可提供 80~90dB 的有效动态范围。对于大时宽带宽积的线性调频或非线性调频信号可以用脉冲压缩电路来实现匹配滤波,接收机中的脉冲压缩一般为模拟脉压,现代雷达通常采用信号处理分系统中的数字脉压处理,详见 9.3 节。

8.2　雷达接收机主要技术指标

雷达接收机的主要技术指标包括噪声系数、灵敏度、接收机带宽、动态范围、A/D 变换器指标等。

1. 噪声系数

由 2.4.1 小节可知,雷达接收机噪声包括外部噪声和内部噪声,而雷达接收机内部噪声的大小直接影响接收机的性能,噪声系数正是用来衡量接收机内部噪声对接收机性能影响的一个物理量。

1) 噪声系数的定义

噪声系数是指接收机线性电路(包络检波器以前电路)输入端信噪比与输出端信噪比之比,其概念如图 8-3 所示。

图 8-3　噪声系数概念示意图

从而可得到噪声系数的定义式:

$$F = \frac{S_i/N_i}{S_o/N_o} \tag{8-1}$$

式中:F 为噪声系数;S_i 为输入端信号功率;N_i 为输入端噪声功率;S_o 为输出端信号功率;

N_o 为输出端噪声功率。

根据式(8-1)可直观看出噪声系数 F 的物理意义,它表示由于接收机内部噪声的影响,接收机输出端信噪比相对其输入端信噪比变化(降低、衰减)的倍数。

由于实际接收机内部总会产生新的噪声,因此输出信噪比总比输入信噪比小,即 $S_o/N_o < S_i/N_i$,所以 $F>1$。F 越大说明接收机受内部噪声的影响越严重,即接收机输出端信噪比相对其输入端信噪比降低(衰减)的倍数越大。

式(8-1)可改写为

$$F = \frac{N_o/N_i}{S_o/S_i} = \frac{N_o}{GN_i} \tag{8-2}$$

式中:G 为接收机的额定功率增益,满足 $G = S_o/S_i$;GN_i 为输入端噪声通过"理想接收机"(内部不产生噪声的接收机)后,在输出端呈现的额定噪声功率。

根据式(8-2),噪声系数 F 还可以定义:实际接收机输出端的额定噪声功率 N_o 与"理想接收机"输出端的额定噪声功率 GN_i 之比。其物理意义:噪声系数为实际接收机由于受内部噪声的影响,使其输出端的额定噪声功率比理想接收机输出端的额定噪声功率增大的倍数。

实际接收机输出端的额定噪声功率 N_o 由两部分组成:一部分是 GN_i,另一部分是接收机内部噪声在输出端所呈现的额定噪声功率 ΔN,即

$$N_o = GN_i + \Delta N \tag{8-3}$$

将式(8-3)代入式(8-2),可得

$$F = \frac{GN_i + \Delta N}{GN_i} = 1 + \frac{\Delta N}{GN_i} \tag{8-4}$$

从式(8-4)可以看出噪声系数与接收机内部噪声的关系。其分子表示为一部实际接收机的输入噪声功率为 N_i 时,实际输出的噪声功率;分母表示为一部"理想接收机"的输入噪声功率也为 N_i 时的输出噪声功率。基于这一理解,噪声系数可解释为:当一部实际接收机与一部理想接收机有相同的噪声功率输入 N_i 时,二者输出噪声功率之比,并用比值的大小来衡量一部实际接收机的噪声性能。若比值大,则表明该实际接收机噪声性能差(内部产生的噪声大);若比值小,则表明该接收机接近"理想接收机";当比值为 1 时,该接收机,即"理想接收机"。

噪声系数 F 是一个没有量纲的数值,通常可用分贝(dB)来表示:

$$F(\text{dB}) = 10\lg F$$

例 8.1:已知某雷达接收机输入端的信号功率 $S_i = -100\text{dBm}$,噪声功率 $N_i = -110\text{dBm}$,噪声系数 $F=2$,增益 $G=60\text{dB}$,求接收机输出端信噪比 S_o/N_o 以及内部噪声在输出端呈现的额定噪声功率 ΔN。

解:

先根据题干,可求得

$$S_i/N_i = 10\text{dB}$$

$$F(\text{dB}) = 10\lg 2 = 3\text{dB}$$

再结合式(8-1),可求得接收机输出端信噪比 S_o/N_o

$$S_o/N_o = 10 - 3 = 7\text{dB}$$

由于接收机的增益 $G=60\text{dB}$，可得

$$GN_i = -110+60 = -50\text{dBm}$$

根据式(8-4)，可求得内部噪声在输出端呈现的额定噪声功率为

$$\Delta N = (2-1)GN_i = -50\text{dBm}$$

2）噪声系数的计算

实际雷达接收机是由多级电路级联起来的，n 级级联电路的总噪声系数为

$$F_0 = F_1 + \frac{F_2 - 1}{G_1} + \frac{F_3 - 1}{G_1 G_2} + \cdots + \frac{F_n - 1}{G_1 G_2 \cdots G_{n-1}} \tag{8-5}$$

式中：F_1、F_2、F_n 分别表示第一级、第二级以及第 n 级电路的噪声系数；G_1、G_2、G_{n-1} 分别表示第一级、第二级以及第 $n-1$ 级电路的额定功率增益。该式推导过程见附录E。

从式(8-5)可以看出，为了使接收机的总噪声系数小，需要各级的噪声系数小、额定功率增益高。实际上，各级内部噪声的影响并不相同，级数越靠前，对总噪声系数的影响越大。所以，噪声系数主要取决于最前面几级，尤其重要的是调整好射频放大器，使射频放大器工作在功率增益大、噪声小的良好状态，这也是接收机需要将高增益低噪声射频放大器前置的原因之一。经过合理的器件选择和结构设计，现代雷达接收机的噪声系数通常可小于3dB。

例8.2：已知某雷达接收机前端组成如图8-4所示，接收机各级电路增益（或损耗）已经标注在图中，求该接收机的总噪声系数。

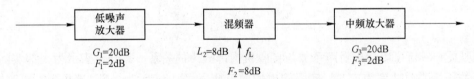

图8-4 某雷达接收机前端组成框图

解：

将图8-4的各级参数代入式(8-5)之前，需要转换单位：

$$G_1 = 20\text{dB} = 10^2, F_1 = 2\text{dB} = 10^{0.2}$$

$$G_2 = -L_2 = -8\text{dB} = 10^{-0.8}, F_2 = L_2 = 8\text{dB} = 10^{0.8}$$

$$F_3 = 2\text{dB} = 10^{0.2}$$

利用式(8-5)，可求得该接收机的总噪声系数为

$$F_0 = F_1 + \frac{F_2 - 1}{G_1} + \frac{F_3 - 1}{G_1 G_2}$$

$$F_0 = 10^{0.2} + \frac{10^{0.8} - 1}{10^2} + \frac{10^{0.2} - 1}{10^2 10^{-0.8}} \approx 1.67$$

$$F_0(\text{dB}) = 10\lg 1.67 \approx 2.24(\text{dB})$$

2. 灵敏度

接收机灵敏度表示了接收机接收微弱信号的能力。接收机能够接收的信号越微弱，接收机灵敏度也就越高。因为雷达回波强度是随着目标距离的增大而减弱的，所以为了

增大雷达的作用距离,应该要求接收机具有较高的灵敏度。

接收机灵敏度分为临界灵敏度和实际灵敏度。由于接收机的灵敏度主要受接收机内部噪声的限制,因此衡量接收机灵敏度总是以内部噪声来确定的。

1) 临界灵敏度

临界灵敏度是指当接收机线性部分输出端信噪比 S_o/N_o 等于 1 和 $T_A = T_0$ 时,接收机输入端所需的最小信号功率 S_{imin}。根据图 8-1 所示,由于接收机线性部分不包括非线性的包络检波器,所以包络检波器对临界灵敏度没有影响。另外,临界灵敏度只考虑了接收机内部噪声的影响,所以它也是衡量接收机本身噪声性能好坏的一个质量指标。

由于临界灵敏度由接收机的内部噪声决定,所以只要知道接收机线性部分的噪声系数,就很容易确定接收机的临界灵敏度。根据接收机线性部分的噪声系数定义式(8-1),当接收机线性部分输出端的信噪比 S_o/N_o 为 1 时,则接收机输入端的信号功率 $S_i = FN_i$。根据临界灵敏度的定义,此时输入端的信号功率 S_i 就是最小信号功率 S_{imin},即

$$S_{imin} = FN_i \tag{8-6}$$

而 N_i 一般取为天线额定噪声功率,其值为 kT_0B_n,室温 $T_0 = 290\text{K}$。将其代入式(8-6)中,就可得接收机临界灵敏度为

$$S_{imin} = kT_0B_nF \tag{8-7}$$

式中:临界灵敏度只与接收机线性部分的通频带(等效噪声带宽)B_n 和噪声系数 F 有关,为了提高接收机灵敏度,就要尽可能降低接收机噪声系数和合理选择接收机的通频带。

工程上,灵敏度通常用最小信号功率 S_{imin} 相对于 1mW 的分贝数表示,将 $kT_0 \approx 4 \times 10^{-21}$ 代入式(8-7),S_{imin} 取常用单位 dBm 可得

$$S_{imin}(\text{dBm}) \approx -114 + 10\lg B_n(\text{MHz}) + 10\lg F \tag{8-8}$$

例如:某雷达接收机线性部分的通频带 B_n 为 2MHz,噪声系数 F 为 3dB,可得该雷达接收机线性部分的临界灵敏度 S_{imin} 为-108dBm。

2) 实际灵敏度

接收机临界灵敏度不能体现正常检测目标时,对接收机输出端信噪比的要求。同时,临界灵敏度不能确定雷达检测器和终端设备在噪声中发现目标的可能性,也不能利用它来计算雷达的最大作用距离。因此,为了全面估计接收机灵敏度,进一步引入了实际灵敏度的概念。

实际灵敏度是指为满足雷达正常检测目标的要求,接收机输入端所需最小可检测信号功率 S_{imin},此时接收机输出端的信噪比刚好等于识别系数 M,具体如图 8-5 所示。

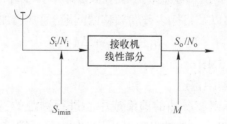

图 8-5　实际灵敏度示意图

　　由于实际灵敏度考虑了所有因素的影响,所以当雷达正常检测时,接收机输入端有用信号功率的最小值即是实际灵敏度的值,此时接收机线性部分输出端的信噪比为识别系数 M,即 $(S_o/N_o)_{min} = M$,为接收机线性部分输出端所允许的最小信噪比。当输出端的实际信噪比小于此数值时,信号就不能被正常识别或检测。

　　根据噪声系数的定义,可得

$$S_{imin} = F\left(\frac{S_o}{N_o}\right)_{min} \cdot N_i \tag{8-9}$$

　　将 $N_i = kT_0B_n$、$(S_o/N_o)_{min} = M$ 代入式(8-9),接收机的实际灵敏度可进一步写为

$$S_{imin} = kT_0B_nFM \tag{8-10}$$

　　例如:某雷达接收机的噪声系数为 2.3dB,通频带宽度为 2MHz,识别系数为 11.8dB,则该接收机临界灵敏度为-108.7dBm,实际灵敏度为-96.9dBm(注意,经过信号处理后实际灵敏度会提高,其数值会减小)。早期雷达的识别系数 M 与检波器的性能、显示设备的型式、示波管荧光屏的性质、操纵员的熟练程度和天线的转速等有关。现代雷达的识别系数 M 与信号处理方式、检测性能等因素有关。

　　综上所述,实际灵敏度表示雷达接收机整机的实际性能,它是雷达整机的一个重要指标。对于雷达接收机本身来说,接收机灵敏度的高或低,主要取决于接收机线性部分的性能。因此,当比较不同接收机线性部分对灵敏度的影响时,用临界灵敏度比较方便。

3. 接收机带宽

　　接收机带宽通常定义为接收机频率响应曲线的半功率点频率间隔,即所谓 3dB 带宽,包含射频级带宽、各级混频器带宽、各级中频级带宽。射频级带宽(含混频级)主要取决于低噪声放大器带宽,此带宽常常称为雷达工作带宽,可容纳该雷达全部工作频率。中频级带宽主要为了提高接收机的选择性,通常取得较窄。因此,接收机带宽在工程上常取为中频级的级联合成带宽,也称为通频带宽。

　　接收机通频带宽会直接影响接收机输出信噪比和波形保真度,从而影响接收机的灵敏度和测距精度,所以应根据雷达的不同用途来选择接收机通频带宽。

　　1) 对空警戒/引导雷达

　　这类雷达对接收机的要求是灵敏度高,对波形失真要求不严格,希望接收机线性部分输出的信噪比尽可能大。因此,当雷达发射单载频矩形脉冲信号时,接收机通频带宽 B_{IF} 应等于最佳带宽 B_{opt}(关于 B_{opt} 的选择,将在 8.3.3 小节详细介绍)。实际中,存在发射信号频率和本振频率的漂移以及目标多普勒频移的问题,通常会加宽一个数值 Δf_x,满足

$$B_{IF} = B_{opt} + \Delta f_x \tag{8-11}$$

式中:Δf_x 一般为 0.1~0.5MHz。

　　2) 跟踪雷达或精确测距雷达

　　这类雷达是根据目标回波脉冲的前沿或中心进行测距的,需要的是测距精度要高。因此,对接收机的要求是目标回波波形失真小,其次才是要求接收机灵敏度高,因此要求接收机通频带宽 B_{IF} 大于最佳通频带 B_{opt},一般取为

$$B_{IF} = (2 \sim 5)B_{opt} \tag{8-12}$$

4. 动态范围

1) 定义

接收机动态范围是指当电路工作于线性状态时,允许信号强度变化的范围(称为线性动态范围,简称为动态范围)。通常分为接收机输入端动态范围(也称为总动态范围或系统动态范围)与接收机输出端动态范围(也称为接收机瞬时动态范围或线性动态范围),其原理如图 8-6 所示,P_{imax}、P_{imin} 表示接收机输入端信号强度的变化范围,P_{omax}、P_{omin} 表示接收机输出端信号强度的变化范围。G 为接收机线性部分的增益,G_{c} 为接收机最大增益控制范围。

图 8-6　动态范围原理示意图

根据动态范围定义,可得接收机输入端动态范围 DR_{i} 与输出端动态范围 DR_{o} 分别为

$$DR_{\text{i}} = \frac{P_{\text{imax}}}{P_{\text{imin}}} \tag{8-13}$$

$$DR_{\text{o}} = \frac{P_{\text{omax}}}{P_{\text{omin}}} \tag{8-14}$$

由于接收机增益为 G,接收机输出端输出经过功率放大后的输入端信号,式(8-14)可变为

$$DR_{\text{o}} = \frac{P_{\text{omax}}}{P_{\text{omin}}} = \frac{P_{\text{imax}} \cdot G}{P_{\text{imin}} \cdot G} \tag{8-15}$$

实际上,接收机输出端动态范围主要受整个接收通道的电路元件限制。任何电路元件均有一定的线性工作范围,当输入信号增加到一定功率时,电路将进入非线性工作状态,从而使信号在时域发生波形失真,即当输入信号功率 P_{imax} 较大时,式(8-15)中 P_{omax} 面临进入非线性工作状态的可能。衡量各部件对大信号输出能力的准则通常采用的是增益 1dB 压缩点准则,即将部件增益比线性工作状态的增益减小 1dB 时的输出功率(或输入功率)定义为 1dB 压缩点功率,并用符号 P_{-1} 表示。令 $P_{\text{i-1}}$ 表示产生 1dB 压缩时接收机输入端的信号功率,$P_{\text{o-1}}$ 表示产生 1dB 压缩时接收机输出端的信号功率,结合式(8-13)、式(8-14)可得

$$DR_{\text{i-1}} = \frac{P_{\text{imax}}}{P_{\text{imin}}} = \frac{P_{\text{i-1}}}{P_{\text{imin}}} \tag{8-16}$$

$$DR_{\text{o-1}} = \frac{P_{\text{omax}}}{P_{\text{omin}}} \approx \frac{P_{\text{o-1}}}{P_{\text{imin}} \cdot G} \tag{8-17}$$

实际中,接收机输入端动态范围通常应与接收机输入信号的动态范围相匹配,一般而言,接收通道动态范围的下限为最小可检测信号功率 S_{imin}。因此,式(8-16)、式(8-17)可变为

$$DR_{i-1} = \frac{P_{imax}}{P_{imin}} = \frac{P_{i-1}}{S_{imin}} \qquad (8-18)$$

$$DR_{o-1} = \frac{P_{omax}}{P_{omin}} \approx \frac{P_{o-1}}{S_{imin} \cdot G} \qquad (8-19)$$

例 8.3：某雷达接收机的噪声系数 F 为 2dB，动态范围 DR_{i-1} 为 60dB，A/D 变换器的 P_{o-1} 为 10dBm，接收机的通频带宽 B_n 为 2MHz，识别系数 M 为 12dB，求该接收机 P_{i-1} 和增益 G。

解：该接收机的灵敏度为

$$S_{imin} \approx -114 + F + 10 \lg B_n + M = -114 + 2 + 10 \lg 2 + 12 = 97 \text{dBm}$$

该接收机输入端的最大信号功率 P_{i-1} 为

$$P_{i-1} = S_{imin} + DR_{i-1} = -97 + 60 = -37 \text{dBm}$$

该接收机的系统增益为

$$G = P_{o-1} - P_{i-1} = 10 - (-37) = 47 \text{dB}$$

2）影响动态范围的因素

由于接收机输入端动态范围通常应与接收机输入信号的动态范围相匹配，则影响输入动态范围的主要因素为目标的回波功率的变化范围，还包括接收机本身的影响因素。

接收机输入端回波信号总动态范围 DR_s 可以表示为

$$DR_s = DR_R + DR_\sigma + DR_f + DR_M \qquad (8-20)$$

式中：DR_R 为雷达在反射式工作状态下（一次雷达工作时）距离变化引入的动态；DR_σ 为目标的雷达散射截面积变化引入的动态；DR_f 为接收机实际通频带超过信号带宽的分贝数；DR_M 为雷达识别系数 M 变化引入的动态范围的变化。

对空警戒/引导雷达接收机的输入端信号动态范围一般为 80～100dB，机载预警雷达甚至可达 120dB。然而，接收机输出端的动态范围受电路元件影响一般为 60～80dB。因此，必须在接收机通道中采用增益控制技术降低接收机的输入动态范围，以保证接收机输出动态范围能与接收机输入端信号动态范围相匹配，即接收机输入动态范围和输出动态范围应满足

$$DR_i(\text{dB}) = DR_o(\text{dB}) + G_c(\text{dB}) \qquad (8-21)$$

式中：DR_i 为接收机输入（总）动态范围；DR_o 为接收机输出（瞬时）动态范围；G_c 为最大增益控制范围。等式左边 DR_i 主要受接收机输入端信号动态范围影响，为了实现现代雷达接收机对大动态范围的要求，保证雷达接收机的正常工作，必须同步扩大等式右边的两项，即接收机输出（瞬时）动态范围 DR_o 与最大增益控制范围 G_c。

实际上，如果受外界因素影响，使得式（8-18）的输入信号功率 P_{imax} 进一步增大，即 $P_{imax} > P_{i-1}$ 时，一旦 $P_{o-1} < P_{omax}$，将使得式（8-19）不再满足线性工作状态。此时，接收机的增益 G 可以由接收机最大增益控制范围 G_c 来控制，确保接收机电路维持在线性工作状态，式（8-19）可变换为

$$DR_o = \frac{P_{omax}}{P_{omin}} = \frac{P_{imax} \cdot G/G_c}{S_{imin} \cdot G} \qquad (8-22)$$

3）接收机大动态的实现方法

从式（8-22）可以看出，接收机大动态的实现方法可分为实现接收机输出（瞬时）大动

态的方法和扩大增益控制的方法。要实现大的接收机输出动态,通常有两种方法:一种是接收机通道增益的合理分配,从降低接收机噪声系数出发,应使接收机前端在不进入非线性的前提下,增益尽量高,同时也要考虑各级器件的线性输出能力,使各级输出功率不超过器件的1dB增益压缩功率P_{o-1};另一种是选用大动态范围的器件。扩大增益控制的方法通常有程序增益控制、自动增益控制或采用对数放大器等,详见8.4节。

5. A/D 变换器指标

A/D 变换器的功能是将接收机接收到的回波模拟信号(可以是射频回波信号、中频回波信号或视频回波信号)转换成二进制的数字信号,A/D 变换器的工作过程大致可分为采样、保持、量化、编码、输出等几个环节。衡量 A/D 转换性能的指标包括:A/D 转换位数、转换灵敏度、动态范围等。假设 A/D 器件的输入电平峰峰值为 V_{p-pmax},转换位数为 N,电阻为 R。

1)转换灵敏度

转换灵敏度又可称为量化电平 Q,可表示为

$$Q = \frac{V_{p-pmax}}{2^N} \tag{8-23}$$

显然 A/D 的转换位数越多,器件的输入电平峰峰值越小,其量化电平越低、转换灵敏度越高。

2)动态范围

A/D 变换器的最大输出功率为

$$P_{max} = \left(\frac{V_{p-pmax}}{2\sqrt{2}}\right)^2 \Big/ R \tag{8-24}$$

当没有外部输入噪声时,最小电压被认为是量化电平,最小输出功率为

$$P_{min} = \left(\frac{V_{p-pmax}}{2\sqrt{2} \times 2^N}\right)^2 \Big/ R \tag{8-25}$$

由式(8-24)和式(8-25),可得此 A/D 器件的动态范围为

$$DR = 10\lg\frac{P_{max}}{P_{min}} = 20N\lg 2 \approx 6N(\text{dB}) \tag{8-26}$$

8.3 雷达接收机主电路

图 8-1 给出了超外差式接收机的组成,图中的主电路只展示了放大器和混频器。实际中,对空警戒/引导雷达接收机通常采用二次下变频的实现方式,其主电路组成与结构都更复杂,具体如图 8-7 所示。可以看出,图中接收机的主电路由放大器、混频器和滤波器等器件组成。下面分别介绍主电路各部分的功能和特点。

8.3.1 放大器

从图 8-7 可以看出,接收机主电路部分的放大器包括射频放大器和中频放大器。

图 8-7　二次下变频雷达接收机原理组成框图

1. 射频放大器

1）功能

射频放大器的功能就是用来放大天线接收回来的射频信号,它的工作频率取决于雷达的工作频率,其主要作用是放大接收回波信号,降低接收机噪声系数,提高接收机灵敏度。

2）特点

射频放大器的主要特点包括:

(1) 噪声系数要小;

(2) 功率放大倍数达到一定数值,一般为 100 倍(20dB)左右即可;

(3) 工作稳定可靠,因此级数不能多,一般是一到三级;

(4) 有一定的频带宽度,以便不失真地放大射频脉冲信号。

各种类型的射频放大器的选择和设计都是从满足这些性能特点的角度出发。由于各种不同雷达的工作频率相差很大(近百兆赫兹到几十吉赫兹),则不同频率的雷达接收机采用的射频放大器类型有很大区别。

微波砷化镓场效应管低噪声放大器(GaAsFET LNA)问世以来,由于其具有噪声较低、动态范围较大和稳定性较好的特性,很快就广泛应用于卫星通信和微波中继等领域。针对脉冲尖峰能量击穿和峰功率烧毁问题,采取保护措施(如加设前置 PIN 开关、限幅器)并改进工艺,提高了场效应晶体管抗烧毁等能力后,GaAsFET 便广泛应用于雷达接收机之中,代替了以前大量使用的参量放大器。20 世纪 90 年代,出现了 GaAsFET 的改进型:高电子迁移场效应管(high electron mobility transistor,HEMT)或称为异质结构效应管(heterostructure field-effect transistor,HFET),在进一步降低噪声系数的同时,获得更高的增益和工作频率。因此,普遍认为现代雷达接收机已经基本解决了射频低噪声放大器难以实现的问题。随着时代的发展,以碳化硅(SiC)与氮化镓(GaN)这类宽禁带半导体为主要代表的第三代半导体材料已经逐步运用于雷达接收机,进一步提高了器件的性能指标。

3）接收机低噪声的实现方法

根据 8.2 节对接收机噪声系数的分析,将低噪声放大器前置是控制接收机级联噪声系数的关键。但从雷达整机的角度考虑,接收机和天线中间往往还有馈线、收发开关、限幅器、耦合器等电路存在,具体如图 8-8 所示。

为了方便计算,将长电缆和补偿 LNA1 视为噪声系数 12dB、增益 5dB 的网络;将滤波功分衰减网络和补偿 LNA2 视为噪声系数 10dB、增益 7dB 的网络;将混频 I 和放大滤波视为噪声系数 10dB、增益 2dB 的网络,后面电路忽略不计。利用式(8-5),可求得该雷达

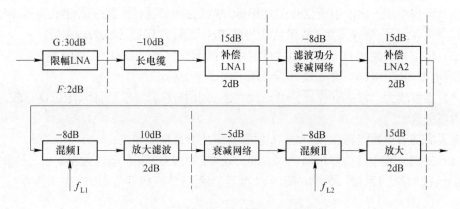

图 8-8　某雷达接收通道组成框图

接收通道总噪声系数为

$$F_0 = F_1 + \frac{F_2 - 1}{G_1} + \frac{F_3 - 1}{G_1 G_2} + \frac{F_4 - 1}{G_1 G_2 G_3}$$

$$= 10^{0.2} + \frac{10^{1.2} - 1}{10^{3.0}} + \frac{10^{1.0} - 1}{10^{3.0} \times 10^{0.5}} + \frac{10^{1.0} - 1}{10^{3.0} \times 10^{0.5} \times 10^{0.7}}$$

$$\approx 1.5849 + \frac{15.849 - 1}{1000} + \frac{10 - 1}{1000 \times 3.162} + \frac{10 - 1}{1000 \times 3.162 \times 5.012}$$

$$\approx 1.6031$$

$$F_0 = 2.05\text{dB}$$

图 8-8 中的长电缆主要将接收前端的接收信号送到后端的方舱或机柜中,也是前级损耗主要来源。该雷达系统在长线缆的前端紧靠天线的位置放置了一个 LNA。从计算结果来看,该 LNA 有效降低了长线缆对系统噪声系数的影响。此外,不同的雷达系统通常会采取多种不同的结构来达到降低系统噪声系数的目的。某些雷达系统采用将接收机和天线集中放置的方法,射频前端不再需要长电缆,从而减小了长电缆带来的插入损耗,降低了对系统噪声系数的影响。数字波束形成(digital beam forming,DBF)多通道接收机则是将各通道接收前端(包括低噪声放大、滤波及二次变频)以 T/R 组件或其他形式放在阵列天线上。通过合理地设计,这两种雷达系统的长电缆为中频信号(或数字信号)传送电缆,其插入损耗可以忽略不计。

2. 中频放大器

1)功能

从中频放大器的位置来看,其输入信号来自于混频处理后射频信号变成的固定中频信号,其最终的输出信号将送往 I/Q 正交鉴相器。因此,中频放大器的功能可概括为:将混频器输出的中频信号不失真地放大到 I/Q 正交鉴相器所需要的数值。

2)特点

雷达接收机的中频放大器具有以下三个主要特点。

（1）频带较宽。由于中频信号是矩形脉冲调制的中频信号,其频谱分布较宽,因此要不失真地放大信号,最好采用 LC 作负载的调谐放大器,并保证较宽的通频带。

（2）小信号线性放大。由于接收机所用的调谐放大器,要求电压增益高和波形失真小,而不考虑功率和效率,因此放大器必须工作于甲类状态。

（3）多级放大。雷达接收机信号的放大主要由中放来完成,因此其电压增益较大,一般采用多级放大。

为了实现上述性能特点,中频放大器需要满足下列主要要求:

（1）放大倍数适当。中频增益太大时,末级就可能过载,而增益太小时,一方面影响雷达接收机的噪声系数,另一方面难以满足后续正交鉴相器以及 A/D 变换器的功率要求。

（2）噪声系数小。噪声系数越小,灵敏度越高,接收微弱信号的能力就越强。由于中频放大器的前级对接收机的噪声系数影响较大,因此前置中放主要考虑减小噪声系数。

（3）频带宽度适当。频带宽度太宽,噪声功率太大,使灵敏度下降。太窄时,波形失真大,测距精度和分辨率都要下降。

（4）选择性好,这样可以抑制邻频干扰。

（5）工作稳定。中频放大器的工作稳定性是指直流偏置、晶体管参数和电路元件在生产和使用过程中发生可能变化时,放大器主要特性的稳定性。一般来说,不稳定现象有增益变化、中心频率偏移、通频带宽缩减、谐振曲线畸变等。不稳定现象严重时,将造成放大器自激,导致接收机无法工作。避免自激的方法包括限制每级的增益、选择内部反馈小的管子、加接稳定电阻等。此外还要依靠严格的工艺措施来保证稳定性。

现代对空警戒/引导雷达的中频放大器的选择和设计同样也是从满足性能特点以及主要要求出发,所采用的放大器类型与射频放大器类似,区别在于不同雷达接收机的中频频带宽度,以及中频频率相差不大。

8.3.2 混频器

为了将射频信号发射出去,通常由雷达频综器将中频频率搬移到射频频率,从而得到发射激励信号。在接收端则利用混频器完成射频回波信号的下变频过程,为提取射频回波信号中有用信息提供帮助。

1. 功能

由电子线路课程的相关知识可知,混频器的功能就是将射频回波信号变换为中频固定信号,可以大幅降低混频后处理信号的难度,其功能如图 8-9 所示。为了实现全相参的雷达系统,本振信号 f_L 基本由频综器中的频率源产生,其电压为 u_L,并且频率 f_L 可调,从而保证同射频信号频率 f_{RF}（电压为 u_{RF}）相差一个固定值的中频 f_{IF}（电压为 u_{IF}）。

2. 特点

由图 8-1 所示雷达接收机的组成可知,混频器处于雷达接收机的前端,它的性能好坏将直接影响接收机的总噪声系数,继而影响接收机的灵敏度。因此,通常要求雷达接收机的混频器有以下几个特点:

（1）隔离度要好。理论上,混频器各端口之间是隔离的,将任一端口的输入信号与其他端口得到的该频率信号功率的衰减量定义为隔离度,通常以 dB 来表示。如本振端口

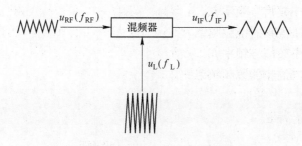

图 8-9　混频器的功能示意图

的输入功率为 10dBm,从中频输出端口得到本振频率的信号输出为−30dBm,则两端口之间的隔离度为 40dB。

（2）噪声系数要小。混频器噪声系数的大小直接影响接收机的总噪声系数,尤其是没有射频放大器时,混频器噪声系数的影响就更大。因此,为了提高接收机的灵敏度,要求混频器的噪声系数尽可能小。

（3）变频损耗小。混频器的功率传输特性可以用额定功率传输系数 G_M 来表示。G_M 是指混频器输出的中频额定功率与输入的射频额定功率之比,即

$$G_\mathrm{M} = \frac{P_\mathrm{IF}}{P_\mathrm{RF}} \tag{8-27}$$

式中: P_IF 为混频器输出的中频额定功率; P_RF 为混频器输入的射频额定功率。

3. 实现方法

根据下变频次数的不同,雷达中频频率有一中频频率、二中频频率、三中频频率等。按照国家标准,常用的二、三中频频率标称值多为 90MHz、60MHz、30MHz、10MHz、6MHz 等,一中频频率规定为 100～1500MHz 范围。

根据混频器的工作原理,当输入信号频率等于 $f_\mathrm{L} + f_\mathrm{IF}$ 或 $f_\mathrm{L} - f_\mathrm{IF}$ 时,混频器都能输出固定的中频 f_IF 。如果其中之一被认为是信号频率,则另一个通常被称为镜像频率。在雷达接收机中,一般都需要从信号响应中消除镜像频率的影响。

例 8.4: 已知某雷达接收机混频器的工作原理如图 8-10 所示,该雷达接收机工作频率范围为 550～610MHz,频率间隔为 5MHz。一本振信号频率 f_L1 为 400～460MHz,频率间隔为 5MHz。二本振信号频率 f_L2 为 180MHz。

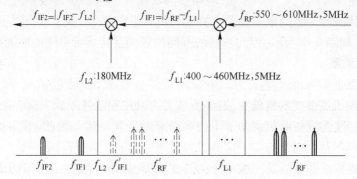

图 8-10　某雷达接收机混频器工作原理示意图

（1）请计算一中频信号频率 f_{IF1}；

（2）请计算第一混频器镜频频率 f'_{RF}；

（3）请求出二中频信号频率 f_{IF2}；

（4）请计算第二混频器镜频频率 f'_{IF1}。

解：

（1）一中频 f_{IF1} 满足

$$f_{IF1} = |f_{RF} - f_{L1}| = 150\text{MHz}$$

（2）第一混频器镜频频率 f'_{RF} 满足

$f'_{RF} = 2f_{L1} - f_{RF}$ 取值范围在 250~310MHz，频率间隔为 5MHz

（3）二中频 f_{IF2} 满足

$$f_{IF2} = |f_{L2} - f_{IF1}| = 30\text{MHz}$$

（4）第二混频器镜频频率 f'_{IF1} 满足

$$f'_{IF1} = 2f_{L2} - f_{IF1} = 210\text{MHz}$$

假如该射频信号采用一次下变频的方法得到二中频信号 f_{IF2}，则新的本振频率 f'_L 只需满足 $f'_L = f_{RF} \pm f_{IF2}$ 皆可，这里以 $f'_L = f_{RF} - f_{IF2}$ 为例，则其取值范围在 520~580MHz，频率间隔为 5MHz 即可。对应的镜像频率为 490~550MHz，频率间隔为 5MHz。可以看出，该镜像频率范围与射频信号频率范围 550~610MHz 发生了重叠。为了避免重叠现象发生，就需要确保 $(2f_{L1max} - f_{RFmax}) < f_{RFmin}$，其中 f_{L1max}、f_{RFmax} 分别为 f_{L1} 与 f_{RF} 工作频率的最大值。进一步推导可得 $f_{IF1} > (f_{RFmax} - f_{RFmin})/2$。综上所述，为了确保镜像频率不发生重叠现象，一中频 f_{IF1} 的取值通常应大于射频信号工作频带范围的一半。

由于现代雷达接收机后接雷达信号处理分系统，彼此连接的桥梁是 A/D 变换器。为了满足 A/D 变换器的需要，中频频率不能太高。当射频带宽又相对较宽时，采用一次下变频的方式容易造成信号和镜像频率的工作频率范围相互重叠。因此，现代对空"警戒/引导"雷达接收机通常采用二次变频的方法来保证高的一中频频率，避免工作频率范围重叠的现象发生，此时的镜像频率可用适当的滤波方法来滤除。

8.3.3 滤波器

为了达到滤除噪声和其他不必要干扰的目的，超外差式二次下变频雷达接收机至少有三种滤波器，如图 8-7 所示，但滤波器的不同位置决定其具有不同的性能特点。

1. 射频滤波器

射频滤波器也称为预选滤波器或预选器，在综合考虑雷达接收机对外部干扰的抑制能力和雷达接收机灵敏度的基础上，射频滤波器可以放置在射频放大器（或 LNA）之前或之后。主要作用是抑制接收机的外部干扰和噪声以及第一混频器的镜像频率干扰。射频滤波器的工作频率范围通常与雷达接收机的射频信号工作频率范围一致。

雷达接收机的射频滤波器一般属于微波滤波器，如带状线交指型带通滤波器和梳状线滤波器、微带线平行耦合式带通滤波器、螺旋线滤波器等。近年来，集总参数滤波器和陶瓷滤波器技术发展很快。另外,声表面波滤波器在 P 波段雷达中也有较广泛的应用,它的主要特点:带宽可以做得较窄,带外抑制度比较高,几何尺寸较小,这使得它特别适合集成为开关滤波器组。

2. 一中频滤波器

一中频滤波器位置在第一混频器和第二混频器之间,主要作用是抑制第一混频器产生的各种不需要的变频频率分量以及第二混频器的镜像频率干扰。一中频对于第二混频器来说,它也相当于射频,除了自身的信号频率 f_{IF1} 外,同时也可能包含 f_{IF1} 的镜像频率 $2f_{L2} - f_{IF1}$。考虑到一中频频率和二中频频率均为固定值,一中频镜像频率的抑制一般来说是比较容易的。

一中频滤波器早期多选用螺旋滤波器,近年来随着滤波器的发展,螺旋滤波器已很少使用,取而代之的是陶瓷滤波器、集总参数滤波器和声表面滤波器等器件。

3. 二中频滤波器

二中频滤波器位置在第二混频器后,主要作用是抑制第二混频器产生的各种不需要的频率分量以及完成对信号的匹配滤波功能。为了完成匹配滤波的目的,在设计滤波器时,往往采用输出信噪比最大的准则。这就需要滤波器传输函数的幅频特性与输入信号的幅频特性相匹配,关于匹配滤波理论参见附录 F。

实际中,二中频滤波器难以实现理想的匹配滤波功能,一般采用近似实现的方法来代替,也就是准匹配滤波器。例如:当射频信号为单载频矩形脉冲信号时,由 2.1 节可知,其频谱为 sinc 函数,则其匹配滤波器也为 sinc 函数,如图 8-11 中虚线波形所示,但实际应用中往往采用矩形、高斯型或其他形状频率特性的滤波器来近似。当近似为矩形频率滤波器时,其传递函数表达式为 $H_{IF2}(f) = \mathrm{rect}[(f - f_{IF2})/B_n]$,其中: B_n 为矩形滤波器的等效噪声带宽,如图 8-11 中实线矩形所示。

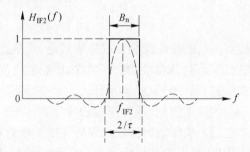

图 8-11　矩形特性近似准匹配滤波器频率响应特性曲线示意图

将准匹配滤波器最大输出信噪比 $(S/N)_{\approx max}$ 与理想匹配滤波器输出最大信噪比 $(S/N)_{max}$ 之比定义为失配损失 ρ,其表达式为

$$\rho = \frac{\left(\dfrac{S}{N}\right)_{\approx max}}{\left(\dfrac{S}{N}\right)_{max}} \tag{8-28}$$

表 8-1　各种准匹配滤波器的失配损失

脉冲信号形状	准匹配滤波器通带特性	最佳时宽带宽积	匹配损失 ρ_{max}/dB
矩形	矩形	1.37	0.85
矩形	高斯型	0.72	0.49
高斯型	矩形	0.72	0.49
高斯型	高斯型	0.44	0
矩形	单调谐	0.40	0.88
矩形	2 级参差调谐	0.61	0.56
矩形	5 级参差调谐	0.67	0.50

根据式(8-28)可得单载频矩形脉冲信号 $B_n \tau = 1.37$ 时,失配损失 ρ 的最大值 $\rho_{max} \approx 0.82$,此时的信噪比损失仅约 0.85dB,进而可得最佳通频带宽 $B_{opt} = 1.37/\tau$。实际上,即使通频带宽稍微偏离最佳通频带时,也不会显著增加损失,所以有时也取 $B_{opt} = 1/\tau$。现代雷达接收机中,射频信号往往采用线性调频、非线性调频或相位编码等大时宽带宽积的信号,此时二中频滤波器的通频带宽 B_{opt} 通常与信号带宽 B 相同,满足 $B_{opt} = B$。

8.4　雷达接收机辅助电路

在 8.2 节接收机大动态的实现方法里已经指出,为了满足接收机大动态范围的要求,可以采用不同的增益控制方法来满足。雷达接收机增益控制通常有程序增益控制、自动增益控制和采用对数放大器等方法,这些方法主要通过雷达接收机辅助电路实现。

8.4.1　STC 电路

程序增益控制是指按照一定的程序控制接收机的增益,控制方法通常包括两种:一种是杂波图控制,接收机根据接收到的杂波强度对接收机增益进行控制,用以防止强的地物杂波造成接收机的饱和或过载;另一种就是本节重点介绍的 STC。灵敏度时间控制 STC 还可称为近程增益控制或时间增益控制,通常作为程序增益控制的方法用于防止近程杂波使接收机过载饱和以及在远距离探测时接收机保持原来的增益和灵敏度。

由于在雷达的日常工作中,难以避免接收到来自近程的地面或海面杂波。这些反射而来杂波功率通常在方位上相对不变,而在距离上却是相对平滑地减少。根据试验结果,从海浪反射的杂波功率 P_{ni} 与距离 R 的关系为

$$P_{ni} = KR^{-a} \tag{8-29}$$

式中:K 为与雷达的发射功率相关的比例常数;a 为天线方向图等因素决定的系数,一般 $a = 2.7 \sim 4.7$。

如果为了探测远距离的目标,需要保证接收机的灵敏度,进而将接收机的增益调的比较高,则此时存在的近程杂波容易使接收机饱和。如果为确保近程的杂波不会使接收机过载,需要将接收机的增益调低,从而降低接收机灵敏度,进而影响对远距离目标的探测能力。为了解决这个矛盾,通常可采用灵敏度时间增益控制电路。它的基本原理是每次

发射脉冲后,接收机产生一个负极性的随时间渐趋于零的控制电压,供给可调增益放大器的控制级,使接收机的增益按此规定电压的形状变化,灵敏度时间控制电路中控制电压与灵敏度随目标距离变化的曲线如图 8-12 所示,图中灵敏度的变化曲线与式(8-29)相关。

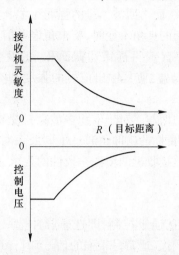

图 8-12　灵敏度时间控制电路中控制电压与灵敏度随目标距离变化的曲线

现代对空警戒/引导雷达接收机通常采用步进式程序增益控制,其控制方法是在接收机的第一中频或第二中频处设置数控步进衰减器,最大衰减量在 20~40dB。衰减器步长按二进制递进,最小步长有 0.5dB、1dB 及 2dB 等。该实现方法一是控制灵活,控制信号可根据雷达周围的杂波环境来确定;二是设置灵活,STC 可以设置在射频(RFSTC)或设置在中频(IFSTC),甚至在接收机输入端的馈线中。一般而言,RFSTC 比 IFSTC 更容易扩大接收机输入动态,从而提高接收机的抗过载能力。但 RFSTC 也有不同的位置考虑,例如,设置在 LNA 和限幅器之前,可降低对 LNA 饱和电平的要求,但 RFSTC 的插入损耗会影响接收机的噪声系数;设置在 LNA 和限幅器之后,可降低对接收机噪声系数的影响,但接收机输入动态范围就受 LNA 饱和电平的限制。综上所述,RFSTC 工作在射频,更容易扩大接收机输入动态范围;IFSTC 工作在中频,一方面更容易实现工作频带内的平坦度,另一方面不会像 RFSTC 那样影响接收机的噪声系数。

8.4.2　AGC 电路

与程序增益控制 STC 电路不同,自动增益控制 AGC 电路除了可扩大接收机的输入动态范围之外,在不同的雷达接收机中还具有多种作用。

1. AGC 电路的作用

接收机中 AGC 电路主要包括以下四个方面的作用。

(1) 防止强信号造成接收机的过载。雷达在正常工作中,接收的回波信号强弱变化可能很大。当接收机输入动态范围较大时,为确保强回波信号出现时接收机不会发生过载,则需要接收机的增益可以灵活调整:当回波信号强时,接收机工作在低增益状态;当回波信号弱时,工作在高增益状态。

(2) 稳定接收机的增益。接收机在长时间的工作中,电源电压、环境温度以及电路工作参数等条件均可能产生变化,从而造成接收机增益的不稳定,对此可用 AGC 电路进行补偿。

(3)归一化角误差信号。跟踪雷达控制天线转动的过程中,要求误差控制信号只与目标对天线轴线的偏离角有关,而与回波信号的强弱无关。在跟踪雷达实际工作中,当天线波束的轴线与目标位置方向的夹角不变时,要求角误差信号也保持不变,但接收机的回波信号强弱可能随着目标距离(或目标雷达截面积)的变化而变化。这时就需要利用 AGC 电路灵活调整接收机的增益,使其输出信号的强度基本保持为常数,即为归一化的角误差信号。

(4)平衡多通道接收机的增益。对于堆积多波束三坐标雷达而言,通常采用俯仰角方向的多个波束来进行测高,目标的俯仰角通过不同波束对应的接收机通道输出信号大小来确定。这就提出了多通道接收机的增益一致性的要求,此时可用 AGC 电路来平衡多通道接收机的增益。

2. AGC 的实现方法

AGC 的实现方法主要由选通级控制,即选通脉冲选取的信号决定了 AGC 的作用。当选通脉冲选取的是杂波和干扰(通常是很强的信号)时,AGC 就可防止接收机由于信号太强而发生过载,例如:自动杂波衰减(automatic clatter attenuation, ACA)和瞬时自动增益控制(instantaneous AGC, IAGC)就属于这一类;当选取一个稳定的测试信号时,AGC 就可补偿接收机的不稳定性,如在单脉冲雷达中选取的和支路信号,就可以保证角误差信号的归一化;当选通信号为接收机的噪声时,由于接收机的噪声系数随温度和时间变化很小,所以用噪声作为基准信号也能起到稳定接收机增益的作用,此时其可称为噪声 AGC。

1)瞬时自动增益控制

IAGC 电路是中频抗过载电路,主要用来抑制大幅度宽脉冲干扰信号。这种信号可能是由海浪、地物或云层的强烈反射而引起的,也可能是敌方施放的。如果不对这种干扰信号加以抑制就有可能引起接收机长时间过载,以致不能正常接收目标回波信号。

以宽脉冲干扰为例对 IAGC 电路的原理波形进行分析,具体如图 8-13 所示。从该图可以看出,当干扰信号与目标回波信号重叠在一起时,信号将因处于 $i_c - u_b$ 特性的饱和区而丢失,如图中波形 1′。如果回波信号是跟在干扰信号之后进入接收机,那么由于放大器饱和(或阻塞),目标回波信号也将得不到正常放大。若用 IAGC 电路产生一个控制电压 E_c,使工作点向左移动,则信号将离开 $i_c - u_b$ 特性的饱和区,从而在放大器输出端又将恢复有信号。如果控制电压 E_c 的大小正好等于干扰电压的振幅 u_m,就可保持目标信号的增益不变,如图中的波形 2′。由于这个控制电压只有在干扰电压作用时才产生,当干扰电压消失时,它也随即消失,所以这种方法称为 IAGC。

2)自动杂波衰减

在对空警戒/引导雷达中,固定目标回波(杂波)和运动目标回波的动态范围通常远大于雷达接收机的输出动态范围。为了保证接收机输出信号是线性的,一般采用以下几项措施。

(1)根据近距离上杂波的强弱选用高(俯仰角)波束或低(俯仰角)波束,有强杂波时选用高波束避开强杂波。

(2)在高、低波束通道上设置 STC,以便对较强的杂波给予足够的衰减。

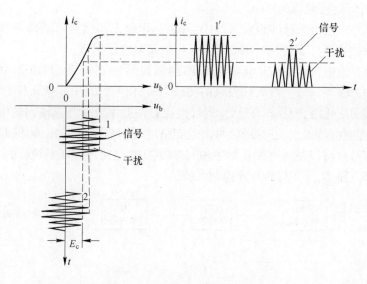

图 8-13　IAGC 电路原理波形图

(3) 对线性中放电路实施 AGC。第(1)项、第(2)项措施由"杂波轮廓图"及其存储器实施自动控制,第(3)项措施由"幅度杂波图"根据信号(包括固定目标回波和运动目标回波)强弱,自动提供增益控制信号来完成,杂波图的相关概念详见 9.5.3 小节。某线性数字动目标显示系统(digital ming target indication,DMTI)组成如图 8-14 所示,图中杂波轮廓图所提供的杂波值(杂波强度)恰好与射频信号进入 LNA 前需要衰减的量成正比,所以存储器中的杂波值可直接用来控制某电控衰减器,使强杂波在进入 LNA 前就得到衰减,保证 LNA 线性工作。另外,若在一定的方位角范围内,杂波值的总数超过了某一规定的门限值,就让杂波图存储器送出一控制信号,把低波束通道断开、高波束通道接通,其他情况下的低波束总是接通而高波束总是断开。幅度杂波图提供的杂波值经适当变换(包括数/模变换等)后,便可得到需要的 AGC 信号,用来控制中放的增益,使它在强杂波条件下也不至于饱和,从而确保中放工作在线性状态。

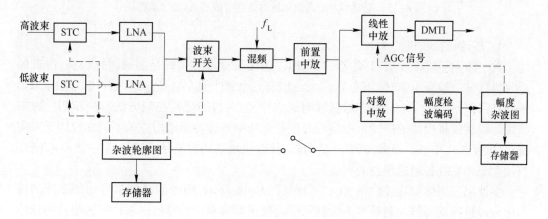

图 8-14　某线性数字动目标显示系统组成框图

3）单脉冲雷达接收机的 AGC

在振幅和差三通道单脉冲跟踪雷达中，就是利用和支路信号对俯仰角和方位角误差信号进行归一化处理，从而实现 AGC 的归一化角误差信号作用。

振幅和差三通道单脉冲雷达接收机 AGC 组成如图 8-15 所示，和通道 AGC 以和通道的中频信号作为输入信号。当天线波束的轴线与目标位置方向的夹角不变，而目标的回波信号发生强弱变化时，控制电压 E_{AGC} 通过电控衰减器保持和通道输出的中频信号振幅不变。同时，控制电压 E_{AGC} 还需要对两个差支路进行增益控制，从而确保两个差支路输出的角误差信号只与误差角有关。图中和支路的 AGC 是闭环控制系统，两个差支路的增益控制是受和支路 E_{AGC} 控制的开环控制系统。

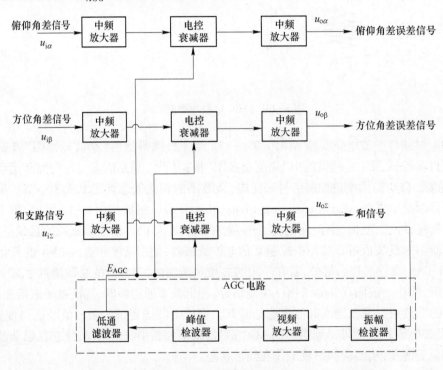

图 8-15 振幅和差三通道单脉冲雷达接收机 AGC 组成框图

4）多通道接收机的 AGC

数字波束形成接收机和多波束三坐标雷达接收机均采用的是多通道接收机，前者的接收机数量一般有 40~50 个通道，后者一般有几个到十几个通道。这两种接收机的 AGC 电路都需要产生一个十分稳定的射频测试信号，但两者的增益控制方法有所不同。数字波束形成接收机增益的控制是在信号处理分系统中通过各通道增益的不同加权因子来实现，详见 9.2.4 小节。而多波束三坐标雷达接收机增益的控制是通过构建一个 AGC 闭环控制系统来实现各通道增益的平衡。

多波束三坐标雷达接收机 AGC 原理如图 8-16 所示，图中的测试信号由频率源的输出信号经过基准方波调制后再上变频到所需要的射频频率。基准方波同时输出选通脉冲接入选通开关，以消除外来杂波对测试信号的干扰。再利用基准电压来确定所需要的信号输出电平，AGC 系统保证了该接收机增益的一致性和稳定性。

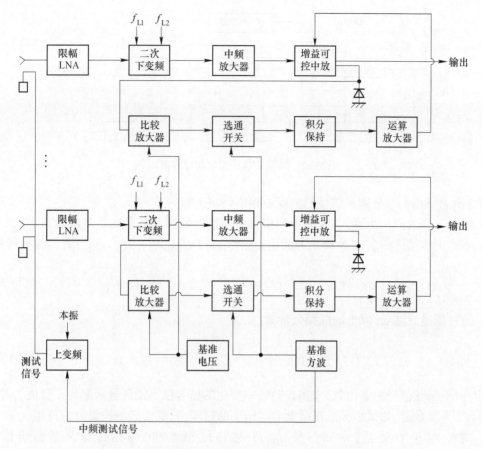

图 8-16　多波束三坐标雷达接收机 AGC 原理框图

8.5　雷达接收机 I/Q 正交鉴相电路

对于全相参的雷达接收机,中频信号放大之后,通常采用 I/Q 正交鉴相处理,输出同相支路 $I(n)$ 和正交支路 $Q(n)$ 两路相参视频信号,以便同时获取目标的相位和幅度信息。根据处理方式的不同可以分为模拟 I/Q 正交鉴相和数字 I/Q 正交鉴相。下面分别介绍模拟 I/Q 正交鉴相、数字 I/Q 正交鉴相的工作原理和 A/D 变换中用到的采样定理等相关知识。

8.5.1　模拟 I/Q 正交鉴相

模拟 I/Q 正交鉴相又称为"零中频处理"。所谓"零中频",指因相参振荡频率与中频信号的中心频率相等(不考虑多普勒频移),使其差频为零。零中频处理既保持了中频处理时的全部信息,同时又可在视频实现,因而得到了广泛的应用。模拟 I/Q 正交鉴相的原理如图 8-17 所示。

如图 8-17 所示,中频实信号 $s_{IF}(t)$ 可以表示为

$$s_{IF}(t) = a(t)\cos\big[2\pi f_{IF}t + \varphi(t)\big] \tag{8-30}$$

217

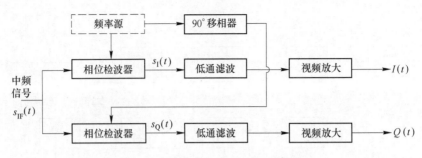

图 8-17　模拟 I/Q 正交鉴相原理框图

式中：$a(t)$ 和 $\varphi(t)$ 分别为信号的幅度和相位调制函数。

以 $\varphi(t) = 2\pi f_{\mathrm{d}} t$ 为例，中频信号和相参振荡信号的频差通常就是多普勒频率 f_{d}。对于 I 通道，中频信号 $s_{\mathrm{IF}}(t)$ 与频率源的输出信号 $\cos 2\pi f_{\mathrm{COHO}} t (f_{\mathrm{COHO}} = f_{\mathrm{IF}})$ 直接相乘得到

$$s_{\mathrm{I}}(t) = s_{\mathrm{IF}}(t)\cos 2\pi f_{\mathrm{IF}} t = \frac{1}{2}a(t)\cos\varphi(t) + \frac{1}{2}a(t)\cos\left[4\pi f_{\mathrm{IF}} t + \varphi(t)\right] \quad (8\text{-}31)$$

通过低通滤波后，取出的低频分量为

$$I(t) = \frac{1}{2}a(t)\cos\varphi(t) = \frac{1}{2}a(t)\cos 2\pi f_{\mathrm{d}} t \quad (8\text{-}32)$$

式中：由于余弦信号为偶函数，按多普勒频率变化的信号已不能区分频率的正负值。并且当 $a(t)$ 为常数时，如果采样点正碰上 $\cos 2\pi f_{\mathrm{d}} t$ 的过零点，就会产生检测时的盲相。

同理，对于 Q 通道，中频信号 $s_{\mathrm{IF}}(t)$ 与相位相差 90° 的相参振荡器输出信号 $\sin 2\pi f_{\mathrm{IF}} t (f_{\mathrm{COHO}} = f_{\mathrm{IF}})$ 直接相乘得到 $s_{\mathrm{Q}}(t)$，再通过低通滤波后，可得

$$Q(t) = \frac{1}{2}a(t)\sin\varphi(t) = \frac{1}{2}a(t)\sin 2\pi f_{\mathrm{d}} t \quad (8\text{-}33)$$

如果要获取振幅函数 $a(t)$，可通过两路信号进行 $\sqrt{I(t)^2 + Q(t)^2}$ 处理得到；如果要判断多普勒频率 f_{d} 的正负值，只需比较 $I(t)$、$Q(t)$ 两支路的相对值来判断。

模拟 I/Q 正交鉴相的优点是可以处理较宽的基带带宽（与数字 I/Q 正交鉴相相比），对 A/D 变换器的要求也相应较低，但是模拟 I/Q 正交鉴相的主要缺点是存在两通道间幅度的不平衡、相参振荡频率间的相位不正交以及视频放大器的零漂等影响正交性的重要因素。其中，通道间幅度的不平衡将会产生镜像频率信号，这种镜像频率信号会直接影响接收机的动态范围以及雷达对动目标的改善因子。

例 8.5：某雷达发射单载频矩形脉冲串信号，信号工作波长为 0.1m，脉冲宽度为 50μs，脉冲重复周期为 1.25ms，中频频率为 60MHz，脉冲串个数为 8。当相参振荡频率为 60MHz，目标径向速度 5m/s，目标距离 10km 时，请画出其 $I(t)$、$Q(t)$ 两支路的时域波形。

解：根据式（8-32）、式（8-33），可知 $I(t)$、$Q(t)$ 两支路应输出频率 $f_{\mathrm{d}} = 100\text{m/s}$ 的正余弦信号。但由于该雷达发射信号的脉冲宽度为 50μs、脉冲重复周期为 1.25ms，使得正余弦信号被脉冲重复周期为 1.25m、脉冲宽度为 50μs 的信号进行重复采样，最终，该雷达模拟 I/Q 通道输出信号的时域波形如图 8-18 所示。

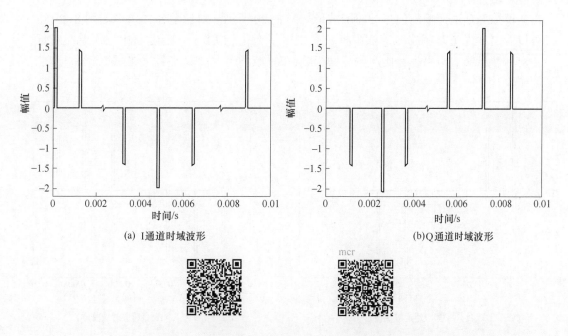

图 8-18　某雷达模拟 I/Q 通道输出信号的时域波形图

　　I/Q 正交鉴相电路的幅度一致性和相位正交度表示其保持回波信号幅度和相位信息的准确程度,如果因鉴相器电路的幅度不平衡和相位不正交产生了幅度和相位误差,信号则产生失真。以例 8.5 为例,当两个通道幅值有 10% 的差别时,雷达模拟 I/Q 通道输出信号的时域波形如图 8-19 所示。对比图 8-18(b)与图 8-19(b)可以看出,Q 通道时域波形的幅度值发生了变化。为使图中对比更明显,当两个通道相位正交性有 10° 的差别时,

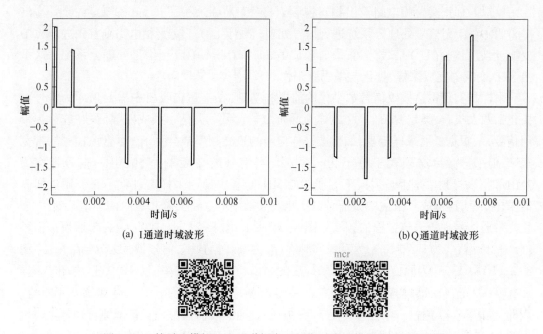

图 8-19　某雷达模拟 I/Q 通道幅度不平衡时输出信号的时域波形图

雷达模拟 I/Q 通道输出信号的时域波形如图 8-20 所示。对比图 8-18(a)与图 8-20(a)可以看出,I 通道时域波形的横坐标位置发生了变化。实际中,幅度和相位误差在时域,会对脉冲压缩的距离旁瓣比产生负面影响;在频域将产生镜像频率,影响系统动目标改善因子。

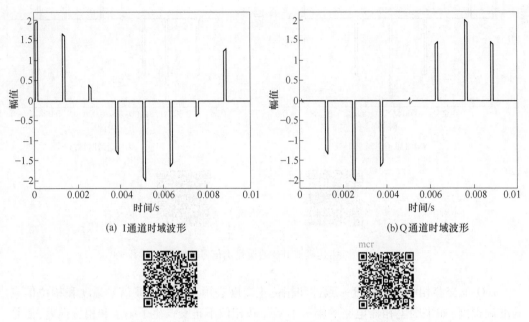

(a) I 通道时域波形　　　　　　　　　　　　　(b)Q 通道时域波形

图 8-20　某雷达模拟 I/Q 通道相位不正交时域波形图

8.5.2　采样定理

模拟 I/Q 正交鉴相电路输出相参视频 $I(t)$ 和 $Q(t)$,然后进行 A/D 变换,最后输出 $I(n)$ 和 $Q(n)$ 至信号处理分系统进行信号处理。数字 I/Q 正交鉴相电路则首先进行 A/D 变换,然后再进行 I、Q 信号分离,最后形成 $I(n)$ 和 $Q(n)$ 输出到信号处理分系统。这里由 A/D 变换器完成采样、量化与编码等工作。

采样是实现雷达接收信号数字化的前提和基础,在雷达接收机中需要采样的信号主要包括两大类,一类是视频信号(或称为低通信号),另一类是中频或射频信号(或称为带通信号)。根据低通采样定理,如果被采样信号的最高频率成分为 f_H,尽管该信号的带宽很窄,但采样频率必须大于等于 $2f_H$。那么,当信号最高频率为 501MHz、信号带宽为 2MHz 时,采样频率是否必须大于等于 1002MHz? 利用带通采样定理就不必使用这样高的采样频率,这构成了雷达中频信号数字化及其数字 I/Q 正交鉴相技术的理论基础。

带通信号理想采样过程的频域如图 8-21 所示,图 8-21(a)中 $X(f)$ 为带通模拟信号 $x(t)$ 的频谱,f_C 为其载频,f_H 为其最高频率,f_L 为其最低频率,信号带宽为 $B = f_H - f_L$;图 8-21(b)中 $X_s(f)$ 为原信号 $x(t)$ 被采样后的频谱,f_s 为采样频率。从图中可以看出,采样后 $X(f)$ 的正、负频谱均各自向左、右以采样频率 f_s 为间隔延拓,并且各频谱互不重叠。因此,频谱 $X_s(f)$ 通过一中心频率为 $f_C \pm Mf_s$ 的带通滤波器后可完全恢复原带通信号。可见,带通采样过程无失真地保留了信号的基带频谱,而信号的载频此时是无关紧要的。

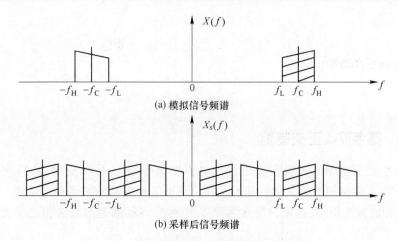

(a) 模拟信号频谱

(b) 采样后信号频谱

图 8-21　带通信号理想采样过程的频域示意图

带通采样定理规定采样频率必须大于或等于带通信号带宽（$B = f_H - f_L$）的两倍,但这是正确带通采样的必要条件,而不是充分条件。也就是说,当 $f_s \geqslant 2B$ 时,并不是所有 f_s 取值均能防止频谱不混叠,从而也就不能确保如此采样后完全恢复原带通信号,这就说明 f_s 的选取在 $f_s \geqslant 2B$ 时存在可选区和禁区。

正确选取 f_s 最终应使带通信号各延拓频谱间不混叠,其原理如图 8-22 所示。由于带通信号的正负频谱在采样后以 f_s 为周期各自向频率轴的左右延拓,所以我们只需讨论如何正确选取 f_s 使负频谱向右延拓时不与正频谱混叠。

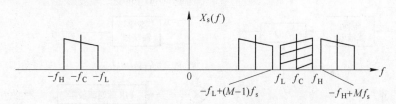

图 8-22　带通信号各延拓频谱间不混叠原理示意图

在图 8-22 中,假设带通信号的原始正频谱为图中带阴影的部分,被 f_s 采样后负频谱（空心图形）向右移位 $(M-1)$ 个周期后,最高频率 $[-f_L + (M-1)f_s]$ 应小于等于 f_L,即

$$-f_L + (M-1)f_s \leqslant f_L \text{ 或 } f_s \leqslant 2f_L/(M-1) \tag{8-34}$$

被 f_s 采样后负频谱向右移位 M 个周期后,最低频率 $[-f_H + Mf_s]$ 应大于等于 f_H,即

$$(-f_H + Mf_s) \geqslant f_H \text{ 或 } f_s \geqslant 2f_H/M \tag{8-35}$$

综合上面两不等式,采样频率 f_s 的取值范围应满足

$$\frac{2f_H}{M} \leqslant f_s \leqslant \frac{2f_L}{M-1}, M \in \left[1, \mathrm{int}\left(\frac{f_H}{f_H - f_L}\right)\right] \tag{8-36}$$

式中:M 取值应为小于等于 $(f_H/B, B = f_H - f_L)$ 且大于 1 的任意正整数,从而得到较低的采样频率。当 $M = 1$ 时,式(8-36)就退化成低通采样定理时 f_s 的取值范围。

式(8-36)就是带通采样定理的必要条件和充分条件,式中也包含了 $f_s \geqslant 2B$ 的必要条件。当右移 $(M-1)$ 个周期的频谱和右移 M 个周期的频谱与带阴影的正频谱等间距时,

可得

$$f_{\mathrm{L}} - [-f_{\mathrm{L}} + (M-1)f_{\mathrm{s}}] = [-f_{\mathrm{H}} + Mf_{\mathrm{s}}] - f_{\mathrm{H}} \tag{8-37}$$

从而得到采样频率:

$$f_{\mathrm{s}} = \frac{4f_{\mathrm{C}}}{2M-1} \tag{8-38}$$

8.5.3 数字 I/Q 正交鉴相

数字 I/Q 正交鉴相的实现方法是首先对模拟信号进行 A/D 变换,然后进行 I/Q 分离。数字 I/Q 正交鉴相的最大优点是可实现更高的 I、Q 支路的精度和稳定度。实现数字 I/Q 正交鉴相的方法很多,这里只简介两种方法:数字混频低通滤波法和数字无混频插值滤波法。

1. 数字混频低通滤波法

数字混频低通滤波法实现 I/Q 分离原理如图 8-23 所示,图中采用原理类似于模拟 I/Q 正交鉴相,只是混频、低通滤波以及相参振荡器均由数字方法来实现,其中相参振荡器由数字振荡器(numerically controlled oscillator,NCO)产生,它能输出正弦和余弦两路正交数字信号。由于两个正交相参振荡器信号的形成和相乘都是数字运算的结果,所以可以确保其正交性,只需要保证运算精度即可。

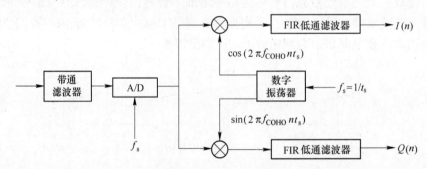

图 8-23　数字混频低通滤波法实现 I/Q 分离原理框图

2. 数字无混频插值滤波法

数字无混频差值滤波法原理如图 8-24 所示,图中通过选取适当的采样频率对中频信号进行 A/D 变换,从而交替地得到 $I(n)$ 和 $Q(n)$,接着再利用内插滤波器进行内插运算,从而得到完整的 I、Q 两路信号。

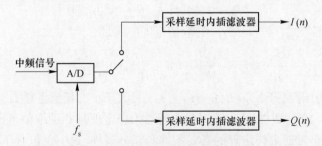

图 8-24　数字无混频差值滤波法原理框图

对中频信号 $s_{\text{IF}}(t) = A(t)\cos\left[2\pi f_{\text{IF}}t + \varphi(t)\right]$，将采样频率取为

$$f_{\text{s}} = \frac{1}{t_{\text{s}}} = \frac{4}{2M-1}f_{\text{IF}} \tag{8-39}$$

则有

$$2\pi f_{\text{IF}}t_{\text{s}} = 2\pi f_{\text{IF}} \cdot \frac{2M-1}{4} \cdot \frac{1}{f_{\text{IF}}} = \frac{\pi}{2}(2M-1) \tag{8-40}$$

则

$$
\begin{aligned}
s(nt_{\text{s}}) &= A(nt_{\text{s}})\cos\left[2\pi f_{\text{IF}}nt_{\text{s}} + \varphi(nt_{\text{s}})\right] \\
&= A(nt_{\text{s}})\cos\varphi(nt_{\text{s}})\cos\left[(2M-1)\frac{n\pi}{2}\right] - A(nt_{\text{s}})\sin\varphi(nt_{\text{s}})\sin\left[(2M-1)\frac{n\pi}{2}\right] \\
&= \begin{cases} (-1)^{n/2}I(n),\ n\ \text{为偶数} \\ (-1)^{(n+1)/2}Q(n),\ n\ \text{为奇数且}\ M\ \text{为奇数} \\ (-1)^{(n-1)/2}Q(n),\ n\ \text{为奇数且}\ M\ \text{为偶数} \end{cases}
\end{aligned}
\tag{8-41}
$$

由式(8-41)可知，采样结果为交替出现的 I、Q 信号，为了获得同一时刻的 I、Q 序列可用 sinc 函数内插法、贝塞尔(Bessel)内插法以及其他专门设计的数字滤波方法，其中比较简单的是 Bessel 内插方法，其内插公式为

$$
\begin{aligned}
I(n) &= \frac{1}{2}\left[I(n-1) + I(n+1)\right] \\
&+ \frac{1}{8}\left\{\frac{1}{2}\left[I(n-1) + I(n+1)\right] - \frac{1}{16}\left[I(n-3) + I(n+3)\right]\right\}, \\
&\qquad n = 2m+1, m = 0,1,2\cdots
\end{aligned}
\tag{8-42}
$$

$$
\begin{aligned}
Q(n) &= \frac{1}{2}\left[Q(n-1) + Q(n+1)\right] \\
&+ \frac{1}{8}\left\{\frac{1}{2}\left[Q(n-1) + Q(n+1)\right] - \frac{1}{16}\left[Q(n-3) + Q(n+3)\right]\right\}, \\
&\qquad n = 2m, m = 0,1,2\cdots
\end{aligned}
\tag{8-43}
$$

8.6 T/R 组件

T/R 组件是分布式有源相控阵雷达的重要构造单元，它将第 6 章描述的功率放大、第 7 章描述的天线波束扫描以及本章描述的接收机功能全部集成在一个模块中，并与相控阵天线阵元(或子阵)直接相连。

8.6.1 T/R 组件的功能

T/R 组件的主要功能应包括以下方面。

1. 发射激励信号的放大

T/R 组件发射支路的主要功能是由高功率放大器对输入的发射激励信号进行放大。由于 T/R 组件输入的发射激励信号均来自同一激励源，各高功率放大器在放大过程中可以保持严格的相位关系。

2. 接收信号的放大与变频

T/R 组件接收支路的主要功能是完成对接收微弱信号的放大处理,对于输出信号为中频的 T/R 组件,其接收支路还可包含混频器,从而通过下变频处理将接收的射频信号变换到固定的中频信号。

3. 实现天线波束扫描所需的相移

移相器是 T/R 组件中的关键部件,可以改变天线波束指向,即实现天线波束的相控扫描。

4. 变极化的实现与控制

T/R 组件自身单独没有极化特性,只有和天线连接后配合天线阵面极化要求设计,才会有极化特性。多极化、变极化是雷达发展的一个趋势,其在空间目标探测、气象杂波抑制和抗干扰等方向都有实际应用。

5. T/R 组件的监测

有源相控阵雷达一般含有大量的 T/R 组件,要求能够实时监测组件内各功能电路工作参数和工作状态。T/R 组件进行监测必须具备三个条件:一是有用于监测的测试信号及其分配网络;二是具有高精度的测试设备,能提取和测量组件内各功能电路的工作参数和工作状态;三是具有可靠的测试控制和处理软件,用以准确判定 T/R 组件的工作特性与是否失效。

8.6.2 T/R 组件的类型

在实际雷达应用中,即使是同类型的 T/R 组件,由于雷达系统性能、天馈系统结构等差异化设计,T/R 组件的组成结构也是多样的,其类型也不尽相同,T/R 组件输入、输出信号原理如图 8-25 所示。根据发射支路输入信号类型的不同,可以分为射频、中频或者视频输入 T/R 组件;根据接收支路输出信号类型的不同,也同样可分为射频、中频或者视频输出 T/R 组件。值得注意的是,无论 T/R 组件是何种类型,各个 T/R 组件的输入信号均要来自同一信号源,才能确保各个 T/R 组件的输出信号之间保持严格的相位关系。

图 8-25　T/R 组件输入、输出信号原理示意图

为了简化 T/R 组件类型,本节以接收支路的输出信号频率为依据,将 T/R 组件分为射频 T/R 组件、中频 T/R 组件和数字 T/R 组件三种类型,其中射频 T/R 组件和中频 T/R 组件又可称为模拟 T/R 组件。

1. 射频 T/R 组件

将 T/R 组件接收支路具有射频输出信号的 T/R 组件统称为射频 T/R 组件。实际应用中,射频 T/R 组件的发射支路输入和接收支路输出信号通常是射频信号,射频 T/R 组件基本组成如图 8-26 所示。当工作在发射状态时,经前级功放放大后的射频输入信号经过 T/R 开关和移相器输入到功率放大器再进行放大后,经环形器送至天线单元;当工作在接收状态时,接收到的信号经过环形器至低噪声放大器、T/R 开关和移相器至接收机。移相器由控制信号来实现对天线系统的波束扫描功能。

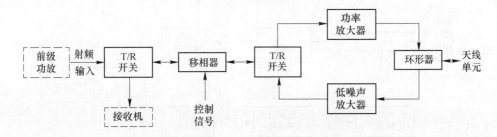

图 8-26　射频 T/R 组件基本组成框图

2. 中频 T/R 组件

将接收支路具有中频输出信号的 T/R 组件统称为中频 T/R 组件。一般来说有两种中频 T/R 组件,即射频发射输入、中频接收输出的 T/R 组件和中频发射输入、中频接收输出的 T/R 组件。实际应用中,主要采用射频发射输入、中频接收输出的 T/R 组件。

中频 T/R 组件基本组成如图 8-27 所示,图中给出了射频发射输入、中频接收输出的中频 T/R 组件基本组成。相比射频 T/R 组件,中频 T/R 组件接收支路多了混频器,也就意味着需要本振信号的输入端口。为此,天馈系统需要增加一个本振信号的功率分配系统,对这一功率分配系统同样存在幅相一致性的要求。

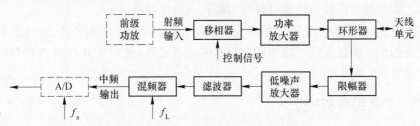

图 8-27　中频 T/R 组件基本组成框图

3. 数字 T/R 组件

根据接收支路输出信号的不同,可将数字 T/R 组件分为两种:第一种 T/R 组件发射支路的输入信号为中频或射频信号,接收支路的输出信号为正交双通道数字信号,该组件实现了接收处理的数字化,为接收数字 T/R 组件;第二种 T/R 组件中发射支路的输入信号和接收支路的输出信号均为数字信号,则可称之为数字 T/R 组件或数字 T/R 模块。

数字 T/R 组件是数字阵列雷达的核心部件,是未来有源相控阵雷达发展的方向。一种比较典型的基于 DDS 的数字 T/R 组件基本组成如图 8-28 所示,图中给出了数字 T/R 组件完整的发射通道和接收通道。其中,发射通道由 DDS、上变频器和功率放大器组成;接收通道包括限幅器 LNA、下变频以及 A/D 中频采样等部分。

从图 8-28 可以看出,数字 T/R 组件中没有了模拟 T/R 组件中的数字移相器、控制单元等器件,其发射波束形成和控制方式也相应改变。数字阵列雷达通过波束控制系统对数字 T/R 组件中 DDS 模块频率、相位、幅度等信息的控制,实现了发射波束的自适应形成和控制,也即实现了发射数字波束形成能力。

在数字阵列雷达的每一个天线单元中均有一个数字 T/R 组件。数字 T/R 组件具有以下主要特点:

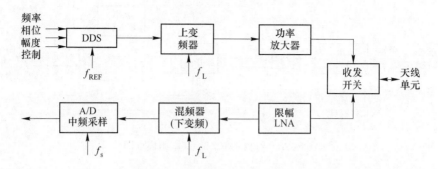

图 8-28　数字 T/R 组件基本组成框图

（1）易于产生复杂的信号波形。复杂信号波形具有复杂的调制形式,线性调频脉冲压缩信号或相位编码信号的产生可通过改变加到 DDS 中相位累加器的随时间变化的频率、相位和幅度来控制编码而实现。

（2）数字 T/R 组件发射与接收支路的射频部分不再需要移相器和衰减器。移相精度相当高,例如,DDS 中相位累加器的位数为 16 时,相应的移相精度约为 0.006°。

（3）可集波形变化和波束变化于一身,具有良好的可重复性和可靠性,易于实现各T/R 组件之间发射与接收支路信号幅度与相位一致性调整。

数字 T/R 组件目前存在最大的问题是系统比较复杂而且成本较高,但随着数字电路的迅速发展和单片微波集成电路 MMIC 技术的日臻成熟,数字 T/R 组件将会显示出越来越强的生命力。

8.6.3　T/R 组件的校正

作为分布式有源相控阵雷达的重要构造单元,T/R 组件在装配之时就需要对其幅度和相位的一致性进行调整,以免造成旁瓣变高、主瓣增益降低,进而影响系统的探测性能。实际上,T/R 的校正工作也不是一劳永逸的,部署环境、时间等因素的影响,都会造成 T/R组件性能的不稳定。

采用数字 T/R 组件的某雷达收发分系统组成如图 8-29 所示,图中包括收发校正网络、22 个 T/R 组件(20 路正常通道 T/R-1 ~T/R-20、1 路 T/R 连接辅助天线用作匿影/对消前端、1 路校正 T/R)、22 通道数字收发组件、DDS 波形产生、ADC 采样和本振功分网络等设备。每个组件均设有 BITE 电路实时监控组件工作状态,便于总体监控系统对故障进行定位。计算机监控系统能够自动检测各 T/R 组件的工作状态,进而利用 DDS 波形控制信号的波形控制码来加以修正。

接收校正时,由数字收发组件中的 DDS 产生多个频率点的校正信号送给校正 T/R 发射通道,再通过收发校正网络馈入 20 个 T/R 组件的正常接收通道,各个接收通道的校正数据经 ADC 采样后送往信号处理分系统进行解算,得到各 T/R 接收通道在不同频率下的幅相值修正系数。

发射校正时,由发射校正时序控制 20 个 T/R 组件分时逐个发射多个频率点的发射信号,发射信号经收发校正网络馈入校正 T/R 接收通道,校正 T/R 接收通道输出的校正数据经 ADC 采样后再送往信号处理分系统进行解算,得到各 T/R 发射通道在不同频率

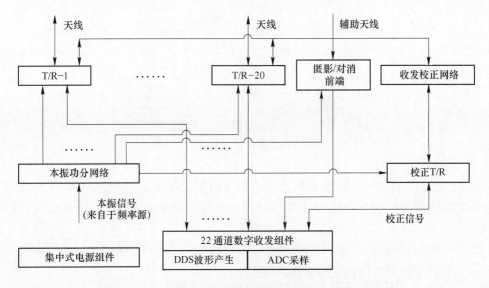

图 8-29 采用数字 T/R 组件的某雷达收发分系统组成框图

下的幅相值修正系数。

思考题

8-1 请简述雷达接收机的功能及现代雷达对接收机的要求。

8-2 请画出雷达接收机原理组成框图,并说明各组成部分的功能。

8-3 请写出噪声系数的三种表达式,并分别简述其物理意义。

8-4 某雷达接收机噪声系数 F 为 3dB,接收机内部噪声等效带宽 B_n 为 3MHz,接收机增益 G 为 60dB。

(1)请计算该雷达接收机输入噪声功率 N_i;

(2)请计算该雷达接收机内部噪声功率;

(3)请计算该雷达接收机输出噪声功率 N_o;

(4)若将该雷达接收机等效为理想接收机,请计算该雷达接收机输入端的等效噪声功率 N_i'。

8-5 已知某雷达接收机各器件噪声系数和增益(或损耗)如图 8-30 所示。

(1)请计算混频器的噪声系数;

(2)若网络 1 由混频器和中频放大器组成,请计算网络 1 的噪声系数;

(3)请计算该雷达接收机的噪声系数,与(2)的计算结果比较,分析射频放大器对噪声系数的影响;

(4)请计算该雷达接收机整机的增益;

(5)若该雷达接收机中频滤波器的带宽为 2MHz,请计算该雷达接收机的临界灵敏度。

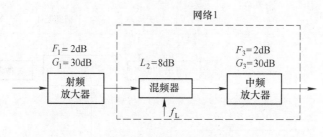

图 8-30 题 8-5 图

8-6 雷达接收机的灵敏度表征了雷达接收机接收微弱信号的能力,可分为临界灵敏度和实际灵敏度。请分别描述临界灵敏度与实际灵敏度的定义,并分析影响它们的因素。

8-7 某雷达接收机的噪声系数为 2.5dB,接收机内部噪声等效带宽 B_n 为 4MHz。

(1)请计算该雷达接收机的临界灵敏度;

(2)当该雷达识别系数 M 为 10.8dB 时,请计算该雷达接收机的实际灵敏度;

(3)当该雷达识别系数 M 为 10.8dB,且采用相参积累处理,积累的脉冲个数为 8 个,在不考虑积累损耗的条件下,请计算该雷达接收机的实际灵敏度;

(4)当该雷达识别系数 M 为 10.8dB,且采用脉冲压缩处理,脉压比为 200,在不考虑匹配损耗的条件下,请计算该雷达接收机的实际灵敏度。

8-8 请简述接收机动态范围的定义,并说明影响其输入动态范围的相关因素以及大动态范围的实现方法。

8-9 某雷达接收机线性部分的通频带为 2MHz,噪声系数为 2dB,最大输入信号功率为 -39dBm。

(1)请计算该雷达接收机线性部分的临界灵敏度;

(2)请计算该雷达接收机线性动态范围。

8-10 某雷达接收机线性部分的通频带为 2MHz,噪声系数为 2dB,线性动态范围为 70dB,雷达接收机输出最大信号功率为 10dBm。

(1)请计算该雷达接收机线性部分的临界灵敏度;

(2)请计算该雷达接收机最大输入信号功率;

(3)请计算该雷达接收机增益。

8-11 某雷达接收机组成如图 8-31 所示,接收机各级电路增益(或损耗)已经标注在图中,其中本振信号功率为 10dBm,放大器 P_{o-1} 为 10dBm,混频器 P_{o-1} 为 2dBm,线性动态范围为 60dB。

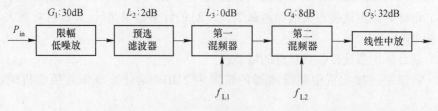

图 8-31 题 8-11 图

（1）若该雷达接收机输入信号功率 P_{in} 为 -80dBm，请计算该雷达接收机模块输出功率；

（2）若该雷达接收机输入信号功率 P_{in} 为 -20dBm，请判断该接收机各模块能否正常工作，如果能正常工作，请说明理由，如果不能正常工作，请提出合理的解决措施；

（3）若该雷达接收机输入信号功率 P_{in} 为 -112dBm，请判断该信号能否正常接收，如果能正常接收，请说明理由，如果不能正常接收，请提出合理的解决措施。

8-12 某雷达接收机组成框图如图 8-32 所示，接收机的噪声系数 F 为 3dB，线性动态范围 DR_{o-1} 为 70dB，A/D 变换器最大输入信号电平为 $2V_{p-pmax}$（负载为 50Ω），通频带宽度 B_n 为 3MHz。

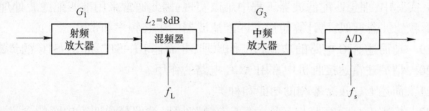

图 8-32 题 8-12 图

（1）请计算该雷达接收机的临界灵敏度；

（2）请计算该雷达接收机输入的最大信号功率；

（3）请计算该雷达接收机输出的最大信号功率；

（4）请计算该雷达接收机增益，并提出一种可行的增益分配方案。

8-13 请简述射频放大器的功能，并列举常用的射频放大器类型。

8-14 请简述混频器的功能，并画出混频器组成框图。

8-15 某混频器输入射频信号频率 f_R 为 1460～1660MHz，频率间隔为 5MHz，本振频率 f_L 为 1890～2090MHz，频率间隔为 5MHz。

（1）请计算输出中频频率 f_I；

（2）请计算该混频器镜频频率 f_M；

（3）请简述镜频对雷达系统的危害，并分析说明雷达对抗镜频的措施。

8-16 某雷达接收机组成如图 8-33 所示，已知雷达接收机工作频率范围为 1060～1140MHz，频率间隔为 20MHz。一本振信号频率 f_{L1} 为 1310～1390MHz，频率间隔为 20MHz。二本振信号频率 f_{L2} 为 280MHz。

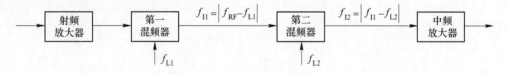

图 8-33 题 8-16 图

（1）请计算雷达接收机的工作频带宽度；

（2）请计算一中频信号频率 f_{I1}；

（3）请求出二中频信号频率 f_{I2}；

（4）若回波信号为线性调频信号，其信号带宽 $B=1$MHz。当接收机为匹配接收机时，请计算其通频带带宽 B_n。

8-17 某雷达接收机采取二次混频方案，请简述其射频滤波器、一中频滤波器和二中频滤波器在雷达接收机中放置的位置和功能。

8-18 某雷达接收机采取二次混频方案，其中二中频滤波器必须与输入信号相匹配，以便在雷达接收机输出端获得最大信噪比。假设雷达中频回波信号为固定载频脉冲信号，中频频率为 30MHz，脉冲宽度为 $10\mu s$。

（1）若二中频滤波器采用理想匹配滤波器，请计算该匹配滤波器的中心频率和带宽。

（2）实际中，理想匹配滤波器工程中难以实现，因此通常采用准匹配滤波处理。若采用矩形形状滤波器近似，请计算矩形准匹配滤波器的中心频率和带宽。

8-19 请简述 STC 电路的功能和工作原理，并简述 RF-STC 和 IF-STC 的优缺点。

8-20 请简述雷达接收机中常用 AGC 电路的作用。

8-21 简述 I/Q 正交鉴相的功能和种类。

8-22 模拟 I/Q 正交鉴相又称为"零中频"处理，请解释说明零中频的含义，简述模拟 I/Q 鉴相电路的优缺点，并画出模拟 I/Q 正交鉴相原理框图。

8-23 请简述数字 I/Q 正交鉴相的类型和各自优缺点，并画出相应的原理框图。

8-24 某雷达接收机的二中频频率为 10MHz，信号带宽为 2MHz。

（1）如果该雷达接收机 I/Q 正交鉴相电路采用模拟 I/Q 正交鉴相方法，请计算该正交鉴相器中相参振荡信号的频率值 f_{COHO}。请计算其后续 A/D 变换器的采样频率的最小值（理论上）。

（2）如果该雷达接收机 I/Q 正交鉴相电路采用数字混频低通滤波法，请计算 A/D 变换器的采样频率的最小值（理论上）。请计算该正交鉴相器中数字相参振荡信号的频率值 f_{COHO}。

（3）如果该雷达接收机 I/Q 正交鉴相电路采用数字无混频低通滤波法，请计算 A/D 变换器的采样频率的最小值（理论上）。

第9章 雷达信号处理分系统

雷达回波信号经过接收机进行处理后,输出两路相参视频信号 $I(n)$、$Q(n)$ 到雷达信号处理分系统进行滤波和检测处理,进一步去掉干扰,保留目标。本章首先介绍雷达信号处理的功能和基本流程,然后依次介绍基本流程中所用的信号处理方法,包括空域滤波处理、脉冲压缩处理、杂波抑制处理、雷达目标检测等。

9.1 雷达信号处理分系统的功能与信号处理流程

对于防空预警/引导雷达而言,雷达所接收的回波信号既有需要的目标,如飞机、导弹、舰船等,也有不需要的有害成分,如杂波、噪声及有源干扰,雷达信号处理的作用就是尽量抑制有害成分而保留有用目标。

9.1.1 主要功能

雷达信号处理分系统的主要功能是对来自接收机的雷达回波信号进行脉冲压缩、杂波抑制、目标检测等处理,使雷达在强地物杂波、有源干扰、噪声和气象杂波环境下具有良好的目标检测性能。

雷达信号处理的基本功能包括滤波和检测两个方面。

(1) 滤波:主要目的是利用各类滤波器来最大限度地抑制噪声、杂波或干扰(如匹配滤波器可获得最大输出信噪比,空域滤波器抑制干扰,频域滤波器抑制杂波),以降低它们对目标回波信号的影响。

(2) 检测:主要目的是将目标从背景(含剩余噪声、杂波、干扰等)中检测出来,基本准则是奈曼-皮尔逊(Neyman-Pearson,NP)准则,即在给定虚警概率条件下,获得最大检测概率。

随着现代新体制雷达的迅速崛起,与之相适应的雷达信号处理方法也得到了全面的发展,信号处理的功能不断扩展,并已经渗透到雷达整机的各个部分。目前,就现代雷达的应用领域而言,其信号处理的典型功能主要包括以下几个方面。

(1) 波形设计与产生:主要实现复杂波形样式设计和波形产生。

(2) 波束形成与控制:主要完成相控阵天线的波束形成、方向图形状以及指向的控制。

(3) 信号增强与干扰抑制:主要实现回波信号的脉冲压缩、杂波和干扰的抑制。

(4) 目标检测:主要实现目标的自动检测和虚警率控制等。

(5) 目标成像与识别:主要利用宽带雷达实现目标的高分辨成像或基于目标回波特征(包括形状、材料、类型等参数)提取的识别。

9.1.2　基本信号处理流程

早期雷达系统构成以及信号流程相对简单,其信号形式通常为单载频的矩形脉冲,回波信号的处理由接收机"代劳",回波信号经过射频放大、混频、中频放大、包络检波和视频放大后直接送至显示器显示。其中频放大器和视频放大器的工作带宽与雷达脉冲信号的带宽相匹配,起到一定的模拟信号滤波与处理作用。由于没有专门的信号处理分系统,导致雷达抗干扰性能、杂波抑制能力及目标检测能力普遍很差。

为了适应现代战争电磁环境复杂的需要,提高雷达在复杂电磁环境下的目标检测等能力,现代雷达在整机中增加了专门的雷达信号处理分系统设备来改善雷达的综合性能指标。

传统雷达信号处理分系统主要由脉冲压缩插件板(时域脉压板或频域脉压板)、杂波抑制插件板(动目标显示(moving tatget indicator,MTI)、动目标检测(moving target detector,MTD)或脉冲多普勒(pulse Doppler,PD))、杂波图插件板(抑制杂波剩余)、目标检测插件板(constant false alarm rate,CFAR)等插件组成,每个插件板的功能确定。例如,某传统雷达信号处理分系统包含脉冲压缩插件板、MTI 插件板、MTD 插件板及杂波图插件板(CFAR 处理在此插件板内),其结构实物如图 9-1 所示。

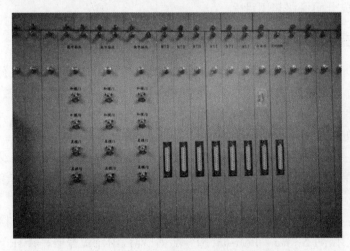

图 9-1　某传统雷达信号处理分机结构实物图

随着大规模集成电路的发展及芯片运算速度的提升,目前的第三代、第四代雷达可将传统雷达信号处理分系统的几个插件板的功能集成到一个或少数几个信号处理插件板上完成,且这几块信号处理插件板采用通用化设计,具有互换性,可对接收的回波数据进行并行处理,大幅提高了运算速度。例如:某雷达信号处理分机结构实物如图 9-2 所示,其信号处理分系统由 1 块 A/D 板、1 块时序控制板、1 块时序接口板、1 块接口板、2 块处理板、1 块电源板组成,其中处理板和电源板安装在信号处理分系统中,A/D 板、时序控制板和时序接口板安装在通信分系统中;两个分系统之间通过通信系统传递控制和信息数据。处理板是整个雷达信号处理分系统的核心,其主要任务是完成各种模式下的脉冲压缩、杂波抑制、CFAR 处理、超杂波检测、多通道的融合检测等处理。

图 9-2　某雷达信号处理分机结构实物图

现代雷达中,典型的信号处理流程如图 9-3 所示。并不是所有雷达的信号处理分系统都是如此,也并没有穷尽全部的信号处理操作,如成像、目标识别和空时联合处理等。

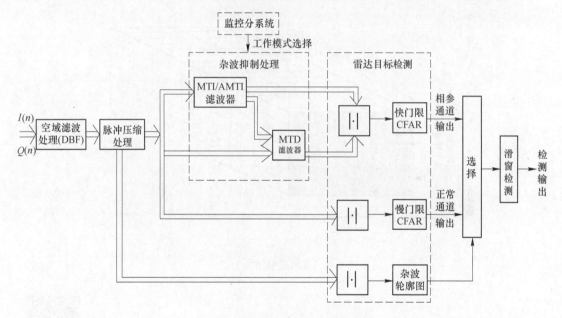

图 9-3　典型雷达信号处理流程图

图 9-3 中,对接收机输出的回波信号,按回波信号的先后次序依距离单元进行排列,首先进行空域滤波处理,此处主要进行数字波束形成(digital beam former,DBF) 。接着利用匹配滤波技术,对回波信号进行脉冲压缩处理,主要解决探测距离与距离分辨率之间的矛盾。脉冲压缩处理之后,现代雷达信号处理分系统一般包含两个信号处理通道:相参处理通道和正常(非相参)处理通道。相参处理通道的主要功能:完成杂波背景下的目标检测,主要包括杂波抑制处理及雷达目标检测两个环节。杂波抑制处理,即利用运动目标和杂波之间的频谱、幅度和空间分布等特性之间的差别,可用 MTI、自适应动目标显示

233

(adaptive moving target indicator，AMTI)、MTD 单独或其组合来实现，目的是抑制杂波而保留运动目标信息，杂波抑制处理的工作模式选择由监控分系统给出。杂波抑制后，再进行取模后接快门限 CFAR 完成目标检测。正常处理通道的主要功能：减小相参处理通道不必要的处理损失，提高目标的检测能力。强杂波环境中所必需的对消滤波器(MTI、AMTI、MTD 等滤波器)及快门限 CFAR 处理，都有一定的处理损失，在无杂波或弱杂波条件下势必导致一定程度上的检测能力降低。因此，在无杂波的清洁区采用基于幅度信息的正常处理(取模后接慢门限 CFAR)，能够保证目标信号的检测概率。为了实现对正常处理和相参处理结果的选择，必须建立一个能够反映杂波有/无(确切地说是杂波强/弱)的杂波图。由于它只需提供杂波的二分层(1/0)概略信息，因此得名杂波轮廓图(又名杂波开关)。例如：数字"1"表示有杂波，用来控制选择相参支路的输出；数字"0"表示无杂波，可控制选择正常支路的输出。随后对多个脉冲信号(多个脉组信号)的过门限信号进行非相参积累(滑窗检测)，完成目标检测，最终给出检测结果。以上所有信号处理均依据"雷达数据结构"来进行，该雷达数据结构表示经 A/D 采样后，相干处理周期内 N 个阵元和 M 个脉冲的 L 个距离单元采样数据可构成如图 9-4 所示的三维立体数据，形如长方体，长方体的三条棱分别为距离维、脉冲维及阵元维，可构成几个不同的平面。

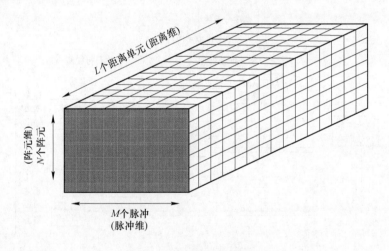

图 9-4　雷达数据结构示意图

9.2　空域滤波处理

空域滤波主要用来对付旁瓣干扰。本节首先介绍空域滤波的基本概念，然后介绍两种基本的空域滤波技术——旁瓣对消与旁瓣匿影，最后介绍数字波束形成技术。空域滤波处理主要在图 9-4 所示的阵元-脉冲维平面进行。

9.2.1　基本概念

天线的定向辐射与接收是雷达测量目标角度的物理基础，即目标的角度位置是由雷达天线波束扫描在空间的指向来确定的，这样的空间波束可以看成是空间滤波器，其对应的天线方向图等效为该空间滤波器的系统响应函数,于是可将接收天线方向图中主瓣方向对准所需信号的入射方向,同时设法将天线方向图零点或旁瓣对准干扰入射方向,由此降低乃至消除旁瓣干扰对目标回波信号检测的影响。下面以角度 θ 为横坐标,可画出该系统响应函数的一般形式,如图 9-5 所示,其中天线波束主瓣,即相当于滤波器的通带,而其他则属于滤波器阻带。

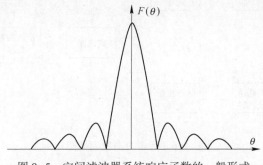

图 9-5　空间滤波器系统响应函数的一般形式

由图 9-5 可知,天线波束主瓣宽、旁瓣高,受干扰的区域就大,干扰的影响就严重;反之,天线波束窄、旁瓣低,则受干扰的区域就小,干扰的影响也小。这里由波束所等效成的空间滤波器,与频域滤波器对某些频率信号进行加强或抑制相对应,能够对某些方向的信号进行加强或抑制。表 9-1 给出了空间滤波与频域滤波的对比。

表 9-1　空间滤波与频域滤波对比

空间滤波	频域滤波
方向图	频率响应
主瓣	通带
旁瓣	阻带
方向选择	频率选择

由于雷达的功能不同,雷达天线波束的形状会有较大差异,即空间滤波器的类别多种多样。雷达发射端可以通过特殊的天线设计构造出期望的发射波束,雷达还可以通过天线接收端的信号处理,构造出期望的接收多波束。换句话说,就是空间滤波器既可表现为发射波束,也可表现为接收波束。

为了提高雷达的抗干扰能力,最直接的设计就是要求雷达天线具有窄的主瓣宽度和超低旁瓣电平。但是,根据天线理论,这两者一般是相互制约、不可兼得的,即主瓣越窄,旁瓣就越高,而旁瓣越低,主瓣就越宽。因此,为了抑制来自天线旁瓣方向的干扰,通常采用旁瓣对消(side-lobe cancelling,SLC)和旁瓣匿影(side-lobe blanking,SLB)技术。旁瓣对消技术通常用于对付高占空比连续型压制噪声干扰,而旁瓣匿影技术通常用于对付低占空比的噪声脉冲干扰,有关干扰类型及干扰画面见 2.6 节。下面分别介绍旁瓣对消技术和旁瓣匿影技术。

9.2.2　旁瓣对消

旁瓣对消技术又称为旁瓣对消处理,其一般由主通道、辅助通道和减法器组成,如

图 9-6 所示。其主通道包括主天线、主通道接收机及脉冲压缩处理,辅助通道包括辅助天线、辅助通道接收机及脉冲压缩处理,主辅通道分别进行脉冲压缩处理后进行减法运算,然后进行杂波抑制及目标检测。

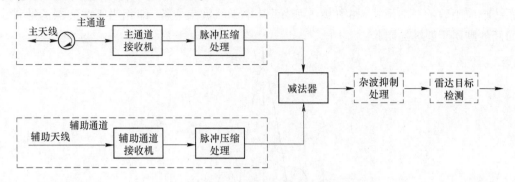

图 9-6　旁瓣对消原理框图

在理想情况下,主、辅天线方向图如图 9-7 所示。图中实线为主天线方向图,用 $F_m(\theta)$ 表示;虚线为辅助天线方向图,用 $F_a(\theta)$ 表示。辅助天线的方向图在主天线主波束方向为零,而在其他方向与主天线的旁瓣相同,保证辅助天线接收的干扰信号与主天线接收的干扰信号相同。因此,旁瓣对消的工作原理:主通道处理主天线接收的回波信号,辅助通道处理辅助天线接收的回波信号;主通道输出的信号与辅助通道输出的信号相减再输出送到后续的处理电路中,从而消除从主天线旁瓣进入的干扰信号,实现了旁瓣对消。

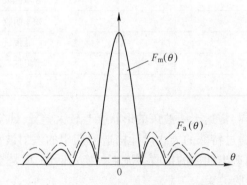

图 9-7　理想的主/辅天线方向图示意图

然而,要实现如图 9-7 所示的理想辅助天线方向图是非常困难的,在实际应用中通常采用比主天线第一旁瓣电平稍高的全向天线作辅助天线,如图 9-8 所示。显然,采用图 9-8 所示的天线方向图,由于天线增益不同,肯定会存在干扰对消不彻底的问题,尽管理论上可以控制主、辅接收通道传输增益,但完全做到干扰方向上的增益平衡是非常困难的,因此这种利用主/辅通道数据直接对消的方式对干扰的抑制效果并不太理想。

目前,为了达到好的干扰抑制效果,现代雷达大多采用了自适应旁瓣对消技术(adaptive sidelobe cancelling,ASLC)。它是利用辅助天线接收的干扰信号,通过信号处理方法,来对消主天线接收信号中的干扰信号,以抑制干扰,提高雷达在干扰条件下检测目

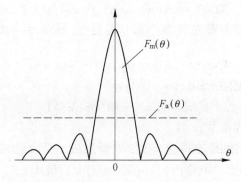

图 9-8　实际的主/辅天线方向图示意图

标的能力。其原理如图 9-9 所示。

　　自适应旁瓣对消的工作原理:辅助天线提供雷达主天线旁瓣中的干扰信号的样本,M 个辅助天线输出的信号幅度和相位受一组适当大小的权值控制。干扰通过来自辅助天线和主天线的信号的线性组合对消掉。因此,辅助天线的方向图要和雷达主天线接收方向图的平均旁瓣电平近似,并且辅助天线放置在雷达主天线相位中心附近,以保证它们所获得的干扰样本与干扰信号统计相关。为了使主天线接收方向图在 M 个方向上置零,至少要有 M 个幅度和相位适当控制的辅助天线。辅助天线可以是单独设置的天线,也可以是相控阵天线的一组接收单元。

　　在图 9-9 中,假设主天线的主瓣对准目标并接收目标信号,而干扰信号从主天线旁瓣进入。由于辅助天线阵元具有很宽的主瓣,其增益较低,略大于主天线旁瓣增益,所以辅助天线阵元接收到的目标信号会很小,可以近似认为辅助天线只接收干扰信号。M 个辅助天线阵元接收到的干扰信号矢量 $X(n)$ 表示为

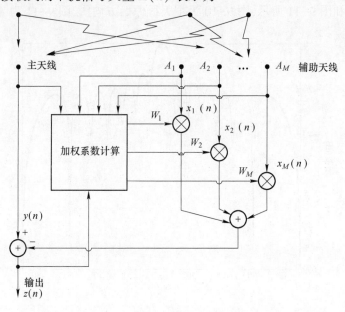

图 9-9　自适应旁瓣对消原理框图

$$X(n) = \begin{bmatrix} x_1(n) & x_2(n) & \cdots & x_M(n) \end{bmatrix}^{\mathrm{T}} \tag{9-1}$$

为了抑制从主天线的旁瓣进入的有源干扰信号,图9-9中加权系数矢量 $W(n)$ 表示为

$$W(n) = \begin{bmatrix} w_1(n) & w_2(n) & \cdots & w_M(n) \end{bmatrix}^{\mathrm{T}} \tag{9-2}$$

因此,自适应旁瓣对消的输出 $z(n)$ 为

$$z(n) = y(n) - W^{\mathrm{H}}(n)X(n) \tag{9-3}$$

式中: $y(n)$ 为主天线输出信号。

自适应旁瓣对消输出的目的是使干扰影响降到最小,因此加权系数的求取可用输出最小均方误差准则来确定,即使 $P(n) = E\{|z(n)|^2\}$ 最小, $E\{\cdot\}$ 表示统计期望。将 $P(n)$ 进行推导,可得

$$P(n) = E\{|y(n)|^2\} - R_{Xy}^{\mathrm{H}}(n)W(n) - W^{\mathrm{H}}(n)R_{Xy}(n) + W^{\mathrm{H}}(n)R_X(n)W(n) \tag{9-4}$$

式中: $R_{Xy}(n) = E[X(n)y^*(n)]$ 为辅助通道与主通道的互相关函数矩阵; $R_X(n) = E[X(n)X^{\mathrm{H}}(n)]$ 为辅助通道的自相关函数矩阵。

要使 $P(n)$ 最小,只需对式(9-4)两边对加权系数矢量 $W(n)$ 求导,即可得到每一个权值分量 $w_1(n)$, $w_2(n),\cdots,w_M(n)$ 。具体推导过程如下:

$$\frac{\partial P}{\partial W} = -2R_{Xy}(n) + 2R_X(n)W(n) = 0 \tag{9-5}$$

进而当自相关矩阵 $R_X(n)$ 为非奇异阵时,最优的加权系数矢量 $W_{\mathrm{opt}}(n)$ 可表示为

$$W_{\mathrm{opt}}(n) = R_X^{-1}(n)R_{Xy}(n) \tag{9-6}$$

对 ASLC 技术进行了计算机实验仿真。仿真中,假设总的阵元个数为14,其中12个为主天线,2个为辅助天线,若某一时刻有一干扰从 20° 方位角进入雷达天线,此时利用 ASLC 技术便可在 20° 方位角处形成一个很深的"凹口",从而抑制掉该干扰,计算机仿真分别如图9-10和图9-11所示,图9-10为主天线原始方向图,图9-11为 ALSC 方向图。

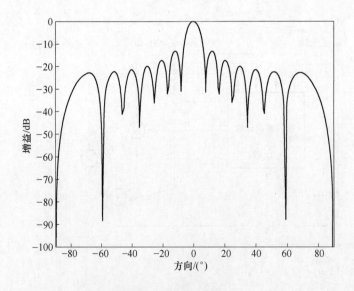

图 9-10　原始方向图

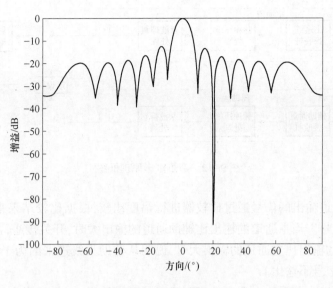

图 9-11　ASLC 方向图

图 9-9 中自适应旁瓣对消框图和加权系数的计算仅是给出了干扰抑制的基本过程，下面为进一步弄清自适应旁瓣对消的原理及应用范围，有两点需要特别说明如下：

（1）从实现原理上分析，假设主天线的主瓣对准目标并接收目标信号，而干扰信号从主天线旁瓣进入。由于辅助天线阵元具有很宽的主瓣，其增益较低，略大于主天线旁瓣增益，所以辅助天线阵元接收到的目标信号会很小，可以近似认为辅助天线只接收干扰信号，即辅助天线实现了干扰的估计，进而将主天线回波信号（目标+干扰）与辅助天线回波信号估计（干扰）相减，可实现干扰的抑制。

（2）从应用范围上分析，自适应旁瓣对消适合对抗占空比较大的连续波干扰如噪声干扰，不适合对抗占空比较小的脉冲干扰。在实际应用中，为得到干净的干扰样本数据，可在雷达的休止期，即雷达最大量程的末端取干扰样本数据。该距离段在雷达的有效探测范围之外，即不可能有目标回波信号在内，这样可以避免把目标回波信号收入到干扰样本中，因此得到的干扰样本数据是"干净的"。在该休止期要进行样本数据采集，自适应权系数计算，辅助通道数据与权系数进行乘法累加等过程，而在雷达工作期则进行对消计算得到旁瓣对消结果。

9.2.3　旁瓣匿影

旁瓣匿影技术可以抑制从天线旁瓣进来的低占空比干扰信号，其原理如图 9-12 所示。旁瓣匿影设备主要由主、辅两个独立的通道、比较器和选通器（通道输出）组成。主通道包括主天线、主通道接收机、脉冲压缩处理、杂波抑制处理及取模处理等；辅助通道包括辅助天线、辅助通道接收机、脉冲压缩处理、杂波抑制处理及取模处理等。

旁瓣匿影的工作原理：主通道处理主天线（雷达天线）接收的回波信号，辅助通道处理辅助天线（匿影天线）接收的回波信号。辅助天线的主瓣宽度足以覆盖雷达主天线旁瓣照射的整个区域，增益比主天线旁瓣的电平稍微高一点（通常为 2~3dB）。主通道输出

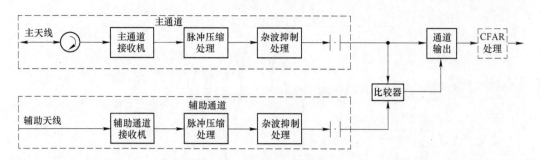

图 9-12　旁瓣匿影原理框图

的信号与辅助通道输出的信号通过比较器进行幅度比较,根据比较结果来决定是否关闭主通道的输出信号。当主通道的输出比辅助通道的输出大时,开关接通,主通道的信号输出;当辅助通道的输出比主通道的输出大时,说明从辅助天线进来的为干扰,此时关闭主通道,即主通道信号不输出。

旁瓣匿影可以改善雷达在恶劣电磁环境下的画面质量,对付低占空比有源干扰非常有效。为充分发挥旁瓣匿影的作用,需做以下说明。

(1) 从实现原理上分析,旁瓣匿影的关键步骤是主/辅天线信号幅度的大小比较,因此当主天线主波束接收到弱小目标的回波信号小于辅助通道接收到的强干扰信号时,则使得本来可能检测到的弱目标信号也被匿影掉了,从而降低了主天线主瓣内的目标检测概率。

(2) 从应用范围上分析,由于旁瓣匿影处理中的幅度比较是针对每一个距离单元进行操作的,因此当雷达受到高占空比的干扰时,如压制性噪声干扰,会使各个角度方向各个距离单元内的信号均可能被匿影掉,故旁瓣匿影适用于对付低占空比的脉冲干扰,如低占空比的欺骗性假目标干扰。但是,当假目标过于密集时,目标和干扰会在同一距离单元,此时目标也被匿影掉了。

(3) 从影响因素上分析,有许多实际因素会影响到旁瓣匿影对干扰的抑制性能,包括辅助天线设计(数目、位置和增益)、通道增益补偿、处理环节等。

(4) 从处理环节上讲,有脉压前匿影、脉压后杂波抑制前匿影、CFAR 处理前匿影、CFAR 处理后匿影等。不同的处理环节匿影效果有所差别,目前大多雷达采用 CFAR 处理前匿影,如图 9-12 所示。

9.2.4　数字波束形成

数字波束形成技术是在原来雷达天线波束形成原理的基础上,引入先进的数字信号处理方法后建立起来的一门新技术,它采用数字技术形成波束,所以称为数字波束形成技术。

雷达系统中,传统的波束形成是对射频信号或中频信号通过移相和模拟相加来完成的,既可形成发射波束,也可形成接收波束。DBF 是在数字基带(零中频)信号上通过加权运算来实现波束形成的。相对于使用模拟方法来形成所需波束的早期技术,对采用阵列天线的雷达,用数字方法来形成所需的波束更为快捷和灵活,可在某一角度形成零点以抗干扰,还可以在距离上分段,分别形成所需波束,以更好地反杂波。

数字波束形成技术将天线阵元收到的信号无失真地下变频并采样到数字信号,通过相应的加权系数形成所需要的接收波束。如果加权系数为固定的复数,则与传统的相控阵天线加权系数相类似,称为数字波束形成;如果加权系数根据阵元获取的空间信号源与干扰源数据,按某种准则实时地调整权系数,则为自适应数字波束形成。下面以接收数字波束形成为例,介绍其工作原理。

1. DBF 的基本原理

接收数字波束形成的基本原理如图 9-13 所示,其工作过程:天线阵列的每个阵元接收的射频信号经过 LNA、混频、中放后,得到中频信号,然后将中频信号经数字下变频得到数字正交信号,然后对各阵元数字正交信号进行加权与求和运算,就能实现数字波束的形成。

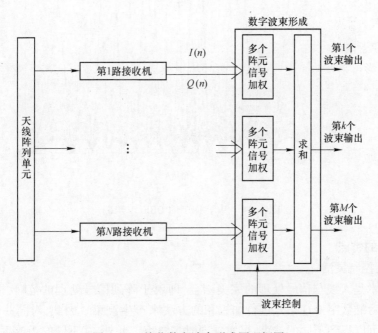

图 9-13　接收数字波束形成原理框图

设天线阵列 N 个阵元接收的信号为 $s_i = I_i + \mathrm{j}w_{Q_i}$, $i = 1, 2, \cdots, N$,每个波束形成时,将根据波束指向及形状要求,有不同的复加权矢量 $w_i = w_{I_i} + \mathrm{j}w_{Q_i}$,对每个距离单元进行计算,即每个信号与权值相乘后的求和输出,得到该波束的输出信号 $F(\theta)$,$F(\theta)$ 的表达式为

$$F(\theta) = \sum_{i=1}^{N} w_i s_i \tag{9-7}$$

其物理含义:对某一距离单元,N 个天线阵列单元接收的含有幅度和相位信息的两个正交分量,分别与不同的波束指向和形状确定的权系数相乘,再对 N 个相乘结果进行相加,得到对应距离单元的波束输出。

若同时形成 M 个独立波束,则有相应的 M 组复加权矢量,构成权系数矢量 W,N 个阵元信号可以重复使用 M 次,形成 M 个不同指向和形状的波束,便于角度测量。权系数矢

量 W 可以通过输出均方误差最小等准则来确定。第 k 个波束的输出函数为

$$F_k(\theta) = \sum_{i=1}^{N} w_{ik}s_i, k = 1, 2, \cdots, M \tag{9-8}$$

对基于 DFT 的 DBF 技术进行计算机实验仿真。仿真中，假设阵元个数 N 为 16，且这 16 个阵元等间距线阵排列，幅度权值为矩形均匀窗，经过 DBF 后形成了 16 个独立波束，如图 9-14 所示。

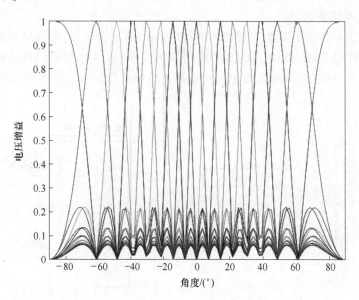

图 9-14　基于 DFT 的 DBF($N = 16$)

2. DBF 的特点

1) 波束控制灵活

DBF 技术是天线与信号处理的完美结合，即属于阵列信号处理的范畴，接收 DBF 是通过对接收后的数字 I/Q 信号进行加权和的方法来产生波束。因此，对同一信号进行不同的加权就可以得到不同的波束，可实现同时多波束。此外，在不同的距离可以选取不同的加权系数，即可以实现不同的距离段接收波束的个数和指向不同，从而兼顾了近距、空域覆盖和远距离目标检测之间的矛盾，确保雷达在远距离仍然具有较高的测高精度。

2) 易实现自校正

为了消除系统幅度和相位误差对发射和接收旁瓣电平、波束指向、天线增益等性能的影响，必须进行收、发通道幅相检测和校正。DBF 体制雷达的校正是采用测试信号经过校正网络送到校正运算器，计算出校正参数(幅度和相位)，接收通道是通过修正 DBF 的加权系数来完成接收通道的校正，发射通道是通过修正移相器来完成发射通道校正。

接收信号的数字化使机内信号监测和校正成为可能，接收通道可进行联机校准，校准的程序可以比较容易地合并在 DBF 中。这也可降低对收发通道精度要求，利于加工生产。

3) 可实现超低旁瓣电平

利用 DBF 技术和波束综合设计技术，可使天线实现超低旁瓣。天线发射波束的旁瓣

电平十分低,使反辐射导弹难于截获到雷达的发射信号,大大增加了雷达的生存能力。

4) 便于灵活的功率管理和时间管理

雷达功率和驻留时间是雷达的宝贵资源,而数字加权的灵活性允许对这些资源就各种功能作最佳配置。各个波束可以具有不同的功率、波束宽度、驻留时间、脉冲重复频率和重复照射次数等。这样,有的波束可以用作一般搜索,有的波束可以用作重点搜索,有些波束可用来跟踪目标,即搜索和跟踪可以用不同的波束形式来完成。对重点目标可用高的天线增益和长的照射时间进行跟踪测量,便于灵活的功率管理和时间管理。

应当指出的是,DBF 的许多优点体现在信号处理上,即 DBF 的许多功能是靠程序控制的方式实现的,通常不需要对硬件进行改动,这就为 DBF 更加灵活的应用提供了保证。

9.3　脉冲压缩处理

对雷达的基本要求是既要"看得远"又要"看得清","看得远"就是要提高雷达的最大作用距离,"看得清"一种实现途经就是要提高雷达的距离分辨率,但这两者往往是一对矛盾,脉冲压缩处理正好能解决这一矛盾。本节主要介绍脉冲压缩处理的基本概念、工作原理、质量指标及实现方法等。脉冲压缩处理在图 9-4 所示的距离-脉冲维平面的距离维进行。

9.3.1　基本概念

为适应各种飞行器技术的发展,雷达的作用距离、分辨能力和测量精度等性能指标必须得到相应提高。要提高雷达的最大作用距离,由 6.2 节可知,在其他条件一定时,雷达的最大作用距离取决于 P_{av},又由于 $P_{av} = P_{\tau} \cdot \tau \cdot f_r$,所以提高峰值功率 P_{τ} 或增大脉冲宽度 τ 或增大 f_r 均可提高 P_{av},但由于 P_{τ} 的提高受到发射管最大允许峰值功率和传输线功率容量等因素的限制,增大 f_r 带来距离模糊问题,因此通常的做法是在发射机最大允许峰值功率 P_{τ} 和 f_r 的范围内,增大脉冲宽度 τ。

至此,雷达"看得远"的问题解决了,那么如何使雷达"看得清"呢?"看得清"一种实现途经就是要提高雷达的距离分辨率。距离分辨率的公式为

$$\rho_r = \frac{c}{2B} \tag{9-9}$$

式中:ρ_r 为距离分辨率;B 为信号的带宽;c 为电磁波的传播速度,为常数。由式(9-9)可知,雷达的距离分辨率与信号带宽成反比,即信号带宽 B 越大,距离分辨率 ρ_r 越好(其数值越小)。因此,通过增加信号带宽可以解决雷达"看得清"的问题。

对于单载频矩形脉冲信号而言,其时宽 τ 和带宽 B 互为倒数,即

$$\tau \cdot B = 1 \tag{9-10}$$

也就是说,单载频矩形脉冲信号的最大作用距离和距离分辨率之间存在着一对不可调和的矛盾,即对单载频矩形脉冲信号而言,"看得远"就不能"看得清","看得清"就不能"看得远",两者之间"鱼和熊掌不可兼得"。

为了解决这一矛盾,现代雷达大都发射大时宽带宽积的信号来兼顾最大作用距离和距离分辨能力。大时宽信号有利于提高信号能量,保证具有足够的最大作用距离,大带宽

信号在接收时通过脉冲压缩可成为窄脉冲以达到高的距离分辨能力。换句话说,就是大带宽信号可获得高的距离分辨能力,但高距离分辨率是在脉冲压缩滤波器之后实现的,其输入/输出信号如图 9-15 所示。

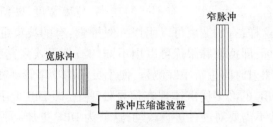

图 9-15　输入/输出信号意示图

　　下面给出两相邻目标在脉冲压缩前后的计算机仿真结果。仿真中信号形式为 LFM 信号,时宽 $\tau = 10\mu s$,带宽 $B = 20\text{MHz}$,两个目标相距 200m,脉冲压缩处理前这两个目标回波相互重叠无法区分,如图 9-16 所示。而经过脉冲压缩处理后,这两个目标可清晰地被分开,如图 9-17 所示。

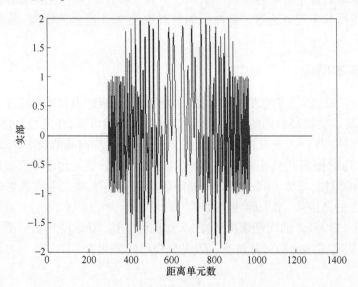

图 9-16　两相邻目标脉压前回波信号

9.3.2　脉冲压缩原理

　　常用的脉冲压缩信号有线性调频脉冲信号、非线性调频脉冲信号和相位编码信号等。下面以线性调频(LFM)信号为例讨论脉冲压缩处理,分析过程中需用到匹配滤波理论,参见附录 F。

　　雷达发射 LFM 信号,其接收回波经 I/Q 正交鉴相处理后,变为零中频的复基带信号(I/Q 两路),暂忽略回波的多普勒频移和时延影响,LFM 回波信号表示为

$$s_i(t) = A_\sigma \operatorname{rect}\left(\frac{t}{\tau}\right) e^{j\pi\mu t^2} \tag{9-11}$$

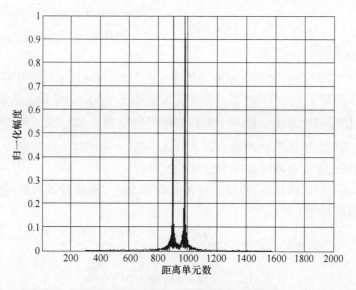

图 9-17 两相邻目标脉压后回波信号

式中:A_σ 为目标信号的幅度,与目标的后向散射系数 σ 有关;τ 为脉冲宽度;μ 为调频斜率,$\mu = B/\tau$;B 为信号带宽。

脉冲压缩的输出 $s_o(t)$ 为匹配滤波器的单位冲激响应函数 $h(t)$ 和 $s_i(t)$ 的卷积

$$s_o(t) = s_i(t) * h(t) \tag{9-12}$$

由于时域卷积与频域乘积具有对应关系,因此脉冲压缩的输出为

$$s_o(t) = s_i(t) * h(t) = \int_{-\infty}^{\infty} S_i(f) \cdot H(f) e^{j2\pi ft} df \tag{9-13}$$

式中:$H(f)$ 为 $h(t)$ 的傅里叶变换。当时宽带宽乘积 $D_0 = \tau B$ 较大时,$s_i(t)$ 与 $h(t)$ 的傅里叶变换分别为

$$S_i(f) \approx \frac{A_\sigma}{\sqrt{\mu}} \text{rect}\left(\frac{f}{B}\right) e^{-j\left(\frac{\pi f^2}{\mu} - \frac{\pi}{4}\right)} \tag{9-14}$$

$$H(f) = C_0 \cdot \text{rect}\left(\frac{f}{B}\right) e^{j\left(\frac{\pi f^2}{\mu} - \frac{\pi}{4}\right)} \cdot e^{-j2\pi ft_0} \tag{9-15}$$

式中:C_0 为匹配滤波器的增益系数,t_0 为匹配滤波器的附加延时或理解为其给出最大值(峰值)的时刻。因此,式(9-13)可进一步写为

$$
\begin{aligned}
s_o(t) &\approx C_0 \frac{A_\sigma}{\sqrt{\mu}} \int_{-\infty}^{\infty} \text{rect}\left(\frac{f}{B}\right) e^{j2\pi f(t-t_0)} df \\
&\approx C_0 \frac{A_\sigma}{\sqrt{\mu}} B \cdot \text{tri}\left(\frac{t-t_0}{\tau}\right) \frac{\sin[\pi B(t-t_0)]}{\pi B(t-t_0)}
\end{aligned}
\tag{9-16}
$$

式中:"tri(·)"代表三角形包络函数。由于 $\mu = B/\tau$,所以 $\dfrac{A_\sigma}{\sqrt{\mu}} B = \dfrac{A_\sigma}{\sqrt{B/\tau}} B = A_\sigma \sqrt{\tau B} = A_\sigma$

$\sqrt{D_0}$,因此式(9-16)可写为

$$s_o(t) = A_\sigma C_0 \sqrt{D_0} \cdot \text{tri}\left(\frac{t-t_0}{\tau}\right) \frac{\sin[\pi B(t-t_0)]}{\pi B(t-t_0)} \tag{9-17}$$

从式(9-17)可得出以下结论。

(1) 从脉冲宽度分析,脉冲压缩前的脉冲宽度为 τ ,脉冲压缩后是具有辛格函数包络的窄脉冲,其脉冲宽度 $\tau_0 = 1/B$,因此脉冲宽度缩小了 $\tau/\tau_0 = \tau B$ 倍。从输出幅度分析,脉冲压缩前的信号幅度为 A_σ ,脉冲压缩后的信号幅度为 $A_\sigma C_0 \sqrt{D_0}$,因此输出幅度增大了 $C_0 \sqrt{D_0}$ 倍,若匹配滤波器的增益系数 $C_0 = 1$,则脉冲压缩输出幅度增大 $\sqrt{D_0}$ 倍,即输出脉冲峰值功率比输入脉冲峰值功率增大了 D_0 倍。

(2) 实际上对于运动目标,回波会有多普勒频率 f_d ,而滤波器只能匹配于零多普勒信号,这时的滤波器输出近似为

$$s_o(t) \approx A_\sigma C_0 \sqrt{D_0} \cdot \text{tri}\left(\frac{t-t_0}{\tau}\right) \frac{\sin[\pi B(t-t_0)-\pi f_d \tau]}{\pi B(t-t_0)-\pi f_d \tau}$$
$$= A_\sigma C_0 \sqrt{D_0} \cdot \text{tri}\left(\frac{t-t_0}{\tau}\right) \frac{\sin[\pi B(t-t_0-f_d/\mu)]}{\pi B(t-t_0-f_d/\mu)} \tag{9-18}$$

式(9-18)说明,由于对未知 f_d 的非匹配处理,使得峰值点偏移 f_d/μ ,且峰值幅度下降、主峰宽度加宽,距离分辨率有所下降,如图9-18所示虚线为辛格函数包络。

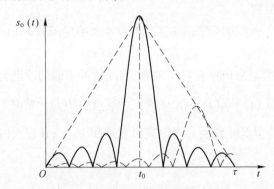

图9-18　静止目标与运动目标匹配滤波结果示意图

线性调频信号脉冲压缩后的波形如图9-19所示。为了便于理解,图9-19(a)、(b)分别给出了线性调频信号脉冲压缩后的归一化幅度曲线和对数幅度(dB)曲线,其形状为辛格函数。二者的实质相同,只是辛格函数的纵坐标不同而已,工程上常用图9-19(b)这种表示方法。

9.3.3　主要指标

脉冲压缩指标主要用于评价各种脉冲压缩技术性能的优劣。其主要有三个指标,即脉压比、距离旁瓣比及多普勒容限。

1. 脉压比

脉压比即脉冲压缩比,是指脉冲压缩的程度,用 D_0 表示,定义为

$$D_0 = \tau/\tau_0 = \tau B \tag{9-19}$$

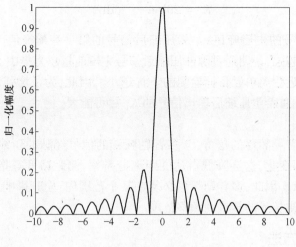

(a)脉压后的归一化幅度曲线

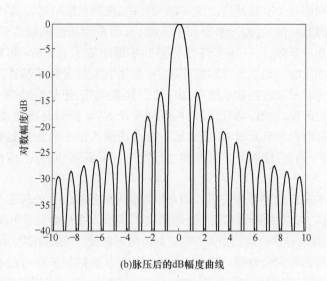

(b)脉压后的dB幅度曲线

图 9-19 线性调频信号理想脉压处理输出信号

即压缩后的脉冲宽度 τ_0 比发射脉冲宽度 τ 缩小的倍数,故亦称脉冲压缩系数。它是衡量脉压处理的主要技术指标之一,脉压比在数值上正好等于时宽带宽积。目前实际雷达中脉压比通常为几十至几百,有的甚至可达几千甚至上万。例如:某雷达脉冲宽度 $\tau = 430\mu s$,带宽 $B = 500kHz$,其脉压比 $D_0 = 215$;某雷达脉冲宽度 $\tau = 300\mu s$,带宽 $B = 3MHz$,其脉压比 $D_0 = 900$;某逆合成孔径雷达脉冲宽度 $\tau = 20\mu s$,带宽 $B = 120MHz$,其脉压比 $D_0 = 2400$ 。

2. 距离旁瓣比

距离旁瓣比可以用脉冲压缩后信号的主瓣峰值与第一旁瓣峰值之比(常用分贝)来表示,即

$$K_1 = 20\lg\frac{v}{v_1} \quad (\text{dB}) \tag{9-20}$$

式中：v 为压缩后信号的主瓣峰值；v_1 为压缩后信号的第一旁瓣峰值。显然，K_1 值越大，距离旁瓣抑制能力越强，说明通过脉冲压缩后信号主瓣能量越为集中，信号对弱目标的区分能力越强或对邻近距离单元目标检测的干扰越小。因此，为了增强对多目标的检测能力，雷达脉冲压缩中总希望压缩后输出信号的 K_1 尽可能大。

3. 多普勒容限

相对于不含多普勒频移的信号，含多普勒频移的信号经脉冲压缩后，会发生主瓣变宽、主瓣峰值下降等变化，这会降低雷达的距离分辨率、测距精度等指标，多普勒频移越大，其影响也越严重。因此，多普勒频移必须在某个范围内，使其影响可被接受。多普勒容限就是指这个可被接受的多普勒频移范围。

9.3.4 实现方法

早期雷达常用声表面波（surface acoustic wave，SAW）色散延迟线产生和处理线性调频信号。一般是利用一个窄脉冲去激励 SAW 器件实现的色散延迟线，输出展宽的载频由低到高线性变化的脉冲信号，经过整形和上变频，从而得到线性调频信号。接收时，回波信号经射频放大并下变频，用一频率特性与脉冲扩展滤波器的延时-频率特性正好相反的滤波器进行脉冲压缩。为了实现匹配滤波，一般用收发部分频率特性完全相同的同一个 SAW 滤波器，为此只要在接收通道中加一边带倒置电路，把从低到高变化的正斜率线性调频信号变成负斜率的线性调频信号，再经同一个 SAW 进行延时滤波，先到的高频输入信号率先进入延时网络且延时时间长，低频分量的输入信号后进入延时网络且延时时间短，进而输入信号的高、低频分量到达输出端的时间间隔被压缩，从而输出压缩了的窄脉冲信号。

随着数字技术在雷达中普遍应用，A/D 变换器件和各种信号处理芯片的运算速度和集成度的显著提高，为雷达信号的实时处理提供了基础。由 5.4 节可知，现在雷达一般采用 DDS 来产生中频信号，可以方便地改变发射信号的时宽、带宽和信号形式，用软件和硬件相结合的方法来提高信号处理的精度、速度等。接收到的回波信号经接收机处理后输出 I、Q 两路数字信号，应用数字信号处理方法实现匹配滤波，即数字脉冲压缩。目前，数字脉冲压缩处理主要有两种方法：时域卷积法和频域 FFT 法。

1. 时域卷积法

时域卷积法实现数字脉冲压缩处理的基本原理如图 9-20 所示。图中 T_s 为采样时间间隔，其值等于雷达信号采样频率 f_s 的倒数，即 $T_s = 1/f_s$。接收信号数字序列 $s_i(n)$（$n = 0,1,2,\cdots,N-1$，N 通常近似等于雷达脉冲信号时宽除以采样时间间隔，这里 $s_i(n)$ 代表的是 nT_s 时刻的信号值）作为脉冲压缩滤波器的输入；$h(n)$（$n = 0,1,2,\cdots,N-1$）为"加权"序列。

根据图 9-20 所示，脉冲压缩处理的输出为

$$s_o(n) = \sum_{k=0}^{N-1} s_i(n-k)h(k) \tag{9-21}$$

那么，如何来选取"加权"序列 $h(n)$ 呢？根据匹配滤波理论，$h(n)$ 应该是 $s_i(n)$ 的

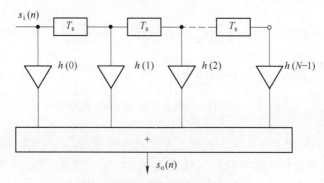

图 9-20 时域卷积法的原理框图

镜像复共轭序列。在不考虑时延和多普勒频移的情况下,$s_i(n)$ 与发射复样本信号的数字序列 $s_r(n)$(称为参考信号)相同。

这样,可以近似取

$$h(n) = s_r^*(N - 1 - n) \tag{9-22}$$

将式(9-22)代入式(9-21),有

$$s_o(n) = \sum_{k=0}^{N-1} s_i(n-k)s_r^*(N-1-k) \tag{9-23}$$

2. 频域 FFT 法

由卷积定理可知,时域中两信号卷积对应于频域中两信号乘积,因此数字脉冲压缩处理同样可以在频域实现。其原理:用离散傅里叶变换(discrete Fourier transform,DFT)将离散输入时间序列变换成数字谱,然后乘以滤波器的数字频率响应函数,再用离散傅里叶逆变换(inverse discrete Fourier transform,IDFT)还原成时间离散的输出信号序列即可。工程上,为了实时处理的需要,一般用快速傅里叶变换(fast Fourier transform,FFT)及其对应的逆变换(inverse fast Fourier transform,IFFT)来实现这一处理过程,通常称为频域 FFT 法,表示如下:

$$s_o(n) = \text{IDFT}\{\text{DFT}[s_i(n)] \cdot \text{DFT}[h(n)]\} \tag{9-24}$$

如果采用 FFT 算法,式(9-24)则可写成

$$s_o(n) = \text{IFFT}\{\text{FFT}[s_i(n)] \cdot \text{FFT}[h(n)]\} \tag{9-25}$$

式中:$s_i(n)$ 的序列长度为 N 点;$h(n)$ 的序列长度也为 N 点。利用 DFT 或 FFT 算法实现线性卷积时,必须满足 DFT 或 FFT 的点数 $L \geqslant 2N - 1$,以满足循环卷积与线性卷积相等所需的条件。

式(9-25)便是用 FFT 法实现数字滤波的一般公式,因而也是数字脉冲压缩的一般公式。它告诉我们,脉冲压缩滤波器的输出 $s_o(n)$ 等于输入信号 $s_i(n)$ 的离散频谱乘以匹配滤波器单位冲激响应 $h(n)$ 的频谱(频率响应)的逆变换。利用式(9-22),式(9-25)又可以改写成

$$s_o(n) = \text{IFFT}\{\text{FFT}[s_i(n)] \cdot \text{FFT}[s_r^*(N-1-n)]\} \tag{9-26}$$

这也就是用频域 FFT 法实现数字脉冲压缩的数学模型。实现式(9-26)运算的原理如图 9-21所示。

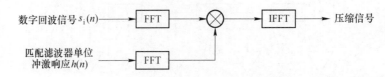

图 9-21　频域 FFT 实现数字脉冲压缩处理原理框图

　　时域卷积法实现数字脉冲压缩处理方法比较直观、简单,当 N 较小时,相对运算量也不大,所以时域卷积法实现数字脉冲压缩处理方法应用较普遍。但是,当 N 很大时,时域卷积的运算量很大,这时适宜采用频域 FFT 法实现脉冲压缩处理,以减少运算量。

　　由图 9-19 可见,脉冲压缩输出信号在主瓣两侧会出现幅度低于主瓣的一系列距离旁瓣,最大旁瓣电平为 -13.2dB。高距离旁瓣会存在目标遮挡问题,高距离旁瓣的存在将明显降低多目标分辨能力,使得处于大致接近距离位置而有效雷达截面积不同的数个目标可能分辨不清,或者如果不存在多目标,则一个大目标的距离旁瓣也可能超过检测门限造成虚警,因此必须抑制脉冲压缩后的距离旁瓣。目前,常用的抑制距离旁瓣方法就是加权技术。

　　所谓"加权",就是将匹配滤波器的频率响应函数乘以某些适当的锥削函数,如汉宁函数、海明函数、泰勒函数等。图 9-22 给出了目标遮挡示意图,此时,处于较强目标旁瓣上的较小目标几乎不可见。在这种情况下,不可能可靠地检测到较小目标。如果将旁瓣减小,则遮挡效应会大大减小,目标将会被可靠检测,如图 9-23 所示。

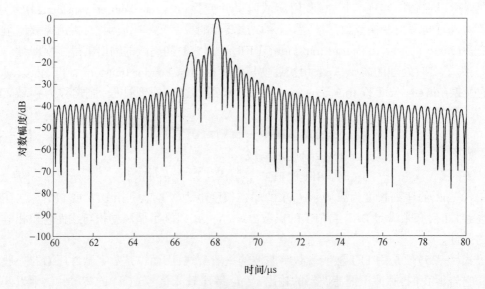

图 9-22　高距离旁瓣的目标遮挡示意图

　　对比图 9-22 和图 9-23 可发现,采用加权处理后,距离旁瓣明显降低,达到了预期的目的。但是,加权带来的问题是主瓣明显展宽(主瓣展宽会导致分辨率下降)、匹配滤波器输出信号峰值幅度和信噪比损失,这是压低距离旁瓣的代价。

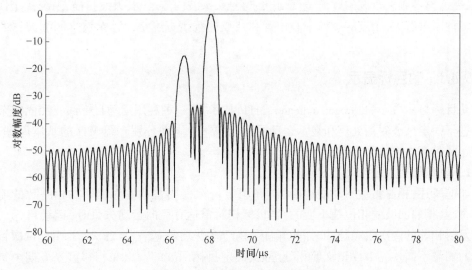

图 9-23　加权后对目标遮挡的影响

9.4　杂波抑制处理

雷达需要检测飞机、导弹、舰船等有用运动目标,但雷达接收信号中不仅有有用运动目标的回波信号,也有从地物、云雨等物体散射产生的回波信号,这种回波信号称为杂波。由于杂波往往比有用目标信号强得多,杂波的存在会严重影响雷达对有用运动目标的检测。所以,需要研究杂波抑制处理技术,以提高在杂波区中检测有用运动目标的能力。本节主要介绍杂波与运动目标特性、动目标显示技术和动目标检测技术。杂波抑制处理在图 9-4 所示的距离-脉冲维平面的脉冲维进行。

运动目标(如飞机)、固定杂波及慢动杂波在频谱上的位置关系如图 9-24 所示,详细分析见 2.1 节和 2.5 节。对于固定杂波,由于其平均速度为零而只有内部运动时,其中心多普勒频率为零;对于云、雨等慢动杂波,由于风速的影响,其回波会产生一定的多普勒频移,但其漂移速度远比高速飞行目标小,其多普勒频率分布比较靠近零频;而对于运动目标而言,其与雷达间有相对运动,所以运动目标有一定的多普勒频移,且相对运动速度

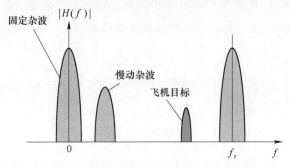

图 9-24　运动目标与固定杂波的频谱位置示意图

越大,越远离零频。杂波的频谱宽度与杂波类型、杂波内部运动、天线扫描、系统稳定性及其他多种因素有关,杂波的频谱中心位置和杂波的频谱宽度是设计杂波抑制滤波器的理论基础。

9.4.1 动目标显示

动目标显示(moving target indicator,MTI)技术,是一种利用运动目标回波和固定杂波差异进行固定杂波对消处理和显示运动目标的技术。下面分别介绍 MTI 的基本原理、存在问题及其解决方法和主要质量指标。

1. 基本原理

如前所述,相对雷达不动的地面目标(固定目标),当雷达发射相邻初相一致的射频脉冲时,其相邻回波的相位是不变的;当目标相对雷达有径向运动分量时(运动目标),在雷达发射相邻的两次射频脉冲时间间隔内,由于多普勒效应($f_d = 2v_r/\lambda$),引起两次目标回波的相位不同。经 I/Q 正交鉴相处理后,固定目标回波的输出在相邻重复周期内是等幅脉冲串信号,而运动目标回波的输出在相邻重复周期内是受多普勒频率调制的脉冲串信号如图 8-2 中⑥和⑦所示。若经包络检波器后输出幅度调制信号,用 A 型显示器观察到固定目标回波视频信号为稳定的形状,而运动目标的幅度和极性均是变化的,在 A 型显示器呈现为上下跳动的波形,这就是通常所说的运动目标产生的"蝶形效应",如图 9-25 所示。

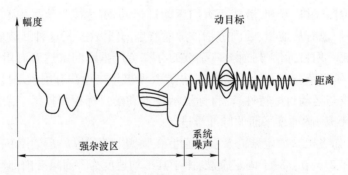

图 9-25 固定目标和运动目标回波视频波形

因此,一种很自然的想法就是将 I/Q 正交鉴相器输出的第一周期的回波相参视频信号延时一个周期,与第二周期的回波对应距离相参视频输出相减,即一次对消器(也称为两脉冲对消器),从而对消掉固定杂波而输出运动目标信号,其原理如图 9-26 所示。

图 9-26 一次对消的动目标显示原理框图

运动目标回波经过下变频和 I/Q 正交鉴相处理后,I 通道输出采用归一化形式(Q 通道此处不再赘述),且忽略幅度调制可表示为

$$s_d(t) = \cos(2\pi f_d t + \varphi_0) \tag{9-27}$$

式中:$s_d(t)$ 为 I 通道输出信号;φ_0 为初相。

按图 9-26 进行的两脉冲对消处理,其输出 $s_o(t)$ 为

$$
\begin{aligned}
s_o(t) &= s_d(t) - s_d(t - T_r) \\
&= \cos(2\pi f_d t + \varphi_0) - \cos[2\pi f_d(t - T_r) + \varphi_0] \\
&= 2\sin(\pi f_d T_r) \cdot \sin[2\pi f_d(t - T_r/2) + \varphi_0]
\end{aligned} \tag{9-28}
$$

式中:T_r 为雷达的脉冲重复周期。由式(9-28)可见,对消器的输出为一频率为 f_d 的正弦信号,其振幅中含有 $\sin(\pi f_d T_r)$ 因子。因此,若 $f_d = 0$,则对消器的输出为 0。

经过图 9-26 所示的脉冲延迟相减处理后,得到的 MTI 处理效果如图 9-27 所示。图中,固定目标回波经过对消处理以后还会有一定的剩余,通常称为杂波剩余,产生杂波剩余的主要原因是由多方面因素(如风速、雷达天线转动等)引起的杂波多普勒展宽;运动目标回波则一般不会被对消掉。

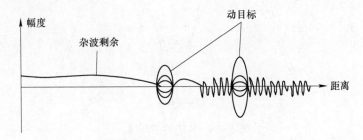

图 9-27　MTI 处理效果图

若从频域上看,即图 9-26 所示一次对消器频率响应函数。根据时域与频域的对应关系,一次对消器频率响应函数推导过程如下:

输出信号与输入信号的频谱关系为

$$S_o(f) = S_d(f) - S_d(f)e^{-j2\pi f T_r} \tag{9-29}$$

因而,一次对消器的频率响应函数为

$$H(f) = \frac{S_o(f)}{S_d(f)} = 1 - e^{-j2\pi f T_r} \tag{9-30}$$

式(9-30)两边求模得到:

$$|H(f)| = |2\sin\pi f T_r| = |2\sin\pi f/f_r| \tag{9-31}$$

根据式(9-31)得到一次对消器的幅频响应函数 $|H(f)|$ 如图 9-28 所示,幅频响应的零点正好出现在 $N f_r$ 处($N = 0,1,2,\cdots$),对杂波来说是凹口,得以对消;而动目标处在滤波器的通带,因此对消器后有输出。

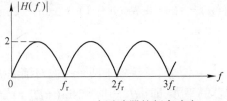

图 9-28　一次对消器的频率响应

两脉冲对消及三脉冲对消计算机仿真结果如图 9-29 所示。图中横坐标采用相对于脉冲重复频率的归一化值(f_d/f_r)来表示,纵坐标表示 MTI 处理的电压增益。两脉冲对消是个不十分理想的倒梳齿形滤波器,它在 $f = nf_r$ 处有零点,因此能起到抑制固定杂波和慢速杂波的作用。但由于其频率响应是正弦形的,抑制凹口较窄,故杂波抑制能力有限;同时,它对各种不同的多普勒频率的响应相差较大,但它有结构简单、暂态过程短的优点。

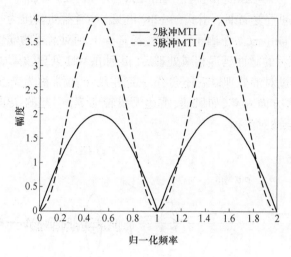

图 9-29　MTI 性能曲线

三脉冲对消器通常称为二次对消器,其原理如图 9-30 所示,等效于两个一次对消器的串联。依次类推,通过级联方式来实现多次对消器。

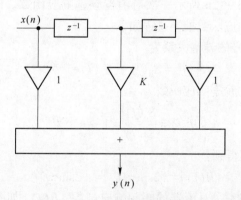

图 9-30　二次对消器原理框图

由图 9-30 可得其差分方程为

$$y(n) = x(n) + Kx(n-1) + x(n-2) \qquad (9\text{-}32)$$

则其系统函数 $H(z)$ 为

$$H(z) = 1 + Kz^{-1} + z^{-2} \qquad (9\text{-}33)$$

当 $K = -2$ 时,$H(z) = (1 - z^{-1})^2$,它等效于两个一次对消滤波器串联。此时的幅频响应也必然是一次对消滤波器的平方,即 $|H(f)| = |2\sin(\pi f T_r)|^2 = 4\sin^2(\pi f T_r)$,其幅频率

254

响应曲线如图 9-29 虚线所示。与一次对消曲线相比,二次对消滤波器频率响应的抑制凹口加宽了。

这里要注意一个问题,即三脉冲相消在具体实现时往往不是进行两次减法运算,而是按差分方程 $y(n) = x(n) + Kx(n-1) + x(n-2)$ 一次完成的。$x(n)$、$x(n-1)$、$x(n-2)$ 是依次三个脉冲重复周期的数据。这样缩短了运算时间,并且只存储未经处理的信号就够了,它不需存储中间运算结果。乘 2 操作在二进制运算中只是一个移位问题。

不难证明,如果多脉冲按二项式系数加权(例如:三脉冲为 1、-2、1,四脉冲为 1、-3、3、-1 等),它就等效于多个一次对消滤波器级联。假如用 N 级一次对消滤波器作级联,则多次对消滤波器的系统函数为

$$H(z) = (1 - z^{-1})^N = \sum_{k=0}^{N} a_k z^{-k} \tag{9-34}$$

这里需要说明的是,二项式系数加权是应用最广的,但它不是最佳的,可以求出一组最佳加权系数,使改善因子最大。不过当用于对消器的脉冲数不大时(如小于 5),采用最佳的加权系数收益不大,反而使设备变得复杂。

对 MTI 技术进行了计算机仿真分析。仿真中,脉冲重复频率 $f_r = 400\text{Hz}$,设置了两个目标,一个为运动目标,$f_d = 140\text{Hz}$,另一个为固定目标,即 $f_d = 0$。图 9-31(a)给出 3 条曲线,“○”是运动目标的 32 个脉冲回波信号样本;“*”是固定目标的 32 个脉冲回波信号样本;“+”是运动目标与固定目标合成信号样本。图 9-31(b)给出了 2 条曲线,“*”是固定目标回波信号的三脉冲 MTI 输出;“○”是运动目标回波信号的三脉冲 MTI 输出。从图 9-31 可以看出,固定目标回波被完全对消掉,而运动目标回波得以保留。

2. 盲速及其消除方法

当某些径向速度引起的多普勒频率是脉冲重复频率的整数倍时,也会被对消掉,对应此目标的速度称为盲速。在式(9-28)中,当 $f_d T_r = n (n = 0, 1, 2, \cdots)$ 时,对消器输出为零。这就是说当 $f_d = n/T_r = nf_r$ 时,运动目标在对消器输出端没有信号输出。这里当 $n = 0$ 也就是 $f_d = 0$ 时,对应的固定目标没有输出,这是所希望的。与此同时,径向速度为零的动目标(如与雷达站作切线飞行的飞机)回波也会被抑制,这是不可避免的,但在 $n = 1, 2, 3, \cdots$ 时,具有这些多普勒频率($f_d = n/T_r$)的目标,在对消器输出端输出也为零,因此称对应这些多普勒频率的目标径向运动速度为盲速,记为 v_{r0}。

根据 $f_d = n/T_r = nf_r$ 和 $f_d = 2v_r/\lambda$,可得盲速为

$$v_{r0} = \frac{\lambda}{2} n f_r \tag{9-35}$$

可见,盲速是目标在一个脉冲重复周期的位移恰好等于 $\lambda/2$(或其整数倍),的速度。这时相邻脉冲重复周期回波的相位差是 2π(或其整数倍),所以从雷达 I/Q 正交鉴相器输出的为等幅脉冲串,即多普勒频率并不为零的运动目标在 I/Q 正交鉴相器的输出端呈现出与多普勒频率为零的目标相同的输出,即对消处理后输出为零。例如:某雷达 $\lambda = 0.1\text{m}$,$f_r = 400\text{Hz}$,则 $v_{r01} = \lambda f_r/2 = 20\text{m/s}$,$v_{r02} = 40\text{m/s}$,$\cdots$,第二十盲速 $v_{r20} = 400\text{m/s}$ 等。这样,现代超声速飞机或者导弹目标在其最大速度范围内包含几十个盲速点。另外,雷达工作波长越短,盲速点就越多。

盲速问题的解决可以通过提高第一盲速的数值来实现,使测量的目标速度范围内无

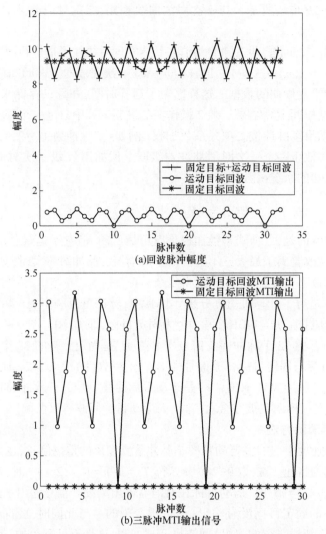

(a)回波脉冲幅度

(b)三脉冲MTI输出信号

图9-31　回波脉冲信号与三脉冲 MTI 输出仿真结果

盲速。由式(9-35)可知,提高第一盲速意味着加大波长 λ 或提高 f_r,但 λ 和 f_r 通常还要受到其他因素的限制,不能任意加大。例如:提高脉冲重复频率,将导致雷达的最大不模糊作用距离 R_u 降低($R_u = c/2f_r$)。对于 $\lambda = 10$cm 的雷达,设定第一盲速为 700m/s,则要求 $f_r \geqslant 14$kHz,此时雷达的最大不模糊作用距离按 $R_u = c/2f_r$ 计算,其值约小于等于 10.7km。显然,这对对空警戒/引导雷达来说是不允许的。因此,对空警戒/引导雷达常采用参差脉冲重复频率(参差变 T_r)的方法,提高第一盲速,使目标盲速不在雷达探测的速度范围内。

设雷达采用两种不同的脉冲重复频率 f_{r1} 和 f_{r2},则一次对消器的输出幅度分别为

$$u_1 = \left| 2\sin(\pi f_d/f_{r1}) \right| \tag{9-36}$$

和

$$u_2 = \left| 2\sin(\pi f_d/f_{r2}) \right| \tag{9-37}$$

经过多个脉冲重复周期平均以后,合成信号的包络振幅的均方值为

$$u = 2\sqrt{\sin^2(\pi f_d / f_{r1}) + \sin^2(\pi f_d / f_{r2})} \tag{9-38}$$

当合成输出为零时(根号内两项必须同时为零),相应的速度等效于参差后的"盲速"。假设 $f_{r1} = 300\text{Hz}$,$f_{r2} = 200\text{Hz}$,参差变 T_r 前后的幅频响应曲线如图 9-32 所示。

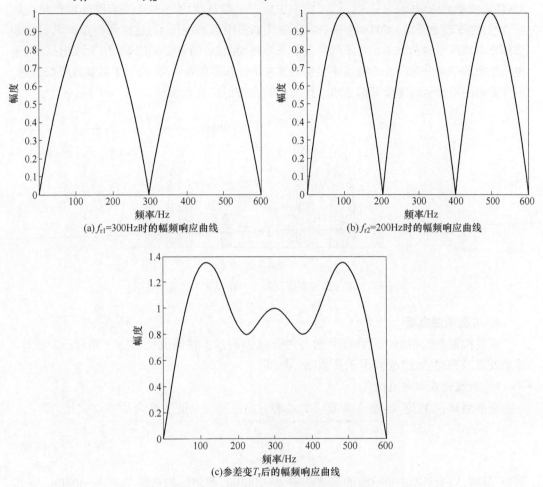

(a) f_{r1}=300Hz时的幅频响应曲线　　(b) f_{r2}=200Hz时的幅频响应曲线

(c)参差变 T_r 后的幅频响应曲线

图 9-32　参差变 T_r 前后的幅频响应曲线

从图 9-32 可以看出,当采用参差变 T_r 后,就把系统的盲速向后推迟了一个范围。所以,当运动目标的速度为盲速时,可以改变发射信号的脉冲重复周期,即改变对消器"凹口"的位置,使运动目标回波信号处于滤波器的通带,来保证回波信号的输出。盲速向后推迟的具体大小取决于重复频率 f_{r1} 与 f_{r2} 的比值,这个比值称为参差比。目前大部分 MTI 雷达系统都采用参差变 T_r 的办法来克服盲速,如三变 T_r、五变 T_r 及自适应变 T_r 等。

3. 自适应动目标显示技术

前面讨论的 MTI 可以很好地抑制固定杂波(径向速度为 0),如水塔、电线杆、山地等回波。实际雷达工作时还会遇到云、雨等气象杂波,战时还会存在人为释放的箔条等,由于风速的影响,这些目标将会按一定的速度运动,其回波还会产生一定的多普勒频移。通常云雨、箔条等目标的漂移速度远比高速飞行目标小,故将气象和箔条回波称为慢动杂波。此外,对于机载和舰载雷达而言,地(海)杂波和雷达之间有相对运动,杂波谱的中心会产生多普勒频偏。若不采取措施,而仍用前面的对消器,这样对消滤波效果会很差,甚至有时会无效。因此,需要通过对具体杂波的中心多普勒频率进行估计,将原 MTI 对消器的凹口移至慢动杂波的多普勒中心处,再进行对消处理,即 AMTI 技术。回波信号频谱分布与MTI-AMTI 滤波示意图如图 9-33 所示。(图中虚线表示经过优化后 MTI 滤波器的理想频率响应,此时通带较为平坦)AMTI 的频率响应曲线如图中点画线所示,这样便可像抑制固定杂波那样对消掉慢动杂波了。对于气象或箔条等慢动杂波,通常要利用帧间(天线扫描间)相关信息和其空域分布广泛的特点来鉴别杂波并估计其多普勒频率,而对于机载或舰载雷达,通常要利用平台运动速度等信息来估计地(海)杂波的多普勒频率。

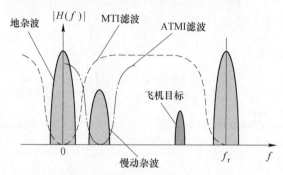

图 9-33 回波信号频谱分布与 MTI-AMTI 滤波示意图

4. 主要质量指标

杂波抑制质量指标主要用于评价各种杂波抑制技术性能的优劣。主要有三个指标,即杂波衰减和对消比、改善因子及杂波可见度。

1) 杂波衰减和对消比

杂波衰减(CA)定义:输入杂波功率 C_i 和对消后同一杂波的剩余功率 C_o 之比,即

$$CA = \frac{C_i}{C_o} \tag{9-39}$$

例如:某雷达进行杂波抑制前的杂波功率为-20dBm,抑制后的杂波功率为-60dBm,则其杂波衰减 $CA = \dfrac{C_i}{C_o} = (-20) - (-60) = 40(\text{dB})$。

有时也用对消比来表示。对消比(CR)定义:对消后的剩余杂波电压与同一杂波未经对消时的电压比值:

$$CR = \sqrt{\frac{C_o}{C_i}} \tag{9-40}$$

CA 与 CR 间的关系:

$$CA = \frac{1}{(CA)^2} \tag{9-41}$$

对于某具体雷达而言,可能得到的对消比 CR 不仅与雷达本身的特性有关(如工作的稳定性、滤波器频率特性等),而且和杂波的性质有关,所以两部雷达只有在同一工作环境下,比较它们的对消比才有意义。

2）改善因子

改善因子定义:输出信号杂波功率比(S_o/C_o)与输入信号杂波功率比(S_i/C_i)之比,即

$$I = \frac{S_o/C_o}{S_i/C_i} = \frac{S_o}{S_i} \cdot \frac{C_i}{C_o} = G \cdot CA \tag{9-42}$$

式中:$G = S_o/S_i$ 为系统对信号的平均功率增益。之所以要取平均是因为系统对不同的多普勒频率响应不同,而目标的多普勒频率将在很大范围内分布之故。例如:某雷达进行杂波抑制前的信杂比 S_i/C_i 为-40dB,杂波抑制后的信杂比 S_o/C_o 为10dB,则其改善因子 $I = \frac{S_o/C_o}{S_i/C_i} = 10 - (-40) = 50(dB)$。

如果系统的工作质量用改善因子来衡量,则影响系统工作质量的因素集中表现在它们对改善因子的限制上。除杂波本身起伏外,天线扫描也将引起杂波谱展宽,分别求出这两个因素对系统改善因子的限制并以 $I_{杂波}$、$I_{扫描}$ 表示。至于雷达本身各种不稳定因素对改善因子的限制,可用 $I_{不稳}$ 表示,则总的改善因子可表示为

$$\frac{1}{I_{总}} = \frac{1}{I_{不稳}} + \frac{1}{I_{扫描}} + \frac{1}{I_{杂波}} \tag{9-43}$$

因此,欲使雷达系统的改善因子大,必须使各个因素的改善因子都较大,且各部分的改善因子要合理分配,如果其中一个很小,则过分提高其他限制值,对系统的总体改善因子不会有多大好处,反而是一种浪费。

3）杂波可见度

杂波可见度(SCV)定义:输出端的功率信杂比等于可见度系数 V_0 时,输入端的功率杂信比。由改善因子的定义可知

$$I = \frac{S_o/C_o}{S_i/C_i} \tag{9-44}$$

结合杂波可见度的定义,可得

$$I = \frac{V_0}{S_i/C_i} = \frac{V_0}{1/(C_i/S_i)} = \frac{V_0}{1/SCV} \tag{9-45}$$

由式(9-45)可得 $SCV = \frac{I}{V_0}$,通常采用分贝数来表示,即

$$SCV(dB) = I(dB) - V_0(dB) \tag{9-46}$$

这里需要指出的是,SCV 和 I 都可用来说明雷达信号处理的杂波抑制能力,但是两部 SCV 相同的雷达在相同的杂波环境中,其工作性能可能有很大的差别。因为除了信号处理的能力外,雷达在杂波中检测目标的能力还和其分辨单元大小有关。通常雷达的分辨率越低,雷达分辨单元就越大,对应的进入接收机的杂波功率就越强,则要求雷达的改善因子或者杂波可见度进一步提高。

以上这些指标之间有固定的关系,可以相互换算。实际工程上较多采用改善因子来衡量,主要是可以方便将各分系统(如频率源稳定度、传输系统的色散、发射机幅频特性等)指标对整机性能的影响集中表现于它们对改善因子的限制上。

9.4.2　动目标检测

动目标检测技术的设计思想是像电视节目一样"多频道",即将回波信号按其多普勒频移的大小划分到不同的"频道",使运动目标回波信号与杂波分开,进而可实现对运动目标的有效检测。下面介绍其基本原理及实现方法。

1. 基本原理

如前所述,MTI 实现比较简单,在现代对空警戒/引导雷达中获得广泛应用,但它存在较大缺陷,如地物杂波背景下对动目标检测时,难以达到匹配滤波状态,运动目标频谱的形状和滤波器的频率特性差异较大,在强杂波环境下限幅接收会使杂波谱展宽,从而影响对杂波的滤除,对消器零频附近的抑制凹口,会使相对雷达做切向飞行的目标难以检测。在 MTI 技术的基础上,采用离散傅里叶变换或有限冲激响应(finite impulse response,FIR)的方法设置并行窄带多普勒滤波器组,使之更接近最佳滤波,并采用多种杂波图,控制中放增益以展宽动态范围,经处理区别开地物杂波、气象杂波和运动目标,建立精细杂波图,实现超杂波检测,这就是动目标检测。MTD 有两个通道:一个通道为杂波抑制及相参处理,另一个通道主要是为了提高对切向运动目标的检测能力。MTD 的核心为多普勒滤波器组。

在雷达探测区域按距离和方位分为若干精细的分辨单元,对应一组脉冲串(相干处理间隔),回波相参视频信号 $I(n)$、$Q(n)$ 分别存储。将同一距离单元不同方位脉冲数据输入到多普勒滤波器组中进行相参处理,在不同的多普勒频率通道输出相参积累的视频信号,多普勒滤波器组幅频特性如图 9-34 所示。由图可见,多普勒滤波器组中每个滤波器的带宽与目标回波的谱扩展尽量相匹配,将目标信号从滤波器中提取出来,再进行分频道的恒虚警率处理(constant false alarm rate,CFAR)并加以适当合并,来区分目标和杂波。对气象和箔条等慢动杂波而言,由于运动速度不同于目标,将落入不同的滤波器中,凭借不同的距离和多普勒分布,由自适应 CFAR 处理进行鉴别。对于一些不稳定分量和随机噪声,由于频谱均匀分布在各个滤波器中,大部分被抑制,从而明显改善了信号对杂波和噪声的功率比值,即改善了信杂比和信噪比。

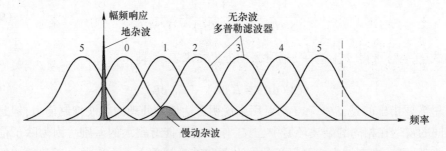

图 9-34　多普勒滤波器组幅频特性示意图

2. 多普勒滤波器组的实现

MTD 的核心是多普勒滤波器组,其实现方法通常包括两种:一种是基于加权 DFT 实现多普勒滤波器组,另一种是基于 FIR 滤波器实现多普勒滤波器组。

1）加权 DFT 实现多普勒滤波器组

具有 N 个输出的横向滤波器（N 个重复周期和（$N-1$）根延迟线），经过各重复周期的不同加权并求和后，即可实现 N 个相邻的窄带滤波器组。其原理如图 9-35 所示。

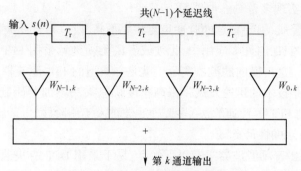

图 9-35　MTD 横向滤波器原理框图

由于 DFT 是一种特殊的横向滤波器，所以若将图 9-35 所示的加权因子按 DFT 定义选择，并采用 DFT 的快速算法 FFT，就可实现基于 FFT 的多普勒滤波。

根据 DFT 的定义，图 9-37 中加权系数为

$$W_{nk} = e^{-j2\pi nk/N}, \quad n, k = 0, 1, 2, \cdots, N-1 \tag{9-47}$$

将信号序列 $s(n)$（$n = 0, 1, 2, \cdots, N-1$）的能量分布到 N 个多普勒通道，第 k 个通道的输出 $S(k)$ 为

$$S(k) = \sum_{n=0}^{N-1} s(n) W_{nk} = \sum_{n=0}^{N-1} s(n) \cdot e^{-j2\pi nk/N} \tag{9-48}$$

可以求得第 k 个通道的幅频特性为

$$|H_k(f)| = \left| \frac{\sin[\pi N(f/f_r - k/N)]}{\sin[\pi(f/f_r - k/N)]} \right|, \quad k = 0, 1, \cdots, N-1 \tag{9-49}$$

式中：k 为多普勒通道号。每个多普勒通道（相当于滤波器）均有形状相同、中心频率不同的幅频特性，其形状为一主瓣与两侧各个旁瓣的组合，如图 9-36 所示。为了便于理解，图 9-36 给出了 $N = 8$ 时多普勒滤波器组的通道特性与信号成分的分布情况（为了避免画面混乱，此处只给出各多普勒通道的主瓣，未画出多普勒旁瓣）。图中剩余杂波是指经过 MTI 处理后剩下的杂波信号，由于地杂波的频谱分布在零频附近，它主要集中在 0# 多普勒通道；慢动杂波的能量主要集中在 2# 多普勒通道；运动目标回波信号能量则集中在 3# 多普勒通道。例如：若某雷达的脉冲重复频率 $f_r = 400\text{Hz}$，多普勒通道数 $N = 8$，其运动目标的多普勒频率 $f_d = 150\text{Hz}$，则该目标处在 3# 多普勒通道。

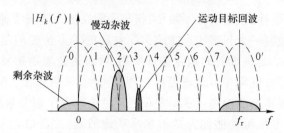

图 9-36　多普勒滤波器组输出示意图

从图 9-36 的所示效果可以看出,经过 MTD 处理后,地杂波、气象杂波以及运动目标信号分处在不同的多普勒通道里,从而可以实现目标与杂波的分离,有利于运动目标信号的检测。

2) FIR 滤波器实现多普勒滤波器组

由于一般对空警戒/引导雷达的脉冲重复频率不高,所以窄带滤波器的数目只需几个或十几个。因此在 MTD 的许多应用中,无须或者说无须刻意采用 FFT 算法,而直接采用相乘累加运算即可。这一横向滤波器实际上就是一典型的 FIR 滤波器。20 世纪 80 年代以后大规模集成电路技术的迅速发展带来高精度快速乘法累加器研制成功,使得 FIR 直接实现(而无须借助 FFT 等快速算法)多普勒滤波进入实用阶段。

3) 两种实现方法的性能比较

加权 DFT 实现多普勒滤波器组有以下优点:易于采用 DFT 的快速算法 FFT 实现,提高算法的实时性。从频谱上看,由于每个窄带滤波器只占 MTI/AMTI 对消器通带的大约 $1/N$ 宽度,因而其输出端的信噪比可提高 N 倍。从时域来看,加权求和实现了脉冲串的相参积累,由于信号是同相叠加,使总的信噪比改善了 N 倍。对杂波来说,各个滤波器的杂波输出功率只有各自通带内的杂波谱部分,而不是整个多普勒频带内的杂波功率。因此,每个滤波器输出端的改善因子均有提高。缺点如下:用 FFT 进行处理的旁瓣值较高,限制了每个窄带滤波器改善因子的提高;各个窄带滤波器的增益完全一致,不能实现与目标及杂波速度分布相一致的分别设计和选择控制。

FIR 实现多普勒滤波器组的优点如下:可根据特殊的要求,采用比加权 DFT 更有效和更灵活的设计方法得到较理想的滤波器特性(如更低的旁瓣);不同频道(即滤波器组中的不同滤波器)更容易实现与目标及杂波速度分布相匹配的分别设计或选择控制。其缺点如下:运算速度相对加权 DFT 要慢,适合脉冲重复频率不高的情况。

对基于 DFT 的 MTD 技术进行了计算机仿真。仿真中,脉冲重复频率 $f_r = 300Hz$,相参积累的脉冲数 $N = 32$,设置了同一距离单元三个不同多普勒频率的目标,它们的多普勒频率分别为 150Hz、270Hz 和 70Hz。图 9-37 给出的是 3 种多普勒频率运动目标混合回波信号的 DFT 输出,左边为 $f_d = 70Hz$ 的目标,中间为 $f_d = 150Hz$ 的目标,右边为 $f_d = 270Hz$ 的目标。可以发现,时域上混在一起的三个不同速度的目标通过 DFT 后可在频域上截然分开。同时,虽然仿真中三个目标回波强度相同,但由于其多普勒频率值不同,目标回波信号通过 MTD 处理后的增益(即积累效果)不同,如图中 $f_d = 150Hz$ 的目标回波信号处理增益最大为 32,其能量没有扩散到邻近通道里去,而其他两个目标积累增益则有所降低,其能量有明显的扩散。

3. 零多普勒处理

对于切向飞行的目标,多普勒频率很小,将与固定杂波一起被零速滤波器滤除。为了检测这种目标,专门设置一个与多普勒滤波器组并联的零多普勒通道。零多普勒处理主要由卡尔马斯(Kalmus)滤波器先对地物进行抑制,再对剩余地物杂波用不断更新的精细杂波单元的幅度杂波图(时间单元恒虚警率处理)存储结果做基准,当有目标信号叠加上时,利用幅度信息实现超杂波检测。零多普勒处理主要由两个部分组成:一是确保强地物杂波环境下低径向速度目标检测能力的卡尔马斯滤波器;二是杂波图 CFAR 处理,详见 9.5.3 小节。

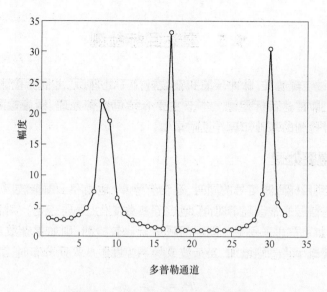

图 9-37　目标回波信号 MTD 处理输出

　　卡尔马斯滤波器的幅频响应曲线如图 9-38(b)所示。其特点是在零多普勒频率处呈现深的阻带凹口;而随着频率的增加呈现快速的上升增益,以保证低速目标的检测能力。通常卡尔马斯滤波器由多普勒滤波器组中的 0#滤波器和(N-1)#滤波器进行运算就可得到。其具体方法:将 0#滤波器和 N-1#滤波器的输出幅度相减并取绝对值,可形成一新的等效"滤波器"幅频特性,它在 $f = -f_r/2N$ 处呈现零响应,而在此频率两侧呈现窄、深的凹口,如图 9-38(a)所示。若再将它频移 $f_r/2N$,便形成了在零频处有窄、深凹口的卡尔马斯滤波器。

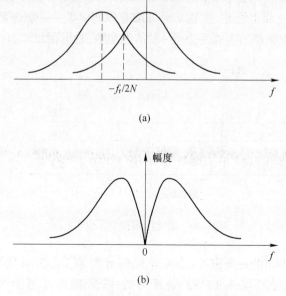

图 9-38　卡尔马斯滤波器幅频响应曲线示意图

263

9.5 雷达目标检测

回波信号经过空域滤波、脉冲压缩和杂波抑制等处理后,由目标检测模块完成有/无目标存在的判决,即雷达目标检测。本节主要介绍恒虚警处理、滑窗检测及杂波图处理等,有关雷达信号检测的基础知识详见附录 G。

9.5.1 恒虚警处理

雷达在接收到目标回波信号的同时,还会有噪声、地物和云雨杂波以及人为干扰等多种干扰信号,这些信号通常会随着时间、地点等参数变化(强弱变化),对雷达目标的检测产生不利影响。如果雷达采用某一固定门限进行比较检测,则如果杂波或噪声功率水平增加几分贝,虚警概率将急剧增加,当杂波或噪声幅度服从高斯分布时,其虚整概率 P_f 为

$$P_f = e^{-\frac{x_0^2}{2\sigma^2}} \tag{9-50}$$

式中:P_f 为虚警概率;x_0 为固定门限;σ^2 为干扰强度。从式(9-50)可以看出,若采用固定门限,则虚警概率将会随干扰强度的增加而急剧增加。

固定门限检测如图 9-39 所示。当取图 9-39 所示的固定门限时,虽然大目标被检测(超过门限),但会漏掉小目标;若进一步调低门限,低到一定程度,两个目标均被检测(超过门限),但杂波或噪声上部分点也会超过门限,造成虚警。虚警太高可能带来以下一些不良后果:将雷达资源浪费在跟踪并不存在的目标上;使显示器画面饱和或数据处理过载;在雷达组网中,过高的虚警不仅会使中央处理器过载,而且会造成通信线路的堵塞;最极端的情况使得雷达引导武器进行攻击。因此,必须用自适应门限代替固定门限,而且此自适应门限能随着被检测点的背景噪声、杂波和干扰的大小自适应地调整。如果背景噪声、杂波和干扰大,自适应门限就调高;如果背景噪声、杂波和干扰小,自适应门限就调低,以保证虚警概率恒定。综上所述,雷达必须采取有效的对策——恒虚警率处理,以保证设备正常工作。CFAR 中所用的准则为奈曼-皮尔逊准则,参见附录 G。

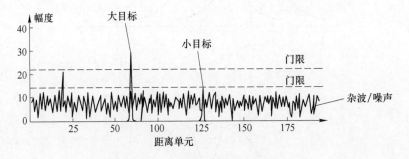

图 9-39 固定门限检测示意图

CFAR 处理按照不同的分类方法,会有不同的分类结果。按背景类型可分为噪声环境中 CFAR 处理和杂波环境中 CFAR 处理两类;按处理方式可分为 CA-CFAR、GO-CFAR、SO-CFAR 及 OS-CFAR 等;按背景起伏快慢可分为慢起伏的 CFAR 处理(或慢门

限 CFAR)和快起伏的 CFAR(快门限 CFAR)处理两类,实际上慢起伏对应噪声环境,快起伏对应杂波干扰环境。由于杂波干扰环境下的 CFAR 处理存在相对较大的恒虚警率损失,所以目前的雷达信号处理一般有两种处理方式,根据干扰环境自动转换,有杂波时用杂波 CFAR,无杂波时用噪声 CFAR。下面重点介绍噪声环境中 CFAR 处理和杂波环境中 CFAR 处理。

1. 噪声环境中 CFAR 处理

通常情况下,雷达接收机内部噪声属于高斯白噪声,高斯白噪声通过窄带线性系统后,其包络的概率密度函数服从瑞利分布,即

$$p(l \mid H_0) = \frac{l}{\sigma^2} \mathrm{e}^{-\frac{l^2}{2\sigma^2}} (l \geq 0) \tag{9-51}$$

式中:σ 为噪声的标准差。

如果按 σ 归一化,令 $u = l/\sigma$ 则有

$$p(u \mid H_0) = p(l \mid H_0) \mid_{l = \frac{u}{\sigma}} \cdot \left| \frac{\partial l}{\partial u} \right| = u\mathrm{e}^{-\frac{u^2}{2}} (u \geq 0) \tag{9-52}$$

显然,变量 u 的分布与噪声强度 σ 无关。这样,对 u 用固定门限检测就不会因噪声强度改变而引起虚警概率变化了。设检测门限为 u_0,则虚警概率为

$$P_f = \int_{u_0}^{+\infty} p(u \mid H_0) \mathrm{d}u = \mathrm{e}^{-\frac{u_0^2}{2}} \tag{9-53}$$

所以,噪声环境中 CFAR 处理的关键是求出标准差 σ,并进行归一化处理。

由于瑞利分布的平均值 $\bar{l} = \sqrt{\pi/2}\,\sigma$,所以只要求出 l 的平均值 $\bar{l}$,就能实现归一化处理。通常可采取平滑滤波器完成对 l 的求平均,得到平均值的估值 $\hat{l}$,只要平滑时间足够长,即采样足够多,$\bar{l}$ 和 $\hat{l}$ 的差别就越小。高斯白噪声背景下 CFAR 检测器的原理如图 9-40 所示。

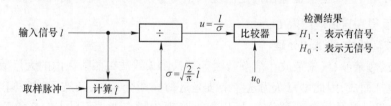

图 9-40 高斯白噪声背景下 CFAR 检测器原理框图

图 9-40 中,取样脉冲应该使计算均值估计 $\hat{l}$ 的数据样本来自雷达休止期(通常指雷达接收状态结束到下一个发射脉冲到来之前的空闲时间)中的数据,因为这些数据代表噪声,且一般不包含目标信号和杂波。此外,对均值估计 $\hat{l}$ 的计算需要大量的噪声数据样本,而单次雷达休止期中的噪声数据样本数是有限的,所以常采用多个雷达脉冲重复周期的休止期数据样本来计算 $\hat{l}$。为了简化计算,相邻脉冲重复周期之间的均值估计结果可以再通过一阶递归滤波器来平滑,如图 9-41 所示。

图 9-41 中,z^{-1} 表示相邻脉冲重复周期的延迟,$\bar{l}_n$ 代表由第 n 个雷达重复周期的休

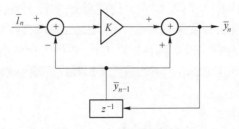

图 9-41　一阶递归滤波器

止期得到的所有样本数据的均值, $\bar{y}_n$ 代表递归滤波后的输出,即

$$\bar{y}_n = K(\bar{l}_n - \bar{y}_{n-1}) + \bar{y}_{n-1} = (1 - K)\bar{y}_{n-1} + K\bar{l}_n \tag{9-54}$$

图 9-42 所示的高斯白噪声背景下的 CFAR 检测器是通过计算输入噪声的均值估计 $\hat{l}$,然后对输入信号 l 归一化后进行检测的,这时检测门限可采用固定门限。为了避免对输入信号 l 的归一化运算,可在计算得到均值估计 $\hat{l}$ 后,使检测门限 U_0 随着 $\hat{l}$ 的大小自适应地进行调整,以得到 CFAR 检测效果。

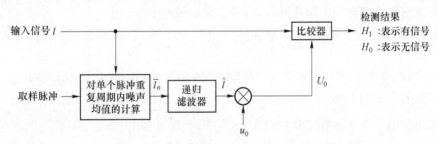

图 9-42　高斯白噪声背景下的 CFAR 检测器

图 9-42 中,递归滤波器输出的是对输入信号 l 中的噪声均值估计 $\hat{l}$,乘以归一化门限因子 u_0 后得到自适应门限 $U_0 = u_0\hat{l}$ 。

2. 杂波环境中 CFAR 处理

地杂波、海杂波、气象杂波和箔条杂波等都是由天线波束照射区内的大量散射单元的散射信号叠加而成,因此可以认为这些杂波是近似高斯分布的,杂波回波经幅度检波后,幅度概率密度函数也服从瑞利分布,所以上述高斯白噪声背景下的 CFAR 检测处理原理也可以应用于这种杂波背景下的 CFAR 检测处理中。但是,杂波在空间的分布是非同态的,有些还是时变的,不同区间的杂波强度也有大的区别。因而杂波背景下的 CFAR 检测器与噪声背景下的 CFAR 检测器有着明显的差别,其杂波的均值只能通过被检测点的邻近单元计算得到,所形成的 CFAR 检测器称为邻近单元平均 CFAR 检测器,也可直接称为单元平均 CFAR(CA-CFAR)检测器,如图 9-43 所示。

图 9-43 中,输入信号 l_i 被送到由($2N+3$)个延迟单元构成的延迟线上,D 是被检测单元,D 的相邻两个单元为保护单元,保护单元外侧还各有 N 个参考单元。将所有参考单元中的 l 值求算术平均得到被检测单元处杂波背景的均值估计 $\hat{l}$ 。检测门限 $U_0 = u_0\hat{l}$,当调整归一化门限因子 u_0 的大小时,可以改变门限 U_0 的大小,从而控制虚警率的大小。

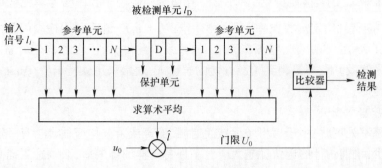

图 9-43　CA-CFAR 检测器

由于 CA-CFAR 检测器的参考单元不多,且平均值的估值起着门限的作用,因此它可以也应该随杂波强度的变化而迅速改变,所以又称它为快门限调节电路,简称为快门限电路。

对 CA-CFAR 进行了计算机实验仿真。仿真中,杂波幅度服从瑞利分布,回波总点数为 600 点,目标加在第 200 点处,信杂比 $SCR=20\text{dB}$,虚警概率 $P_f=10^{-3}$,CA-CFAR 仿真结果如图 9-44 所示。从图中可以看出,目标超过门限,被可靠检测。

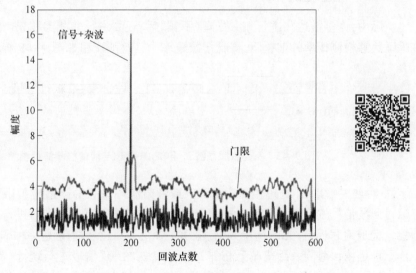

图 9-44　CA-CFAR 检测结果

3. CFAR 处理的质量指标

CFAR 处理的质量指标主要用于评价 CFAR 处理技术性能的优劣。主要有两个指标,即恒虚警率性能和恒虚警率损失。

1)恒虚警率性能

恒虚警率性能是对恒虚警率处理设备在相应的环境中实际所能达到的恒虚警率情况的度量。其主要包括在均匀背景、多目标背景和杂波边缘背景三种情况下的检测性能其中后两种背景也统称为非均匀背景。通常情况下,CFAR 检测性能包括两个方面的内容:首先由虚警概率 P_f 与归一化检测门限因子 u_0 的关系,在给定虚警概率时确定归一化

检测门限因子 u_0 的具体值,然后利用归一化检测门限因子和由参考单元获得检测单元电平估计 $\hat{l}$ 共同得到给定虚警概率下的检测门限 $U_0 = u_0\hat{l}$,最后利用检测门限得到不同信噪比/信杂比(SNR/SCR)与检测概率 P_d 的关系。此外,由于在非均匀背景(多目标背景和杂波边缘背景)下,不易得到检测性能的解析式,通常采用蒙特卡罗(Monte-Carlo)方法得到检测性能。

2)恒虚警率损失

恒虚警率处理时,由于参考单元数目有限,噪声或杂波均值估计会有一定起伏。参考单元数越少,均值估计的起伏就越大。为了保持同样的虚警率,必须适当提高门限。但门限值的提高将降低检测概率,所以需要增加信噪比或信杂比以保持指定的检测概率。这种为了达到指定的恒虚警率要求而需要额外增加的信噪比或信杂比称为恒虚警率损失。

恒虚警率损失不但与参考单元数有关,还与检测前的脉冲积累数有关。参考单元数值越大,恒虚警率损失就越小;脉冲积累数越多,恒虚警率损失也越小。脉冲积累数受限于雷达波束内可能接收到的回波脉冲数。参考单元数值也不能太大,因为杂波在空间分布是非同态的,即使同一种杂波在不同距离和方位上也有所不同,参考单元数值太大,会使均值估计难以适应杂波在空间的非同态分布的变化。

9.5.2 滑窗检测

实际中,许多雷达在进行相参处理(积累)后,还要进行非相参积累(如滑窗检测),以在保证足够检测概率的前提下,降低虚警概率。其检测流程如图9-45所示。

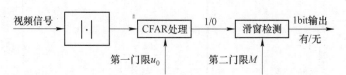

图9-45 雷达视频回波信号CFAR处理与滑窗检测流程图

图9-45中,CFAR处理主要完成噪声或者杂波环境下的自适应门限调整(归一化),然后对回波信号按距离单元逐个与给定门限(图9-45中第一门限)进行比较(称为一次检测),完成对目标有/无的初步判断,输出1/0信号。滑窗检测是一种非相参积累器,其工作原理是依次对同一距离单元相邻 N 个脉冲的"1/0"信号进行统计(对于相参处理而言,需对不同相参处理间隔内同一多普勒通道的"1/0"信号进行统计),当"1"的个数满足门限 M 时,判目标存在,否则判没有目标。比较门限 M 称为第二门限,将滑窗宽度为 N、比较门限为 M 的二次检测简称为 M/N 检测。例如:4/7表示滑窗宽度为7,门限值为4,其检测的准则为:在连续7个周期的信号中,如果有4次或者4次以上一次检测被初判为"1",则二次检测最终将判目标存在,否则判没有目标。图9-46和图9-47分别给出了目标较强和目标较弱时,滑窗检测器的输入和输出波形。当目标信号较强时,滑窗检测器的输入(目标所在距离单元通过第一门限后的输出)都是"1",滑窗检测器的输出超过第二门限,可作出目标存在的正确判决,而单次虚警不能作出目标存在的正确判决。当目标信号较弱时,滑窗检测器的输入中丢失了部分脉冲,尽管如此,在目标存在的间隔内仍有4次积累的结果超过了第二门限,故可作出目标存在的正确判决。

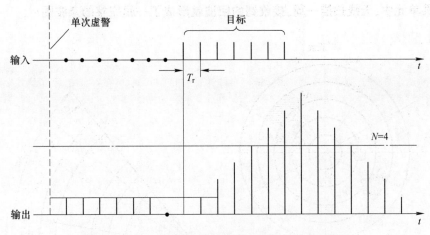

图 9-46　$M=7$ 滑窗检测器的输出波形（目标较强时）

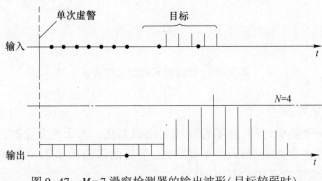

图 9-47　$M=7$ 滑窗检测器的输出波形（目标较弱时）

9.5.3　杂波图处理

雷达的任务就是在复杂的环境中检测目标。在不同的环境中，雷达采用的处理方法是不同的，因此首先要了解雷达环境。杂波图就是对雷达杂波环境的描述。

1. 杂波图基本概念

1）杂波图的含义

杂波图是表征雷达威力范围内按方位-距离单元分布的杂波强度图。就像划分目标的分辨单元一样，可将雷达的作用域（处理范围）按不同的要求划分成许许多多的杂波单元，杂波单元可以等于或大于目标单元。为了简化存储与处理电路，大多数情况下杂波单元大于目标单元。二维杂波单元的方位-距离划分如图 9-48(a) 所示。

图 9-48 中，每个杂波单元距离尺寸和方位尺寸分别用 ΔR 和 $\Delta \alpha$ 表示，设目标距离分辨单元的尺寸为 (τ)，一个脉冲重复周期 T_r 内波束扫描的角度对应方位上的一个 $\Delta \theta$，且 $\Delta R = M \times \tau$ 和 $\Delta \alpha = N \times \Delta \theta$，如图 9-48(b) 所示，则一个杂波单元的当前值为 $M \times N$ 个采样输入的二维平均为

$$\overline{C}_{i,j} = \frac{1}{MN} \sum_{n=1}^{N} \sum_{m=1}^{M} x_{i+m,j+n} \tag{9-55}$$

式中：i, j 分别为杂波单元距离向和方位向的编号。将此值按 i, j 对应的地址写入杂波图

存储器某单元中,天线扫描一周,接收到的回波就形成了一幅完整的杂波图。

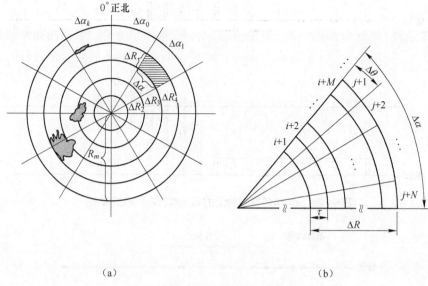

(a)　　　　　　　　　　　　(b)

图 9-48　杂波单元的定义性描述

2) 杂波图的更新方法

雷达杂波是一个随机过程,且随着环境变化而变化。当天气变化时,杂波的强度甚至其统计特性也会发生变化,在每天的不同时段,杂波的强弱也是不一样的,早晚杂波的回波信号较强,故杂波图应采用动态更新。

杂波图在动态更新时要考虑以下几点:

(1) 要消除目标回波和其他偶然性回波的影响;

(2) 杂波图的建立时间尽量短;

(3) 要尽量减少设备量和计算量。

杂波单元的当前值是杂波单元内回波信号的二维平均,如式(9-55)所示。若目标或突变性干扰落在此杂波单元内,那么杂波单元的当前值就含有目标等的信息,即受到目标等的影响。由于飞机目标从一次扫描到下一次扫描通常要移动几个分辨单元,采取多帧的杂波单元值的平均值作为本帧的杂波单元值,就能把目标等偶然性回波的影响减至最小。但一般需经过数个至数十个天线周期才能建立起比较稳定的杂波图。

由于采用多帧处理时的运算量和所需的存储量比较大,因此为了减少杂波单元更新的设备量和运算量,通常采用单极点反馈积累法来进行杂波图更新。单极点反馈积累法相当于对各个单元的多次扫描(天线扫描)作加权积累,以获得杂波平均值的估值,其原理如图 9-49 所示。

如果用 n_a 表示天线扫描周期序号,则采用单极点反馈积累法的算法如下:

$$\overline{C}_{i,j}(n_a) = K_1 \overline{C}_{i,j}(n_a - 1) + (1 - K_1)\frac{1}{MN}\sum_{n=1}^{N}\sum_{m=1}^{M} x_{i+m,j+n} \tag{9-56}$$

式中:$\overline{C}_{i,j}(n_a)$ 为考虑历史周期后的当前天线周期杂波单元的估计值;$\overline{C}_{i,j}(n_a - 1)$ 为上

一个天线周期得到的且已存储在杂波图存储器中的杂波估计值;K_1 为小于 1 的常数;T_A 为天线扫描周期。

杂波图更新速度取决于权系数值 K_1 的大小。在相同积累时间的前提下,K_1 值选得越小,杂波图更新速度就越快,K_1 值选得越大,杂波图更新速度就越慢。实际中,必须折中选取 K_1 值,一般取 $K_1 = 0.7 \sim 0.8$。

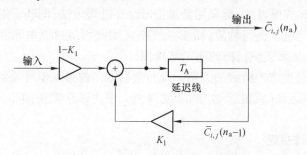

图 9-49　单极点反馈积累法原理图

3) 杂波图的分类

按建立与更新杂波图的方式,杂波图可分为"动态杂波图"和"静态杂波图"。动态杂波图是一种能够不断进行自动修正更新的杂波图,静态杂波图是一种相对简单的杂波图,其背景杂波信息已经固化而不能动态改变,但可在阵地转移后或根据其他实际情况进行重新建立与装订,它适应于杂波背景起伏变化不明显的应用场合。早期雷达受器件和实现技术等限制,雷达中的杂波图大多数采用静态杂波图,随着器件和技术的发展,现代雷达都采用动态杂波图。

按照杂波图的功能,杂波图的常见类型可分为以下六类。

(1) 用于相参/正常支路选择的杂波轮廓图。杂波轮廓图的输入信号是经包络检波后(或脉冲压缩处理后)的雷达回波信号,输出是杂波的二分层(1/0)信息(用数字"1"表示有杂波,用数字"0"表示无杂波)。杂波轮廓图的输出用来进行相参和正常支路的选择,即在杂波区选择相参支路的输出,在无杂波区(清洁区)选择正常支路的输出。

(2) 用于相参支路增益控制的幅度杂波图。该幅度杂波图的输入信号是经包络检波后(或脉冲压缩处理后)的雷达回波信号,输出是代表杂波强弱的多分层信息。该幅度杂波图的输出用来进行接收机中频放大器的增益控制,从而扩大接收机动态范围。

(3) 用于时间单元 CFAR 的剩余杂波图。时间单元 CFAR 是零多普勒频率处理的重要组成部分。该杂波图的输入信号是雷达回波经过 Kalmus 滤波器处理后的剩余杂波,其输出是剩余杂波的统计参数(幅度等),剩余杂波的统计参数送给时间单元 CFAR。

(4) 用于相参支路分频道 CFAR 的杂波门限图。杂波门限图存储的是三维(方位-距离-多普勒单元)的检测门限。由于雷达杂波在各个方位、距离和多普勒通道上的分布和强度是不同的,那么采用的检测门限也应不同,因此采用杂波门限图就能实现对不同的杂波采用不同的门限,从而更好地检测目标。

(5) 用于非相参支路超杂波检测的精细杂波图。该精细杂波图的输入信号是经过包络检波后(或脉冲压缩处理后)的雷达回波信号,输出的是杂波信息(包括杂波幅度、方差等)。其杂波单元的划分一般等于雷达的最小分辨单元。

超杂波检测的功能是在杂波中检测目标,它可作为相参支路的 MTI 或 MTD 的补充。与相参支路的 MTI 和 MTD 相比,超杂波检测对目标的检测能力虽然差,但它不需要相位信息,没有盲相和盲速问题,因此可以检测慢速和切向运动目标。

由于地物杂波在邻近距离范围内变化剧烈,同一距离-方位单元内虽然有一定的起伏,但在不同的天线扫描周期间满足一定的平稳性。因此,在杂波区进行超杂波检测,不能采用常规的 CFAR 检测方法,而采用杂波图 CFAR 处理方法,即基于同一单元的多次扫描对地物杂波的平均幅度进行估值(精细杂波图),用此估值对该单元的输入作归一化调整(杂波图 CFAR),从而完成目标的超杂波检测。

(6)用于静点迹过滤的精细杂波图。该精细杂波图的输入信号是经信号处理并检测后的信号,输出是不运动(或慢运动)的杂波剩余。使用该杂波图可以消除杂波剩余,降低虚警。

2. 杂波图的工作原理

以常用的幅度杂波图和杂波图 CFAR 为例,介绍杂波图的工作原理。

1)幅度杂波图

杂波自动增益控制的目的是提高接收机的线性动态范围,满足相参处理对接收机动态范围的要求。用杂波图控制中放增益有两种情况,分别如图 9-50 和图 9-51 所示。这两种情况的区别,如下:

(1)建立杂波图的输入信号不同。图 9-50 中杂波图电路的输入为专门的对数中放通道,而图 9-51 中杂波图电路的输入来自相参支路的 0#多普勒通道。

(2)图 9-50 所示为开环控制,即由对数通道(一般构成正常处理支路)输入形成的杂波图控制信息只对相参支路的增益实施控制;而图 9-51 所示为闭环控制。

与杂波轮廓图相比,用于增益控制的幅度杂波图必须按不同的距离单元提供更精确的多位杂波幅度信息,因此它又称为幅度杂波图,或更具针对性的自动杂波衰减控制图。由于幅度杂波图的存储量比杂波轮廓图要大得多,其更新调整所需的设备复杂得多,为简化电路设备,幅度杂波图的建立与更新通常用单极点反馈积累法。

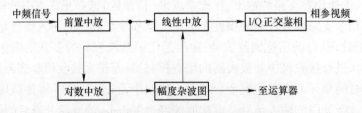

图 9-50 用幅度杂波图存储控制中放增益之一

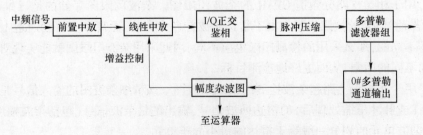

图 9-51 用幅度杂波图存储控制中放增益之二

2）杂波图 CFAR 处理

通过 9.4 节知道,零多普勒处理主要由两个部分组成:一是确保强地物杂波环境下低径向速度目标检测能力的卡尔马斯滤波;二是杂波图 CFAR 处理。虽然卡尔马斯滤波器能将速度为零的强地物回波大幅度衰减,但实际环境中的杂波总是存在具有一定谱宽的起伏杂波。尽管使用了卡尔马斯滤波,滤波剩余的起伏分量仍将严重干扰低速目标的检测并造成剧烈变化的虚警。因此有效的方法是杂波图 CFAR 处理(也称为杂波图平滑处理),即建立起伏杂波图(因杂波已是卡尔马斯对消的剩余,有时又称为剩余杂波图),并根据杂波图对输入作归一化平滑(即相减),以得到近似恒虚警率的效果。

由于地物杂波与气象杂波相比在邻近距离范围内变化剧烈,不满足平稳性,因此不能采用基于邻近单元平均的所谓空间单元 CFAR,否则会导致很大的信噪比损失,且难以维持虚警率的恒定。同一距离-方位单元之内的地物杂波(剩余)尽管仍有一定起伏,但其天线扫描(帧)间采样已满足准平稳性,这样就可考虑基于同一单元的多次天线扫描对杂波平均幅度进行估值,然后再用此估值对该单元的输入作归一化门限调整,这就是所谓的杂波图 CFAR 的基本过程。为与对付气象杂波的邻近单元平均 CFAR 相区别,它也称为"时间单元"CFAR。

杂波图 CFAR 由剩余杂波图和相减电路组成,如图 9-52 虚线框所示。剩余杂波图的更新采用单极点反馈积累法,其原理与一般的杂波图一样,不同的是其输入信号是经过卡尔马斯滤波器处理的剩余杂波。这里值得一提的是,由于剩余杂波和目标信号同时存在,只有当目标回波大于剩余杂波时才可能被检测到。

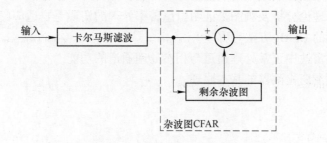

图 9-52　杂波图 CFAR 处理原理框图

思 考 题

9-1　简述雷达回波信号包含的各种成分及其特点。

9-2　简述雷达信号处理的功能。

9-3　画出雷达信号处理基本流程框图。

9-4　简述空域滤波器的基本概念,并与频域滤波器进行对比分析。

9-5　简述旁瓣对消的基本工作过程,并思考旁瓣对消有哪些不足。

9-6　简述自适应旁瓣对消处理的优缺点,并说明其适用的干扰类型。

9-7　简述旁瓣匿影的基本工作过程,并说明其适用的干扰类型。

9-8　简述 DBF 技术的特点。

9-9　为什么现代雷达要使用脉冲压缩技术？

9-10　何谓大时宽带宽信号？信号的时宽与带宽主要决定雷达的什么指标？

9-11　脉压处理的主要指标有哪些？

9-12　数字脉压有哪两种方法？简述其实现过程。

9-13　定性描述线性调频信号脉压的实现原理。

9-14　假设线性调频信号的时宽 $\tau = 20\mu s$，带宽 $B = 150MHz$，计算该信号的距离分辨率、脉压后输出幅度增大的倍数以及输出峰值功率增大的倍数。

9-15　简述脉冲压缩处理中采取加权处理的含义、采用加权处理的原因和加权处理的常用方法。

9-16　简述固定目标回波与运动目标回波的差别。

9-17　从时域和频域上分别简述对消滤波器抑制固定杂波的原理。

9-18　相比较 MTI，MTD 处理进行了哪几点改进？

9-19　画出经典 MTD 实现框图，并对其加以解释。

9-20　某脉冲雷达工作频率 $f_0 = 100MHz$，若一目标背站飞行，径向速度为 $v_r = 540km/h$，试计算该目标回波的多普勒频率。

9-21　设某雷达工作频率 $f_0 = 3000MHz$，脉冲重复频率 $f_r = 400Hz$，试计算该雷达的第一盲速。

9-22　衡量杂波抑制效果的质量指标有哪些？并对每个指标加以解释。

9-23　试用理论分析及画图来证明恒虚警率处理的实质是自适应门限调整。

9-24　常用的 CFAR 方法有哪些？

9-25　简述雷达中正常处理通道与相参处理通道的功能。

9-26　简述滑窗检测器的基本原理。

第10章 雷达终端信息处理分系统

雷达信号处理分系统对雷达回波信号进行滤波处理,滤除不需要的噪声、干扰、杂波,并最终将目标检测出来,后面对目标参数的录取、数据处理与显示,则需要由雷达终端信息处理分系统来完成。因此,本章首先介绍雷达终端信息处理分系统的功能与处理流程,然后介绍雷达终端信息处理流程中三个典型步骤:参数录取、数据处理和信息显示的基本概念及其实现方法。

10.1 雷达终端信息处理分系统的功能与信息处理流程

雷达终端信息处理分系统将回波信号中有关目标的信息,经必要的加工处理后在显示器上以直观的形式展示给雷达操纵员。

10.1.1 主要功能

现代雷达为了提高掌握空情的批次、数量和精度,在原雷达终端(原始回波信息显示)的基础上增加了目标参数录取、航迹的自动跟踪与处理以及目标二次信息显示等功能。由于目标参数录取、航迹跟踪、二次信息的显示需要涉及大量的数据处理工作,因此将其称为雷达终端信息处理。

雷达终端信息处理的主要功能包括:目标参数录取、数据处理(也称为航迹跟踪)和信息显示三个方面。

10.1.2 基本信息处理流程

对于早期雷达,目标的发现与跟踪都依赖于显示器,全部由人工来完成。一方面,随着时间的推移(20~30分钟),疲劳和单调的操作会大大减弱操纵员的处理能力;另一方面,人工测报的目标批次和数量很有限。因此,这种手工操作方式已完全不能适应现代战争大批量目标和复杂背景的情况。

为了提高雷达整机的情报处理能力,现代雷达通常在雷达信号处理分系统后加装终端信息处理设备(核心是通用数字计算机加上专用雷达数据处理软件),以完成目标参数的录取、数据处理和信息的显示与自动上报等任务。现代雷达终端信息处理设备的基本组成包括参数录取电路、通用计算机(含雷达数据处理软件)和显示器,如图10-1所示。

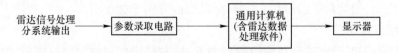

图 10-1 雷达终端信息处理设备基本组成框图

275

雷达终端信息处理的基本流程如图 10-2 所示,雷达目标参数录取是指根据信号检测的结果,对目标的距离、方位角、高度和径向速度等参数进行估计,把估值数据按一定格式送数据处理计算机建立其原始点迹的过程。现代雷达为了满足不同条件下的工作需要,通常设有人工、半自动、全自动、区域全自动等录取方式。雷达录取设备获取的目标数据反映的是目标信号的原始信息,常称为一次信息。

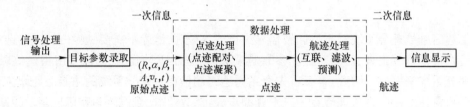

图 10-2　雷达终端信息处理的基本流程

雷达数据处理是对连续录取的多个天线周期的原始点迹(一次信息)进行点迹处理(包括点迹配对和点迹凝聚)、航迹处理(包括互联、滤波、预测等处理),消除由背景杂波和干扰造成的假目标,估计出目标数目,给出正确和精确的目标航迹数据(包括目标当前的位置、速度、机动情况和属性识别信息,也称为二次信息),并预测目标下一时刻的位置。显然,经过数据处理后的输出数据在精度和可靠性上比雷达录取设备获得的一次信息要高。

雷达信息显示是雷达系统人机交互的重要接口,它以 PPI 显、A 显、B 显和三维立体显示等方式,对雷达数据处理后得到的目标信息与一次雷达视频回波、地图背景、二次雷达点迹、询问机点迹或目标回波进行叠加显示,通过可视化的界面观测目标和目标参数、配置系统状态,实现各种操作、监视雷达整机的工作状态等。

10.2　雷达目标参数录取

雷达回波经信号处理后,需要测量通过检测门限信号出现的空间位置、幅度值、相对时间等参数并进行录取,形成原始点迹数据。一般原始点迹数据量较大,对早期的计算机和总线传输来说,录取和传输大容量的原始点迹数据严重制约了数据处理系统能力的发挥。为实现对威力范围内雷达数据的实时处理,一般采用手动、半自动、区域全自动和全自动 4 种录取方式,以控制原始点迹数据的录取区域。现在计算机速度和总线数据传输能力都有了很大的提高,数据处理系统的点迹数据传输和处理能力已达到 10000 点/10s以上。下面分别介绍雷达目标的参数录取方法和参数录取方式。

10.2.1　参数录取方法

对现代雷达来说,在发现目标的同时,也就开始录取目标的各种参数,主要包括目标的距离、方位角、俯仰角(或高度)以及目标发现的时间等参数。

1. 目标距离录取

由 4.1 节可知,若雷达至目标的距离为 R,从发射信号到收到目标回波的时间为 t_r,

电磁波的传播速度为 c，则有 $R = \frac{1}{2}ct_r$，这样测量雷达到目标的距离，转变为测量从发射信号至接收目标回波的时间。工程上，雷达发射是受发射触发脉冲控制的，是系统测距的零点。雷达作用距离按脉冲压缩后的脉冲宽度（一般称为 τ_0 脉冲）进行量化。自动测量时，距离计数器由触发脉冲控制计数起始点，对周期性 τ_0 脉冲进行计数。自动录取目标时，仅需记录收到目标回波那一时刻的距离计数器值就可以换算出目标到雷达的距离。

录取设备应读出距离数据（相应为目标延迟时间 t_r），并把所测量目标的时延 t_r 变换成对应的数码，这就是距离编码器的任务。能够录取多个目标的距离编码器原理如图 10-3 所示，距离计数脉冲产生器对频率源输出的基准时钟进行分频，其脉冲重复周期即为距离取样间隔，作为时间量化单元，一般取雷达的距离分辨单元对应的时间，即脉冲压缩后的回波宽度 τ_0。当雷达发射时，与发射脉冲同步经过校准的显示触发，即零距离触发对距离计数器清零后，距离计数器开始对 τ_0 脉冲计数。当目标回波进入自动检测器，产生目标发现信号，它把计数结果即距离码打入距离寄存器，消除计数时的跳变造成距离码录取的不稳状态，再存入缓存器。距离计数器继续计数，直到下一显示触发到来对其清零，如果期间又有新的目标出现，目标发现信号同样控制距离码通过寄存器，存入下一地址的缓存中，完成对多目标的距离录取。

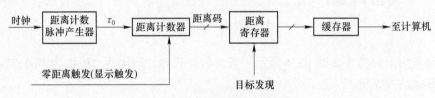

图 10-3　距离编码器的原理框图

由读出的距离码 N，可确定目标时延 t_r 和目标的距离 R，即

$$t_r \approx N\tau_0 \tag{10-1}$$

$$R = \frac{1}{2}ct_r \approx \frac{1}{2}cN\tau_0 \tag{10-2}$$

式中：c 为光速；采用近似等号是因为起始脉冲和回波脉冲不一定与计数脉冲重合，如图 10-4 所示。

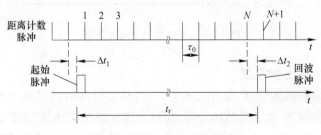

图 10-4　距离测量的时序图

2. 目标角度测量录取

角坐标数据是雷达录取设备要获取的一个重要的目标参数。对两坐标雷达来说，角

坐标数据就是指方位角(或俯仰角)数据;对三坐标雷达,角坐标数据包括方位角和俯仰角数据。下面着重介绍方位角数据的录取。

为了在显示器上形成与雷达天线波束转角同步的方位扫描线,需要实时获得雷达天线相对某一参考方向的偏转角度,这一任务通常由雷达伺服分系统中的角度传感器完成。雷达伺服分系统常用的角度传感器有两类:第一种是方位码盘,天线的机械旋转带动一个与之机械交链的码盘,借助光电及附属电子电路,直接转换为方位码或方位增量脉冲;第二种用正余弦旋转变压器或同步机来把天线机械运动产生的角度转变为电信号,经过 RDC 或 SDC 来获得方位码或方位增量脉冲。第二种属于机电式角度传感器,在现代雷达中被广泛采用。

通过 RDC 或 SDC 后,有了与天线转动相应的方位计数脉冲和方位参考脉冲,就可实现对目标方位数据的录取。如图 10-5 所示,有一个方位计数器,正北脉冲对其清零,而后对方位计数脉冲进行计数,直到目标发现时刻到来,计数终止。

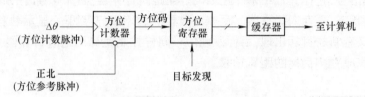

图 10-5　方位编码器的原理框图

方位角测量的时序如图 10-6 所示。若方位计数脉冲间隔为 $\Delta\theta$,由读出的方位码 N,可确定目标的方位角 θ:

$$\theta \approx N \cdot \Delta\theta \qquad (10-3)$$

采用近似等号,是因为回波脉冲或正北脉冲不一定与计数脉冲重合。

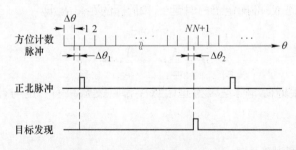

图 10-6　方位角测量的时序图

3. 目标发现时间参数录取

上述无论目标距离测量,还是角度测量中,目标发现的时间都是一个重要的参数,它与目标位置参数的测量、运动参数的计算、指挥方案的组织实施等,关系都很密切。

整个雷达网,要有统一的计时系统,上级指挥机关要进行对时,下级统一以上级的时间为标准。计时的单位取决于计算运动参数所要求的精度,通常取 10ms。

一般计数器按照所选取的计时单位进行计数。由于检测器积累的时间比计时单位小得多,所以检测器发现目标被认为是实时的。因此可以选取检测过程中的一种标志信号

278

作为发现时间的录取信号。在检测器检测出目标信息,用"目标开始""目标结束"或"目标发现"标志录取目标的距离和方位信息的同时,去提取时间计数器的计数结果,通过录取器或每个雷达触发作中断信号,计算机通过 I/O 通道录取当时的时间。计算机在上级指挥机关对时标准的基础上,加上目标发现时计数器的数码乘以计时单元,就是上一次对时信号发出以后目标的发现时间。

4. 其他参数录取

在录取目标的坐标以后,指挥机关还需要了解目标的某些特性,如敌我识别、机型、架数以及其他有关信息。所有这些任务,统称为目标特征参数的录取。特征参数的录取是比坐标录取更加复杂的问题,这中间的某些任务(如识别机型)现在主要依据观察员的判断。

10.2.2　参数录取方式

雷达回波经目标检测以后,是否形成点迹数据并录入数据处理计算机是受录取方式控制的。录取方式分别为手动、半自动、区域全自动和全自动 4 种,由操纵员通过键盘或鼠标结合显示界面来选定。除手动录取外,半自动、区域全自动和全自动录取都是自动控制点迹数据的形成和录取。

1. 手动录取

早期的雷达终端设备以平面位置显示器(plan position indicator,PPI)为主,全部录取工作由人工完成。操纵员通过观察显示画面发现目标,利用显示器上的距离和方位刻度或指示盘,测读目标的坐标,通常的对空警戒/引导雷达只给出距离和方位角这两个坐标,要对目标进行引导时,通过测高雷达和相应的显示器,读出高度数据,并且估算目标的速度和航向,熟练的操纵员还可以从画面上判别出目标的类型及数目等特征信息,所有的信息都由操纵员口头通过有线或无线通信设备上报指挥所。

人工录取的优点是可以发挥人的主观能力,经验丰富、操作熟练的操纵员可以在杂波干扰背景中发现目标,并能比较准确迅速地测定目标数据,而且可根据目标回波亮点的大小、亮度及起伏规律等判定目标的类型、尺寸、群目标的个数等。但是,在现代战争中,雷达目标经常是多方向、多批次、高速度的,指挥机关希望对所有的目标位置实现实时录取,人工录取显然在速度、精度、容量等方面都不能满足要求。因此,目前雷达数据录取必须采用自动或半自动的录取方法。

2. 半自动录取

半自动录取是由人工通过显示器发现目标之后,利用一套录取装置,由人工操作,录取显示屏上目标位置的初始坐标数据,通过显示计算机送数据处理计算机,数据处理计算机根据目标初始的人工确认位置起始目标航迹,对目标进行跟踪,再控制录取设备对同一目标的后续检测进行自动录取。也就是说,由操纵员人工发现目标并录取第一点,以后的检测和数据录取由录取设备自动完成。在半自动录取过程中,有时为了将目标的某些特征数据与坐标数据一起编码,可由操纵员通过人工干预的方式送数据处理计算机。

半自动录取的优点:可按危险程度做出最优录取方案,对同一批次的后续目标回波无须连续观测,可减轻操纵员负担;可避免录取杂波形成假航迹;易于在干扰背景中识别和录取目标。其缺点:录取速度还不够快,在大批量目标的复杂情况中会措手不及;操纵员如果疏忽,可能漏掉危险目标。在和平时期的防空预警中常采用。

3. 全自动录取

全自动录取是指从发现目标到坐标数据录取,全部过程由录取设备自动完成,只有某些特征参数,如目标分类需要人工进行录取。其过程:由自动检测电路检测出目标存在之后,发出"目标发现"信号,录取电路利用此信号录取目标的距离、方位角等坐标数据。

全自动录取的优点:录取速度快,能应付多目标情况;无须连续观察荧光屏,只须监视设备的工作情况,可减轻操纵员的负担。其缺点:会造成虚假录取,把干扰、陆地和岛屿也可能作为目标录取,对杂波抑制能力很强的雷达方能使用这种录取方式;可能漏掉杂波干扰区内甚至干扰区外弱小目标;优先录取准则比较简单,难于适应目标密集且运动态势复杂多变的场合,可能造成危险程度大的目标没能优先录取而酿成危险的局面。

4. 区域全自动录取

用跟踪球或鼠标在 PPI 显示屏上对雷达威力范围内的局部区域进行设置,在这些区域内用全自动录取方式,其他位置用手动或半自动录取。例如:在清洁区或目标密度稀疏的区域用全自动录取。这样,可以充分发挥各种录取方式的优势,在人工能够正常工作的情况下,一般先由人工发现目标并录取目标第一点的坐标,当计算机对这个目标实现跟踪以后,给录取显示器画面一个跟踪标志,以便了解设备工作是否正常,给予必要的干预,操纵员的主要注意力可以转向显示器画面的其他部分,去发现新的目标,录取新目标第一点的坐标。这样既发挥了人工的作用,又利用机器弥补了人工录取的某些不足。如果许多目标同时出现,人工来不及录取,设备可转入全自动工作状态,操纵员这时的主要任务是监视显示器的画面,了解计算机的自动跟踪情况,并且在必要时实施人工干预。这样的录取设备一般还可以用人工辅助,对少批数的目标实施引导。

10.3 雷达数据处理

雷达数据处理是指对参数录取设备得到的目标位置及运动参数进行数据处理,以提供每个目标的位置、速度、机动情况和属性识别,其精度和可靠性比一次观测的雷达信息要高。这种处理的核心就是雷达系统为了维持对多个目标当前状态的估计而对所接收的检测信息进行处理,也就是进行多目标的跟踪。

10.3.1 数据处理流程

雷达数据处理基本流程如图 10-7 所示。雷达探测到目标后,参数录取设备提取目标的位置信息等形成原始点迹。雷达数据处理是对原始点迹进行点迹处理和航迹处理。点迹处理包含点迹配对和点迹凝聚。航迹处理包含航迹起始、数据互联、跟踪滤波、航迹终止等。

1. 点迹与点迹处理

点迹,泛指满足检测准则后,由参数录取设备输出包含回波点位置坐标等参数的一组数据,点迹一般是真目标点迹,但也可能是噪声、杂波剩余和人为干扰等产生的虚假点迹。

点迹处理是对录取的点迹数据进行剔除、配对和凝聚处理。对不同雷达来说,点迹数据在距离上、方位上的分裂程度是不一样的,因此凝聚处理的准则和门限也不一样。为了

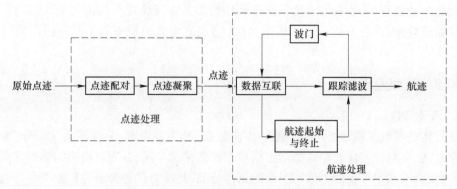

图 10-7　雷达数据处理基本流程示意图

设计出适合某雷达点迹处理的算法,需要认真研究该雷达提供的点迹序列性质。对点迹的预期特性规定得越详细,航迹处理区分不同目标和假点迹的能力就越强。由于假点迹是由噪声、杂波剩余、人为干扰所形成,因此一般通过扫描和扫描间相关滤除,即帧间滤波。相继的目标点迹的间隔取决于目标速度,当目标作各种机动的时候,其速度是不断变化的。如果目标是飞机,那么其速度值有一个上限和下限,而且飞机加速度的上限大大限制了飞机所能机动运动的航迹。此外,目标的视在位置还受点迹噪声的影响,点迹噪声由参数录取设备的量化误差及估计值误差所产生。

2. 航迹与航迹处理

航迹是对多个目标的若干点迹进行处理后将同一目标点迹连成的曲线,对不同使用场合它们可分别称为航迹、轨迹、弹道等。航迹处理是将同一目标的点迹连成航迹的处理过程。航迹处理一般包括航迹起始、数据互联、跟踪滤波、航迹终止等。

航迹起始是指建立第一点航迹。通常可从两个相继目标回波中求得目标初始运动状态的估计值,包括目标的位置和速度。目标速度可由目标位移对雷达扫描时间的比值算出。如果出现虚警或杂波剩余较多的情况,这种简单方法就不可靠。因而,需要处理较长的点迹串并把那些与预期目标特性相一致的序列作为航迹进行起始。

数据互联是指建立第一点航迹后,下一次扫描时,获得同一目标的点迹数据,将其点迹数据与航迹关联起来。

跟踪滤波是指假定目标以一定的速度运动,则在下次扫描时,目标的位置可以利用当前位置和速度的估计值来预测。这种估计也许不准确,而且下次扫描时预期有点迹出现的位置可能存在虚假点迹。为此,在搜索下一个目标回波时需考虑到这些因素。可以以预测位置为中心形成一个搜索区域(波门),在该区域内找到的点迹即认为与已经建立的航迹相关。波门的大小由系统对目标的测量误差、预测误差和目标机动引起的误差来确定。波门必须足够大,以保证下一次目标回波落入该波门的可能性很大;而波门尺寸又必须足够小,因为如果存在虚假点迹,波门过大就会平均捕获更多的虚假点迹。实际上,只要波门内的点迹多于一个,相关问题就变得复杂,需要有更多信息判断哪一个是目标点迹。

出现这些事件时航迹都应终止:数据互联错误,形成错误航迹;目标飞离雷达威力范围;目标强烈机动,飞出跟踪波门而丢失目标;目标降落机场;目标被击落等。航迹终止是航迹起始的逆过程,其处理的方法与航迹起始类似。如连续几个扫描周期波门内没有点迹就令航迹终止,或者依据一定的概率准则,当航迹为真的概率低于某一门限则令航迹终止。

10.3.2 点迹处理

1. 点迹特性

通过雷达参数录取设备可获得原始点迹数据,其主要来源:杂波剩余、噪声虚警形成虚假点迹;真实目标回波及距离旁瓣占据多个距离量化单元,并通过检测门限形成多个点迹;检测准则与水平波束的不匹配引起的目标分裂、目标方位旁瓣超过检测门限等也可形成多个点迹。

从雷达数据处理要求的角度来说,人们希望一个点目标仅存在一组点迹数据,但实际上雷达录取的单个目标点迹数据为多组,且在距离、方位上都不是单值,因而影响了对目标实际位置的估计。某目标5帧原始点迹的计算机仿真结果如图10-8所示。下面对目标点迹数据在距离、方位上的多值性进行简要分析。

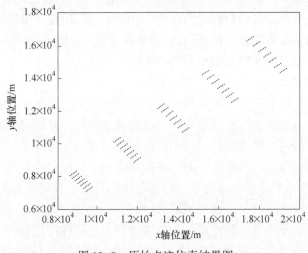

mcr

图 10-8　原始点迹仿真结果图

1) 目标点迹数据在距离上多值性分析

现代对空警戒/引导雷达多采用脉冲压缩体制,当目标回波较强时,经脉冲压缩处理后目标回波旁瓣的影响不可忽略。若不对这些旁瓣进行处理,它们会通过检测门限,形成点迹数据,从而影响对目标参数的估计值。

如9.3.1小节所述,线性调频信号经匹配滤波器输出的波形,是经过脉冲压缩后的窄脉冲,输出波形具有辛格函数的性质。除主瓣外,还有在时间轴上延伸的一串旁瓣,靠近主瓣的第一旁瓣最大,其值较主峰值只低13.2dB,第二旁瓣再低4dB,依次下降。一般雷达要观察反射面差别很大的多个目标,这时强信号脉冲压缩后输出的旁瓣将会干扰和掩盖弱信号的反射回波,这种情况在实际工作中是不允许的。因此能否成功地使用线性调频脉冲信号,依赖于能否很好地抑制距离旁瓣。

采用失配于匹配滤波器的准匹配滤波器可以改善旁瓣性能,即在旁瓣输出达到要求的条件下,使主瓣的展宽及其强度变化值最小。例如:泰勒加权可以得到-40dB 的旁瓣,但主瓣加宽至同样带宽矩形函数的脉冲压缩后脉宽的 1.41 倍;汉明加权可以得到-42.8dB的旁瓣,但相应的主瓣宽度展宽 1.47 倍。

当用脉冲压缩后的脉冲宽度 τ_0 对雷达作用距离进行量化时,经准匹配滤波器输出的实际雷达回波被量化为 2 个及以上的距离单元,一批目标被分裂为 2 个及以上点迹数据,存在 2 个及以上的距离值。

2) 目标点迹数据在方位上多值性分析

天线波束扫过目标时收到 N 个回波的脉冲串,而目标信号幅度形状取决于天线方向图。对 N 个脉冲的处理检测方法及天线方位旁瓣都会影响目标的方位估计值。

(1) 二进制滑窗检测器对方位估值的影响。二进制滑窗检测器包含两道门限,第一门限为一个下限幅器,仅当雷达视频信号幅度超过预置门限时,才有过门限信号输出,过门限与未过门限分别记为 1 和 0,这样目标回波脉冲串被量化为 0、1 序列;第二门限为在 N 个相邻回波脉冲串中至少有 M 个脉冲过门限,则判定目标存在。

小滑窗检测器是窗内同时可积累的脉冲数 L 小于天线波束扫过目标收到的回波脉冲串 N 的检测器。由于小滑窗检测器积累的脉冲数有限,长的脉冲串未被有效积累,其积累器输出升高到 L 后,不再继续增长,出现平顶,不能使用正常滑窗检测器输出最大值的角度来估计目标所在角度,只能使用检测器输出超过第二门限的回波起始及回到第二门限之下的回波终止角度,取其平均值并适当修正来估计目标所在的角度。使用这种检测器在下列情况发生时会出现目标分裂现象:一是天线方向图因各种原因存在较深的凹口,所收到的回波脉冲串分为两段及以上,并满足小滑窗检测器检测的开始、终止门限,这样形成的一批目标存在多个方位;二是天线方位波束的旁瓣起作用,由旁瓣回波通过了第一门限并满足第二门限形成了目标开始、终止方位,加上主瓣获取的方位而存在多个方位。

(2) 动目标检测(MTD)各脉组形成的目标方位多值性。具有动目标检测功能的雷达按相参处理间隔(coherent processing interval,CPI)分组处理回波脉冲串。一般天线扫描 3dB 波束宽度内有 2 个以上脉冲组,因组内发射的脉冲重复频率相同而进行相参积累(窄带滤波器组),组间脉冲重复频率的变化可以消除盲速的影响,检测气象杂波内的运动目标及消除距离模糊的影响。窄带滤波器组的输出经恒虚警处理后再合并,保持输出的虚警率不超过给定值,这样可以把杂波的输出值压低到接近噪声水平。MTD 处理器的输出表明目标被检测到,其输出值中包括目标的距离、方位、目标回波的幅度及滤波器号。在实际扫描中,一架飞机目标的输出值可以在多个多普勒滤波器、几个相参处理间隔以及相邻距离单元中重复出现,从而同一目标存在多个方位值。

2. 点迹配对处理

目标的原始点迹数据通常在距离、方位上存在多个,不同目标的点迹数据与虚警混在一起,目标点迹配对处理就是把原始点迹数据分别进行归类,把同一目标产生的点迹数据归在一起,剔除脉冲压缩旁瓣引起的点迹,便于后续的凝聚处理,并区别同方位而距离上邻近或同距离而方位上邻近的目标点迹数据。目标点迹配对的处理步骤如图 10-9 所示。

图 10-9　目标点迹配对的处理步骤

1）剔除异常点迹

按目标点迹数据所包含的参数项逐项制定数据界限和判断准则,剔除所有超出数据界限的异常点迹数据。可结合不同雷达的回波特征,制定准则剔除起始、终止方位间隔过窄或过宽的点迹数据。

2）点迹数据在距离上的归并与分辨

对雷达回波信号进行正常处理,当按距离分辨单元录入目标原始点迹数据时,如对 L 波段或 S 波段雷达,一架民航飞机的点迹数据可能会延续若干个距离量化单元,若不对每批目标的点迹数据进行距离上的归并与分辨,不同目标的点迹数据会交叠在一起。对点迹数据进行距离上的归并与分辨,主要从相应雷达的信号特性和有关先验知识着手,确定单个目标点迹在距离上可能延续的距离单元数与主瓣两侧各单元的信号幅度门限,按距离单元滑窗方式依次向前滑动。

目标原始点迹数据在距离上的归并与分辨步骤如图 10-10 所示。

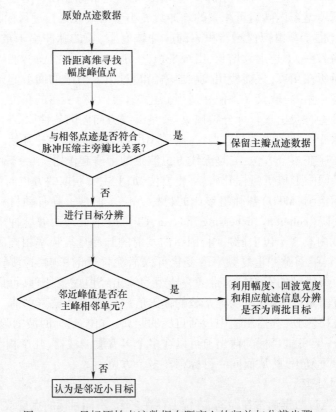

图 10-10　目标原始点迹数据在距离上的归并与分辨步骤

上述目标原始点迹数据在距离上的归并与分辨步骤主要利用了雷达信号的特征和脉冲压缩主旁瓣比的关系,具体到某一部雷达,可进一步利用其他信号特征进行归并处理。比如在进行目标分辨时可利用目标点迹质量标志进行辅助判断。当雷达回波信号经 MTD 相参处理后,输出的目标原始点迹数据除目标距离、方位角、幅度、时间外,还带有目标点迹质量标志等。此时,目标点迹质量一般分为可信、欠可信、不可信 3 个层次。可信是指窄带滤波器输出的最大值、次大值位于相邻通道,且总的过门限通道数不大于 3 个(以 8 个窄带滤波器为例),则给该单元的回波报告置可信标志;欠可信是指窄带滤波器输出的最大值、次大值不相邻,但总的过门限通道数不大于 4 个,则给该单元的回波报告置欠可信标志;不可信是指窄带滤波器输出的通道数大于 4 个,则给该单元的回波报告置不可信标志。

　　3) 点迹数据在方位上的归并与分辨

　　目标点迹数据经距离上的归并与分辨处理后,已滤除脉冲压缩旁瓣产生的点迹,留下的多半是相邻距离不同方位的点迹。在方位上的归并与分辨的主要任务:归并在方位上可能由一个目标产生的多个点迹,分辨同一距离而方位相近的两批目标产生的点迹数据。这需要从相应雷达的转速、水平波束宽度、脉冲重复频率和有关先验知识着手,按方位顺序滑窗式向前滑动,但要先确定滑窗处理的窗长和方位旁瓣的信号幅度门限。目标点迹数据在方位上的归并与分辨步骤如图 10-11 所示。

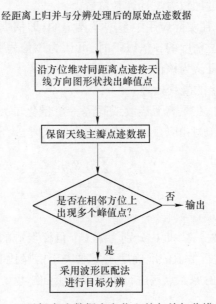

图 10-11　目标点迹数据在方位上的归并与分辨步骤

　　波形匹配法的分辨方式:把该雷达天线水平波束扫过某目标所产生的波形包络进行归一化并存储作为标准波形。当收到的目标点迹数据由多个方位相邻目标产生时,采用标准波形进行匹配运算,以找出两个以上峰值点。目标点迹的分辨按对峰值贡献的大小进行划分,一般情况下,当两批目标在方位上很邻近时,会出现介于两目标之间的点迹,将其作为公共点迹处理。由于目标点迹在距离上常占 2~3 个单元,在匹配运算时,首先需选择同一距离的目标点迹数据进行运算,仅当同一距离的目标点迹未发现时,才选择相邻单元的点迹。

　　3. 点迹凝聚处理

　　目标原始点迹数据经过归并与分辨后,由旁瓣所产生的目标点迹已被滤波,每批目标的所属点迹已经确定,接着对每批目标的点迹数据求质心,即目标点迹凝聚处理。

目标点迹凝聚处理的过程：对经归并和分辨的目标点迹数据，先进行距离上的凝聚，得到方位波束内不同方位上的目标距离值，因回波大小及量化误差等因素的影响，这时的距离值可能不在同一距离单元；再进行方位上的凝聚，计算时不要求距离位于同一距离单元，可获得唯一方位估计值；接着把距离值进行线性内插获得唯一的距离估计值。

在进行目标点迹凝聚处理时，需要区别考虑下列情况：

（1）弱小信号点迹的凝聚。在弱小信号情况下，信号幅度中噪声所占比例相对较大，这时若采用幅度加权方法计算方位中心值，方位中心容易受到噪声的干扰，难以保证方位的准确度，若此时录取的目标方位宽度较窄，则采用求中心方法较为合适。

（2）强信号点迹的凝聚。在强信号情况下，信号幅度中的噪声影响相对较小，因而可以采用幅度加权方法计算目标方位中心值，以避免波形不完全对称时方位中心的偏移。

（3）距离凝聚准则。对采用脉冲压缩体制的雷达，一般单个目标在距离上的宽度为 $2 \sim 3$ 个 τ_0 以内，对已归并和分辨的单批目标点迹的情况，曲面顶点则真实地反映了目标的质心，此时可以采用幅度加权方法计算其位置。

上面提到的强弱信号在实际应用中是这样界定的，即依据目标点迹数据计算的方位宽度，一般方位宽度为方位精度的 5 倍以下时，可认为该信号为弱小信号；若方位宽度为方位精度的 5 倍以上时，可认为该信号为强信号。

1）点迹数据在距离上的凝聚处理

对于同一目标产生的、在距离上连续或间隔一个量化单元的点迹，按式（10-4）求取质心，然后将质心的数值作为相应目标点迹的距离估计值，其公式为

$$R_0 = \frac{\sum_{i=1}^{n} A_i R_i}{\sum_{i=1}^{n} A_i} \tag{10-4}$$

式中：n 为目标点迹的个数；R_i 和 A_i 分别为第 i 个目标点迹的距离和回波幅度值。采用求质心方法对目标距离进行估值的准确度主要取决于信噪比和回波幅度测量的准确度。图 10-12 为对图 10-8 中的原始点迹进行距离维凝聚的结果。

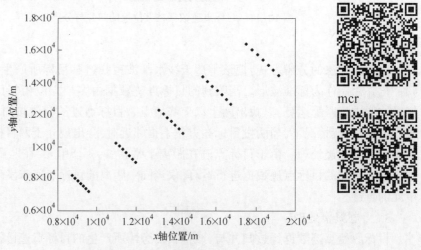

图 10-12　距离维凝聚结果图

2）点迹数据在方位上的凝聚处理

对于同一目标产生的、在方位上相邻的点迹,按式(10-5)求取质心,然后将质心的数值作为相应目标点迹的方位估计值,其公式为

$$\theta_0 = \frac{\sum_{i=1}^{n} A_i \theta_i}{\sum_{i=1}^{n} A_i} \qquad (10-5)$$

式中：n 为目标点迹的个数；θ_i 和 A_i 分别为第 i 个目标点迹的方位和回波幅度值。此时已求得目标点迹的方位唯一估计值。

3）点迹的距离唯一估计值

应用前面的步骤已经可求得目标在各个方位上的距离值,但仍没有获得目标点迹距离的唯一估计值。这时可以根据目标方位估计值落入的位置,求得距离唯一估计值。假设方位估计值落在经距离估计值的第 i 和 $i+1$ 点之间,则求距离唯一估计值的内插公式为

$$R_0' = R_i + (R_{i+1} - R_i)(\theta_0 - \theta_i)/(\theta_{i+1} - \theta_i) \qquad (10-6)$$

式中：R_0' 为目标点迹距离的唯一估计值；θ_0 为目标点迹方位的唯一估计值；R_{i+1}、R_i、θ_{i+1}、θ_i 分别为第 $i+1$ 和 i 个点迹的距离及方位值。

目标的原始点迹数据经凝聚处理后,已获得唯一的距离、方位估计值。图 10-13 为对图 10-12 中的点迹进行凝聚的结果。

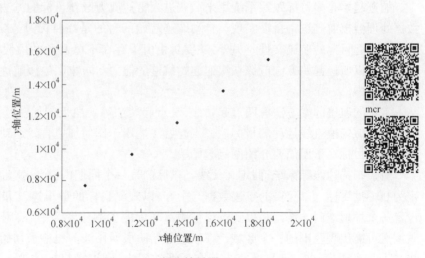

图 10-13　凝聚结果图

4. 坐标变换

雷达对目标的测量值一般在极坐标下取得,包括目标的距离、方位角、俯仰角等。若在极坐标系中完成跟踪,可以避免坐标转换。然而,由于目标的动态特性不能用线性差分方程来描述,而且目标作匀速直线运动时也会有距离和角度的视在加速度产生,这些加速度与距离和角度的关系是非线性的,所以用这种参考系会引起处理上的一些困难。

直角坐标参考系特别适用于表示由若干直线段组成的目标航线。匀速直线运动的目

标在直角坐标轴上产生的均匀的运动,可以由线性差分方程精确模拟。因此,极坐标性质的雷达观测值须转换成直角坐标系下的值。

以二维情况为例,雷达测得的距离为r、方位为α,设α为根据x轴测得的方位角,则二维极坐标值到直角坐标值的转换为

$$\begin{cases} x = r \cdot \cos\alpha \\ y = r \cdot \sin\alpha \end{cases} \tag{10-7}$$

由此可得直角坐标系中的(x,y)坐标。

10.3.3 航迹处理

航迹是对来自同一目标的点迹集合经过滤波等处理后,由该目标在各个时刻的状态估计所形成的轨迹。

雷达航迹处理的两个基本问题:不同环境下点迹与点迹相关、点迹与航迹相关的问题,以及运动目标航迹的滤波和预测的问题。前者涉及点迹相关范围的控制和相关算法的选取,后者则注重运动目标的模型和滤波算法的选用。

预处理后的点迹通过处理形成航迹,正确地获得目标的航迹是雷达数据处理的主要目的,尤其是现代雷达,要求在杂波环境下跟踪多达成百上千批目标,难度之大,可想而知。因此,研究实用的航迹处理方法非常重要。本小节针对边扫描边跟踪雷达的特点,介绍一些的常用航迹处理方法,内容包括航迹起始、数据互联、跟踪滤波、航迹终止等方法。

1. 航迹起始

航迹起始是多目标跟踪系统用来截获进入雷达威力区新目标的方法。它可由人工或数据处理器按航迹逻辑自动实现。自动航迹起始的目的是在目标进入雷达威力区后,能立即建立起目标的航迹文件。另外,还要防止由于存在不可避免的虚假点迹而建立起假航迹。所以航迹起始方法应该在快速起始航迹的能力与防止产生假航迹的能力之间达到最佳的折中。

常用的航迹起始方法有两点起始法、三点起始法等。两点起始法适用于作匀速直线运动或近似匀速直线运动的目标。三点起始法适用于作匀加速直线运动或近似匀加速直线运动的目标。下面简要介绍两点起始法。

对边扫描边跟踪系统,假定在天线扫描后的某一个周期内,第一次发现目标的点迹设定为001批目标。以获得的点迹数据为中心,以观测目标的最小速度和最大速度为依据设定一个环形波门。波门是以点迹或被跟踪目标的预测位置为中心,用来确定该目标的观测点可能出现范围的一个区域。在航迹起始阶段所用波门也称为初始波门。在天线扫描的下一个周期,001批目标将出现在环形波门内,则该批目标的第二个点迹再次被录取。记目标的第一个点迹位置的直角坐标为x_0、y_0,第二个点迹位置的直角坐标为x_1、y_1,则这两个点迹可连接成一条航迹,并且第二个点迹的估计值为

$$\hat{x}_{1/1} = x_1 \tag{10-8}$$
$$\hat{y}_{1/1} = y_1 \tag{10-9}$$

式中:$\hat{x}_{1/1}$为当前时刻x轴位置的估计值;$\hat{y}_{1/1}$为当前时刻y轴位置的估计值。

假定该目标在x、y方向各自独立地作匀速直线运动,天线扫描周期为T,那么目标的速度估计值为

$$\hat{v}_{x,1/1} = \frac{x_1 - x_0}{T} \tag{10-10}$$

$$\hat{v}_{y,1/1} = \frac{y_1 - y_0}{T} \tag{10-11}$$

式中：$\hat{v}_{x,1/1}$ 为当前时刻 x 轴速度的估计值；$\hat{v}_{y,1/1}$ 为当前时刻 y 轴速度的估计值。

可预测目标在下一个扫描周期时的位置为

$$\hat{x}_{2/1} = x_1 + \hat{v}_{x,1/1} \cdot T \tag{10-12}$$

$$\hat{y}_{2/1} = y_1 + \hat{v}_{y,1/1} \cdot T \tag{10-13}$$

式中：$\hat{x}_{2/1}$ 为下一时刻 x 轴位置的预测值；$\hat{y}_{2/1}$ 为下一时刻 y 轴位置的预测值。

因此，如果目标按假设运动，则其回波应落在中心为该预测位置的波门内。此即为工程上常用的两点航迹起始方法，主要用来建立临时航迹。

2. 数据互联

数据互联是多目标跟踪技术中最重要和最困难的问题，其任务是将新的录取周期获得的一批点迹分配给各自对应的航迹，即点迹与航迹的配对，也就是从当前的点迹和航迹中判断哪个点迹属于哪个目标航迹，哪些目标已经消失，哪些目标是新出现的。

设雷达天线在方位向匀速转动，第一次扫描设有 m_1 个点迹，第二次扫描设有 m_2 个点迹等。这些点迹可能是真目标，也可能是假目标（干扰、虚警、杂波之类）。把同一目标在不同扫描周期里的点迹找出来并组成航迹的主要困难是计算量大。例如：当 $m_1 = m_2 = m_3 = m_4 = 100$，仅 4 个点迹组成的可能航迹就有 $m_1 \cdot m_2 \cdot m_3 \cdot m_4 = 10^8$ 个。要求从 10^8 个可能航迹中找出 100 条实际航迹，犹如在大海中捞针一样困难。如何淘汰那么多假航迹找到真航迹呢？这就要找出真航迹的主要特征，以此把它们逐步从可能航迹中筛选出来。

1）波门

在数据互联阶段使用的波门也称为相关波门。相关波门是一个以目标下一次扫描可能出现的预测点为中心的区域，它把观测点迹粗分为两类：①用于航迹更新的候选点迹，即观测点迹落入一个或多个已经存在航迹的波门区域，这些点迹最后可能用于更新航迹，也可能用于起始一个新航迹；②新目标航迹的初始观测点迹，即观测点迹没有落入任何已存在航迹的波门区域，它直接作为起始新目标航迹的候选点迹。波门控制的关键是如何适当地确定波门的形状和尺寸，需要使落入波门中的真实观测（如果检测到）点迹具有很高的概率，而同时又不允许波门内有过多的无关点迹。对波门形状和尺寸确定的准则应是：使落于波门内的真实目标观测回波（若检测到）的概率最大，同时使落于波门内无关的观测回波的概率最小。

波门的形状有多种，在二维平面上主要有极坐标下的扇形波门和直角坐标系下的矩形波门，如图 10-14 所示。

通常波门的尺寸应与目标类型相匹配，固定目标的波门取决于观测精度，直线目标的波门按照观测值和预测滤波器的精度计算，而机动目标的波门还要考虑机动加速度的影响。在实际工作中，为避免使用大的波门，波门尺寸应在跟踪的不同阶段是不相同的，并与目标的类型相匹配。在跟踪的初始阶段，波门尺寸较大；而在目标跟踪的稳定阶段，波门尺寸较小；检测到目标机动时，波门尺寸又放大。

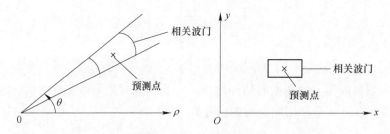

图 10-14 波门形状示意图

2）数据互联算法

常用的数据互联算法有最近邻域法、航迹分裂法、概率数据互联算法和联合概率数据互联算法等。下面简要介绍最近邻域法。

最近邻域法适用于杂波环境下的数据互联,其工作原理是先形成波门,用波门去除一部分杂波,余下的点迹就成为候选点迹,然后选取统计意义上与目标预测位置最近的候选点迹进行关联。如图 10-15 所示。

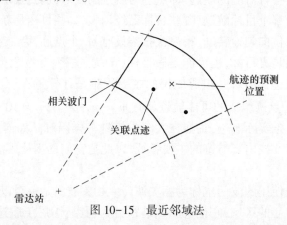

图 10-15 最近邻域法

如果在回波密集环境中,特别是多个目标相距较近或航迹交叉时,离预测位置最近的有效回波有可能是其他目标的回波,此时就有可能出现误跟和目标丢失的现象。但最近邻域法的计算量小,易于工程实现。

3. 跟踪滤波

对数据互联后分配给航迹的点迹数据进行处理,利用时间平均法减小观测误差、估计目标的速度和加速度、预测目标的未来位置。

当目标作非机动运动时,采用基本的滤波算法即可很好地跟踪目标,这些方法主要有 α-β 滤波和卡尔曼（Kalman）滤波等。具体的滤波算法流程,参见附录 H。

对作匀速直线运动目标的卡尔曼滤波仿真结果如图 10-16～图 10-18 所示。仿真中目标初始位置为 $(x, y) = (100\mathrm{m}, 100\mathrm{m})$,初始速度为 $(v_x, v_y) = (20\mathrm{m/s}, 0\mathrm{m/s})$。采样间隔为 $T = 1\mathrm{s}$。过程噪声和量测噪声均假设为零均值的高斯白噪声,其中过程噪声方差为 0,x 轴和 y 轴测量误差的标准差均为 10m。

在实际工程应用中,目标机动运动的情况较为复杂,卡尔曼滤波算法已不能完全满足问题的求解。有效的解决办法是应用基于卡尔曼滤波的各种自适应滤波与预测方法,主要包括:重新启动滤波增益序列;增大输入噪声方差;增大目标状态估计的协方差矩阵;增加目标状态维数;在不同的跟踪滤波器之间切换。这些方法在雷达数据处理的工程应用中都会涉及。

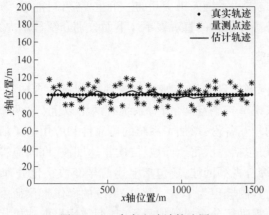

图 10-16　真实和滤波轨迹图

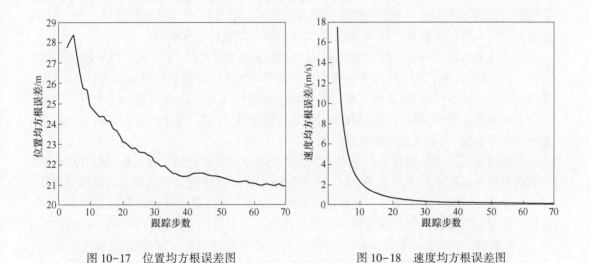

图 10-17　位置均方根误差图　　　　　图 10-18　速度均方根误差图

4. 航迹终止

当数据关联错误形成错误航迹,或目标飞离雷达威力范围,或目标强烈机动飞出跟踪波门而丢失目标,或目标降落机场,或目标被击落,出现这些事件时航迹都应终止。航迹终止是航迹起始的逆过程,其处理方法与航迹起始类似。当某一扫描周期丢失目标时,不终止航迹,而用前一次的外推点,以补上丢失的航迹点。如连续几个扫描周期波门内没有点迹就令航迹终止,或者依据一定的概率准则,当航迹为真的概率低于某一门限,则令航迹终止。

边扫描边跟踪系统在新的扫描周期到来之前通常进行航迹核对,若一条航迹连续三次没有相关点迹,则该航迹终止,或航迹重新起始。航迹终止是航迹起始的逆过程,航迹起始的逆逻辑均可用来进行航迹终止。

10.4　雷达信息显示

雷达的信息显示是雷达系统人机交互的一个重要接口,能够实现目标的位置、运动状态、特征参数及空情态势等信息的直观展示。下面分别介绍显示内容和显示方式。

10.4.1　显示内容

新型雷达往往把探测信息显示与整机监视和控制显示合成在一个或一组光栅设备上,这对高机动雷达来说节省了空间,而对系统有两个以上(含两个)操作席位的雷达来说,形成光栅显示器的相互备份,增加了系统的可靠性和应用的灵活性。

雷达探测信息不仅包括一次雷达回波、二次雷达回波、询问应答标志等原始视频回波和经检测等处理后的综合视频回波,还包括上述信号经数字化处理变成数据后由计算机加工形成的二次信息,其内容更为丰富。此外,系统的操作干预命令、地图背景信息、系统时间、位置及其他参数需进行分页或叠加显示,新型雷达也把整机状态与监视信息同以上信息进行分页或混合显示。雷达信息显示器就是把计算机处理后的航迹数据和原始的目标回波以及雷达的工作状态以操纵员易于理解和灵活操作的方式呈现给操作人员,并通过交互手段实现显示格式变换、雷达工作方式编辑和阵地优化等操作。

雷达视频回波是由雷达接收机对接收的目标后向散射信号进行放大等处理而得到的,它与雷达的体制、频率、脉冲重复周期等参数紧密相关。根据雷达视频回波信息,可以发现目标并测定目标位置,还可以根据雷达视频回波特征和变化规律进行空中目标的机型和架次判别。另外,通过对雷达视频回波的检测处理,可以计算出目标的航向、速度、高度和架次等参数,并形成稳定的航迹信息。

早期的雷达终端显示器主要采用模拟的方式来显示雷达视频回波信息。随着高性能计算机及微电子技术的飞速发展,现代对空警戒/引导雷达中使用的光栅显示器都采用数字化技术来显示雷达探测信息。随着雷达检测技术的发展,雷达视频回波的显示由显示原始视频回波逐渐转变到以显示综合视频回波为主。原始视频回波也称原始回波,是雷达的原始图像,主要用灰度来显示,灰度越亮表示目标反射的信号越强,它能够最大程度地保存探测信息。现代光栅显示器可以用256级灰度显示原始回波,也可以用极为丰富的伪彩色显示原始回波。综合视频回波是由一次雷达原始回波、二次雷达回波、询问应答标志等经检测处理并进行叠加而形成的。一般用0、1表示信号的有无,1表示在某位置有信号,用亮灰度显示;0表示无信号,用暗灰度显示。

通常情况下,在同一时刻,光栅显示器上只显示原始视频回波和综合视频回波中的一种。有时,需要在屏幕上同时显示两种信号。这时,原始视频回波显示不变,综合视频回波用另外一种颜色(如红色)叠加在原始回波上面,通过可视化的界面观测目标和目标参数、配置系统状态,实现各种操作、监视雷达整机的工作状态,以便于操纵员掌握空中情况。

采用数字技术以后,在雷达光栅显示中,回波显示集平面位置显示、距离幅度显示和方位距离显示(分别对应 P 型显示器、A 型显示器和 B 型显示器)等方式为一体,应用以平面位置显示为主。

10.4.2　显示方式

1.雷达视频回波的平面位置显示

雷达视频回波的平面位置显示是以雷达为中心点按距离和方位显示雷达扫描范围内的目标分布情况,这种分布情况与通常的平面地图具有对应关系。由于它提供了 360° 范围内全部平面信息,所以也叫全景显示或环视显示,简称:PPI 显示。该显示的方位以正北为基准(零方位角),顺时针方向计量;距离则沿半径计量;圆心是雷达站。理想情况下,雷达原始视频显示目标回波为眉毛状。一种雷达视频回波的平面位置显示例子如图 10-19 所示。图中的区域分成两部分,其中左边做雷达回波显示区,以雷达作为显示区域中心,圆形区域显示雷达视频回波、航迹信息及对应的地图背景,余下的四边角位置用于显示雷达站、雷达整机或系统信息,也可开窗显示指定目标的距离随时间的变化曲线、高度随时间的变化曲线等。右边的区域用于显示指定目标的回波幅度三维轮廓信息、航迹表格、雷达工作状态信息和各种操作命令的显示,操纵员只需用鼠标点击对应的命令框,就可实现交互操作。

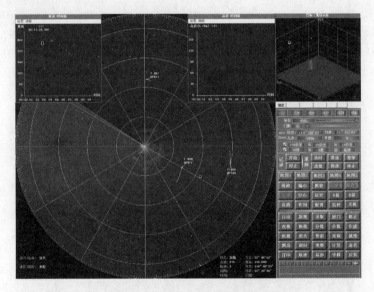

图 10-19　雷达视频回波的平面位置显示

为了操纵员更方便地观察显示画面,一般显示器都提供比较灵活的显示变换操作。例如,可以更改显示量程。如果需要在更大范围内监视目标,可增大显示量程;如果需要观察细节,则可减小显示量程。还可以更改显示原点的状态,用空心、延迟和偏心等回波显示方式来满足更好观察目标的需要。

空心显示方式是指在保持当前显示量程的情况下,为了能更好地观察近区的目标所进行回波显示的一种方式。回波显示的零距离不再集中在原点,而是扩展到一个圆周上,圆周的半径约为当前显示量程的 1/5,这样近区的目标被推远,可以更清楚地观察,如图 10-20 所示。

延迟显示方式是指在保持当前显示量程的情况下,为了能更好地观察远区的目标所

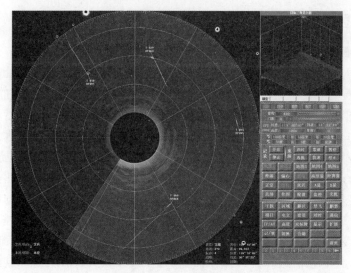

图 10-20　空心显示方式

进行回波显示的一种方式。回波显示的原点不变,但不再从零距离开始,而是从延迟的距离数开始,如延迟 100km,100km 以内的所有回波显示为原点,从 100km 以外可以扩展显示,这样在小量程的显示画面中观察远区目标,如图 10-21 所示。

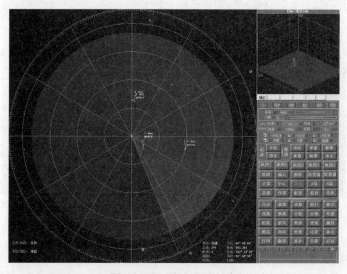

图 10-21　延迟显示方式

偏心显示方式是为了能更好地观察某个区域的目标显示的一种方式,显示原点不再处于显示中心,而是被移到其他某个区域的位置,观察区域内目标回波扩展一倍显示,如图 10-22 所示。

2. 雷达视频回波的 B 型显示

雷达视频回波的 B 型显示是以直角坐标来显示距离和方位,它的横坐标表示方位,纵坐标表示距离。同 P 显一样,B 显也提供了平面范围内的目标分布情况,如图 10-23 所

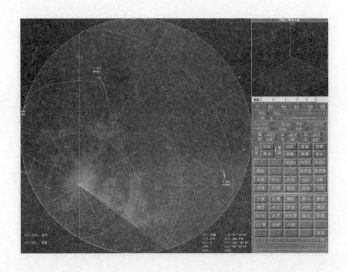

图 10-22　偏心显示方式

示。通常方位角不是取 360°，而是取其中的某一段，即雷达所监视的一个较小的范围，通常为几十度。因为 B 型显示为目标的俯视图，所以能比 P 显更好地观察目标的特性。

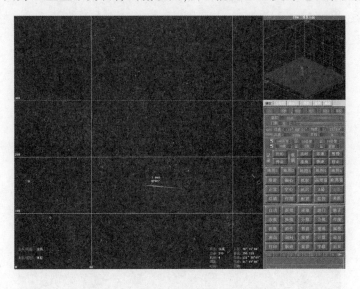

图 10-23　雷达视频回波的 B 型显示

3. 雷达视频回波的 A 型显示

雷达视频回波的 A 型显示可以实时显示雷达各扫描脉冲的回波信号，它的显示起点与零距离显示触发同步，长度与显示量程对应，如图 10-24 所示。有经验的雷达操纵员可根据 A 型显示的回波成分和跳动规律，判断飞机目标的机型和编队架次，也可通过回波幅度产生的某些调制信号分辨目标。

4. 雷达目标回波的三维显示

新型雷达显示器对目标回波的时间序列数据进行高速采样、编码和压缩后，由计算机

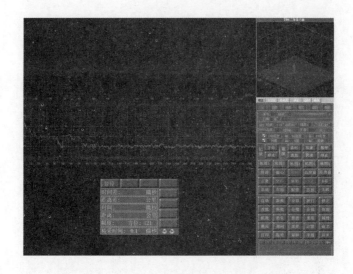

图 10-24　雷达视频回波的 A 型显示

显示软件按距离和方位构成二维栅格,绘制出对应的同一距离单元的不同脉冲的目标回波幅度三维包络图,使操纵员可以直观地判断目标的机型和架次,如图 10-25 所示。新型光栅显示器还提供方位分层、距离分层、俯视、旋转和放大等多种手段,供操纵员观察和分析目标回波包络起伏特性及调制特性,用于架次和机型的判别。

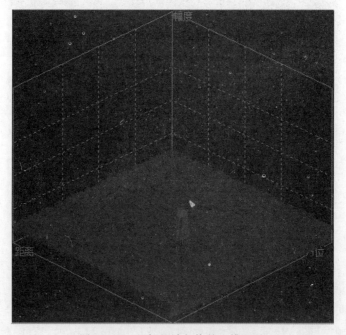

图 10-25　目标回波包络的三维显示

5. 二次信息显示

二次信息主要包含目标的航迹信息和点迹信息。对防空预警雷达来说,二次信息主要是与航迹相关的信息。目标航迹由当前的航迹点和若干有序的历史航迹点连接而成,并标注必要的数据,如图 10-26 所示。航迹包含目标运动方向和轨迹等信息,显示时主要包含航迹标牌、指引线和航迹历史点等信息。关于航迹的各种参数在参数微表或窗口中显示。

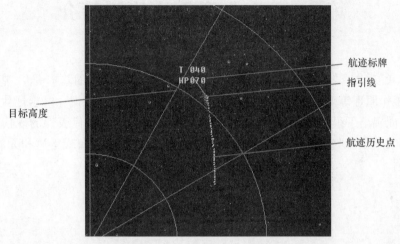

图 10-26　目标航迹及标牌显示

思考题

10-1　雷达终端信息处理的主要功能包括哪几个方面?

10-2　请画出雷达信息处理的基本流程框图。

10-3　雷达数据录取的方式有哪几种? 分别简述其优缺点。

10-4　请简述半自动录取的工作过程。

10-5　请分析目标原始点迹数据在距离和方位上存在多值的原因。

10-6　为什么要进行点迹凝聚? 如何凝聚?

10-7　按照雷达数目和要跟踪处理的目标数,雷达数据处理可分为哪几类?

10-8　请解释下列名词:点迹、航迹、互联、波门。

10-9　雷达常用的显示器有哪些主要类型?

10-10　对雷达显示器的要求有哪些?

第 11 章　典型雷达体制简介

前 10 章以对空警戒/引导雷达为主要研究对象,介绍了雷达的基本概念、基础理论和各分系统工作原理等内容,建立了对典型脉冲体制雷达系统的认识。由于现代雷达技术发展很快,涌现出了很多新体制雷达,因此本章选了五种比较有代表性的现代新体制雷达,包括空天基预警监视雷达、超视距雷达、高分辨成像雷达、分布式雷达和无源雷达,分别加以介绍。

11.1　空天基预警监视雷达

在现代防空预警中,飞机、巡航导弹等从低空、超低空突防是惯用的进攻手段。对于地基雷达而言存在两个方面的问题:一是地基雷达受地球曲率和地物遮蔽影响,对低空飞行目标的视距和低空探测范围受到限制,导致预警时间大大减少;二是在强地、海杂波背景中难以检测这些 RCS 很小的目标。

为了有效检测和拦截低空目标,目前,有效技术手段是在提高雷达杂波抑制性能的同时把雷达平台升高。因此,空天基预警监视雷达装备应运而生,包括机载预警雷达、球载预警雷达和星载预警雷达。

11.1.1　机载预警雷达

预警机是一种具有特种用途的军用飞机,其集预警、指挥、控制、通信和情报功能于一体,主要用于搜索、监视、跟踪空中和海上目标,指挥、引导己方飞机执行作战任务,是现代高技术战争中的重要武器装备,其主要由载机和任务电子系统两大部分组成。任务电子系统是预警机的核心部分,由机载预警雷达、通信、导航和无源探测等多个电子系统组成。机载预警雷达是预警机任务电子系统的重要传感器,用于搜索、监视、跟踪和识别空中和海上目标。

机载预警雷达通常采用 PD 体制,PD 雷达的基本组成与工作原理如图 11-1 所示。它主要由天线、发射机、接收机、信号处理单元和数据处理单元等功能模块组成。

PD 雷达工作流程和工作原理与前 10 章介绍的典型脉冲体制雷达基本一致,下面主要结合机载预警雷达的特点,对系统中若干特殊处进行说明。

(1) 天线。机载预警雷达天线分为机械扫描、电子扫描(相控阵)和机相扫结合 3 类。早期的机载预警雷达多采用机械扫描体制,如 E-2C 预警机系列雷达。此类天线要解决稳定旋转设计问题。伴随相控阵技术的成熟与发展,形式多样的相控阵天线已经成为机载预警雷达的必然发展趋势。相控阵雷达分为无源相控阵("雄蜂",APY-1/2)和有源相控阵("费尔康""爱立眼")。目前的机载相控阵天线多数为有源相控阵,通过完全

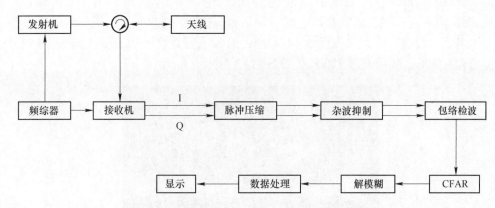

图 11-1 PD 雷达的基本组成与工作原理框图

的电子扫描实现天线波束在方位维和俯仰维的覆盖。由于固定的阵面扫描范围有限,因此经常需要多个阵面共同完成空间覆盖,如以色列出售给印度的预警机圆形天线罩内利用三面阵实现 360° 范围扫描,瑞典的"爱立眼"预警机架设的"平衡木"天线能以对称形式覆盖机身两侧各 120° 空间范围。"海雕"和"楔尾"预警机则用 4 个阵面完成 360° 全方位覆盖。"楔尾"雷达的"顶帽"(Top Hat)式天线较好地解决了飞机首尾向的同时覆盖问题,并维持了较低的阻力剖面。机相扫天线的代表是 E-2D 预警机的天线,具有工作方式灵活的特点,可以较好地兼顾机械扫描和相位扫描的优点。

(2)接收机。低 PRF PD 雷达接收机的 AGC 电路包含 STC 与平均电平控制,中、高 PRF PD 雷达只有后者。目前 PD 雷达大都已采用数字式 AGC,其取样脉冲来自每组脉冲串前面若干个周期的回波。从它们求出控制电平,使后面对检测有用的周期中,接收机增益有适当的控制。

(3)脉冲压缩。低、中 PRF PD 雷达都采用数字脉冲压缩,以降低发射峰值功率。它有较高的可靠性和灵活性,可随 PRF 的变化而改变脉压比,保持发射系统的工作比不变。在各种脉冲压缩方法中非线性调频信号脉冲压缩有较大的多普勒容限和较低的时域旁瓣,因此在机载预警雷达中被较普遍采用。

(4)杂波抑制。MTI 是可选用的电路,在有的 PD 雷达上采用三脉冲对消器。其优点是通过它滤除了最强的主瓣杂波,使后续电路的动态范围可降低。缺点是增加电路复杂性、"杂波暂态时间",及其相应的检测损失。如不选用,则依靠 FFT 的邻近零频的几个滤波器来滤除主瓣杂波。

(5)恒虚警检测(CFAR)。低 PRF PD 雷达只在时域上进行 CFAR 比较门限计算。中、高 PRF PD 雷达,经过杂波抑制处理后的目标和杂波分布到距离-多普勒域二维平面,需要进行时-频域二维的 CFAR 处理。二维 CFAR 可以增加有效的参考单元数,减小杂波参数估计值的起伏。

(6)距离和速度解模糊。对距离和速度解模糊,亦即从表面值(模糊值)求真实值(不模糊值)。目前常用两种方法:一是中国余数定理法;二是不模糊值扫描法(也称为游走法)。

下面以 E-3A 预警机为例简要介绍其性能指标。E-3A 是美国空军在 20 世纪 70 年代后期研制成功的预警机,是一种集指挥、控制、通信与情报功能于一身的全天候远程预警机,能探测高空、低空、地面和海上的运动目标,是预警机的典型代表。其载机由波音707-320B飞机改装,最大起飞重量147420kg,最大飞行速度853km/h,续航时间11.5h,最大航程9270km,实用升限12000m,如图11-2所示。

图 11-2　E-3A 预警机

E-3A 采用的机载预警雷达为 AN/APY-1,其改进型为 AN/APY-2。二者性能基本相同,APY-2 只是增加了海上工作模式。AN/APY-1/2 是 S 波段大功率多用途雷达,其天线采用裂缝波导平面阵列,旁瓣电平达-55dB,采用方位机械扫描和俯仰方向上的电子扫描。其雷达采用高 PRF PD 体制,具有良好的下视能力,可发现强地物中的目标。其具有良好的抗干扰性能,作用距离为 370km。

11.1.2　球载预警雷达

通常,气球载雷达系统由系留气球、有效载荷、系留缆绳、地面系留设备、地面控制站和定位设备等六部分组成。气球载雷达系统的基本形式就是利用一条系留缆绳将气球及其所携带的雷达和其他电子设备悬停在空中并稳定在某一高度上(如 3000m),然后雷达在这一高度上工作,从而实现对低空、超低空飞行目标和海面舰船目标的远距离监视与预警任务。

1. 系留气球

系留气球主要靠浮力支撑系统升空工作。气球内充填的气体为氦气,氦气为惰性气体,具有不自燃、不助燃且可多次提纯循环使用的好处,不足是气源不是很丰富、价格较高。

系留气球作为雷达及其他电子设备的升空平台,是气球载雷达系统中的工作主体,其主要指标包括载荷能力、升空高度、稳定性、可靠性等,这些指标决定着整个系统的工作性能。目前系留气球的载荷主要是雷达、通信、供电及避雷等相关设备,通常载荷能力达到1000kg 左右,升空高度在 2000~3000m。

为了提高气球工作的稳定性,防止球体的滚动或摆动,系留气球多采用飞艇的外形结构(球体构型呈流线形),通常可以在空中风速小于等于 30m/s 条件下稳定悬停在设计高度内保持正常工作。TCOM 公司最大的气球系统(71m)及固定基站系统如图 11-3 所示。

气球长度为 71m,容积为 15800m³,有效载荷为 1360kg,实际升限 6100m。气球尾翼是三片,人字形状,下面两个尾翼之间夹角为 90°,下部尾翼与上部垂直尾翼之间的夹角为 135°。

图 11-3 TCOM 公司 71m 系留气球

2. 有效载荷

气球载雷达系统的有效载荷主要是雷达和相关电子设备,集中悬挂在气球整流罩内,用于完成通信、监视和预警等多项任务。由于平台升空工作,在克服视距限制的同时,球载预警雷达将受到强大的地(海)面杂波的干扰(杂波可以从雷达天线的主瓣、旁瓣进入,与机载预警雷达情况类似,只是多普勒频率上没有扩展)。因此,球载预警雷达必须要具有比常规地面雷达强的杂波抑制能力,通常采用两种工作模式:非相参普通工作模式和PD 工作模式。PD 为主要工作模式,主要实现强地面杂波环境下的低空目标检测;非相参普通工作模式主要用于探测海面大型舰船目标。下面以某球载预警雷达为例介绍其工作过程,其原理组成如图 11-4 所示。

(1)信号发射:接收机分机中的频综器向发射机提供发射激励信号,发射机完成发射激励信号的功率放大,再通过环流器、方位与俯仰旋转铰链传输给天线,同时天线座与伺服电机驱动天线扫描,完成对发射机所输出的高功率微波的辐射,并将接收回波信号送给接收机。

(2)信号接收、放大与变换:接收机将天线接收来的信号进行放大、下变频、中频直接采样,形成 I/Q 两路信号,通过光纤传送到雷达地面方舱内的信号处理单元。

(3)信号处理与检测:地面信号处理单元执行主杂波跟踪、主杂波对消/主杂波消隐、数字脉冲压缩、FFT 滤波器组、CFAR 等处理,形成并输出检测报告。

(4)航迹处理:数据处理单元根据信号处理单元送来的回波数据"检测报告"进行雷达点迹形成和凝聚,以及产生航迹。

球上雷达主控器接收组合惯导分系统的平台姿态以及地面控制管理信息、控制伺服系统完成天线系统的空域稳定等,同时根据地面控制信息启动相应定时信号,完成系统工作的正常调度等功能。

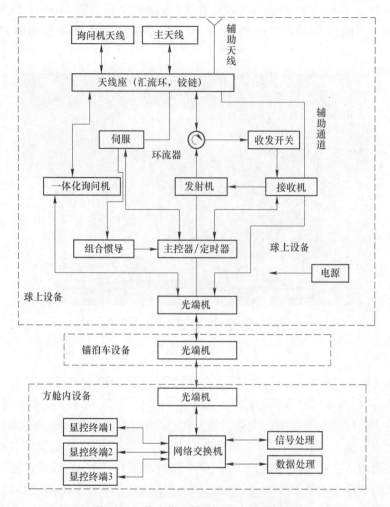

图 11-4　某球载预警雷达原理组成框图

另外,球上一体化询问机执行目标属性识别,形成识别报告并下传。地面方舱情报综合处理分系统接收雷达探测的目标信息,同时接收一体化询问机的探测处理结果,将这些情报信息进行融合,并将融合结果在显控台显示,包括目标批次、方位角、距离、经纬度和属性等信息。

3. 系留缆绳

系留缆绳的功能最初是用于系留气球和回收气球。后来经过改进,缆绳除了这两种功能外,还兼有对气球供电以及传输信号这两种功能。以美国 TCOM 公司的产品为例,目前系留缆绳主要有大型系留气球的系留缆绳和小型系留气球的系留缆绳两种规格。

通常,大型气球的升空高度为 3000m 左右,缆绳的长度设定为 4500m 左右。这种缆绳的中心部分为三根带绝缘层的导线,各由多股绞合的铜导线、内屏蔽层、介质和外屏蔽层构成,各导线之间的空隙内嵌入凯夫拉材料制成的填充物。

小型气球的升空高度为 750m 左右,缆绳的长度设定为 1000m 左右。这种缆绳的中心部分是三根相互绝缘的多股绞合铜导线,导线的空隙处嵌入光导纤维,外面包上一层用来引导雷电的铜线编织层网套,最外面是凯夫拉材料的保护层。缆绳中的光导纤维作为遥测与遥控系统中的通信线路,传送监测与遥控指令。

4. 地面系留设施

地面系留设施又称停泊系统,是系留气球子系统的操纵、控制和维护中心,主要有固定式和移动式两种。

固定式地面系留设施适用于大型系留气球,主要由机械转台、系留塔、旋转基座、水平桁架、绞盘操作控制系统、工作台以及单环形导轨等组成。

机动式地面系留设施适用于小型系留气球,主要由锚泊车、液压绞盘、氦气储存装置等组成。它们与地面控制站一起,分装在称为"系留拖车"和"支援拖车"的两槽平板拖车上,由机动车牵引,转移到作战阵地。

5. 地面控制中心

地面控制中心的主要功能是对气球周围环境和飞行姿态进行监测和控制,对有效载荷的工作状态进行监控。通常需要连续监测升空气球各项重要数据,如高度、风速、温度,球体、尾翼和整流罩内的压力,全部阀门和鼓风机的工作状态,以及气球的俯仰度、横滚度和方向。另外,还可以作为雷达情报信息的接收与处理中心,完成对相关数据或者情报的存储或转发任务。

6. 定位设备

雷达升空部分的定位是一个很重要的问题,可根据需要,确定所选用的定位设备,如GPS、惯导系统等。

11.1.3　星载预警雷达

星载预警雷达是当代难度最大的雷达,主要用于对地球进行大范围的监视,完成对空中和空间飞行目标的探测和跟踪,由于其平台的特殊性,可以不受限制地进行全天候、全天时地监视,它将是 21 世纪最有发展潜力的雷达体制之一。

相比目前的地面、机载和球载预警雷达,星载预警雷达在以下几方面的应用中存在一定的优势:增加对中远程弹道导弹的预警时间;扩展对空中和地面运动目标的探测空域和时间;改善对隐身目标的探测性能;有利于远距离发现巡航导弹;用于特殊区域的空中交通管制。

星载预警雷达系统主要由三部分组成,如图 11-5 所示。天基预警雷达传感器分系统,主要完成雷达信号的产生、发射、接收和雷达信号处理等功能,完成对空中飞行目标或空间飞行导弹类目标的检测与跟踪处理,同时还可兼顾对地面运动目标的监视;卫星平台和数据链分系统,包括星地数传、遥控、遥测等,主要承担雷达的承载、卫星与地面通信,以及雷达数据、信息传输等任务;地面信息处理与综合显控分系统,主要完成接收星载雷达下传的各种数据和信息,对卫星平台和雷达分系统的远程检测与控制,对接收雷达信息的综合处理与显示,并对各种目标进行分类与识别。对于扩展了 SAR 功能的天基监视雷达系统,地面信息处理系统还要完成 SAR 回波数据接收、成像处理、图像校正等处理,并进一步基于 SAR 图像完成地面目标的检测、提取与分类等。

1. 天基预警雷达传感器分系统

天基预警雷达传感器分系统组成如图 11-6 所示,主要由天馈模块、射频模块、数字

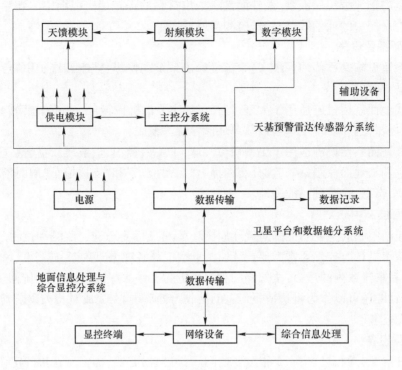

图 11-5　星载预警雷达系统基本组成

模块和主控分系统等部分组成。

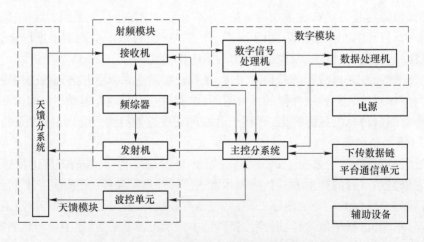

图 11-6　天基预警雷达传感器分系统组成框图

　　其工作原理:发射时,根据地面指控中心发布的指令,天基预警雷达主控分系统选择相应的雷达工作模式、波束扫描方式与区域以及雷达工作波形参数等,控制频综器产生所需的雷达发射激励信号,经发射机高功率放大到天线子系统所需的功率电平后,送往天馈分系统按指定的方向辐射信号。接收时,天线接收地面反射回波信号,经馈线合成后,送往接收机,完成限幅、低噪声放大、下变频、A/D 变换和正交鉴相处理后,将 I/Q 两路信号送往数字信号处理机,完成雷达信号的数字 DBF、脉冲压缩、杂波抑制、CFAR、检测和目标判决等处理,形成"检测报告",由数据处理机完成目标的点迹和航迹处理,情报信息经格式化打包后输送到通信子系统准备下传。

1）天馈模块

天馈模块主要由天馈分系统、波控分系统、阵面监控与校准等部分组成,主要用于将放大的射频激励信号按照一定的空间分布与极化方式辐射出去,并按预定的极化方式接收目标回波信号。天线的形式有很多种,包括抛物面天线、喇叭天线和相控阵天线等。考虑到远距离探测能力和灵活目标搜索与跟踪模式等要求,机械扫描不适合在分布的区域上以高的更新率和快速扫描率实现多目标的搜索和跟踪,而电扫描阵列天线可通过合理地选择其相位和幅值来实现天线波束指向和波束宽度的控制,满足不同工作模式的需求。因此,综合考虑卫星载荷能力和雷达系统能力等因素,天基预警雷达通常更倾向于应用大型轻质相控阵天线。

2）射频模块

射频模块主要由接收机、发射机和频综器等部分组成,主要负责产生雷达基准频率、时钟信号和各种雷达发射激励信号等,实现对频综器产生的雷达发射激励信号的放大,完成雷达多通道回波接收信号的放大、混频、滤波、增益控制、A/D 采样和正交鉴相处理。

3）数字模块

数字模块主要由数字信号处理机和数据处理机等部分组成。数字信号处理机主要完成对接收雷达信号的数字波束形成、匹配滤波、杂波抑制、恒虚警、非相参积累和目标判决等处理,并把"检测报告"送到数据处理机;同时利用辅助通道,进行旁瓣对消或旁瓣匿影处理,降低干扰源对雷达检测性能的影响。数据处理机主要基于计算资源完成点迹处理、航迹处理,形成雷达点迹和航迹,并将形成的情报信息经下传数据链路系统下传地面指控中心;同时接收地面人工干预指令,完成对航迹的总清、删批、人工起始、修正等管理。

4）主控分系统

主控分系统通过总线与雷达各主要分系统连接,主要完成对雷达系统的开关机、工作模式、系统参数和工作时序的控制,以及波束调度与资源管理,同时用于实时监测、记录雷达整机系统的工作状态,还可以在发生故障时进行报警提示和进行故障相关等。

2. 卫星平台和数据链分系统

卫星平台和数据链分系统主要由卫星平台、下传数据链路组成,如图 11-7 所示。雷达子系统通过总线和路由器同平台通信系统、下传数据链路和数据存储单元相连接。卫星是天基雷达系统的运行平台,为雷达系统提供各种合适的环境条件,平台通信系统完成对地面或星间的各种信息通信与控制;下传数据链路主要完成对雷达信号与数据处理后得到的数据域情报信息的记录、编码与传输处理。数据存储单元主要是用于临时数据存储用的高密度数据存储器。

3. 地面信息处理与综合显控分系统

地面信息处理与综合显控分系统主要由数据处理器、终端显控器、综合信息处理器、综合监控设备等部分组成。终端显控器主要完成对天基预警雷达下传目标航迹信息的综合显示和处理,同时实现雷达工作模式、信号处理方式、波束扫描与跟踪方式、系统参数等的控制。综合信息处理器主要完成态势与情报综合、目标识别、威胁评估、任务协同等处

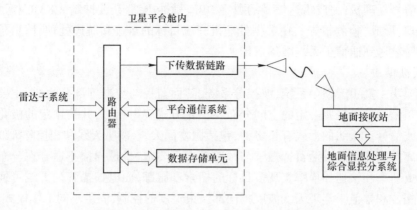

图 11-7　卫星平台和数据链分系统基本组成

理。综合监控设备主要实现对卫星平台、雷达系统和地面配套设备的状态监控和相关控制功能。

11.2　超视距雷达

超视距雷达又称为超地平线雷达,与视距雷达不同的是,它不受地球曲率限制,可以探测到以雷达站为基准的水平视线以下的目标,是一种雷达发射和接收电磁波路径弯曲的地(海)基雷达。它的工作频段一般是在短波波段,具有抗隐身飞行器、天然抗低空突防、抗反辐射导弹、探测距离远、覆盖面积大等优点。超视距雷达在远距离对低空、海面目标探测的优势对国防建设、国民经济和科学研究都起着重要的作用。

11.2.1　超视距雷达分类

超视距雷达电磁波传播方式如图 11-8 所示。根据工作机制和电磁波传播方式的不同,超视距雷达可分为 3 类:高频天波超视距雷达、高频地波超视距雷达、微波大气波导超视距雷达。

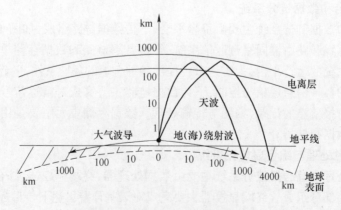

图 11-8　超视距雷达电磁波传播方式

（1）高频天波超视距雷达，是利用电磁波经过电离层折射和下视传播，一部分电磁波沿原来路径再次经电离折射回到接收点，从而发现并检测目标。天波返回散射波传播有跳距，即近距离可能有天波不能到达的区域，采用这种传播方式的天波雷达可实现对 800～3500km 的地（海）面特性、海面目标及地（海）面上空的目标进行探测。天波返回散射波传播方式受到环境的影响包括：电离层电子浓度的不均匀性引起的电离折射效应、法拉第效应和衰减效应，地（海）面的散射及衰减效应等。某天波超视距雷达接收天线阵列结构如图 11-9 所示。

图 11-9 某天波超视距雷达接收天线阵列结构图

（2）高频地波超视距雷达，是利用电磁波能量沿着海洋表面以绕射传播方式探测海面及低空目标的雷达。地球表面特性导致电磁波能沿着地球表面传播，这种表面波的传播特性受地球表面的电气特性影响。采用这种传播方式的地波雷达可实现对 150km 内的地面上空和 400km 以内的海面及上空的目标进行探测。加拿大 SWR-503 地波超视距雷达天线阵如图 11-10 所示。

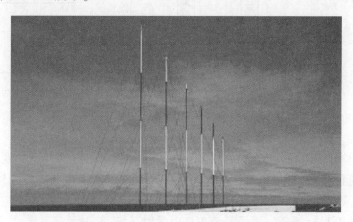

图 11-10 加拿大 SWR-503 地波超视距雷达天线阵

（3）微波大气波导超视距雷达，是利用海水和大气之间超折射效应在有限高度沿地球表面曲率传播，超视距检测海面及低空目标。大气折射率沿高度的分布可以分为若干区段。每一区段折射率梯度与相邻区段可能有较大区别。如果某一区段的折射率梯度远远偏离正常值,则称这一区段为层结。大气负折射率梯度很大的层结,即超折射层或称波导层。大气波导就是指在低层大气中能使无线电波在某一高度上出现全反射的大气层结。大气波导是以一定的概率出现的,微波雷达可以利用这种传播方式以一定的时间概率实现对 300~400km 的地(海)面目标进行超视距探测。

下面重点介绍天波超视距雷达。

11.2.2　天波超视距雷达

天波超视距雷达需在态势不断变化的电离层反射介质和复杂外部干扰环境条件下完成对超视距目标的探测与定位。因此,雷达应具有自适应控制与管理功能,应具备对电磁波环境进行实时预测与重构功能,并据此以及所要探测的目标特性,自动选择与设置设备工作参数以便最大限度地提供检测目标所需的各种工作数据。因此,天波超视距雷达装备大体上由两个子系统构成,即雷达目标检测子系统和电磁波环境自适应诊断子系统,如图 11-11 所示。

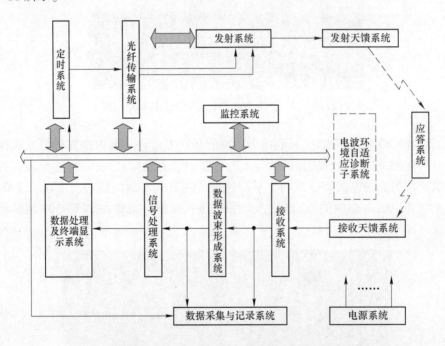

图 11-11　天波超视距雷达系统组成示意图

雷达目标检测子系统用于完成天波超视距雷达基本任务,即探测并发现任务区的目标,并测量目标的参数,形成多目标航迹。为了确保该子系统最佳的检测性能,必须在电磁波环境自适应诊断子系统的支持下,自适应地改变工作频率和工作方式,改变处理及检测参数,完成检测目标任务。该子系统主要由发射系统、发射天馈系统、接收天馈系统、定时系统、接收系统、信号处理系统、数据处理及终端显示系统、数据采集与记录系统、监控系统及光纤传输系统等组成。

电磁波环境自适应诊断子系统可细分为电离层自适应诊断子系统与自适应频率监测

子系统。该系统在整机监控系统的集中管理下,获取当前检测区域中电磁波环境与目标态势信息,为雷达系统最优工作提供所需的各种参数。电离层自适应诊断子系统的任务是监测当前雷达信道上电离层变化状态,在给定时间内(15~30min)自动确定当前检测区及其检测子区的范围,每个子区的最佳工作频段,电离层传播模式及该模式下的 PD 变换系数、方位及多普勒偏移修正值。该子系统由电离层返回散射探测设备、电离层垂直探测设备、电离层斜向探测设备、短波通信及数据传输等构成。自适应频率监测子系统用于监视接收站当前高频噪声与干扰环境变化,为检测目标子系统每个检测子区最佳工作频段范围内选择最佳工作频率和信号带宽,保障雷达系统与其他短波用户的电磁兼容性。该子系统主要由干扰监测分系统、电离层路径损耗测量分系统、大气无线电噪声测量分系统等分系统组成。

11.3　高分辨成像雷达

高分辨成像雷达采用宽带信号获得高距离分辨率,利用合成孔径获得高角度分辨率,可探测和精准定位目标,提供目标多维度高分辨图像及目标特征信息,用于目标分类和精细识别。根据其成像原理不同,可分为合成孔径雷达和逆合成孔径雷达。

11.3.1　合成孔径雷达

SAR 的基本几何关系如图 11-12 所示,装载有整个雷达的飞行器作匀速直线运动,载机飞行高度为 H,飞行速度为 V_a,雷达以固定的脉冲重复频率向正侧方向发射信号并接收地物目标的回波,然后把接收信号的幅度和相位信息存储起来。随着雷达的前进,将形成等效的阵列天线,长度为 L_s,从而实现方位向(雷达前进方向)的高分辨率。

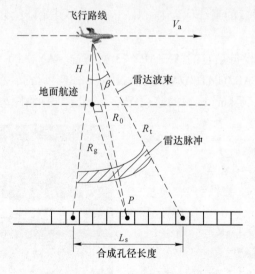

图 11-12　SAR 的基本几何关系图

理论上,SAR 的方位向分辨率 ρ_a 可以达到

$$\rho_{a} = \frac{d_{a}}{2} \tag{11-1}$$

式中：d_{a} 为真实天线水平方向尺寸。从式(11-1)可以看出，SAR 的方位向理论分辨率只和天线的水平方向尺寸有关，而与观测距离无关。

SAR 的距离向高分辨率是依靠发射宽带信号(采用脉冲压缩技术)来实现的，其距离向分辨率 ρ_{r} 由发射信号带宽 B 决定：

$$\rho_{r} = \frac{c}{2B} \tag{11-2}$$

式中：c 为光速；B 为雷达信号带宽。

SAR 根据平台的不同，主要有机载和星载两种形式。机载 SAR 具有机动性强、实时性好的优点，但监视和侦察的范围相对有限；星载 SAR 的工作虽然要受过顶时间限制(实时性相对较差)，但对于不能到达或有争议区域的侦察，或者需要进行长时间重复观察的任务，具有独特的优势，也更能发挥作用。在 20 多年来的多次局部战争中，美军的机载 SAR(E-8C，"全球鹰"等)及其雷达卫星("长曲棍球"等)表现出色，作用突出。

1. E-8C 联合监视目标攻击雷达系统

E-8C(E-8CJSTARS，"联合监视目标攻击雷达系统")是美国现代空地一体化战略的重要装备，主要用于执行地面目标和低空目标探测、成像处理和情报传输任务，对监视军事冲突和突发事件中的地面情况，控制空地联合作战都能发挥重要作用，如图 11-13 所示。

第一代 E-8 JSTARS 系统的优良性能最初在海湾战争中得到了验证，据称，其在 PD 模式下，能够探测到 250km 以外、RCS 为 10m² 的低速运动目标；而在 SAR 模式下，可以探测到 250km、RCS 为 5m² 左右的战车。其在第一次海湾战争后被誉为"战场神目"，受到美国军方的偏爱。改进后的系统称为 E-8C，于 1997 年开始陆续装备部队，成为美军 C³I 系统的一个重要成员。

E-8C 系统的核心设备是它的 AN/APY-3 型雷达。AN/APY-3 是一种 X 波段的无源相控阵多模式侧视 SAR/GMTI 战场监视雷达。E-8C 飞行高度 9000～12000m，8 小时任务时间可以完成 100 万 km² 区域的监视任务，雷达最大探测距离超过 200km。

图 11-13　E-8C

图 11-14　"捕食者"无人机

2. 无人机 SAR 系统

无人机 SAR 的典型代表应该是"捕食者"无人机和"全球鹰"无人机。"捕食者"无人机加装世界上第一部服役的无人机载成像侦察雷达,如图 11-14 所示。其重量为 76kg,耗电为 1.1kW,飞行高度为 2 ~ 7.6km。采用 Ku 频段(16.4GHz),作用距离为 4.4 ~ 10.8km。条带成像,宽度为 800m,分辨率为 0.3~1m。

"全球鹰"无人机 SAR(1998 年试飞成功,2004 年后装备),起飞重量为 10t,有效载荷为 1t,耗电量为 3.5kW。采用 X 频段有源相控阵(MTI/SAR 模式),作用距离为 20 ~ 200km,活动半径为 5500km,高度为 20000m,航速为 640km/h,续航时间约 40h。分辨率 1m 时成像为条带 10km;而在条带 0.8km 条件下,可实现 0.3m 分辨率。

3. SAR 雷达卫星

军用星载 SAR 的典型则是美国的"长曲棍球"(Lacrosse)雷达卫星,其内部和外形结构如图 11-15 所示。其是美国军方自 1988 年起发射上天的系列军用侦察雷达,现在可能有三个系列的雷达卫星在运行中,它们分别是:1991 年 3 月 8 日发射上天的 Lacrosse-2,轨道高度约 650km,倾角 68°;1997 年 10 月 24 日发射上天的 Lacrosse-3,轨道高度约 670km,倾角 57°;2000 年 8 月 17 日发射上天的 Lacrosse-4,轨道高度约 690km,倾角 68°。到目前为止,有关这种高度机密雷达的技术资料仍然极为缺乏,大多数技术参数是基于猜测和推算。例如:从其长约 50m 的太阳能板,推算其总功率大约为 10~20kW;从其长约 15m、宽约 4m 的天线,大约 15t 的总重量和差不多像一辆公共汽车大小的体积,推测它有多种工作模式和极强的信号图像处理能力,几何分辨率可能达到或优于 1m 等。

(a)内部结构　　　　　　　　(b)外形结构

图 11-15　"长曲棍球"雷达卫星内部和外形结构图

11.3.2　逆合成孔径雷达

ISAR 是成像雷达的又一个发展方向。实际上,合成孔径是利用雷达与目标之间的相对运动形成的,这里目标是不动的,而雷达(平台)则作匀速直线运动。如果反过来,雷达平台不动,而目标(飞机)运动,当以目标飞机为基准时,也可将雷达视为反向运动,并在虚拟的运动中不断发射和接收信号,而用合成孔径技术得到飞机图像。因此 ISAR 与 SAR 两者在原理上是相同的,只不过是运动方倒置。在 20 世纪 80 年代初,就实现了非合作目标的 ISAR 成像,现已得到较广泛的应用。某 C 波段雷达飞机目标的 ISAR 图像如

图 11-16 所示。

图 11-16 所示的飞机图像,普通雷达看到的飞机目标只是一个点,而 ISAR 雷达则可以给出目标的形状,显然 ISAR 技术可以用于军事目标的识别。实际中,ISAR 主要有两大领域的应用:一是对飞机一类目标的识别;二是对轨道目标(如卫星或者其他天体)的成像。

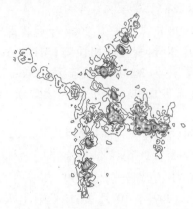

图 11-16　某 C 波段雷达飞机目标的 ISAR 图像(带宽为 400MHz)

在很多场合(资料、书籍),人们总是从 SAR 的概念来引出 ISAR,其实,ISAR 也可以直接从 MTD 体制来理解,只不过 MTD 通常脉冲数较少,而 ISAR 由于观测时间长,脉冲数要多很多而已。ISAR 回波数据结构与处理过程如图 11-17 所示。

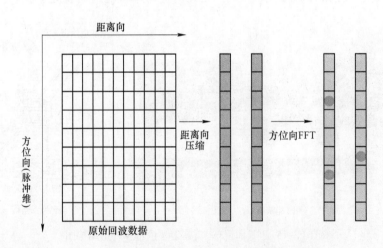

图 11-17　ISAR 回波数据结构与处理过程示意图

从图 11-17 可以直观看出一个问题,就是 ISAR 成像与 SAR 成像得到的图像在物理上有一点差别,SAR 图像与习惯上照片有相似之处,而 ISAR 图像则是距离-多普勒像,其距离维是一样的,容易理解,而其另一维则是目标"转动"引起的多普勒频率大小的反映,即是多普勒投影。因此,实际中,ISAR 图像由于反映的是目标(姿态)运动特征,其理解不是很直观。

ISAR 与目标的几何关系如图 11-18 所示。其横向分辨率则取决于目标的"转动",即

$$\rho_x = \frac{\lambda}{2\Delta\theta} \tag{11-3}$$

式中：$\Delta\theta = \omega T$ 为在雷达观测时间 T 内目标总的转角。上式表明，雷达的工作频率越高、目标转动越快，则 ISAR 目标像的横向分辨率就越好。另外，也可以推断，如果目标没有转动（相对于雷达视线），则 ISAR 就得不到目标的图像（多普勒维没有分辨）。距离分辨率取决于系统带宽，见式（11-2）。

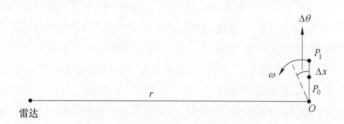

图 11-18　ISAR 与目标的几何关系

这里还需要说明两个问题：

（1）ISAR 成像通常要求满足雷达相干观测和目标均匀旋转的前提条件。如果不满足，则要么图像分辨不好，要么增加成像处理复杂性。

（2）作用距离问题，一般情况下，ISAR 系统随着其分辨率的提高，其威力随之降低，主要原因是对应分辨单元的 RCS 值减小。分析如下：

假设目标的低分辨率雷达截面积为 σ_Σ，则在高分辨率条件下，雷达分辨单元内的目标截面积可以近似估计为（统计平均意义上）

$$\sigma \approx \frac{\sigma_\Sigma}{M \times N} \tag{11-4}$$

式中：$M \times N$ 为目标分布（占据）的雷达分辨单元数目。如对于 $2m^2$ 的目标，距离向通常要占据 $10\sim15$ 个雷达分辨单元。这样，根据式（11-4），距离高分辨条件下的目标单元雷达截面积近似为 $\sigma = 0.2\sim0.13m^2$。

当然对于实际目标，各散射点的 RCS 不会是按其平均的，而是有大有小。具体散射点的 RCS 大小除了与目标结构（如角反射器）有关外，还与观测条件有关。一般认为由于分辨率的提高，目标散射点的 RCS 值将降低。

另外，ISAR 成像通常要求目标单元最大信噪比在 20dB 以上（距离脉冲压缩以后），这比常规雷达目标检测的信噪比要求要高。因此，这在一定程度上也限制了其威力。

从理论和成像方法角度看，ISAR 与 SAR 得到几乎相同的发展，但从实际装备发展和应用看，ISAR 要相对滞后一些。主要原因可能有两个方面：一是需求牵引问题，即飞机或者天体目标的成像识别基本都属于军事范畴，民用领域的需求相对较少；二是 ISAR 的技术适应性问题，这包括两个层面的因素：一是 ISAR 成像要求有高的单脉冲信噪比，二是 ISAR 成像需要雷达波束驻留和目标"转动"，这两点对雷达的要求是很高的。

实际中，ISAR 的应用方式一般是"窄带+宽带"方式，即雷达先采用窄带方式发现、跟踪目标，然后启用宽带工作，控制波束驻留进而实现对目标的 ISAR 成像。目标对象可以大致分为两类。一是飞机类机动目标的识别。由于目标不合作运动,甚至机动,ISAR 对其成像需要进行复杂信号处理(包括回波信号的包络对齐和相位补偿等),加上目标运动模型不预知而使成像信号处理时间不易确定等原因,导致成像概率不高,实际应用受到较大限制。二是轨道目标的成像与识别。区别于飞机目标、轨道目标(如卫星或者其他天体)的运动规律是确定的,因此 ISAR 成像处理相对容易实现,目前应用很成功。

美国自 1975 年前开始提出"航空海事巡逻"任务要求,先后研制出 P-2 和 P-3 海事巡逻机。现今的 P-3 巡逻机装备 ISAR、电子支援措施和电子对抗(ESM/ECM)系统,有些 P-3 还有光学侦察设备、卫星通信、信息交换设备,成为理想的超视距目标捕获系统。在美国海军航空母舰(简称航母)编队中实施远程反潜战的是 S-3B"北欧海盗"航母载固定翼反潜机,美国海军已考虑在该型机上装备新型的 SAR/ISAR 等系统来提高其反潜能力。舰载直升机是美国海军航母编队重要的中程反潜力量。目前,美国海军航母上搭载的为 SH-60F"海鹰"航母内区反潜直升机,为提高 SH-60 系列直升机的浅水反潜战能力,美国海军已开始实施一项名为"SH-60R/60R(V)多功能直升机"的改进计划。计划的核心是在现有 SH-60B/F 中加装机载低频声纳(ALFS)、具有 ISAR 和潜望镜探测功能的多模式雷达、电子支援措施(electronic support measures,ESM)系统及综合自卫系统。另外,参加美国海军"大范围海上监视"(broad area maritime surveillance,BAMS)计划投标的"捕食者"B-ER 无人机系统和 RQ-4"全球鹰"无人机都将装载有 ISAR。

美国空军已经授予诺斯罗普·格鲁曼一个承包合同去发展下一代联合监视目标攻击雷达系统,其中一项内容就是增加 ISAR 成像能力,允许运动目标实时成像。另外,美国的太空(天基)侦察监视系统也使用了 SAR、ISAR 来获取目标地区的图像。

除美国外,其他各国也在积极发展 ISAR。例如:俄罗斯开始为印度海军改进 5 架现役伊尔-38 飞机,并将其改进为伊尔-38SD,改进主要包括为其装备数字式"海蛇"作战系统,该系统包括新型 SAR/ISAR。丹麦空军也已开始从加拿大接收 3 架用 CL-600"挑战者"604 公务机改装的多任务飞机,改装包括在前机身下安装 APS-143B(V)3 逆合成孔径雷达,可用于搜索救援、污染监测、目标分类,后机身下还安装有可收放的光电吊舱。

另外,作为反导、反卫的关键装备,大型相控阵雷达一般具有 ISAR 成像功能,目的是通过 ISAR 像实现对真假弹头的识别。

我国自 20 世纪 90 年代初的"863 计划"开始,在雷达成像技术领域也已取得长足的进步和发展,目前无论是 SAR 还是 ISAR,都已有成熟技术和装备应用。

总的来说,SAR 成像技术发展到今天,不仅有专用的 SAR,而应用该技术的雷达成像已成为一种新的功能用于各种雷达。在许多现代雷达里都配备有宽带信号,并根据需要加成像处理,使雷达具有对场景的 SAR 成像(对运动平台的雷达)和对目标的 ISAR 成像(对运动或固定平台的雷达)。

11.4 分布式雷达

分布式雷达系统通常由一个联合处理控制中心以及多个发射站和接收站组成,联合处理控制中心产生基准信号送到各雷达站,使各雷达站具有相同的时间基准,便于各雷达之间的时间同步,不同接收站、不同频率接收信号传输到联合处理控制中心,综合起来进行积累(相参或非相参)处理。

11.4.1　双(多)基地雷达

雷达发展之初就使用了双基地体制,后来被脉冲体制的单基地雷达所取代。现代战争中,单基地雷达遇到电子干扰、隐身目标、低空突防和反辐射导弹的攻击等诸多难题,而双基地雷达本身的特点又恰恰能较好地克服这些难题,现代电子技术的发展又赋予双基地雷达体制新的生命力,重新引起了人们的关注。

双/多基地雷达是相对于常见的单基地雷达而言的,把收发共用天线或收发天线距离不大的雷达称为单基地雷达。如果一部发射机发射信号,而远离发射机的多部接收机接收信号,就称为多基地雷达。多基地雷达系统配置关系如图 11-19 所示。

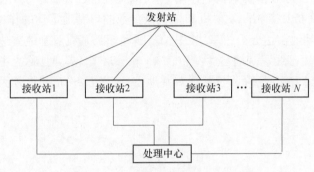

图 11-19　多基地雷达系统配置关系

按照不同的需求,双/多基地雷达有多种可能的组合形式,如地发/地收、空发/地收、地发/空收等双基地形式。双基地雷达之所以成为各国争相研究的热点,是因为其在电子战中具有较大的优势和潜力。

(1) 抗电子侦察。双基地雷达的接收机是无源的,又便于机动,所以它是隐蔽的,很难被侦察到。双基地雷达的发射机采用低功率大占空比的发射信号和低旁瓣天线等低截获技术降低被截获概率。一部双基地雷达接收机可利用几部不同发射机的照射信号,一部发射机也可供多部接收机工作,所以双基地雷达系统功能和参数是敌方很难侦察判断的。

(2) 抗电子和无源干扰强。由于双基地雷达接收机是无源接收的,敌方电子干扰只能对准发射机进行干扰,必须采用全方向、宽频带的干扰,这样必然会降低干扰功率密度,导致干扰效果大打折扣,所以双基地雷达可以增强雷达抗有源电子干扰的能力。对于无源干扰,因为既不可能选定准确的投放方向,也很难把握投放时机,所以无论是箔条还是其他假目标都很难发挥干扰效果。

(3) 抗摧毁能力强。反辐射导弹已成为雷达生存的最大威胁,双基地雷达在抗摧毁方面也有着明显优势。双基地雷达接收机只接收信号,不发射信号,可免遭打击;双基地雷达发射机可在战场后方部署,并实施重点保护。由于双基地雷达可多发工作,即使一部受损,仍可正常工作,因此,双基地雷达遭受攻击的概率比单基地雷达小。

(4) 具备反隐身目标潜力。双基地雷达抗隐身目标的能力是目前的热点,我国目前也在开展相关试验,但因为未经实战检验,反隐身效果没有结论性意见。双基地雷达之所以比单基地雷达具有更好的抗隐身潜力,是因为目前隐身目标只在鼻锥±30°的角度范围内有极小的 RCS,而其侧向散射没有减少,在某些角度反而增加。这种侧向散射,单基地雷达不能利用,双基地雷达却可接收到。

实际应用中,双/多基地雷达与单基地雷达特点不同,特别是其性能发挥与具体使用方式的关系极为密切,因此它不可能代替单基地雷达,而是互相配合、互为补充。在军事应用方面,单基地与多基地雷达混合的雷达体制是今后发展的方向,可以在扩大探测区、抗干扰、抗摧毁、反隐身等方面加强单基地雷达的功能。在民用方面,多基地雷达可能在安保、车速测量、地下测量和环境测量等方面发挥作用。

双基地雷达是发射机和接收机分离很远的雷达系统,其工作如图 11-20 所示。收、发间的基线距离 L 与等效单基地雷达作用距离 R_M 同量级,即 $L \geq 0.1R_M$(双基地雷达的等效作用距离 R_M,指具有相同发射机和接收机参数的单基地雷达的作用距离)。根据基线长短,可以把双基地雷达分为短基线、中长基线和超长基线双基地雷达。当 $0.1R_M \leq L \leq 0.7R_M$ 时,称为短基线双基地雷达;当 $0.7R_M \leq L \leq 1.4R_M$ 时,称为中长基线双基地雷达;当 $1.4R_M \leq L \leq 2R_M$ 时,称为长基线双基地雷达,当 $L \geq 2R_M$ 时,称为超长基线双基地雷达。

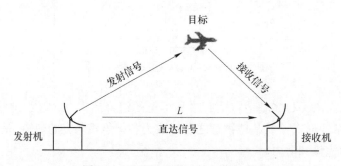

图 11-20　双基地雷达的工作示意图

双基地雷达地基本组成如图 11-21 所示,分为发射系统和接收系统两大部分。发射系统主要由总控模块、同步系统、频综器、数传设备、天线伺服、发射机和天线等部分组成。接收系统主要包括总控模块、数传设备、同步系统、接收机前端、频综器、接收机和信号数据处理系统等部分。

发射时,发射站总控模块向同步系统发送雷达工作时序和工作参数指令,同步系统向频综器发送指令,频综器产生相应波形、频率的发射信号,经过发射机功率放大后由天线辐射到空中;天线伺服系统接收同步系统指令后控制天线的扫描方式、扫描速度和波束指向。同时发射同步系统通过数传设备将雷达工作参数信息发送给接收系统,接收同步系统指示接收频综器产生相应的本振信号,保证发射和接收信号相位同步。接收天线伺服系统接收指令后控制天线波束扫描和指向与发射波束扫描同步,保证目标的正常探测,即空间同步。除此之外,接收机在测距时还要知道发射机发射脉冲的前沿时间,即时间上要同步。相位同步、空间同步、时间同步是双基地雷达要解决的三大关键问题。

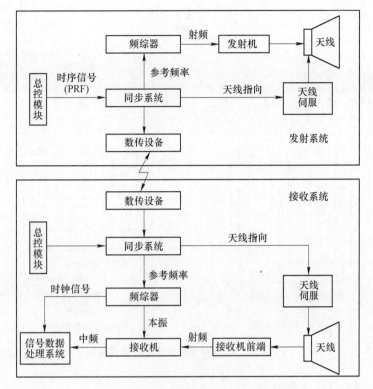

图 11-21　双基地雷达的基本组成框图

11.4.2　多输入多输出雷达

多输入多输出(multiple-in multipleout, MIMO)这一概念源自控制系统,表示一个系统有多个输入和多个输出。自 20 世纪 90 年代中期以来,贝尔实验室等先后将这个概念应用于通信系统中,并且显著提高了信道容量和抗衰落性能,取得了许多瞩目的成就。由于通信的信号衰落问题与雷达回波的幅度起伏问题具有相似之处,这使得利用多个独立传输通道的统计特性改善信道衰落的思想也可用于解决雷达目标检测中存在的角闪烁难题。受此启发,美国学者 Fisher 等于 2004 年正式提出了 MIMO 雷达的概念。

典型 MIMO 雷达系统基本组成如图 11-22 所示,其包含 M 个发射阵元和 N 个接收阵元的。不同于现有雷达,MIMO 雷达常利用多阵元同时发射多个波形(正交或准正交波形),即采用了波形分集技术,可同时形成对目标的多个观测通道,如 M 个发射阵元和 N 个接收阵元可形成 MN 路回波信号。

按照使用波形的不同,MIMO 雷达可分为正交 MIMO 雷达和部分相关 MIMO 雷达,而按照阵元间距的不同,其又可分为广域分布阵列 MIMO 雷达和密集阵 MIMO 雷达。这四种类型的 MIMO 雷达主要应用方向如下:

(1)正交 MIMO 雷达。这种雷达各发射波形相互正交,可在接收端形成多路独立的回波信号。发射信号的正交性虽然使得发射阵列不能进行相干波束形成且发射波束增益损失大,但这种 MIMO 雷达接收端信号处理自由度最大,可用于改善窄带雷达对目标的检

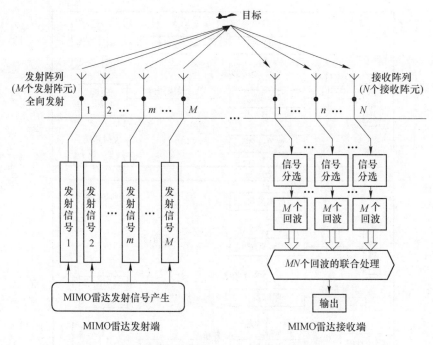

图 11-22　典型 MIMO 雷达系统组成框图

测能力和高分辨雷达的成像能力。

（2）部分相关 MIMO 雷达。这种雷达各发射波形部分相关,可在接收阵列形成多路部分相干的回波信号,发射阵列能部分进行波束形成,发射波束增益损失较小,且可利用发射波形的相关矩阵进行发射阵列方向图的特殊设计,能改善现有相控阵雷达目标探测能力。

（3）广域分布阵 MIMO 雷达。这种雷达各阵元空间间距大,能实现对目标观测的空间分集并获得独立的目标观测信息,与正交 MIMO 雷达结合所形成的分布式 MIMO 雷达通过多个回波信息的统计平均可改善对慢起伏目标的检测性能。

（4）密集阵 MIMO 雷达。这种雷达各阵元空间间距小,目标观测信息相关,结合正交波形能增加信号处理的自由度,增加对目标空间采样率,和高分辨雷达相结合可形成新型MIMO 成像雷达。

美国俄亥俄州立大学软件化雷达开发团队研制成功了能够实时自适应用户遥感需求的集成软件化雷达系统的原型样机,通过自适应改变发射波形和接收信号处理方法可实时在雷达的多个工作模式间切换,如动目标识别、高分辨动目标识别、合成孔径雷达,同时也可作为 MIMO 雷达的试验台。该团队研究的软件化 MIMO 雷达原型,包括 4 个发射通道、4 个接收通道以及由 FPGA/DSP 构成的实时雷达信号处理器,工作频段 2~18GHz ,瞬时带宽 500MHz。数字后端采用了采样率为 1GSPS 的 8 位 A/D 和 14 位 D/A ,数字信号的控制采用 Xilinx Virtex-4 SX FPGA,高端信号处理采用 1GHz 、32 位定点 DSP-C6416。

总体说来,目前已出现的雷达体制,如多站雷达、组网雷达、相控阵雷达、综合脉冲孔径雷达(SIAR)等,都可以认为是 MIMO 雷达的特例。在一定条件下,MIMO 雷达可变形为上述任何一种雷达体制,因此,MIMO 雷达也可应用于上述雷达的探测需求。

11.5　无　源　雷　达

无源雷达本身不发射电磁波,只接收目标辐射的电磁波或目标反射的非合作辐射源回波信号,通过对接收信号的分析、处理,实现对目标的探测、定位、跟踪和识别。它具有隐身性能好、情报分析和数据融合能力强、测量距离远、生存能力强等优点,但存在发现目标的主动性差、目标定位精度影响因素较多、对阵地选择的要求较高等缺点。

根据被定位对象的辐射源性质,无源雷达又可分为基于外辐射源的无源雷达(简称为外辐射源无源雷达)和目标本身辐射源的无源雷达(简称为内辐射源无源雷达),其中内辐射源无源雷达系统是监视雷达领域应用最为广泛的无源雷达。

11.5.1　基于目标自辐射的无源雷达

利用目标自身辐射信号定位的无源雷达是国外现役的无源雷达(定位系统)的主要类型。通常采用多站方式,一般由一个主站和三个(或两个)辅站组成,如图 11-23 所示。主站的主要功能:一是接收探测空域内目标辐射的直达电磁信号和经各辅站处理后的转发信号;二是根据接收到的信号,测量各转发信号相对于直达信号的时间差;三是根据测量的时间差值,计算目标的位置,完成目标的定位跟踪,进行目标分析和识别;四是控制各辅站的工作状态,进行目标监测。各辅站的主要功能:一是根据接收到的主站控制命令完成工作状态控制,并将搜索结果向主站发送;二是接收目标辐射源发射的电磁信号,经过信号分析、目标识别后向主站转发。

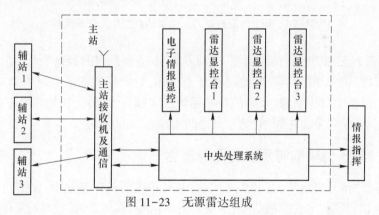

图 11-23　无源雷达组成

无源雷达系统相对简单。无源雷达工作时,主站分别在频域和空域上进行搜索,确定有无辐射源辐射电磁信号,如果检测到在某空域或频域存在辐射源后,将接收到的目标信号送入数字处理系统进行处理;主站在搜索电磁信号的同时控制三个辅站工作于同一频段,对各辅站经微波链路或光纤传输来的信号以及自身接收到的信号进行数字处理,取出三站捕捉同一目标的时间差,经计算机系统快速运行后得到目标在一系列时间点的位置,获得目标的点迹,并对点迹进行航迹滤波跟踪,航迹显示在综合显示器上;主站同时对电磁信号进行分析,得到电磁信号的特征参数,与系统数据库对比进行目标识别,最终将目标信息以文本形式输送到综合显示器。

基于内辐射源无源雷达典型信息处理流程如图 11-24 所示,主站和辅站先完成观测信号的参数测量,然后进行信号分选与配对、目标定位、点迹提取以及航迹处理等过程,各处理步骤的主要功能如下:

(1) 参数测量:主要完成对接收的交叠脉冲信号的时域、频域和空域等参数的测量,并形成脉冲描述字(PDW)以便进行信号分选与配对。

(2) 信号分选:利用各站 PDW 流中各脉冲信号的参数,将不同脉冲序列从交叠的脉冲流中分离出来,形成独立辐射源脉冲列,并进一步与预先存储的辐射源参数进行匹配比较、剔除无用辐射源信号和筛选出威胁较大的目标信号。

(3) 目标定位:利用分选出的目标参数,进行目标位置参数的估计,实现目标的定位。

(4) 点迹提取:归类和存储估计出的目标位置和相关参数,形成当前观测的各目标点迹。

(5) 航迹处理:利用提取的目标点迹进行航迹起始、关联、滤波等处理,实现目标跟踪、虚假目标剔除以及航迹分裂与终止等。

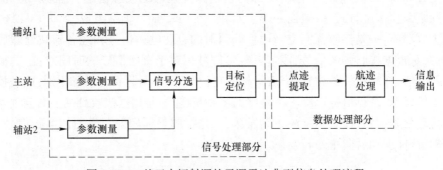

图 11-24　基于内辐射源的无源雷达典型信息处理流程

"维拉"系列无源雷达由捷克研制。"维拉"-E 是该系列的最新型号,如图 11-25 所示,可探测定位、识别和跟踪空中、地面和海上目标,对空探测的最大距离为 450km,并可识别目标、生成空中目标图像。"维拉"-E 系统由 4 部分组成:分析处理中心居中,3 个信号接收站呈圆弧线状分布在周围,站与站之间距离在 50km 以上。

11.5.2　基于外辐射源照射的无源雷达

目前空间中信号密度较大,尤其是广播、电视和通信的普遍使用,使空间中辐射资源较为丰富,包括调频和电视广播信号、卫星发射的信号、移动通信的信号、其他雷达的发射信号作为外辐射源(包括敌方雷达)等。

根据利用外辐射源数量的不同,无源探测可分为一发多收、多发一收、多发多收模式。在多发多收模式中,实现对目标的高精度探测,接收站的选择布局较为重要。下面给出了基于调频广播和电视信号的无源雷达系统方案,具体如图 11-26 所示,下面简要介绍其关键技术。

一发多收模式的系统主要由 2 个辅站、1 个中心站组成。中心站配备时统设备,以完成各站间的时间同步和任务协同。在组网侦察时,通过时统设备、数据链进行组网,实现多站的协同侦察与探测。

图 11-25　捷克"维拉"无源雷达

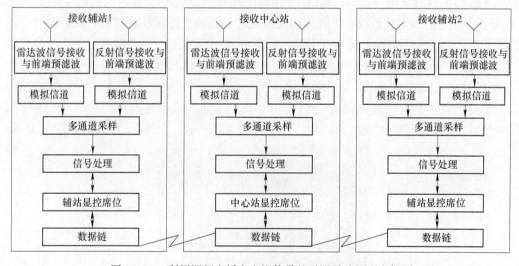

图 11-26　利用调频广播和电视信号的无源雷达原理方框图

（1）频率：结合我国调频广播和电视信号频谱分布情况，取 50~800MHz 的频率范围是较为合适的。

（2）天线：天线一般采用平面相控阵形式。由于一般相控阵天线覆盖的带宽约为 15%，要实现此频段范围的覆盖，必须要用多个不同频段天线才能满足整个频段，对应需有多个接收机通道。在实际建站时，可根据所利用的电视台的频率选用。

（3）接收机天线：对 50~800MHz 用 5 个电调滤波器就可以覆盖。对高放可采用前馈放大器以满足宽带、低噪声放大的要求，为达到较高的动态范围可加步进衰减器或 AGC 电路，由软件计算机中的 DSP 电路加以控制。为实现射频的直接采样，要求 A/D 变换器具有较高的工作频率、足够的采样率和较高的 A/D 位数。在现有产品中，8 位 A/D 变换器其工作频带已达 1.5GHz，采样速率已达 1000MHz，能够满足频段内信号采样要求。

（4）信号处理：信号处理在由高性能并行处理器构成的软件计算机中完成。工作区域内的调频台和电视台的地理位置、工作频率、信号特征及工作时间等参数应在数据库内容之中。调频广播信号和电视信号可视作时变的伪随机信号，无源雷达利用发射信号和接收到的目标对发射信号的反射回波作相关计算，进行相干积累，从中提取目标的到达角、时间延迟和多普勒频移等信息，在利用这些信息消除固定目标杂波的同时，完成对所探测的目标的定位。为减弱直射信号的干扰，通过接收天线在发射台方向形成自适应零点，大幅度地降低其强度。为消除多径发射信号的干扰，可采用横向滤波器对消的方法，在横向滤波器每一抽头输出端加衰减器和移相器，在工作频率上对每一个子波束进行统调校正，以使多径干扰达到最小。对于地物干扰，则采用相干积累和非相干积累方法来提高信杂比。

（5）数据处理：为获得更准确的目标参数，需利用多外辐射源或多个接收站，故在数据处理中首先要进行测量值关联，把同一目标的多个数据组合在一起，根据一定的融合算法，将属于同一目标的多个数据合成起来，进行多目标测量点迹与航迹关联及卡尔曼滤波。这些处理方法与常规雷达的处理方法相似。

（6）站间通信技术：站间通信系统担负把中心站系统控制命令下传到各辅站，并把各辅站接收的模拟视频信号、脉冲描述字和辅站工作状态参数不失真地上传到中心站的任务，是无源雷达的关键分系统。系统站间通信通常有两种选择：微波通信或光缆传输，考虑到无源雷达的高机动性要求，主要采用微波通信的方式，但预留光缆传输接口。为满足数据与信号实时、精确、可靠传输的要求，通信系统采用数字通信与模拟通信相结合的方式。数字部分传输中心站向辅站的雷达的控制命令，以及辅站向中心站上报的各站工作状态信息。

美国洛克希德·马丁公司从 1983 年开始研究非协同式双基地无源雷达，于 1998 年研制出新型的"沉默哨兵"被动探测系统，如图 11-27 所示。这种无源雷达利用商业调频

图 11-27　美国"沉默哨兵"无源雷达

无线电台和电视台发射的 50~80MHz 连续波信号,检测、跟踪、监视区内的运动目标。该系统由大动态范围数字接收机、相控阵接收天线、每秒千兆次浮点运算的高性能并行处理器及其软件组成。试验证明,它对雷达反射面积 $10m^2$ 目标的跟踪距离可达 180km,改进后可达 220km,能同时跟踪 200 个以上目标,分辨间隔为 15m。

"沉默哨兵"可安装在建筑物和固定结构上,也可安装在飞机、卡车及方舱上以便快速部署。洛克希德·马丁公司还试验过安装在水面舰艇和潜水艇上的两种系统,它们一般利用沿海地区的广播系统作为照射源。在潜艇上的系统安装在潜望镜上,采用全向天线,提供直升机或海岸侦察机告警。

附录 A　模糊函数

1. 模糊函数定义

对一个距离为 R、径向速度为 v_r 的目标 1，其回波信号相对于发射信号的延迟时间为 $t_r = 2R/c$，多普勒频率为 $f_d = 2v_r/\lambda$（λ 为雷达工作波长），则目标的回波信号可表示为

$$s_{r1}(t) = u(t - t_r) e^{j2\pi(f_0 + f_d)(t - t_r)} = u(t - t_r) e^{j2\pi f_d(t - t_r)} e^{j2\pi f_0(t - t_r)} \qquad (A1-1)$$

式（A1-1）的前二项为目标 1 回波信号的复包络，它可表示为

$$s_1(t) = u(t - t_r) e^{j2\pi f_d(t - t_r)} \qquad (A1-2)$$

假设第二个目标相对于发射信号的延迟时间为 $(t_r + \Delta t_r)$，多普勒频率为 $(f_d + \Delta f_d)$，则第二个目标回波信号的复包络可表示为

$$s_2(t) = u(t - t_r - \Delta t_r) e^{j2\pi(f_d + \Delta f_d)(t - t_r - \Delta t_r)} \qquad (A1-3)$$

通过求取两个目标回波信号复包络的均方差，可以区分这两个目标，即

$$
\begin{aligned}
\varepsilon^2 &= \int_{-\infty}^{+\infty} |s_1(t) - s_2(t)|^2 dt \\
&= \int_{-\infty}^{+\infty} [s_1(t) - s_2(t)][s_1(t) - s_2(t)]^* dt \\
&= \int_{-\infty}^{+\infty} |u(t - t_r)|^2 dt + \int_{-\infty}^{+\infty} |u(t - t_r - \Delta t_r)|^2 dt \qquad (A1-4) \\
&\quad - 2\mathrm{Re} \int_{-\infty}^{+\infty} u^*(t - t_r) u(t - t_r - \Delta t_r) e^{j2\pi[\Delta f_d(t - t_r - \Delta t_r) - f_d \Delta t_r]} dt
\end{aligned}
$$

式中：$[s_1(t) - s_2(t)]^*$ 为 $[s_1(t) - s_2(t)]$ 的共轭，$\int_{-\infty}^{+\infty} |u(t - t_r)|^2 dt = \int_{-\infty}^{+\infty} |u(t - t_r - \Delta t_r)|^2 dt = E$ 为信号的能量。令 $t - t_r - \Delta t_r = t_d$ 则得

$$
\begin{aligned}
\varepsilon^2 &= 2\left\{ E - \mathrm{Re}\left[e^{-j2\pi f_d \Delta t_r} \int_{-\infty}^{+\infty} u^*(t_d + \Delta t_r) u(t_d) e^{j2\pi \Delta f_d t_d} dt_d \right] \right\} \\
&= 2\{ E - \mathrm{Re}[e^{-j2\pi f_d \Delta t_r} \chi(\Delta t_r, \Delta f_d)] \} \qquad (A1-5)
\end{aligned}
$$

式中：$\chi(\Delta t_r, \Delta f_d) = \int_{-\infty}^{+\infty} u(t_d) u^*(t_d + \Delta t_r) e^{j2\pi \Delta f_d t_d} dt_d$。

进一步将式（A1-5）中的积分变量 t_d 用 t 替换，可得

$$\chi(\Delta t_r, \Delta f_d) = \int_{-\infty}^{+\infty} u(t) u^*(t + \Delta t_r) e^{j2\pi \Delta f_d t} dt \qquad (A1-6)$$

对式（A1-5）而言，雷达希望分辨两个目标，就需要 ε^2 越大越好，进而希望式（A1-6）的值越小越好。当式（A1-6）的值变大时，说明 ε^2 变小，进而越不容易分辨两个目标，说明此时的模糊度变大。因此，将函数 $\chi(\Delta t_r, \Delta f_d)$ 定义为模糊函数，即两个目标信号回波复包络的时间-频率复合自相关函数。

另外,由能量原理可知

$$\int_{-\infty}^{+\infty} u(t)v^*(t)\,\mathrm{d}t = \int_{-\infty}^{+\infty} U(f)V^*(f)\,\mathrm{d}f \tag{A1-7}$$

所以式(A1-7)可以变换为

$$u(t)\mathrm{e}^{\mathrm{j}2\pi\Delta f_d t} \Leftrightarrow U(f-\Delta f_d) \tag{A1-8}$$

$$u^*(t+\Delta t_r) \Leftrightarrow \left[U(f)\mathrm{e}^{\mathrm{j}2\pi f\Delta t_r} \right]^* = U^*(f)\mathrm{e}^{-\mathrm{j}2\pi f\Delta t_r} \tag{A1-9}$$

式中:双线箭头表示傅里叶变换对。

可得到频域表示的模糊函数 $\chi(\Delta t_r,\Delta f_d)$:

$$\chi(\Delta t_r,\Delta f_d) = \int_{-\infty}^{+\infty} u(t)u^*(t+\Delta t_r)\mathrm{e}^{\mathrm{j}2\pi\Delta f_d t}\,\mathrm{d}t = \int_{-\infty}^{+\infty} U^*(f)U(f-\Delta f_d)\mathrm{e}^{-\mathrm{j}2\pi f\Delta t_r}\,\mathrm{d}f$$

$$\tag{A1-10}$$

模糊函数 $\chi(\Delta t_r,\Delta f_d)$ 的模值(式(A1-10)的绝对值)给出了两个相邻目标距离-速度联合分辨能力的一种量度,如果该值随 Δt_r 或 Δf_d 的增加而下降得越迅速时,则 ε^2 值越大,说明两个目标就越容易分辨,也就是模糊度越小。

由式(A1-10)模糊函数的模值画出的三维图形称为模糊函数图,有时也用其在最大值以下-3dB 或-6dB 处的截面来表示,称为模糊度图。在本节分析典型雷达信号的模糊函数性质时无特殊说明均以-6dB 为基准进行截取形成模糊度图。

模糊度图的用途:以位于原点的目标为参考,若另一个目标的 $(\Delta t_r,\Delta f_d)$ 组合值落在模糊度图标注的阴影内,则认为这两个目标不能分辨;反之,若该目标的 $(\Delta t_r,\Delta f_d)$ 组合值落在模糊度图标注的阴影外,则认为这两个目标是可以分辨的。

当两个目标的多普勒频率差 $\Delta f_d = 0$ 时,由式(A1-10)可以得到 $\chi(\Delta t_r)$,即

$$\chi(\Delta t_r) = \chi(\Delta t_r,0) = \int_{-\infty}^{+\infty} u(t)u^*(t+\Delta t_r)\,\mathrm{d}t = \int_{-\infty}^{+\infty} |U(f)|^2\mathrm{e}^{-\mathrm{j}2\pi f\Delta t_r}\,\mathrm{d}f \tag{A1-11}$$

式中: $U(f)$ 为 $u(t)$ 的傅里叶变换,即 $U(f)$ 是复包络 $u(t)$ 的频谱。

式(A1-11)得到的是信号的复自相关函数,也称为时延模糊函数。通常采用函数主瓣的半功率点来定义分辨率,即利用时延模糊函数主瓣宽度定义为时延分辨率 $\rho_{\Delta t_d}$,也有文献采用-4dB 或者-6dB 主瓣宽度作为分辨率。根据距离与时延之间的比例关系,可得到距离分辨率 ρ_r 满足 $\rho_r = \rho_{\Delta t_d} \times c/2$。因此,式(A1-11)也可认为是距离模糊函数,描述两个目标在距离上是否可分辨,其模糊函数主瓣宽度定义为距离分辨率。

当两个目标的延迟时间差 $\Delta t_r = 0$ 时,从式(A1-10)可以得到 $\chi(\Delta f_d)$,即

$$\chi(\Delta f_d) = \chi(0,\Delta f_d) = \int_{-\infty}^{+\infty} |u(t)|^2\mathrm{e}^{\mathrm{j}2\pi\Delta f_d t}\,\mathrm{d}t = \int_{-\infty}^{+\infty} U^*(f)U(f-\Delta f_d)\,\mathrm{d}f \tag{A1-12}$$

式(A1-12)得到的是信号的频率自相关函数,也称为多普勒模糊函数。利用多普勒模糊函数主瓣宽度定义为多普勒分辨率 $\rho_{\Delta f_d}$。当波长固定时,根据目标速度与多普勒频率之间的比例关系,可得到速度分辨率 ρ_v 满足 $\rho_v = \rho_{\Delta f_d} \times \lambda/2$。因此,式(A1-12)也可认为是速度模糊函数,描述两个目标在速度上是否可分辨,其模糊函数主瓣宽度定位为速度分辨率。

2. 模糊函数性质

模糊函数描述了雷达信号的基本特性,这里简单介绍一下模糊函数的主要性质,这将

有助于利用模糊函数进行雷达信号的设计。

1）唯一性

唯一性定理：若信号 $u(t)$ 和 $v(t)$ 的模糊函数分别为 $\chi_u(\Delta t_r, \Delta f_d)$ 和 $\chi_v(\Delta t_r, \Delta f_d)$，则仅当 $v(t) = b \cdot u(t)$ 而且 $|b| = 1$ 时，才有 $\chi_u(\Delta t_r, \Delta f_d) = \chi_v(\Delta t_r, \Delta f_d)$。这表明对于一个给定的信号，它的模糊函数是唯一的，不同的信号具有不同的模糊函数。

2）原点对称性

根据模糊函数的定义，对式（A1-10）两边分别取复共轭，可得

$$\chi^*(\Delta t_r, \Delta f_d) = \int_{-\infty}^{+\infty} u^*(t) u(t + \Delta t_r) e^{-j2\pi \Delta f_d t} dt \tag{A1-13}$$

令 $t_d = t + \Delta t_r$，式（A1-13）可以变换为

$$\chi^*(\Delta t_r, \Delta f_d) = \int_{-\infty}^{+\infty} u^*(t_d - \Delta t_r) u(t_d) e^{-j2\pi \Delta f_d (t_d - \Delta t_r)} dt_d$$

$$= e^{j2\pi \Delta f_d \Delta t_r} \int_{-\infty}^{+\infty} u(t_d) u^*(t_d - \Delta t_r) e^{-j2\pi \Delta f_d t_d} dt_d = e^{j2\pi \Delta f_d \Delta t_r} \chi(-\Delta t_r, -\Delta f_d) \tag{A1-14}$$

由于共轭函数的绝对值相等，由式（A1-14）可得

$$|\chi(\Delta t_r, \Delta f_d)| = |\chi(-\Delta t_r, -\Delta f_d)| \tag{A1-15}$$

从式（A1-15）可以看出，模糊函数具有原点对称性。

3）原点有极大值性

根据柯西-施瓦兹不等式，有

$$|\chi(\Delta t_r, \Delta f_d)|^2 = \left| \int_{-\infty}^{+\infty} u(t) u^*(t + \Delta t_r) e^{j2\pi \Delta f_d t} dt \right|^2$$

$$\leqslant \int_{-\infty}^{+\infty} |u(t)|^2 dt \int_{-\infty}^{+\infty} |u^*(t + \Delta t_r)|^2 dt \tag{A1-16}$$

由模糊函数的定义可知

$$\int_{-\infty}^{+\infty} |u(t)|^2 dt = \int_{-\infty}^{+\infty} |u^*(t + \Delta t_r)|^2 dt = \chi(0,0) = E \tag{A1-17}$$

综合式（A1-16）与式（A1-17），可得

$$|\chi(\Delta t_r, \Delta f_d)|^2 \leqslant |\chi(0,0)|^2 = E^2 \tag{A1-18}$$

式（A1-18）表明模糊函数的最大极值点就发生在原点上，即 $\Delta t_r = 0$、$\Delta f_d = 0$。此时两个目标在距离和速度上均无差别，所以两目标无法从距离和速度上被分辨。

4）体积不变性

体积不变性就是

$$\int_{-\infty}^{+\infty} \int_{-\infty}^{+\infty} |\chi(\Delta t_r, \Delta f_d)|^2 d\Delta t_r d\Delta f_d = |\chi(0,0)|^2 = E^2 \tag{A1-19}$$

式（A1-19）说明，模糊函数三维图中模糊曲面下的总体积只取决于信号能量，与信号的形式无关，这也称为模糊原理。雷达信号波形设计只能在模糊原理的约束下，通过改变雷达信号的调制特性来改变模糊曲面的形状，使之与雷达目标的环境相匹配。

5）相乘规则

如果 $w(t) = u(t) v(t)$ 或 $W(f) = U(f) * V(f)$，其中：$W(f)$、$U(f)$ 和 $V(f)$ 分别为 $\omega(t)$、$u(t)$ 和 $v(t)$ 的傅里叶变换，$*$ 表示线性卷积，则有

$$\chi_w(\Delta t_r, \Delta f_d) = \int_{-\infty}^{+\infty} \chi_u(\Delta t_r, p) \chi_v(\Delta t_r, \Delta f_d - p) \, \mathrm{d}p \tag{A1-20}$$

如果 $W(f) = U(f)V(f)$ 或 $w(t) = u(t) * v(t)$，则有

$$\chi_w(\Delta t_r, \Delta f_d) = \int_{-\infty}^{+\infty} \chi_u(q, \Delta f_d) \chi_v(\Delta t_r - q, \Delta f_d) \, \mathrm{d}q \tag{A1-21}$$

6）时域平方相位的影响

如果 $v(t) = u(t) \mathrm{e}^{\mathrm{j}\pi m t^2}$，将 $v(t)$ 代入式（A1-6）中，则有 $\chi_v(\Delta t_r, \Delta f_d) = \mathrm{e}^{-\mathrm{j}\pi m \Delta t_r^2} \chi(\Delta t_r, \Delta f_d - m\Delta t_r)$。

7）重复性

如果信号 $u(t)$ 的模糊函数为 $\chi_u(\Delta t_r, \Delta f_d)$，将 $u(t)$ 在时间轴上以 T_r 为时间周期重复出现，则将形成具有 N 个 $u(t)$ 的周期重复信号 $v(t)$，即

$$v(t) = \sum_{i=0}^{N-1} b_i u(t - iT_r) \tag{A1-22}$$

式中：b_i 为复加权系数。

$v(t)$ 的模糊函数为

$$\begin{aligned}
\chi_v(\Delta t_r, \Delta f_d) &= \sum_{m=1}^{N-1} \mathrm{e}^{\mathrm{j}2\pi\Delta f_d m T} \chi_u(\Delta t_r + mT_r, \Delta f_d) \sum_{i=0}^{N-1-m} b_i^* b_{i+m} \mathrm{e}^{\mathrm{j}2\pi\Delta f_d i T_r} \\
&\quad + \sum_{m=0}^{N-1} \chi_u(\Delta t_r - mT_r, \Delta f_d) \sum_{i=0}^{N-1-m} b_i b_{i+m}^* \mathrm{e}^{\mathrm{j}2\pi\Delta f_d i T_r}
\end{aligned} \tag{A1-23}$$

3. 典型雷达信号模糊函数性能分析

前面分析了模糊函数定义与性质，下面针对单载频脉冲信号、相参脉冲串信号、线性调频脉冲信号三种典型雷达信号，分析其模糊函数性能，并说明目标距离、速度分辨率与信号参数之间的关系。

1）单载频脉冲信号

单载频脉冲信号是雷达最早使用的信号形式，它是一种载频为 f_0、时间宽度为 τ 的脉冲调制的正弦信号。为了推导的方便，使用归一化复包络表示形式，即

$$u(t) = \frac{1}{\sqrt{\tau}} \mathrm{rect}\left(\frac{t - \tau/2}{\tau}\right) \tag{A1-24}$$

式中：t 的定义域满足 $0 \leqslant t \leqslant \tau$。

根据模糊函数的定义，可得式（A1-24）的模糊函数为

$$\chi(\Delta t_r, \Delta f_d) = \int_{-\infty}^{+\infty} u(t) u^*(t + \Delta t_r) \mathrm{e}^{\mathrm{j}2\pi\Delta f_d t} \, \mathrm{d}t = \frac{1}{\tau} \int_a^b \mathrm{e}^{\mathrm{j}2\pi\Delta f_d t} \, \mathrm{d}t \tag{A1-25}$$

式中：$u(t)$ 满足 $t \in [0, \tau]$，$u^*(t + \Delta t_r)$ 满足 $t \in [-\Delta t_r, \tau - \Delta t_r]$。

因此，式（A1-25）中的积分需要分段确定：

当 $0 < \Delta t_r < \tau$ 时，$a = 0$，$b = -\Delta t_r + \tau$，式（A1-25）可变化为

$$\begin{aligned}
\chi(\Delta t_r, \Delta f_d) &= \int_0^{-\Delta t_r + \tau} \left(\frac{1}{\tau}\right) \mathrm{e}^{\mathrm{j}2\pi\Delta f_d t} \, \mathrm{d}t = \frac{1}{\tau} \left. \frac{\mathrm{e}^{\mathrm{j}2\pi\Delta f_d t}}{\mathrm{j}2\pi\Delta f_d} \right|_0^{-\Delta t_r + \tau} \\
&= \frac{1}{\tau} \frac{\mathrm{e}^{\mathrm{j}2\pi\Delta f_d(\tau - \Delta t_r)} - 1}{\mathrm{j}2\pi\Delta f_d} = \frac{1}{\tau} \mathrm{e}^{\mathrm{j}\pi\Delta f_d(\tau - \Delta t_r)} \left[\frac{\mathrm{e}^{\mathrm{j}\pi\Delta f_d(\tau - \Delta t_r)} - \mathrm{e}^{-\mathrm{j}\pi\Delta f_d(\tau - \Delta t_r)}}{\mathrm{j}2\pi\Delta f_d}\right]
\end{aligned}$$

$$= \mathrm{e}^{\mathrm{j}\pi\Delta f_{\mathrm{d}}(\tau-\Delta t_{\mathrm{r}})}\left[\frac{\sin\left[\pi\Delta f_{\mathrm{d}}(\tau-\Delta t_{\mathrm{r}})\right]}{\pi\Delta f_{\mathrm{d}}(\tau-\Delta t_{\mathrm{r}})}\right]\frac{\tau-\Delta t_{\mathrm{r}}}{\tau},\ 0<\Delta t_{\mathrm{r}}<\tau \qquad (\mathrm{A1}-26)$$

当 $-\tau<\Delta t_{\mathrm{r}}<0$ 时，$a=-\Delta t_{\mathrm{r}}$，$b=\tau$，式（A1-25）可变化为

$$\chi(\Delta t_{\mathrm{r}},\Delta f_{\mathrm{d}})=\int_{-\Delta t_{\mathrm{r}}}^{\tau}\left(\frac{1}{\tau}\right)\mathrm{e}^{\mathrm{j}2\pi\Delta f_{\mathrm{d}}t}\mathrm{d}t=\frac{1}{\tau}\frac{\mathrm{e}^{\mathrm{j}2\pi\Delta f_{\mathrm{d}}t}\mathrm{d}t}{\mathrm{j}2\pi\Delta f_{\mathrm{d}}}\bigg|_{-\Delta t_{\mathrm{r}}}^{\tau}=\frac{1}{\tau}\left[\frac{\mathrm{e}^{\mathrm{j}2\pi\Delta f_{\mathrm{d}}\tau}-\mathrm{e}^{-\mathrm{j}2\pi\Delta f_{\mathrm{d}}\Delta t_{\mathrm{r}}}}{\mathrm{j}2\pi\Delta f_{\mathrm{d}}}\right]$$

$$=\frac{\mathrm{e}^{-\mathrm{j}\pi\Delta f_{\mathrm{d}}\Delta t_{\mathrm{r}}}\mathrm{e}^{\mathrm{j}\pi\Delta f_{\mathrm{d}}\tau}}{\tau}\left[\frac{\mathrm{e}^{\mathrm{j}\pi\Delta f_{\mathrm{d}}(\tau+\Delta t_{\mathrm{r}})}-\mathrm{e}^{-\mathrm{j}\pi\Delta f_{\mathrm{d}}(\tau+\Delta t_{\mathrm{r}})}}{\mathrm{j}2\pi\Delta f_{\mathrm{d}}}\right]$$

$$=\mathrm{e}^{\mathrm{j}\pi\Delta f_{\mathrm{d}}(\tau-\Delta t_{\mathrm{r}})}\left[\frac{\sin\left[\pi\Delta f_{\mathrm{d}}(\tau+\Delta t_{\mathrm{r}})\right]}{\pi\Delta f_{\mathrm{d}}(\tau+\Delta t_{\mathrm{r}})}\right]\frac{\tau+\Delta t_{\mathrm{r}}}{\tau},\ -\tau<\Delta t_{\mathrm{r}}<0 \qquad (\mathrm{A1}-27)$$

当 $|\Delta t_{\mathrm{r}}|\geqslant\tau$ 时，因为 $u(t)u^{*}(t+\Delta t_{\mathrm{r}})=0$，所以

$$\chi(\Delta t_{\mathrm{r}},\Delta f_{\mathrm{d}})=0,\ |\Delta t_{\mathrm{r}}|\geqslant\tau \qquad (\mathrm{A1}-28)$$

所以，综合式（A1-26）、式（A1-27）和式（A1-28），可得

$$\chi(\Delta t_{\mathrm{r}},\Delta f_{\mathrm{d}})=\begin{cases}\mathrm{e}^{\mathrm{j}\pi\Delta f_{\mathrm{d}}(\tau-\Delta t_{\mathrm{r}})}\left\{\dfrac{\sin\left[\pi\Delta f_{\mathrm{d}}(\tau-|\Delta t_{\mathrm{r}}|)\right]}{\pi\Delta f_{\mathrm{d}}(\tau-|\Delta t_{\mathrm{r}}|)}\right\}\dfrac{(\tau-|\Delta t_{\mathrm{r}}|)}{\tau},&|\Delta t_{\mathrm{r}}|<\tau\\[2mm]0,&|\Delta t_{\mathrm{r}}|\geqslant\tau\end{cases}$$

$$(\mathrm{A1}-29)$$

模糊函数的模值 $|\chi(\Delta t_{\mathrm{r}},\Delta f_{\mathrm{d}})|$ 为

$$|\chi(\Delta t_{\mathrm{r}},\Delta f_{\mathrm{d}})|=\begin{cases}\left|\dfrac{\sin\left[\pi\Delta f_{\mathrm{d}}(\tau-|\Delta t_{\mathrm{r}}|)\right]}{\pi\Delta f_{\mathrm{d}}(\tau-|\Delta t_{\mathrm{r}}|)}\times\dfrac{(\tau-|\Delta t_{\mathrm{r}}|)}{\tau}\right|,&|\Delta t_{\mathrm{r}}|<\tau\\[2mm]0,&|\Delta t_{\mathrm{r}}|\geqslant\tau\end{cases}$$

$$(\mathrm{A1}-30)$$

令式（A1-30）中 $\Delta f_{\mathrm{d}}=0$，可以得到 $|\chi(\Delta t_{\mathrm{r}},\Delta f_{\mathrm{d}})|$ 的距离模糊函数

$$|\chi(\Delta t_{\mathrm{r}},0)|=\begin{cases}\dfrac{(\tau-|\Delta t_{\mathrm{r}}|)}{\tau},&|\Delta t_{\mathrm{r}}|<\tau\\[2mm]0,&|\Delta t_{\mathrm{r}}|\geqslant\tau\end{cases} \qquad (\mathrm{A1}-31)$$

令式（A1-30）中 $\Delta t_{\mathrm{r}}=0$，得到 $|\chi(\Delta t_{\mathrm{r}},\Delta f_{\mathrm{d}})|$ 的多普勒模糊函数

$$|\chi(0,\Delta f_{\mathrm{d}})|=\left|\frac{\sin(\pi\Delta f_{\mathrm{d}}\tau)}{\pi\Delta f_{\mathrm{d}}\tau}\right| \qquad (\mathrm{A1}-32)$$

单载频脉冲信号的模糊函数如图 A1-1 所示。其信号的脉冲宽度为 $50\mu\mathrm{s}$，并且时域和频域维宽度是按 $-3\mathrm{dB}$ 宽度计算，而模糊函数图则是按 $-6\mathrm{dB}$ 截取。从图 A1-1 可以看出，单载频脉冲信号包络的模糊函数具有如下特点：

（1）如图 A1-1(a)、(b) 所示，该信号的模糊函数图具有刀刃形，且刀刃和轴线重合，故称为刀刃和轴线重合的信号，图 A1-1(c) 为 $-6\mathrm{dB}$ 处的截面来表示的模糊度图。

（2）从图 A1-1(d) 可以看出该信号的距离模糊函数图是一个底为 $2\tau(\tau=50\mu\mathrm{s})$ 的三角形，可得 $-3\mathrm{dB}$ 的主瓣宽度为 $\Delta T_{\mathrm{r3dB}}=0.586\tau$，$-6\mathrm{dB}$ 的主瓣宽度为 $\Delta T_{\mathrm{r6dB}}=\tau$。因此，为了方便起见，工程上一般将非相参矩形脉冲信号 $-6\mathrm{dB}$ 的距离模糊函数主瓣宽度定义为距离分辨率 ρ_{r} 满足 $\rho_{\mathrm{r}}=c\tau/2$。

（3）从图 A1-1（e）可以看出该信号的多普勒模糊函数图是一个 sinc 函数，其第一零点的横坐标为 $\Delta f_{\mathrm{d}} = 1/\tau$ 。根据 $\mathrm{sinc}(0.442) = 0.707$、$\mathrm{sinc}(0.5) = 0.637$，可以得到 $-3\mathrm{dB}$ 和 $-4\mathrm{dB}$ 的主瓣宽度分别为 $\Delta f_{\mathrm{d3dB}} = 0.884/\tau$ 和 $\Delta f_{\mathrm{d4dB}} = 1/\tau$ 。因此，为了方便起见，工程上一般将非相参矩形脉冲信号 $-4\mathrm{dB}$ 的多普勒模糊函数主瓣宽度定义为多普勒分辨率 $\rho_{\Delta f_{\mathrm{d}}}$ 满足 $\rho_{\Delta f_{\mathrm{d}}} = 1/\tau$ ，则速度分辨率 ρ_v 满足 $\rho_v = \lambda/2\tau$ 。此时，非相参矩形脉冲的信号带宽 $B = \Delta f_{\mathrm{d4dB}}$ ，可得出的脉冲宽度 τ 与信号带宽 B 的乘积为 1，即互为倒数。

（4）由于非相参矩形脉冲信号包络的模糊函数的容积全部集中在主瓣内，不存在旁瓣。如果主瓣在时域上较窄，则频域上一定较宽，也就是说如果要提高距离分辨率，只能必须以降低速度分辨率来实现，反之亦然。因此该信号的二维联合分辨率较差。

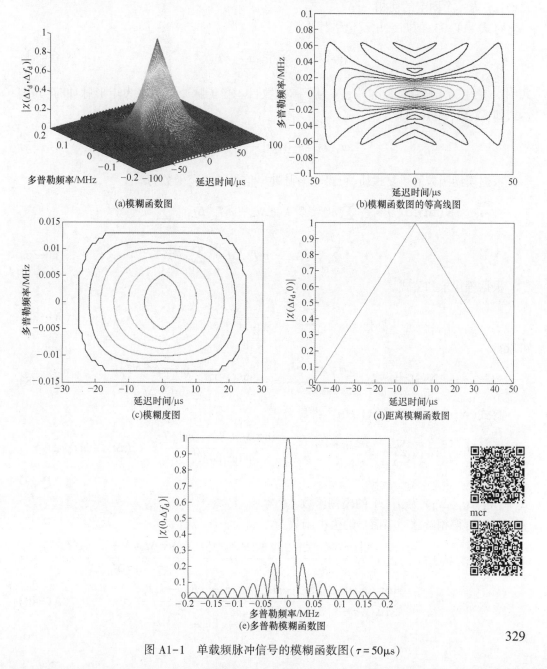

图 A1-1　单载频脉冲信号的模糊函数图（$\tau = 50\mu\mathrm{s}$）

早期的雷达大都采用非相参矩形脉冲信号,由于非相参矩形脉冲信号的相邻两个脉冲之间的相位不相参,导致雷达只能利用目标回波的幅度来检测和测量目标,限制了雷达的性能。现代雷达信号处理一般同时利用信号的幅度和相位信息,因此要求雷达采用全相参体制,即发射相参脉冲串信号。

2) 相参脉冲串信号

相参脉冲串信号指相邻的脉冲调制正弦信号间具有固定相位关系的信号,可以表示为

$$s(t) = \sum_{n=-\infty}^{+\infty} Au(t - nT_r)\cos(2\pi f_0 t + \varphi_0) \tag{A1-33}$$

式中:φ_0 为一个固定的初相。

将式(A1-33)的归一化复包络写为

$$u(t) = \frac{1}{\sqrt{N}}\sum_{n=0}^{N-1} u_1(t - nT_r) \tag{A1-34}$$

式中:$u_1(t)$ 为子脉冲的复包络;N 为子脉冲数目。当子脉冲复包络为矩形脉冲时,其表达式如式(A1-34),则有

$$u_1(t) = \frac{1}{\sqrt{\tau}}\mathrm{rect}\left(\frac{t - \tau/2}{\tau}\right) \tag{A1-35}$$

根据模糊函数的重复性质,可得相参脉冲串信号的模糊函数为

$$\chi(\Delta t_r, \Delta f_d) = \frac{1}{N}\sum_{m=1}^{N-1} e^{j2\pi\Delta f_d mT}\chi_1(\Delta t_r + mT_r, \Delta f_d)\sum_{i=0}^{N-1-m} e^{j2\pi\Delta f_d iT_r}$$
$$+ \frac{1}{N}\sum_{m=0}^{N-1}\chi_1(\Delta t_r - mT_r, \Delta f_d)\sum_{i=0}^{N-1-m} e^{j2\pi\Delta f_d iT_r} \tag{A1-36}$$

根据等比求和公式

$$\sum_{n=0}^{N-1} x^n = \frac{x^N - 1}{x - 1} \tag{A1-37}$$

可求得

$$\sum_{n=0}^{N-1} e^{j2\pi\Delta f_d nT_r} = \frac{e^{j2\pi\Delta f_d NT_r} - 1}{e^{j2\pi\Delta f_d T_r} - 1} = e^{j2\pi\Delta f_d(N-1)T_r}\frac{\sin(\pi\Delta f_d NT_r)}{\sin(\pi\Delta f_d T_r)} \tag{A1-38}$$

将式(A1-38)代入式(A1-36),推导可得

$$\chi(\Delta t_r, \Delta f_d) = \frac{1}{N}\sum_{m=-(N-1)}^{N-1} e^{j\pi\Delta f_d(N-1-m)T_r}\cdot\frac{\sin\pi\Delta f_d(N-|m|)T_r}{\sin\pi\Delta f_d T_r}\cdot\chi_1(\Delta t_r - mT_r, \Delta f_d) \tag{A1-39}$$

式中:$\chi_1(\Delta t_r, \Delta f_d)$ 为 $u_1(t)$ 的模糊函数。

最后可得相参脉冲串信号的模糊函数为

$$\chi(\Delta t_r, \Delta f_d) = \sum_{m=-(N-1)}^{N-1}\frac{e^{j\pi\Delta f_d(N-1-m)T_r}e^{j\pi\Delta f_d(\tau-\Delta t_r+mT_r)}}{N}\cdot\frac{\sin\pi\Delta f_d(N-|m|)T_r}{\sin\pi\Delta f_d T_r}\cdot$$
$$\frac{\sin\pi\Delta f_d(\tau-|\Delta t_r - mT_r|)}{\pi\Delta f_d(\tau-|\Delta t_r - mT_r|)}\cdot\frac{\tau-|\Delta t_r - mT_r|}{\tau} \tag{A1-40}$$

令 $\Delta f_d = 0$，可得其距离模糊函数的模值 $|\chi(\Delta t_r,0)|$，即

$$|\chi(\Delta t_r,0)| = \sum_{m=-(N-1)}^{N-1} \left| \frac{[\tau - |\Delta t_r - mT_r|]}{\tau} \times \frac{N - |m|}{N} \right| \tag{A1-41}$$

从式（A1-41）可以看出，$|\chi(\Delta t_r,0)|$ 相当于单个脉冲的距离模糊函数 $|\chi(\Delta t_r,\Delta f_d)| = (\tau - |\Delta t_r|)/\tau$ 按脉冲串的时间间隔 T_r 重复出现，且每个模糊带的中心高度随着 m 的增加而按 $(N-|m|)/N$ 的规律减小。令中间的图形为距离主瓣，则其余为模糊瓣，其性质与非相参矩形脉冲信号的距离主瓣相同。

考虑到通常 $T_r \gg \tau$，并令 $\Delta t_r = 0$、$m = 0$，可得其多普勒模糊函数的模值 $|\chi(0,\Delta f_d)|$ 为

$$|\chi(0,\Delta f_d)| = \left| \frac{\sin(\pi\Delta f_d\tau)}{\pi\Delta f_d\tau} \times \frac{1}{N} \times \frac{\sin(\pi\Delta f_d NT_r)}{\sin(\pi\Delta f_d T_r)} \right| = \left| \frac{\sin(\pi\Delta f_d\tau)}{\pi\Delta f_d\tau} \right| \times \left| \frac{\sin(\pi\Delta f_d NT_r)}{N\sin(\pi\Delta f_d T_r)} \right| \tag{A1-42}$$

从式（A1-42）可以看出，相参脉冲串信号的多普勒模糊函数的大包络由右边第一项的 sinc 函数 $\sin(\pi\Delta f_d\tau)/\pi\Delta f_d\tau$ 决定，其第一零点的横坐标为 $1/\tau$；右边第二项函数表示当 $\Delta f_d T_r$ 为整数时，该函数出现峰值，该峰值图形类似 sinc 函数，且以频率 $1/T_r$ 重复出现。令中间的峰值图形为主瓣，则其余为模糊瓣，且主瓣第一零点的横坐标为 $1/(NT_r)$。

相参脉冲串信号的模糊函数图（图 A1-2）。可以看出，相参脉冲串信号的模糊函数具有如下特点：

（1）如图 A1-2(a)、(b) 所示，相参脉冲串信号的模糊函数图由 $(2N-1)$ 个平行于频率轴的模糊带组成，从图 A1-2(c) 可以看出模糊带的间隔为 T_r，该模糊图属于钉板型。

（2）从图 A1-2(d) 可以看出，在中心点处 $(\Delta t_d = 0,\Delta f_d = 0)$ 存在一个距离-多普勒二维主瓣。参考非相参矩形脉冲信号关于距离模糊函数主瓣宽度的定义，主瓣的时域维长度为单个脉冲宽度 τ，则距离分辨率 ρ_r 满足 $\rho_r = c\tau/2$。参考非相参矩形脉冲信号关于多普勒模糊函数主瓣宽度的定义，相参脉冲串信号的多普勒模糊函数主瓣宽度为 $\Delta f_{d4dB} = 1/(NT_r)$，速度分辨率 ρ_v 满足 $\rho_v = \lambda/(2NT_r)$。

（3）从图 A1-2(e) 可以看出，距离模糊函数的主瓣与非相参矩形脉冲信号的相同，此外还存在 $(2N-2)$ 个距离旁瓣，各波瓣之间的间隔为脉冲间隔 T_r。

（4）从速度模糊函数图 A1-2(f) 可以看出，多普勒维各波瓣之间的间隔为脉冲重复频率 $1/T_r$。

通过对比图 A1-1 和图 A1-2，相参脉冲串信号模糊函数相当于将非相参矩形脉冲信号在距离维以 T_r 周期进行周期延拓，因此其距离分辨率并没有改变，仍由单个脉冲宽度 τ 决定。在速度维相当于以 $1/T_r$ 为间隔对非相参矩形脉冲信号速度模糊函数图进行抽样，因而其大部分模糊体积移至远离原点的"模糊瓣"内，原点处的主瓣尖而窄，使得速度分辨率得到显著改善，改善程度由脉冲串的长度 NT_r 决定。需要注意的是，相参脉冲串信号速度分辨率的改善是以在距离和速度维出现周期性模糊旁瓣为代价的。

克服上述缺点的办法有两种：一种是保证其一维性能，牺牲另一维，如加大脉冲重复周期可消除距离模糊，而速度模糊加重；反之，减小脉冲重复周期可消除速度模糊而距离模糊加重。另一种就是通过重复周期参差、脉间相位编码或频率编码等办法来抑制距离旁瓣，或通过对脉冲信号的幅度、相位和脉宽进行调制以抑制多普勒旁瓣。

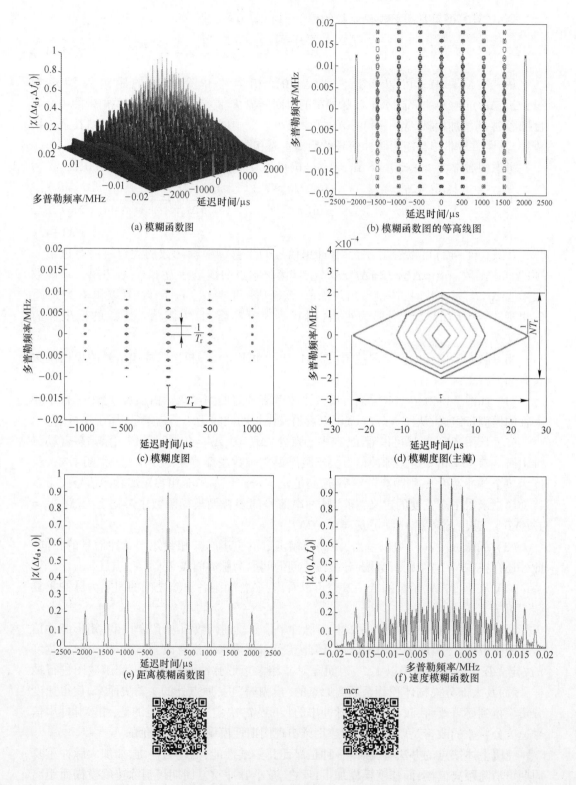

(a) 模糊函数图

(b) 模糊函数图的等高线图

(c) 模糊度图

(d) 模糊度图(主瓣)

(e) 距离模糊函数图

(f) 速度模糊函数图

图 A1-2　相参脉冲串信号的模糊函数图($\tau = 50\mu s$, $T_r = 500\mu s$, $N = 5$)

3）线性调频矩形脉冲信号

线性调频脉冲信号的归一化复包络可写为

$$u(t) = \frac{1}{\sqrt{\tau}} \text{rect}\left(\frac{t - \tau/2}{\tau}\right) e^{j\pi\mu t^2} \qquad (A1-43)$$

受式（A1-43）中相位项的影响，模糊函数根据时域平方相位的影响性质，通过单载频矩形脉冲信号的模糊函数式（A1-29）得到

$$\chi(\Delta t_r, \Delta f_d) = \begin{cases} e^{j\pi[(\Delta f_d - \mu\Delta t_r)(\tau - \Delta t_r) - \mu\Delta t_r^2]} \dfrac{\sin[\pi(\Delta f_d - \mu\Delta t_r)(\tau - |\Delta t_r|)]}{\pi(\Delta f_d - \mu\Delta t_r)(\tau - |\Delta t_r|)} \times \dfrac{\tau - |\Delta t_r|}{\tau}, |\Delta t_r| < \tau \\ 0, \qquad\qquad\qquad\qquad\qquad\qquad\qquad\qquad\qquad\qquad\quad |\Delta t_r| \geqslant \tau \end{cases}$$

$$(A1-44)$$

进一步整理可得

$$|\chi(\Delta t_r, \Delta f_d)| = \begin{cases} \left| \dfrac{\sin[\pi(\Delta f_d - \mu\Delta t_r)(\tau - |\Delta t_r|)]}{\pi(\Delta f_d - \mu\Delta t_r)(\tau - |\Delta t_r|)} \times \dfrac{\tau - |\Delta t_r|}{\tau} \right|, |\Delta t_r| < \tau \\ 0, \qquad\qquad\qquad\qquad\qquad\qquad\qquad\qquad\qquad |\Delta t_r| \geqslant \tau \end{cases}$$

$$(A1-45)$$

令 $\Delta f_d = 0$，可得距离模糊函数的模值为

$$|\chi(\Delta t_r, 0)| = \left| \frac{\sin[\pi\mu\Delta t_r(\tau - |\Delta t_r|)]}{\pi\mu\Delta t_r(\tau - |\Delta t_r|)} \times \frac{\tau - |\Delta t_r|}{\tau} \right|, |\Delta t_r| < \tau \qquad (A1-46)$$

从式（A1-46）可以看出，线性调频矩形脉冲信号距离模糊函数的右边第一项与 sinc 函数相似，为关于时延 Δt_r 的二次函数，当 $\Delta t_r = 0$ 时该式得到峰值点，且峰值对应主瓣的第一零点横坐标近似为 $1/\mu\tau = 1/B$。第二项 $(\tau - |\Delta t_r|)/\tau$ 与非相参矩形脉冲信号距离模糊函数相同，对第一项主瓣的影响较小。因此，参考 sinc 函数的主瓣性质，则线性调频矩形脉冲信号距离模糊函数的距离分辨率 ρ_r 满足 $\rho_r = c/2B$。

令 $\Delta t_r = 0$，可得速度模糊函数的模值为

$$|\chi(0, \Delta f_d)| = \left| \frac{\sin(\pi\Delta f_d\tau)}{\pi\Delta f_d\tau} \right| \qquad (A1-47)$$

从式（A1-47）可以看出，线性调频矩形脉冲信号多普勒模糊函数为 sinc 函数，根据 sinc 函数的主瓣性质，其多普勒分辨率 $\rho_{\Delta f_d}$ 满足 $\rho_{\Delta f_d} = 1/\tau$，则速度分辨率 ρ_v 满足 $\rho_v = \lambda/2\tau$。

从图 A1-3 可以看出，线性调频脉冲信号的模糊函数具有如下特点：

（1）从图 A1-3（a）、（b）、（c）可以看出，该信号的模糊函数为斜刀刃形；

（2）从图 A1-3（d）可以看出，时延模糊函数的主瓣宽度 $\Delta T_{r4dB} = 1/B$，为 $0.5\mu s$，则其距离分辨率 ρ_r 满足 $\rho_r = c/2B$；

（3）从图 A1-3（e）可以看出，频域模糊函数的主瓣宽度 $\Delta f_{d4dB} = 1/\tau$，为 $0.02MHz$，则其速度分辨率 ρ_v 满足 $\rho_v = \lambda/2\tau$。

通过与单载频矩形脉冲信号对比可以看出，线性调频脉冲信号的速度分辨率和单载频矩形脉冲信号相同，而通过提高信号带宽可以有效改善距离分辨率。改变信号时宽和带宽可以改变坐标原点附近模糊函数沿两个坐标轴的宽度，从而达到较好的距离分辨率

和速度分辨率。因此，线性调频脉冲信号的脉冲宽度 τ 与信号带宽 B 的乘积远大于1，可实现较好的二维联合分辨率。

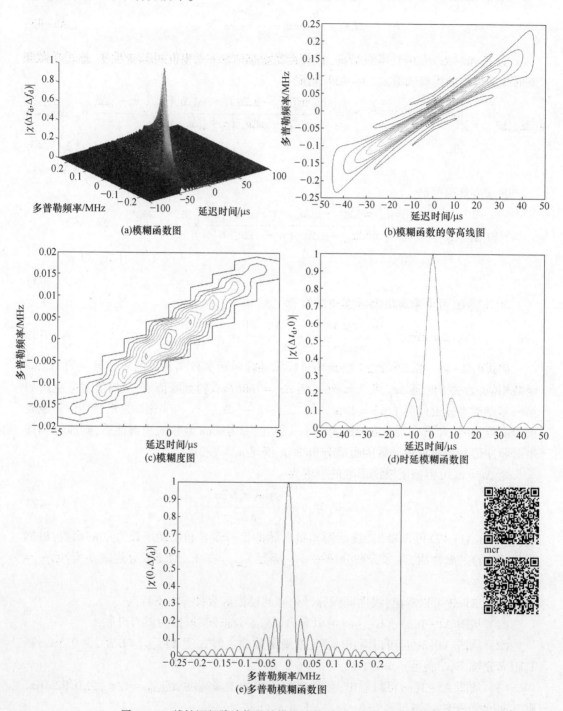

图 A1-3　线性调频脉冲信号的模糊函数图（$\tau=50\mu s, B=2MHz$）

附录 B 考虑地面反射时雷达的作用距离

假定地面为镜面反射,不计地球曲率的影响。雷达天线与目标的位置如图 B1-1 所示,为简便起见,设方位向上雷达天线的增益最大。由于直射波和反射波是由天线不同方向所产生的辐射,而且它们的路程不同,因而两者之间存在振幅和相位差,设目标处直射波和反射波的电场可分别用矢量 e_1,e_2 来表示。

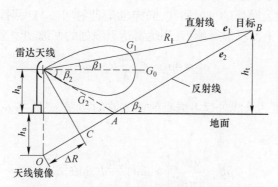

图 B1-1 平坦地面反射电磁波传播几何图形

$$e_1 = E_1 \cdot e^{j\omega t} \tag{B1-1}$$

$$e_2 = E_2 \cdot e^{j(\omega t - \varphi - \frac{2\pi}{\lambda}\Delta R)} \tag{B1-2}$$

式中:E_1、E_2 分别为直射波、反射波电场的幅度;ΔR 为直射波与反射波的波程差(km);φ 为地面反射系数的相角。

在一般情况下,满足下列条件:

$$h_a \ll h_t \ll R_I \tag{B1-3}$$

式中:h_a 为天线高度;h_t 为目标高度。因此可以近似认为直射波与反射波是平行的,此时有

$$\beta_1 = \beta_2 = \beta, G_1 = G_2, \Delta R = 2h_a\sin\beta \tag{B1-4}$$

式中:β_1 和 β_2 分别为直射波、反射波与水平方向的夹角;G_1、G_2 分别为直射波与反射波对应的天线增益。

因而目标所在处合成场强的幅度为

$$E_0 = |e_1 + e_2| = \sqrt{(e_1 + e_2) \cdot (e_1 + e_2)^*}$$
$$= \sqrt{E_1^2 + E_2^2 + 2E_1E_2\cos\left(\varphi + \frac{2\pi}{\lambda}\Delta R\right)} \tag{B1-5}$$

由于 $E_2 \approx \Gamma \cdot E_1$($\Gamma$ 为地面反射系数的模),所以式(B1-5)变成

$$E_0 = E_1\sqrt{1 + \Gamma^2 + 2\Gamma\cos\left(\varphi + \frac{2\pi}{\lambda}\Delta R\right)} \tag{B1-6}$$

当地面为理想的平面且发射水平极化波时,可认为 $\Gamma \approx 1, \varphi = 180°$, 则式(B1-6)变成

$$E_0 = E_1 \sqrt{2 - 2\cos\left(\frac{2\pi}{\lambda}\Delta R\right)} = E_1 \sqrt{2\left[1 - \cos\left(\frac{2\pi}{\lambda}\Delta R\right)\right]}$$

$$= E_1 \sqrt{4\sin^2\left(\frac{\pi}{\lambda}\Delta R\right)} = 2E_1 \left|\sin\left(\frac{\pi}{\lambda}\Delta R\right)\right| \qquad (B1-7)$$

$$= 2E_1 \left|\sin\left(\frac{2\pi}{\lambda}h_a\sin\beta\right)\right|$$

考虑到功率密度与电场强度的平方成正比,则目标处考虑地面反射后的功率密度为

$$\rho_1' = 4\rho_1 \sin^2\left(\frac{2\pi}{\lambda}h_a\sin\beta\right) \qquad (B1-8)$$

式中: ρ_1 为只有直射波时目标处的功率密度。

作用于雷达接收天线处的目标回波,同样也是直射回波与反射回波干涉的结果。对照式(B1-8),考虑了地面反射影响后,到达雷达天线处的回波功率密度为

$$\rho_2' = 4\rho_2 \sin^2\left(\frac{2\pi}{\lambda}h_a\sin\beta\right) \qquad (B1-9)$$

式中: $\rho_2 = \dfrac{\rho_1'\sigma}{4\pi R_I^2}$ 为雷达天线处仅考虑直射回波时的功率密度,将 ρ_2 的表达式与式(B1-8)代入式(B1-9)中,有

$$\rho_2' = \frac{\rho_1\sigma}{4\pi R_I^2}\left[4\sin^2\left(\frac{2\pi}{\lambda}h_a\sin\beta\right)\right]^2 \qquad (B1-10)$$

若接收天线在仰角为 β 方向上的有效面积为 $A_r(\beta)$,则天线所收到的回波功率为

$$P_r = \rho_2' \cdot A_r(\beta) = \frac{\rho_1\sigma}{4\pi R_I^2}\left[4\sin^2\left(\frac{2\pi}{\lambda}h_a\sin\beta\right)\right]^2 \cdot A_r(\beta) \qquad (B1-11)$$

将 $\rho_1 = \dfrac{P_\tau G_1}{4\pi R_I^2}, A_r(\beta) = \dfrac{G_1\lambda^2}{4\pi}, G_1 = G(\beta) = G \cdot F^2(\beta)$ 代入式(B1-11)并整理得

$$P_r = \frac{P_\tau G^2 F^4(\beta)\lambda^2\sigma}{(4\pi)^3 R_I^4}\left[4\sin^2\left(\frac{2\pi}{\lambda}h_a\sin\beta\right)\right]^2 \qquad (B1-12)$$

当 $P_r = S_{imin}$ 时,式(B1-12)中的 R_I 取最大值,故考虑地面反射后雷达在垂直方向上的探测范围为

$$R_I(\beta) = \left[\frac{P_\tau G^2\lambda^2\sigma}{(4\pi)^3 S_{imin}}\right]^{1/4} \cdot F(\beta) \cdot 2\left|\sin\left(\frac{2\pi}{\lambda}h_a\sin\beta\right)\right|$$

$$= R_{max} \cdot F(\beta) \cdot 2\left|\sin\left(\frac{2\pi}{\lambda}h_a\sin\beta\right)\right| \qquad (B1-13)$$

$$= R(\beta) \cdot 2\left|\sin\left(\frac{2\pi}{\lambda}h_a\sin\beta\right)\right|$$

$$= R(\beta) \cdot F_I(\beta)$$

式中: $F_I(\beta) = 2\left|\sin\left(\frac{2\pi}{\lambda}h_a\sin\beta\right)\right|$ 为地面反射因数。式(B1-13)表明,考虑地面反射时雷达俯仰方向上的探测范围 $R_I(\beta)$ 等于自由空间的探测范围 $R(\beta)$ 乘以地面反射因数 $F_I(\beta)$。

附录 C　雷达信号接收处理链条中各节点信噪比

典型雷达信号接收处理如图 C1-1 所示。

图 C1-1　典型雷达信号接收处理框图

1. 接收机输入端信噪比

接收机输入端信号功率 S_i 可以由基本雷达方程得到,即

$$S_i = \frac{P_\tau G^2 \lambda^2 \sigma}{(4\pi)^3 R^4} \tag{C1-1}$$

接收机输入端噪声功率由接收机通频带宽 B_n 决定,即

$$N_i = kT_0 B_n \tag{C1-2}$$

2. 接收机输出端信噪比

由于接收机内部噪声的影响,使得接收机输出端的信噪比降低了,降低的程度由噪声系数 F 决定,即

$$\left(\frac{S}{N}\right)_{o1} = \frac{1}{F} \cdot \frac{S_i}{N_i} \tag{C1-3}$$

3. 脉冲压缩输出端信噪比

脉冲压缩的本质是匹配滤波,匹配滤波是以输出最大信噪比为准则设计的最佳线性滤波器,若采用大时宽带宽积(线性调频、非线性调频、相位编码等)信号,经过匹配滤波后可提升信噪比 D_0 倍,如果是单载频信号(时宽带宽积为 1),则经过匹配滤波后信噪比没有变化,因此脉冲压缩体制的雷达通常采用大时宽带宽积信号。脉冲压缩输出端的信噪比提升 D_0 倍,即

$$\left(\frac{S}{N}\right)_{o2} = D_0 \cdot \left(\frac{S}{N}\right)_{o1} = \frac{D_0}{F} \cdot \frac{S_i}{N_i} \tag{C1-4}$$

4. 相参积累输出端信噪比

当单个脉冲无法达到检测要求时,可以通过脉冲积累的方式增加信号能量,脉冲积累分相参积累和非相参积累,若脉冲串有 n 个脉冲,相参积累时 n 个脉冲回波同相相加,功率增加 n^2 倍,而噪声是一个随机过程,积累的结果并不是使噪声电平提高 n 倍,而是使噪声的平均功率提高 n 倍,因此相参积累的结果是信噪比提升 n 倍。

$$\left(\frac{S}{N}\right)_{o3} = n \cdot \left(\frac{S}{N}\right)_{o2} = \frac{D_0 n}{F} \cdot \frac{S_i}{N_i} \tag{C1-5}$$

非相参积累是在检波后完成的,对同样 n 个脉冲,相参积累可使信噪比提高 n 倍,但非相参积累却达不到这样的性能。这是因为非相参积累是非线性的,信号与噪声在非线性电路上相互作用,会使一部分信号能量转化为噪声能量,因而降低了积累后的信噪比,特别在小信号时,损失更大。因此采用非相参积累,当积累脉冲数较大时,随着脉冲数目的增加,积累改善效果并不明显。虽然如此,非相参积累还是经常采用的,因为它的设备简单,容易实现。

非相参积累对信噪比的提高达不到 n 倍,需要乘以一个积累效率 $E_i(n)$,$E_i(n)$ 的取值小于 1,实际中通常用积累改善因子 $I_i(n)$ 表示,$I_i(n) = nE_i(n)$ 通常是虚警概率 P_f、发现概率 P_d 和脉冲积累数 n 的函数,直接通过查曲线获得。

积累改善因子与积累脉冲数的关系曲线如图 C1-2 所示,图中曲线 1 表示相参积累的改善因子,此时 $E_i(n) = 1$,$I_i(n) = n$,所以它是斜率为 $45°$ 的直线;曲线 2 是 $\sqrt{n}$ 的关系,根据试验和经验,大部分显示器和操纵员的视觉积累近似为这个关系;曲线 1、2 之间的曲线簇给出了在不同检测概率 P_d 和虚警概率 P_f 时检波后积累改善因子与积累数的关系。从曲线簇可以看出,积累脉冲数少时与相参积累相近,积累脉冲数越大效率越差。

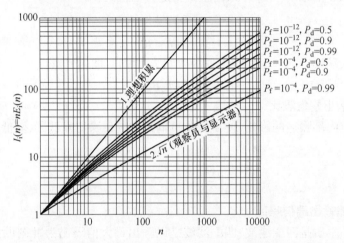

图 C1-2　目标不起伏时,积累改善因子与积累脉冲数的关系

附录 D　软性开关脉冲调制器工作原理

软性开关脉冲调制器根据调制开关和负载不同,其具体电路形式多种多样,但其基本工作原理是相同的。软性开关脉冲调制器的基本电路如图 D1-1 所示。图中 BG_1 为可控硅调制开关;储能元件为仿真线;充电铁芯电感 L 为充电隔离元件;脉冲变压器在充电过程中实现高压和负载的隔离,起充电旁通元件的作用,在放电过程中对调制脉冲起升压以及变换极性(负载采用阳极调制时)的作用,并且将次级的负载阻抗变换到初级,实现阻抗匹配。

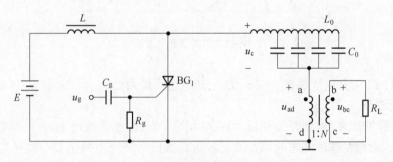

图 D1-1　软性开关脉冲调制器的基本电路

1. 充电过程

触发脉冲没有到来时,调制开关截止,可控硅相当于断路,仿真线充电,充电电路如图 D1-2 所示。

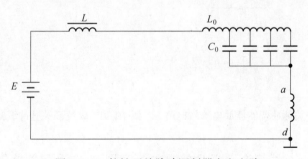

图 D1-2　软性开关脉冲调制器充电电路

由于铁芯电感为 mH 级,仿真线集中参数电感以及脉冲变压器初级电感为 μH 级,忽略内部阻抗的影响,充电电路可等效为如图 D1-3 所示的二阶 LC 电路。

根据基尔霍夫定理,求解此二阶 LC 电路:

$$LC \cdot \frac{\mathrm{d}^2 u_\mathrm{c}(t)}{\mathrm{d}t^2} + u_\mathrm{c}(t) = E \tag{D1-1}$$

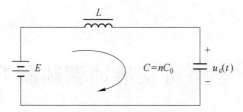

图 D1-3 软性开关脉冲调制器充电等效电路

$$u_c(t) = E(1 - \cos\omega_0 t) \tag{D1-2}$$

u_c 为仿真线充电电压,其波形如图 D1-4 所示。

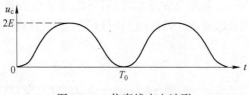

图 D1-4 仿真线充电波形

很显然,u_c 的充电周期 $T_0 = 2\pi\sqrt{LC}$,充电电压最大值 $u_{cm} = 2E$。

2. 放电过程

当触发脉冲到来,调制开关导通,可控硅相当于短路,仿真线放电,放电等效电路如图 D1-5 所示。记触发脉冲到来时刻为 T_r,若仿真线恰好在充电峰值处($T_r = T_0/2$)放电,在放电期间,仿真线相当于一个内阻等于其特性阻抗 Z_0、电压为 $2E$ 的电源,当 $R = Z_0$ 时,产生匹配放电,等效电路如图 D1-6 所示。

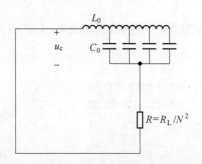

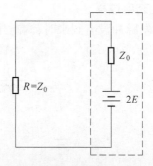

图 D1-5 软性开关脉冲调制器放电等效电路 　图 D1-6 软性开关脉冲调制器匹配放电等效电路

由于仿真线与传输线等价,为说明问题方便,以图 D1-7 所示开路传输线放电过程来分析说明。匹配放电时,根据分压原理,相当于一个 $-E$ 的电压行波,从传输线的源端向负载端传播,依次将线上电压降至 E;由于负载端开路,该电压行波全反射,反向向源端传播,依次将线上电压降至 0。传输线线上电压变化如图 D1-8(a)~(e)所示。

$T_r = T_0/2$,$R = Z_0$ 时关键节点波形如图 D1-9 所示。

很显然,脉冲宽度即为放电时长,经传输线与仿真线特性参数对应关系换算可得,$\tau = 2n\sqrt{L_0C_0}$,n 为仿真线节数。

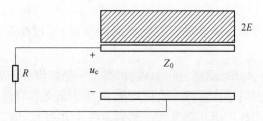

图 D1-7　开路传输线放电等效电路

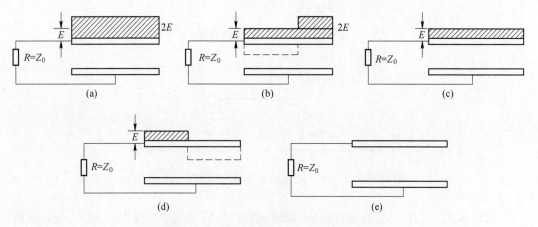

图 D1-8　开路传输线线上电压变化示意图

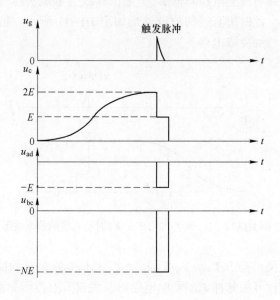

图 D1-9　$T_r = T_0/2$、$R = Z_0$ 时关键节点波形

　　仿真线放电完毕后,可控硅因阳极电压下降为零而截止,电源又经充电电感向仿真线充电,重复上述过程。

3. 附属电路

当 $T_r > T_0/2$ 时,为防止仿真线充电电流反向振荡,可以在充电回路增加隔离二极管,实现峰值保持。

当 $T_r > T_0/2$、$R > Z_0$ 时,根据分压原理,相当于一个幅度小于 E 的负电压行波,从传输线的源端向负载端传播,依次将线上电压降低 E;由于负载端开路,该电压行波全反射,反向向源端传播,继续将线上电压降低 E。然后重复上述过程,即仿真线多次放电,称为阶梯放电。此时仿真线的放电波形如图 D1-10 所示,很显然,此情形下得不到矩形放电脉冲。

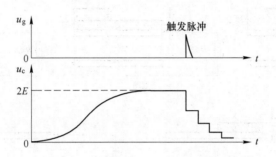

图 D1-10 $T_r > T_0/2$ 、$R > Z_0$ 时仿真线的放电波形

当 $T_r > T_0/2$,$R < Z_0$ 时,根据分压原理,相当于一个幅度大于 E 的负电压行波,从传输线的源端向负载端传播,依次将线上电压降低 E;由于负载端开路,该电压行波全反射,反向向源端传播,继续将线上电压降低 E,于是仿真线会形成负压,而且是一个往复振荡过程,称为振荡放电。此时仿真线的放电波形如图 D1-11 所示。很显然,仿真线负压需要消除,可在电路中增加反峰电路。

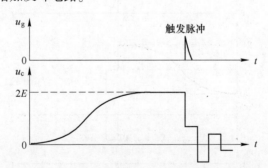

图 D1-11 $T_r > T_0/2$ 、$R < Z_0$ 时仿真线的放电波形

实际应用中,主要是基于 $T_r > T_0/2$、$R < Z_0$ 且仿真线欠充的情形,增加峰值保持电路和反峰电路后,软性开关脉冲调制器的电路以及关键节点波形分别如图 D1-12、图 D1-13 所示。

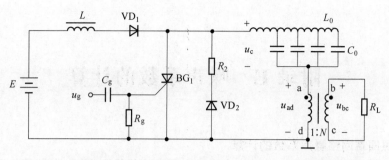

图 D1-12　增加峰值保持电路、反峰电路的软性开关脉冲调制器电路

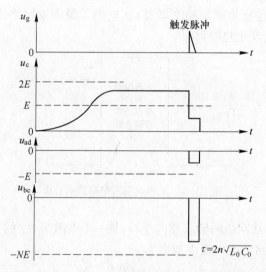

图 D1-13　$T_r > T_0/2$、$R < Z_0$ 且仿真线欠充时关键节点波形

附录 E 噪声系数的计算

1. 无源四端网络噪声系数的计算

四端网络可以分成有源和无源两大类。在雷达接收机中,晶体管属于有源四端网络,馈线、TR 放电管、移相器等属于无源四端网络,如图 E1-1 所示。图中 G 为额定功率传输系数(对于有源网络,也称为额定功率增益)。这类无源四端网络内部没有信号源,但由于存在损耗电阻,也会产生热噪声。

图 E1-1 无源四端网络电路示意图

由图 E1-1 可知,从网络的输入端向左看,是一个电阻为 R_A 的无源二端网络,它输出的额定噪声功率即网络的输入噪声功率为

$$N_i = kT_0B_n \tag{E1-1}$$

经过网络传输,加于负载电阻 R_L 上的外部噪声额定功率为

$$GN_i = GkT_0B_n \tag{E1-2}$$

从负载电阻 R_L 向左看,也是一个无源二端网络,它是由信号源电阻 R_A 和无源四端网络组合而成的。同理,这个二端网络输出的额定噪声功率为 kT_0B_n,也就是无源四端网络输出的总额定噪声功率为

$$N_o = kT_0B_n \tag{E1-3}$$

将式(E1-2)和式(E1-3)代入式(8-2),可得

$$F = \frac{N_o}{GN_i} = \frac{kT_0B}{GkT_0B} = \frac{1}{G} \tag{E1-4}$$

因此,无源四端网络的噪声系数为该网络的额定功率传输系数的倒数。由于无源四端网络额定功率传输系数 $G \leqslant 1$,因此其噪声系数 $F \geqslant 1$。对于无源四端网络而言,其损耗越小,额定功率传输系数 G 越大(接近于 1),噪声系数 F 就越小(越接近于 1)。

2. 级联电路噪声系数的计算

实际雷达接收机是由多级电路级联起来的,因此有必要讨论级联电路噪声系数的计算。为了简便,先考虑两个单元电路级联的情况,如图 E1-2 所示。图中 F_1、F_2 和 G_1、G_2 分别表示第一级和第二级电路的噪声系数和额定功率增益,ΔN_1、ΔN_2 分别为第一级和第二级电路内部噪声的额定噪声功率，B_n 为电路等效噪声带宽，N_i、N_o 分别为两级级联电路的输入、输出额定噪声功率，F_0、G 分别为两级级联电路的总噪声系数和总额定功率增益。

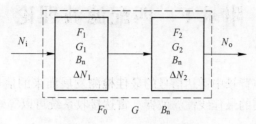

图 E1-2　两级电路的级联

由式(8-2)，可写出图 E1-2 两级级联电路总的噪声系数：

$$F_0 = \frac{N_o}{GN_i} = \frac{N_o}{G_1 G_2 N_i} \tag{E1-5}$$

$$N_i = kT_0 B_n \tag{E1-6}$$

式(E1-5)中的 N_o 由三部分组成：第一部分是由输入噪声在通过两级理想电路后，在输出端所呈现的额定噪声功率 $G_1 G_2 N_i$；第二部分是第一级电路的内部噪声 ΔN_1 在输出端所呈现的额定噪声功率 $G_2 \Delta N_1$；第三部分是第二级电路的内部噪声在输出端所呈现的额定噪声功率 ΔN_2。根据式(E1-6)和式(8-4)，这三部分额定噪声功率值可分别表示为

$$G_1 G_2 N_i = G_1 G_2 kT_0 B_n \tag{E1-7}$$

$$G_2 \Delta N_1 = G_2 (F_1 - 1) G_1 kT_0 B_n \tag{E1-8}$$

$$\Delta N_2 = (F_2 - 1) G_2 kT_0 B_n \tag{E1-9}$$

将式(E1-7)~式(E1-9)代入式(E1-5)，经过整理可得

$$F_0 = F_1 + \frac{F_2 - 1}{G_1} \tag{E1-10}$$

同理，n 级级联电路的总噪声系数 F_0 为

$$F_0 = F_1 + \frac{F_2 - 1}{G_1} + \frac{F_3 - 1}{G_1 G_2} + \cdots + \frac{F_n - 1}{G_1 G_2 \cdots G_{n-1}} \tag{E1-11}$$

附录 F 匹配滤波理论

匹配滤波是从噪声背景中雷达信号的最佳检测发展而来的信号处理理论,是一种以输出信噪比最大为准则的最佳线性滤波器。雷达接收系统可以等效为一个线性的非时变滤波器,如图 F1-1 所示。

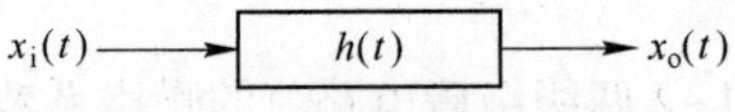

$$x_i(t) \longrightarrow \boxed{h(t)} \longrightarrow x_o(t)$$

图 F1-1 线性非时变滤波器

图 F1-1 中的输入信号 $x_i(t)$ 和输出信号 $x_o(t)$ 分别为信号和噪声之和,即

$$x_i(t) = s_i(t) + n_i(t) \tag{F1-1}$$

$$x_o(t) = s_o(t) + n_o(t) \tag{F1-2}$$

为了有效地检测信号和估计信号参数,需要设计线性滤波器的脉冲响应 $h(t)$,使 t_0 时刻输出信号 $x_o(t)$ 的信噪比 SNR_o 最大,即

$$\mathrm{SNR}_o(t_0) = \frac{|s_o(t_0)|^2}{\overline{n_o^2(t)}} \tag{F1-3}$$

式中:$\mathrm{SNR}_o(t_0)$ 表示在 t_0 时刻 SNR_o 达到最大时的信噪比,等式右边的分子项表示第 t_0 时刻的输出信号功率,等式右边的分母项表示噪声的平均功率(白噪声假设条件下与时间无关)。

假设匹配滤波器的噪声背景为白噪声,输入信号 $s_i(t)$ 的频谱为

$$S_i(f) = \int_{-\infty}^{\infty} s_i(t) \mathrm{e}^{-\mathrm{j}2\pi ft} \mathrm{d}t \tag{F1-4}$$

所以,传递函数为 $H(f)$ 的线性滤波器的输出信号 $s_o(t)$ 可表示为

$$s_o(t) = \int_{-\infty}^{\infty} S_i(f) \cdot H(f) \mathrm{e}^{\mathrm{j}2\pi ft} \mathrm{d}f \tag{F1-5}$$

输入端信号能量为

$$E = \int_{-\infty}^{+\infty} |s_i(t)|^2 \mathrm{d}t = \int_{-\infty}^{+\infty} |S_i(f)|^2 \mathrm{d}f \tag{F1-6}$$

假设滤波器输入端的白噪声功率谱密度为 $N_0/2$(单位为 W/Hz),则滤波器输出端的噪声平均功率为

$$\overline{n_o^2(t)} = \frac{N_0}{2} \int_{-\infty}^{\infty} |H(f)|^2 \mathrm{d}f \tag{F1-7}$$

所以,根据式(F1-3)有

$$\text{SNR}_o(t_0) = \frac{|s_o(t_0)|^2}{\overline{n_0^2}(t)} = \frac{\left| \int_{-\infty}^{\infty} S_i(f) \cdot H(f) e^{j2\pi f t_0} df \right|^2}{\frac{N_o}{2} \int_{-\infty}^{\infty} |H(f)|^2 df} \qquad (F1-8)$$

根据柯西–施瓦兹不等式,有

$$\left| \int_{-\infty}^{+\infty} X(f) Y(f) df \right|^2 \leqslant \int_{-\infty}^{+\infty} \left| X(f) \right|^2 df \cdot \int_{-\infty}^{+\infty} \left| Y(f) \right|^2 df \qquad (F1-9)$$

式中:等号成立的条件为 $X(f) = C_0 Y^*(f)$,其中 C_0 为滤波器增益常数。

可得到下面的不等式:

$$\left| \int_{-\infty}^{\infty} S_i(f) [H(f) e^{j2\pi f t_0}] df \right|^2 \leqslant \int_{-\infty}^{\infty} |S_i(f)|^2 df \cdot \int_{-\infty}^{\infty} |H(f) e^{j2\pi f t_0}|^2 df \qquad (F1-10)$$

因此,有

$$\frac{|s_0(t_0)|^2}{\overline{n^2}(t)} \leqslant \frac{2E}{N_0} \qquad (F1-11)$$

若使式(F1-11)中的等式成立,必须有下式成立:

$$H(f) = C_0 S_i^*(f) e^{-j2\pi f t_0} \qquad (F1-12)$$

通过式(F1-12)可得信号为实数时,匹配滤波器的脉冲响应为

$$h(t) = C_0 s_i(t_0 - t) \qquad (F1-13)$$

从式(F1-12)和式(F1-13)可知:线性滤波器的输出在第 t_0 时刻信噪比最大。通常将具有式(F1-12)或式(F1-13)所示滤波器特性的滤波器称为匹配滤波器。匹配滤波器是信号在白噪声的背景下使滤波器输出在 t_0 时刻达到最大信噪比的最优线性滤波器,当传输特性符合式(F1-12)时, $H(f)$ 为输入信号频谱的复共轭乘以一个线性相位项 $e^{-j2\pi f t_0}$,所以也称为共轭滤波器。需要注意的是对于实数信号而言,匹配滤波的脉冲响应为式(F1-13),但如果信号为复数时,则需要对式(F1-13)取共轭,此时匹配滤波器的脉冲响应为

$$h(t) = C_0 s_i^*(t_0 - t) \qquad (F1-14)$$

通过理论分析,可以得出匹配滤波器具有以下几个性质:

(1) 匹配滤波器的最大输出信噪比为

$$SNR_o(t_0) = \frac{\text{输出信号峰值功率}}{\text{输出噪声平均功率}} = \frac{2E}{N_0} \qquad (F1-15)$$

式中: E 为输入信号能量。

式(F1-15)说明,匹配滤波器输出端的最大信噪比只取决于输入信号的能量 E 和输入噪声功率谱密度 $N_0/2$,而与输入信号的形式无关。无论什么信号,只要它们所含能量相同,那么通过与之对应的匹配滤波器后输出的最大信噪比都是一样的。

(2) 匹配滤波器对于波形相同而幅度和时延参数不同的信号仍然是匹配的,即信号 $s_i(t)$ 的匹配滤波器对信号 $As_i(t - t_r)$ 仍然匹配。

匹配滤波器的频率响应为输入信号频谱的复共轭,因此,信号幅度大小不影响滤波器的形式。当信号结构相同时,其匹配滤波器的特性亦一样,只是输出能量随信号幅度而改变。当两信号只有时间差别时,可用同一匹配滤波器,仅在输出端有相应的时间差而已,

即匹配滤波器对时延信号仍然匹配。但对于频移信号 $s_i'(t) = s_i(t)e^{j2\pi f_d t}$，由于其信号频谱发生频移，当它通过对信号 $s_i(t)$ 的匹配滤波器时，其各频率分量没有得到合适的加权，且相位也得不到应有的补偿，故在输出端得不到信号的峰值。这就是说，对信号 $s_i(t)$ 的匹配滤波器对频移信号 $s_i'(t)$ 是不匹配的。因而当回波中有多普勒频移时，将会产生失配问题。

（3）附加延迟 t_0 应在信号持续时间的末尾。对于一个物理上可实现的滤波器，其脉冲响应必须满足

$$h(t) = 0, t < 0 \tag{F1-16}$$

根据式（F1-13）可知

$$h(t) = \begin{cases} s_i(t_0 - t), & t \geq 0 \\ 0, & t < 0 \end{cases} \tag{F1-17}$$

如果信号 $s_i(t)$ 存在于时间间隔 $[0, t_s]$ 内，则 $s_i(t_0 - t)$ 存在于时间间隔 $[t_0 - t_s, t_0]$ 内，综合式（F1-17）的条件可知 $t_0 \geq t_s$。一般取 $t_0 = t_s$，在 $t = t_0 = t_s$ 时刻匹配滤波器的输出端得到最大信噪比。

附录 G 信号检测理论

早期的雷达目标检测是由雷达操纵员在雷达显示器上用人眼观测完成的,这种人工检测方法至今在许多雷达中仍有使用。但是,雷达操纵员很难适应长期连续工作和存在大批量目标的情况,所以需要使用雷达信号自动检测技术。

通常,雷达接收回波信号中不但有目标信号,也存在噪声和杂波等各种干扰信号,因此雷达目标信号检测是在有噪声和干扰的条件下进行的,这里主要探讨噪声背景下的信号检测。

雷达回波信号 $x(t)$ 在任一时刻 t 均有两种可能情况,一种是纯噪声的情况,即 $x(t) = n(t)$,用假设 H_0 表示;另一种是信号加噪声情况,即 $x(t) = s(t) + n(t)$,用假设 H_1 表示。检测系统的任务是在有限观测时间内,对输入信号 $x(t)$ 的样本序列 $(x_1, x_2, \cdots, x_N)$ 进行处理,然后根据其输出判断是否有信号存在。这时,信号的检测就成为相对于 H_0 假设和 H_1 假设的双择检测的问题,其检测结果有四种情况:

(1) 当 H_1 为真且判为有目标时,称为正确检测。正确检测的概率称为检测概率,又称为发现概率,用 P_d 表示,显然 P_d 值越大越好。

(2) 当 H_1 为真但判为无目标,这是错误判断,称为漏警或称为第二类错误,它的概率称为漏警概率,可用 P_m 表示。

(3) 当 H_0 为真且判为无目标时,称为正确不发现,它的概率用 P_{an} 表示。

(4) 当 H_0 为真但判为有目标,此时称虚警,也称为第一类错误。虚警概率一般用 P_f 表示,其值越小越好。

显然,四种概率存在以下关系:

$$\begin{cases} P_d + P_m = 1 \\ P_{an} + P_f = 1 \end{cases} \tag{G1-1}$$

因此,每对概率只需知道其中之一即可。在雷达信号检测问题中,检测概率 P_d 和虚警概率 P_f 一般被认为是两个重要的性能指标。

1. 似然比检测

当回波中混有噪声时,根据回波的电压值来判断有无目标是难以作出肯定回答的,尤其是与噪声相比,目标信号很小时更是如此。这就带来了一个问题,建立怎样的准则来判断有无目标信号存在呢?

由于噪声是随机的,接收回波电压也是随机的。虽然不能断言接收回波中是否存在目标,但可根据大量试验的结果,推定属于某种情况的概率,即所谓的后验概率。无目标的后验概率和有目标的后验概率分别用 $P(H_0 x)$ 和 $P(H_1 | x)$ 表示。定义一个判决准则:

$$\frac{P(H_1 | x)}{P(H_0 | x)} \begin{cases} \geq 1, & \text{判为有目标信号} \\ < 1, & \text{判为无目标信号} \end{cases} \tag{G1-2}$$

　　显然,通过比较接收回波信号的两种后验概率来判决是否有目标是比较合理的,这个准则被称为最大后验概率准则。

　　然而,由于无法预知两种情况的后验概率,直接应用式(G1-2)进行判决不太现实。但是 H_0 假设和 H_1 假设的先验概率 $P(H_0)$ 和 $P(H_1)$ 作为先验知识一般是已知的,根据贝叶斯公式,后验概率可表示为

$$P(H_0|x) = \frac{P(H_0)p(x|H_0)}{p(x)} \tag{G1-3}$$

$$P(H_1|x) = \frac{P(H_1)p(x|H_1)}{p(x)} \tag{G1-4}$$

式中: $p(x)$ 为 x 的概率密度, $P(x|H_0)$ 、 $P(x|H_1)$ 为条件概率密度,又称似然函数。由式(G1-3)和式(G1-4)可得

$$\frac{p(x|H_1)}{p(x|H_0)} \begin{cases} \geq P(H_0)/P(H_1), & \text{判为有目标} \\ < P(H_0)/P(H_1), & \text{判为无目标} \end{cases} \tag{G1-5}$$

令 $\Lambda(x) = p(x|H_1)/p(x|H_0)$,则称 $\Lambda(x)$ 为似然比,所以有

$$\Lambda_0 = \frac{P(H_0)}{P(H_1)} \tag{G1-6}$$

式中: Λ_0 为判决门限值。

　　式(G1-5)是由最大后验概率准则经贝叶斯规则变换得到的,这种判决准则即为似然比准则。似然比检测系统的结构如图 G1-1 所示。用计算所得的似然比与门限 Λ_0 作比较,超过门限值判 H_1 假设成立,低于门限值则判 H_0 假设成立。

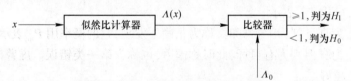

图 G1-1　似然比检测系统结构示意图

　　高斯噪声情况下接收回波条件概率密度曲线如图 G1-2 所示,左边是无目标时的曲线,右边是有目标时的曲线。很明显在相同横坐标下,两曲线对应的纵坐标比值为似然比,图中用括号标注在横坐标下方。

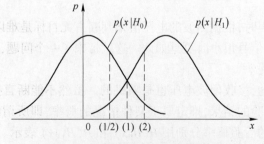

图 G1-2　接收回波条件概率密度曲线

2. 奈曼-皮尔逊准则

似然比准则判决需要一个先决条件,即确知雷达信号的先验概率。而在雷达信号的检测问题中,预先并不知道目标是否出现的概率,也很难确定一次漏警带来的损失,因此无法直接应用似然比准则进行检测。在实际应用中,对雷达的虚警概率是有规定的,虚警概率过高会导致自动检测时出现众多的假目标信号,造成计算机饱和而无法工作。在这种情形下,通常把雷达的最佳检测定义为,在允许一定的虚警概率 P_f(造成的损失观测者可承受)条件下,使检测概率 P_d 达到最大或使漏警概率 P_m 最小,即

$$\begin{cases} P_f = \alpha = 常数 \\ P_d = 1 - P_m = 最大 \qquad 或 P_m = 1 - P_d = 最小 \end{cases} \tag{G1-7}$$

这就是奈曼-皮尔逊准则。

下面分析雷达中 NP 准则的应用及其检测性能,其检测如图 G1-3 所示。雷达回波信号经过接收机处理后,输出 I/Q 两路信号,经过信号处理中的空域滤波、脉冲压缩、杂波抑制等处理后,回波信号 $x(t)$ 可表示为 H_0 假设下 $x(t) = n(t)$,H_1 假设下 $x(t) = s(t) + n(t)$。

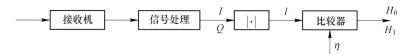

图 G1-3　雷达信号检测流程图

检测输出在没有目标信号时的概率密度分布为

$$p(l|H_0) = \frac{l}{\sigma^2}\mathrm{e}^{-\frac{l^2}{2\sigma^2}} \tag{G1-8}$$

检波输出在有目标信号时的概率密度分布为

$$p(l|H_1) = \frac{l}{\sigma^2}\mathrm{e}^{-\frac{l^2+d^2}{2\sigma^2}}I_0(dl) \tag{G1-9}$$

式中:$d^2 = \dfrac{S}{N}$ 为功率信噪比,$I_0(l)$ 为第一类零阶修正贝塞尔函数。以归一化电压 l 为横坐标,以上两式的分布曲线如图 G1-4 所示。

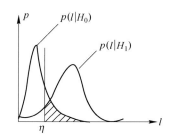

图 G1-4　单次信号的概率密度分布

当以 η 作为检测门限时,虚警概率 P_f 应为 η 右侧,曲线 $p(l|H_0)$ 下的面积,即

$$P_f = \int_\eta^\infty p(l|H_0)\,\mathrm{d}l \tag{G1-10}$$

根据给定的 P_f，可确定检测门限为

$$\eta = \sqrt{-2\sigma^2 \ln(P_f)} \tag{G1-11}$$

同理，发现概率 P_d 为 η 右侧，曲线 $p(l|H_1)$ 下的面积，即

$$P_d = \int_\eta^\infty p(l|H_1)\,\mathrm{d}l \tag{G1-12}$$

这样，以功率信噪比 $d^2 = \dfrac{S}{N}$ 为变量，以 P_f 为参变量，采用该算法可以得到任意精度的 P_d。

附录 H 雷达跟踪滤波理论

雷达跟踪滤波最主要的目的就是运用估计理论和其他有效的方法,估计当前和未来时刻目标的运动参数,如位置、速度和加速度等。估计理论是雷达目标跟踪的基础理论,它要求建立系统模型来描述目标动态特性和测量传感器。

1. 系统模型

系统模型把某一时刻的状态变量表示为前一时刻状态变量的函数,其所定义的状态变量应是能够全面反映系统动态特性的一组维数最少的变量。采用这种方法的系统输入/输出关系是用状态转移模型和观测模型在时域内加以描述的。状态表示了系统的"内部条件",考虑了对旧的输入具有记忆能力;输入可以由确定的时间函数和代表不可预测的变量或噪声的随机过程组成;输出不仅是状态的函数,还受到随机观测误差的扰动。

雷达目标跟踪的基本系统主要是线性离散时间系统,其目标动态特性和测量传感器可用下列方程描述:

$$\boldsymbol{s}_{k+1} = \boldsymbol{\Phi}_k \boldsymbol{s}_k + \boldsymbol{G}_k \boldsymbol{v}_k \tag{H1-1}$$

$$\boldsymbol{z}_k = \boldsymbol{H}_k \boldsymbol{s}_k + \boldsymbol{w}_k \tag{H1-2}$$

式(H1-1)和式(H1-2)中:下标整数 k 和 $k+1$ 表示离散时间的瞬间; $\boldsymbol{s}_k$ 为 k 时刻系统状态的 n 维向量; $\boldsymbol{\Phi}_k$ 为 $n \times n$ 维的状态转移矩阵; $\boldsymbol{G}_k$ 为 $n \times q$ 维的过程噪声分布矩阵; $\boldsymbol{v}_k$ 为 q 维的过程噪声向量; $\boldsymbol{z}_k$ 为 m 维的观测向量; $\boldsymbol{H}_k$ 为 $m \times n$ 维的量测矩阵; $\boldsymbol{w}_k$ 为 m 维的量测噪声。

式(H1-1)表明,目标动态特性可用线性系统描述,即由包含位置、速度和加速度的状态 $\boldsymbol{s}_k$ 表示,系统下一时刻的状态 $\boldsymbol{s}_{k+1}$ 可用实际状态 $\boldsymbol{s}_k$ 和过程噪声向量 $\boldsymbol{v}_k$ 两个响应相叠加来求出。状态转移矩阵 $\boldsymbol{\Phi}_k$ 表示 $k+1$ 时刻之前的历史数据(储存在 $\boldsymbol{s}_k$ 中)对 $\boldsymbol{s}_{k+1}$ 的作用。

式(H1-2)表明,观测值 $\boldsymbol{z}_k$ 是状态分量与附加噪声扰动的线性组合。矩阵 $\boldsymbol{H}_k$ 表示了 $\boldsymbol{s}_k$ 的分量是如何进行组合而形成观测值 $\boldsymbol{z}_k$ 的,从而说明了能够根据观测值来确定系统的状态。

为便于理解,下面介绍目标运动的四维数学模型,并用下述差分方程表示为

$$\begin{cases} x_{k+1} = x_k + v_{x,k}T + 0.5a_{x,k}T^2 \\ v_{x,k+1} = v_{x,k} + a_{x,k}T \\ y_{k+1} = y_k + v_{y,k}T + 0.5a_{y,k}T^2 \\ v_{y,k+1} = v_{y,k} + a_{y,k}T \end{cases} \tag{H1-3}$$

式中: x_k 和 $v_{x,k}$ 、 y_k 和 $v_{y,k}$ 分别为第 k 次雷达扫描时目标的 x 轴位置和速度、 y 轴位置和速度; T 为雷达扫描间隔(假定为常数)。对目标的加速特性用随机变量 $a_{x,k}$ 和 $a_{y,k}$ 来描述,

并假定 $a_{x,k}$ 和 $a_{y,k}$ 为具有零均值的高斯分布平稳随机变量。

将式(H1-3)按式(H1-1)写成矩阵方程为

$$s_{k+1} = \boldsymbol{\Phi} s_k + \boldsymbol{G} \boldsymbol{v}_k \qquad (\text{H1-4})$$

式中:s_k 为状态向量,即

$$s_k = \begin{bmatrix} x_k \\ v_{x,k} \\ y_k \\ v_{y,k} \end{bmatrix} \qquad (\text{H1-5})$$

$\boldsymbol{\Phi}$ 为状态转移矩阵,即

$$\boldsymbol{\Phi} = \begin{bmatrix} 1 & T & 0 & 0 \\ 0 & 1 & 0 & 0 \\ 0 & 0 & 1 & T \\ 0 & 0 & 0 & 1 \end{bmatrix} \qquad (\text{H1-6})$$

$\boldsymbol{G}$ 为过程噪声分布矩阵,即

$$\boldsymbol{G} = \begin{bmatrix} 0.5T^2 & 0 \\ T & 0 \\ 0 & 0.5T^2 \\ 0 & T \end{bmatrix} \qquad (\text{H1-7})$$

$\boldsymbol{v}_k$ 为过程噪声向量,即

$$\boldsymbol{v}_k = \begin{bmatrix} a_{x,k} \\ a_{y,k} \end{bmatrix} \qquad (\text{H1-8})$$

量测方程为

$$z_k = \boldsymbol{H} s_k + \boldsymbol{w}_k \qquad (\text{H1-9})$$

式中:$\boldsymbol{w}_k$ 为具有协方差 $\boldsymbol{R}_k$ 的零均值的白色高斯测量噪声;$\boldsymbol{H}$ 为量测矩阵,即

$$\boldsymbol{H} = \begin{bmatrix} 1 & 0 & 0 & 0 \\ 0 & 0 & 1 & 0 \end{bmatrix} \qquad (\text{H1-10})$$

2. 跟踪滤波算法

根据目标运动状态方程的不同,采用不同的跟踪滤波算法。在测量值与状态向量成线性关系的情况下,采用线性滤波算法,典型的线性滤波算法包括:卡尔曼滤波、$\alpha\text{-}\beta$ 滤波、$\alpha\text{-}\beta\text{-}\gamma$ 滤波等。其中当目标匀速运动时可以采用 $\alpha\text{-}\beta$ 滤波,当目标匀加速运动时可以采用 $\alpha\text{-}\beta\text{-}\gamma$ 滤波。在测量值与状态向量成非线性关系的情况下,采用非线性滤波算法,典型的非线性滤波算法包括扩展卡尔曼滤波、粒子算法等。下面仅介绍卡尔曼滤波和 $\alpha\text{-}\beta$ 滤波。

1) 卡尔曼滤波

对所描述的系统模型,要研究的问题是利用有限观测时间间隔内收集到的测量值,即 $z^k = \{z_0, z_1, \cdots, z_k\}$ 来估计线性离散时间动态系统的状态 s。这一系统的先验知识由如下信息组成:

(1) 初始状态 s_0 是随机向量,其均值为 $\boldsymbol{\mu}_0$,协方差矩阵 $\boldsymbol{P}_0 \geqslant 0$;

（2）过程噪声序列 $G_k v_k$ 是零均值白噪声过程,其协方差矩阵 $Q_k \geqslant 0$;

（3）量测噪声序列 w_k 是零均值白噪声过程,其协方差矩阵 $R_k \geqslant 0$;

（4）假定初始状态 s_0 与扰动 v_k、w_k 不相关;

（5）噪声过程 v_k 与 w_k 互不相关,即 $E = \{v_k, w_k^{\mathrm{T}}\} = 0$。

推导滤波器方程,利用了估计的下列基本性质:①估计误差与观测值间正交;②当获得新观测值时,能够推导出对于估计的修正递推公式。

利用系统的先验知识和估计的基本性质可推导出卡尔曼滤波递推方程如下:

预测方程为

$$\hat{s}_{k/k-1} = \boldsymbol{\Phi}_{k-1} \hat{s}_{k-1/k-1} \tag{H1-11}$$

预测估计 $\hat{s}_{k/k-1}$ 的协方差矩阵为

$$\hat{P}_{k/k-1} = \boldsymbol{\Phi}_{k-1} \hat{P}_{k-1/k-1} \boldsymbol{\Phi}_{k-1}^{\mathrm{T}} + Q_{k-1} \tag{H1-12}$$

卡尔曼增益方程为

$$K_k = \hat{P}_{k/k-1} H_k^{\mathrm{T}} (H_k \hat{P}_{k/k-1} H_k^{\mathrm{T}} + R_k)^{-1} \tag{H1-13}$$

滤波方程为

$$\hat{s}_{k/k} = \hat{s}_{k/k-1} + K_k (z_k - H_k \hat{s}_{k/k-1}) \tag{H1-14}$$

滤波估计 $\hat{s}_{k/k}$ 的协方差矩阵为

$$\hat{P}_{k/k} = (I - K_k H_k) \hat{P}_{k/k-1} \tag{H1-15}$$

要想运用卡尔曼滤波器,还需对卡尔曼滤波器进行初始化,以四维状态向量估计的初始化为例。雷达获得的前两次观测值为 $z_0 = [x_0, y_0]^{\mathrm{T}}$ 和 $z_1 = [x_1, y_1]^{\mathrm{T}}$,则卡尔曼滤波器的状态初始值为

$$\hat{s}_{1/1} = \left[x_1 \quad \frac{x_1 - x_0}{T} \quad y_1 \quad \frac{y_1 - y_0}{T} \right]^{\mathrm{T}} \tag{H1-16}$$

量测噪声 w_k 是零均值白噪声过程,其初始时刻协方差矩阵为

$$R_1 = \begin{bmatrix} r_{11} & r_{12} \\ r_{21} & r_{22} \end{bmatrix} \tag{H1-17}$$

则四维状态向量情况下的初始协方差矩阵为

$$\hat{P}_{1/1} = \begin{bmatrix} r_{11} & r_{11}/T & r_{12} & r_{12}/T \\ r_{11}/T & 2r_{11}/T^2 & r_{12}/T & 2r_{12}/T^2 \\ r_{12} & r_{12}/T & r_{22} & r_{22}/T \\ r_{12}/T & 2r_{12}/T^2 & r_{22}/T & 2r_{22}/T^2 \end{bmatrix} \tag{H1-18}$$

对于 $k = 2, 3, \cdots$,即可由卡尔曼滤波递推公式得到各时刻的状态滤波值。

2）α-β 滤波

假设目标的运动特性满足下列理想条件:

（1）目标作匀速直线运动,即目标模型中无加速度;

（2）平稳的测量噪声,即 R_k 在任意第 k 次雷达扫描中恒定不变;

（3）雷达采样周期 T 不变;

（4）s_k 是描述目标运动状态的四维向量，如式（H1-5）所示。

在这些假设条件下，采用最小均方误差估计准则推导出拟合匀速直线航迹的 $\alpha-\beta$ 滤波和预测方程为

$$\hat{s}_{k/k} = \hat{s}_{k/k-1} + K(z_k - H\hat{s}_{k/k-1}) \tag{H1-19}$$

$$\hat{s}_{k/k-1} = \Phi\hat{s}_{k-1/k-1} \tag{H1-20}$$

式中：$K = [\alpha, \beta/T]^{\mathrm{T}}$，其中：$\alpha \,, \beta$ 为滤波器参数，其值的选择应做到有效地滤除测量噪声，在工程应用中需要考虑对突然机动产生快速响应。

附录 I 符号表

符号	含义	符号	含义
$(\cdot)^*$	共轭运算	$H(s)$ $H(z)$	系统函数
$(\cdot)^T$	转置运算	I	改善因子
$(\cdot)^H$	共轭转置运算	$I(\cdot)$、$Q(\cdot)$	同向分量,正交分量
$\divideontimes$	线性卷积	k	玻尔兹曼常数
$\otimes$	周期卷积	λ	波长
α	方位角	L	损耗
$a(t)$	幅度调制函数	M	识别系数
A_e	天线有效孔径面积	$p(\cdot)$	概率密度
B	带宽	P_d	检测概率
β	仰角	P_f	虚警概率
c	光速	P_τ	峰值功率
d_0	直视距离	P_{av}	平均功率
D	占空比	r_e	地球等效半径
D_0	脉压比	R	目标斜距
F	噪声系数	R_u	最大不模糊距离
f_0	工作频率(中心频率)	ρ	电压驻波比
f_{CLK}	时钟频率	ρ_r	距离分辨率
f_{COHO}	相参振荡频率	ρ_v	速度分辨率
f_d	多普勒频率	ρ_θ	角度分辨率
f_L	本振频率	σ	雷达散射截面积
f_r	脉冲重复频率	τ	脉冲宽度
f_{REF}	参考时钟频率	T_0	标准室温
f_s	采样时钟频率	T_r	脉冲重复周期
G	功率增益	v_r	径向速度
Γ	反射系数	Ω	模拟角频率
$h(t)$ $h(n)$	单位冲激响应	ω	数字角频率
$H(\Omega)$ $H(\omega)$	传递函数(频率响应函数)	$\varphi(t)$	相位调制函数

附录 J 彩色插图

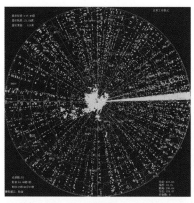

(a) P显

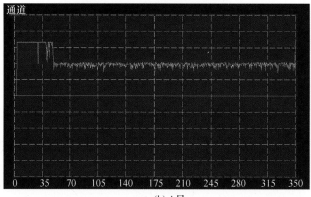

(b) A显

图 2-37　窄带干扰 P 显和 A 显示意图

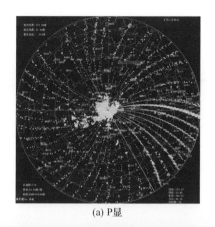

(a) P 显

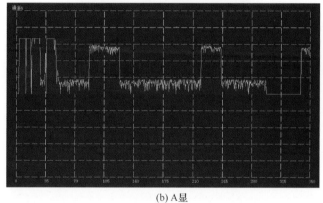

(b) A 显

图 2-38 扫频式(匀速规律扫描)干扰 P 显和 A 显示意图

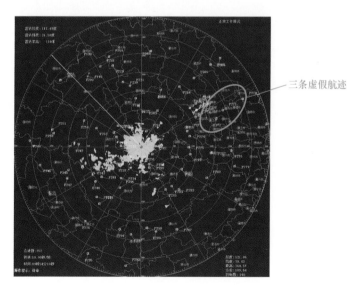

图 2-39 雷达受到虚假航迹欺骗干扰时的 P 显画面

（a）P 显

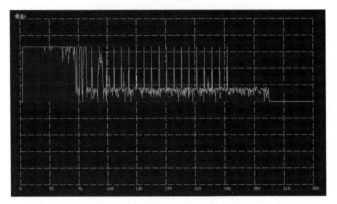

（b）A 显

图 2-40　雷达受到密集假目标欺骗干扰时的 P 显和 A 显画面

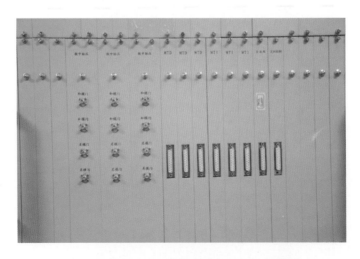

图 9-1　某传统雷达信号处理分机结构实物图

图 9-2 某雷达信号处理分机结构实物图

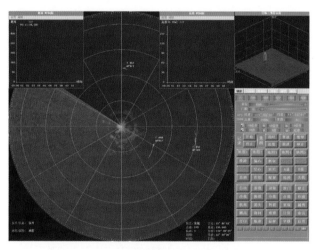

图 10-19 雷达视频回波的平面位置显示

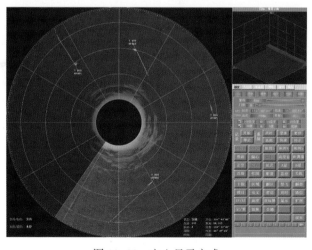

图 10-20 空心显示方式

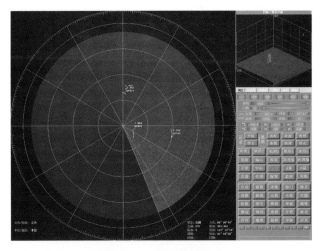

图 10-21　延迟显示方式

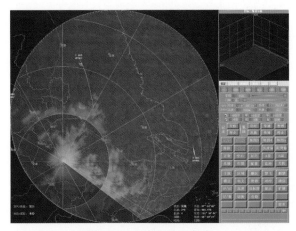

图 10-22　偏心显示方式

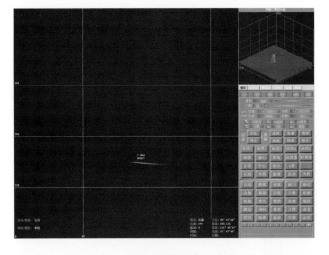

图 10-23　雷达视频回波的 B 型显示

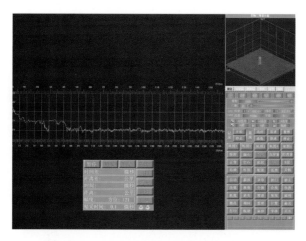

图 10-24 雷达视频回波的 A 型显示

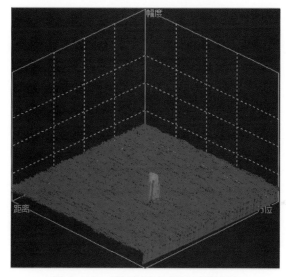

图 10-25 目标回波包络的三维显示

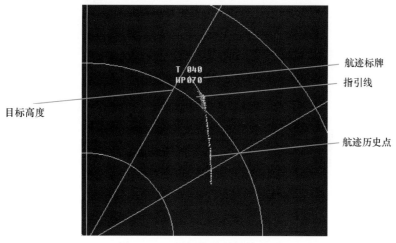

图 10-26 目标航迹及标牌显示

参 考 文 献

[1] 斯科尼克.雷达系统导论[M].3 版.左群声,等译.北京:电子工业出版社,2007.

[2] 丁鹭飞,耿富禄,陈建春.雷达原理[M].4 版.北京:电子工业出版社,2009.

[3] 傅文斌.微波技术与天线[M].2 版.北京:机械工业出版社,2013.

[4] 姚德森.微波技术基础[M].北京:电子工业出版社,1989.

[5] 刘克成.天线原理[M].长沙:国防科技大学出版社,1989.

[6] 毛钧杰,何建国.电磁场理论[M].长沙:国防科技大学出版社,1998.

[7] 张祖稷,金林,束咸荣.雷达天线技术[M].北京:电子工业出版社,2005.

[8] 张光义.相控阵雷达原理[M].北京:国防工业出版社,2009.

[9] 张德斌,周志鹏,朱兆麒.雷达馈线技术[M].北京:电子工业出版社,2010.

[10] 赫崇骏.微波电路[M].长沙:国防科技大学出版社,1999.

[11] 郑新.雷达发射机技术[M].北京:电子工业出版社,2005.

[12] 弋稳.雷达接收机技术[M].北京:电子工业出版社,2005.

[13] 郭崇贤.相控阵雷达接收技术[M].北京:国防工业出版社,2009.

[14] RICHARDS M A.雷达信号处理基础[M].邢孟道,王彤,李真芳,等译.北京:电子工业出版社,2008.

[15] 陈伯孝.现代雷达系统分析与设计[M].西安:西安电子科技大学出版社,2012.

[16] 马晓岩.雷达信号处理[M].长沙:湖南科技出版社,1998.

[17] 承德宝.雷达原理[M].北京:国防工业出版社,2008.

[18] 吴顺君,梅晓春.雷达信号处理和数据处理技术[M].北京:电子工业出版社,2008.

[19] 赵树杰.雷达信号处理技术[M].北京:清华大学出版社,2010.

[20] TAIT P.雷达目标识别导论[M].北京:电子工业出版社,2013.

[21] 张润逵,戚仁欣,张树雄.雷达结构与工艺:上册[M].北京:电子工业出版社,2007.

[22] 平丽浩,黄普庆,张润逵.雷达结构与工艺:下册[M].北京:电子工业出版社,2007.

[23] 何友,修建娟,张晶炜.雷达数据处理及应用[M].3 版.北京:电子工业出版社,2013.

[24] 马林.空间目标探测雷达技术[M].北京:电子工业出版社,2013.

[25] 王小谟,张光义.雷达与探测:信息化战争的火眼金睛[M].2 版.北京:国防工业出版社,2008.

[26] 张明友.数字阵列雷达和软件化雷达[M].北京:电子工业出版社,2008.

[27] 林茂庸,柯有安.雷达信号理论[M].北京:国防工业出版社,1984.

[28] 葛建军,张春城.数字阵列雷达[M].北京:国防工业出版社,2017.

[29] 左群声,王彤.数字阵列雷达[M].北京:国防工业出版社,2017.

[30] 廖桂生,陶海红,曾操.雷达数字波束形成技术[M].北京:国防工业出版社,2017.

[31] 斯科尼克.雷达手册[M].2 版.王军,林强,米慈中,等译.北京:电子工业出版社,2003.

[32] 丁鹭飞.雷达系统[M].西安:西北电讯工程学院出版社,1980.

[33] N ITZBERG R.Radar Signal Processing and Adaptive Systems[M].London:Artech House,1999.

[34] 向敬成,张明友.雷达系统[M].北京:电子工业出版社,2001.

[35] 郦能敬.预警机系统导论[M].北京:国防工业出版社,1998.

[36] 陆军.世界预警机概览[G].北京:电子科学研究院,2010.

[37] MERTENS M, NICKEL U. GMTI tracking in the presence of Doppler and range ambiguities in Proc. of 14th International Conference on Information Fusion[C].Chicago:[s. n],2011.

[38] KOCH W. Effect of Doppler ambiguities on GMTI tracking[J]. IEEE Conference on Radar,2002:153-157.

［39］刘波，沈齐，李文清．空基预警探测系统［M］．北京：国防工业出版社，2012.

［40］SKONIK M I. Radar Handbook［M］. New York：McGraw-Hill, 1990.

［41］SKONLNIK M I. Introduction to Radar Systems［M］. New York：McGraw-Hill, 1980.

［42］ANDREWS G A. Airborne radar motion compensation techniques evaluation of DPCA［R］. Washington DC：NRL Report, 1972.

［43］王永良，彭应宁．空时自适应信号处理［M］．北京：清华大学出版社，2000.

［44］HU X H, Eberhart R. Multiobjective optimization using dynamic neighborhood particle swarm optimization ［J］. Proc. of the IEEE International Conference on Evolutionary Computation, 2002：1677-1681.

［45］HALL D L, Linas J. An Introduction to Multi-sensor Data Fusion［J］. Proceedings of the IEEE, 1997：6-23.

［46］MARIA N, Tom Z. Information Fusion：a Decision Support Perspective［J］. Information Fusion, 2007 10th International Conference, 2007：1-8.

［47］LI Z X, MA Y G. A new method of Multi-sensor Information Fusion based on SVM［J］. Proceedings of the Eighth International Conference on Machine Learning and Cybernetics, Baoding, 2009：925-929.

［48］LIU D. A study on multiple information fusion technology in obstacle avoidance of robots［J］. Communications and System（PACCS）,2010：171-174.

［49］LI X J, ZHAO Y, YAO G S, et al. Multi-sensor information fusion based on rough set theory［J］. IMACS Multiconference on Computational Engineering in Systems Applications（CESA）,2006：28-30.

［50］贾玉贵.现代对空情报雷达［M］.北京：国防工业出版社,2004.

［51］杰里 L 伊伏斯，爱德华 K 里迪.现代雷达原理［M］.卓荣邦，杨士毅，张全金，等译.北京：电子工业出版社,1991.

［52］朱晓华.雷达信号分析与处理［M］.北京：国防工业出版社,2011.

［53］赵树杰.统计信号处理［M］.西安：西北电讯工程学院出版社,1986.

［54］张光义，赵玉洁.相控阵雷达技术［M］.北京：电子工业出版社,2005.

［55］汤子跃.雷达信号和终端处理技术与实验教程［G］.武汉：空军雷达学院,2006.

［56］张荣华，江晶.雷达终端信息处理［G］.武汉：空军雷达学院,2003.

［57］何友，关键，彭应宁，等.雷达自动检测与恒虚警处理［M］.北京：清华大学出版社,1999.

［58］SCHLEHER D C.动目标显示和脉冲多普勒雷达［G］.电子部第 14 研究所，译. 南京：电子部第 14 研究所,1995.

［59］Nathanson F E.雷达设计原理［G］.信息产业部第 38 研究所，译.合肥：信息产业部第 38 研究所,1993.

［60］费利那 A，斯塔德 F A.雷达数据处理：第一卷［M］.匡永胜，张祖稷，译.北京：国防工业出版社,1988.

［61］费利那 A，斯塔德 F A.雷达数据处理：第二卷［M］,孙龙祥，译.北京：国防工业出版社,1992.

［62］孙仲康.雷达数据数字处理［M］.北京：国防工业出版社,1983.

［63］陈永光，李修和，沈阳．组网雷达作战能力分析与评估［M］.北京：国防工业出版社,2009.

［64］华中和，吴国良.雷达网信息处理［G］.武汉：空军雷达学院,1992.

［65］金宏斌.雷达网情报处理技术与实验教程［G］.武汉：空军雷达学院,2007.

［66］李群.预警探测信息系统［G］.北京：空军军事职业大学,2011.

［67］贲德，韦传安，林幼权.机载雷达技术［M］.北京：电子工业出版社,2006.

［68］严利华，姬宪法，梅全国.机载雷达原理与系统［M］.北京：航空工业出版社,2010.

［69］KIRK J C. Digital synthetic aperture radar technology［J］. IEEE International Radar Conference Record, 1975, 2(1)：482-487.

［70］ 杨士中.合成孔径雷达[M].北京:国防工业出版社,1981.

［71］ 魏钟铨.合成孔径雷达卫星[M].北京:科学出版社,2001.

［72］ 刘永坦.雷达成像技术[M].哈尔滨:哈尔滨工业大学出版社,1999.

［73］ 袁孝康.星载合成孔径雷达导论[M].北京:国防工业出版社,2003.

［74］ 保铮,邢孟道,王彤.雷达成像技术[M].北京:电子工业出版社,2005.

［75］ 李明,黄银和.战略预警雷达信号处理新技术[M].北京:国防工业出版社,2017.

［76］ 周树道,贺宏兵.现代气象雷达[M].北京:国防工业出版社,2017.

［77］ 吴洪江,高学邦.雷达收发组件芯片技术[M].北京:国防工业出版社,2017.

［78］ 龙伟军.机会阵雷达[M].北京:国防工业出版社,2017.